ÉVOLUTION DU CERVEAU
ET CRÉATION
DE LA CONSCIENCE

John C. Eccles
Prix Nobel de médecine

ÉVOLUTION DU CERVEAU ET CRÉATION DE LA CONSCIENCE

A la recherche de la vraie nature de l'homme

traduit de l'anglais
par
Jean-Mathieu Luccioni

avec la participation de
Elhanan Motzkin

Flammarion

Les Éditions Fayard remercient
MM. M.-P Schutzenberger et J.-F Lambert
pour l'aide qu'ils ont apportée à la relecture
de la traduction du présent ouvrage.

ISBN : 2-08-081294-7
printed in France

Avant-propos de Karl Popper

Je considère ce livre comme unique. Le problème de la descendance de l'homme a été discuté intensément depuis Darwin, mais, jamais auparavant, un neurophysiologiste n'avait présenté ainsi l'une des questions les plus importantes de toutes : l'évolution du cerveau humain et de la conscience de l'homme.

Ce livre est une synthèse d'anatomie comparée — et spécialement l'anatomie comparée du cerveau — de la paléonthologie et de l'archéologie (ce qui avait été très rarement réalisé auparavant), ainsi que de la physiologie du cerveau — tout particulièrement celle du langage — et de la philosophie. Tout cela est inscrit dans le cadre de l'évolution darwinienne et tient compte des derniers développements critiques du darwinisme. Le résultat en est un panorama détaillé de notre histoire d'un intérêt encore jamais atteint.

K.R. P

*A Helena qui a
créé la beauté
dans ma vie*

Préface

Il est extraordinaire qu'il y ait eu si peu de publications consacrées au développement du cerveau tout au long de l'époque où s'est déroulée son évolution biologique la plus importante et la plus créative : celle qui l'a mené, à partir du cerveau de nos ancêtres hominoïdés, et à travers quelque 9 à 10 millions d'années d'évolution des hominidés, au cerveau humain actuel avec ses capacités transcendantes. L'histoire de l'évolution des hominidés jusqu'à l'*homo sapiens sapiens* est l'histoire la plus merveilleuse qui soit. C'est *notre* histoire. Pourquoi alors cette histoire n'est-elle pas plus souvent racontée. La raison en est peut-être que l'évolution du cerveau apparaît comme une histoire d'où les faits sont absents, ne laissant place qu'à des spéculations injustifiées. Tout en reconnaissant qu'il y a là beaucoup d'inconnu ou d'imparfaitement connu, j'ai néanmoins essayé, en recourant à l'imagination créative, contenue toutefois par la critique rationnelle, de raconter la fascinante histoire de l'évolution du cerveau humain.

A une époque où il est de bon ton, dans certains milieux, de dénigrer le darwinisme, voire la rationalité, ce livre suit l'hypothèse darwinienne de l'évolution biologique, sauf que le gradualisme phylétique cède la place, ici et là, à des modifications telles que l'équilibre ponctué (section 1.3) et de possibles réarrangements chromosomiques (section 1.4). Le thème du livre ne dépasse les concepts matérialistes du darwinisme que dans les trois derniers chapitres, où l'on considère les événements les plus controversés de l'évolution. D'abord avec l'émergence de la conscience chez les animaux supérieurs (chapitre 8), puis avec un dépassement bien plus remarquable encore quand les hominidés ont atteint le stade de la conscience de soi (chapitres 9 et 10).

Dès le début de l'évolution des hominidés, on est en présence d'un mystère. Comme il ressort de la datation par les albumens, la lignée des hominoïdés s'est scindée, il y a neuf ou dix millions d'années, en lignées hominidée et pongidée (section 2.1, tableau 2.1). Malheureusement, il y a un *« black-out »* presque total du côté des fossiles pendant les 5 millions d'années qui ont suivi cette époque critique entre toutes pour l'évolution des hominidés (sections 2.1 et 2.2). Il est probable que le nombre des hominidés était alors extrêmement faible. C'est au cours de ces 5 millions d'années qu'est apparue la démarche bipède telle qu'on l'a décrite dans la section 3.3. On peut supposer qu'il y a eu alors une série d'étapes entre les hominoïdés arboricoles et les australopithèques terrestres. Quand le rideau se lève, voici 4 millions d'années (section 2.2), on aperçoit des traces fossiles d'un système osseux et musculaire presque entièrement adapté à la démarche bipède (figures 3.8, 3.9 et 3.10). Curieusement, on ne note qu'une faible augmentation de la taille du cerveau (figures 2.4 et 2.6). Pourtant, au cours du passage de la quadrupédie à la bipédie, il a dû se produire une modification de la machinerie neurale du cerveau pour donner la démarche bipède pleinement évoluée qu'on constate dans ce merveilleux fossile que sont les empreintes de Laetoli (figure 3.11).

Ces dernières décennies ont été très riches en découvertes de fossiles hominidés, depuis ceux qui remontent à 4 millions d'années jusqu'à ceux des temps récents, comme le racontent brièvement les chapitres 2 et 3. Il est même possible de reconnaître la transformation du cerveau dans les endocastes (figures 2.7 et 2.9). Mais si l'on veut apprécier les changements accomplis durant l'évolution des hominidés, il est nécessaire d'utiliser comme modèle du cerveau ancestral hominoïdé le cerveau du pongidé moderne. Heinz Stephan et ses collaborateurs ont réalisé des études qui ont été d'un grand secours pour décrire les modifications cérébrales survenues au cours de l'évolution des hominidés. Ils ont mesuré les tailles respectives de certaines structures cérébrales identifiées anatomiquement (par exemple les noyaux) d'une grande variété de primates, y compris les êtres humains.

Il faut reconnaître que ce n'est qu'à partir des primates que le processus évolutionniste conduisant à des êtres dotés de systèmes moteurs et perceptuels aussi fins que ceux de l'homme a pu avoir lieu. L'évolution humaine s'est bâtie sur l'évolution déjà accomplie par les primates, en particulier par les hominoïdés. Un excellent exemple est fourni par leur superbe système visuel (chapitre 6), dans lequel les yeux sont parfaitement adaptés à la vision binoculaire. Les chemins visuels se projettent sur le cortex visuel primaire et, de là, sur le cortex préstrié d'une manière qui n'a pas changé notablement au cours de l'évolution vers l'*homo sapiens*. D'importance capitale est le cortex cérébral ; or, celui des primates est le plus proche du cortex cérébral humain (chapitres 8 et 9). D'égale importance sont le système limbique (chapitre 5) et les systèmes d'apprentissage (chapitre 7), dont les grands traits sont très similaires à ceux de l'homme.

Concurremment avec le cortex cérébral, de nouvelles régions ont évolué, correspondant aux fonctions les plus importantes du cerveau humain, en particulier les régions de la parole (chapitre 4), lesquelles étaient tout au plus rudimentaires chez les pongidés, et inexistantes chez les autres primates. Comme on le verra dans le chapitre 9, ces nouvelles régions sont fonctionnellement asymétriques. Non seulement elles ont été les dernières à évoluer, mais elles sont aussi les dernières à se mettre à fonctionner dans l'ontogenèse. Aux chapitres 9 et 10, on se concentrera sur ce cortex humain distinctif qu'on appelle le néo-néocortex, et sur ses fonctions gnosiques.

Dans l'évolution des primates, il y a eu ce qu'on peut appeler une sagesse conservatrice. Celle-ci peut s'exprimer par un adage : ne jamais échanger un trait de base hérité contre un gain apparemment avantageux à court terme, par exemple les cinq doigts libres des extrémités contre une patte, un sabot ou une aile. Ainsi, l'évolution des hominidés a démarré avec les extrémités dotées de doigts des vertébrés primitifs, et les a transformées en pieds et en mains, ce qui n'avait pas de prix (sections 3.3-3.5). La main, en particulier, donna aux hominidés la prééminence dans l'évolution, et elle a par conséquent été continuellement perfectionnée, avec évidemment la machinerie neurale associée (section 3.5).

On pose souvent la question : notre lignée évolutive est-elle la seule capable de conduire à des êtres dotés d'intelligence et d'imagination pareilles aux nôtres ou les transcendant ? Est-ce qu'il serait possible, par exemple, que quelques primates super-intelligents soient à l'origine d'une autre lignée égalant la lignée des hominidés, voire la dépassant ? La réponse est forcément non ! Un isolement immensément long serait nécessaire pour chaque nouvelle espèce, de l'ordre de plusieurs centaines de milliers d'années. De telles conditions ne pourront jamais se reproduire sur une Terre dominée par les systèmes de communication actuels. En fait, même dans le passé, l'évolution des hominidés n'est survenue qu'une seule fois, et pendant des millions d'années a dépendu d'une population minuscule en danger permanent d'extinction totale.

L'histoire de l'évolution des hominidés sur la planète Terre que je raconte dans ce livre est donc unique et ne sera jamais répétée. *Homo sapiens sapiens* n'a pas à craindre de concurrents !

Ce livre se concentre sur l'évolution du cerveau humain avec le devenir de la conscience en général et de la conscience de soi en particulier. Il est reconnu qu'il ne peut y avoir d'explication physicaliste de cette mystérieuse émergence de la conscience et de la conscience de soi dans un monde jusque-là sans pensée. La prise en considération philosophique de ce problème dans les chapitres 8, 9 et 10 mène, au chapitre 10, à une conception religieuse de la naissance de la conscience de soi telle qu'elle est éprouvée par chacun de nous. La thèse proposée est qu'au centre de notre univers mental — le « monde 2 » de Popper (figures 9.5 et 10.4) — il existe une entité non matérielle dont l'origine dépasse le cadre de l'explication purement scientifique. On retrouvera ce thème dans la seconde partie de la postface.

CHAPITRE PREMIER

L'évolution biologique

1.1 Le code génétique

Pour pouvoir présenter de manière intelligible l'histoire de l'évolution, il est d'abord nécessaire de décrire de façon simplifiée le matériel génétique de la cellule, l'acide désoxyribonucléique (l'ADN) et son mode d'action à travers le code génétique. L'isolement de ce matériel essentiel est survenu très tôt dans l'évolution des eucaryotes unicellulaires, il y a environ 1,8 milliard d'années. Il s'est agi là d'un développement très important, puisqu'il protégeait la machinerie complexe qui se trouve à la base de toute activité cellulaire, y compris la reproduction.

L'ADN est une double hélice très serrée et très longue. Comme le montre la figure 1.1, dans chaque ruban alternent un phosphate (P) et un sucre (ribose). A chaque sucre est attachée l'une des quatre molécules suivantes : l'adénine (A) et la guanine (G), qui sont des bases purines, et la thymine (T) et la cytosine (C), qui sont des pyrimidines. Les deux hélices sont reliées tous les 3,4 angström (figure 1.1). A dans l'une se rattache à T dans l'autre, et G dans l'une à C dans l'autre. Pour un très court segment des deux hélices, une suite pourrait donc être :

GTAGCAT
CATCGTA.

Ce code composé de nucléotides s'écrit ainsi linéairement le long de chaque ruban. La figure 1.2a montre la structure atomique de

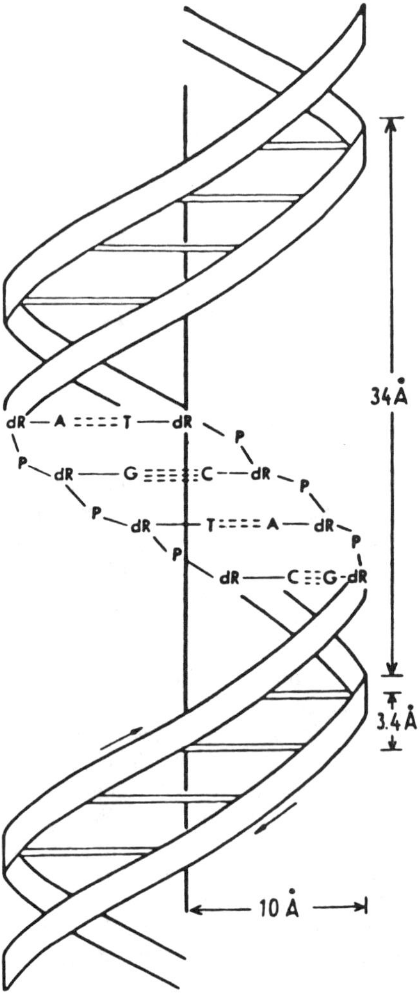

Figure 1.1. La configuration en hélice à deux filins de la molécule d'ADN. Les deux filins formés par les nucléotides sont reliés par des liaisons à base d'hydrogène qui unissent des paires de substances complémentaires : soit purine (A ou G), soit pyrimidine (T ou C). Remarquez les dimensions (indiquées en angströms) des espacements entre diverses parties de la spirale, ainsi que de la largeur et de la longueur d'une spire.

la double hélice, où la chaîne des phosphates (P) et des sucres (S) se trouve en bas, et les liaisons transversales des bases purines et pyrimidines sont effectuées par les liens d'hydrogène entre A et T d'une part, et C et G de l'autre. La figure 1.2b illustre la manière dont le code linéaire de l'ADN se traduit en ARN messager (l'acide ribonucléique), qui construit segment par segment les

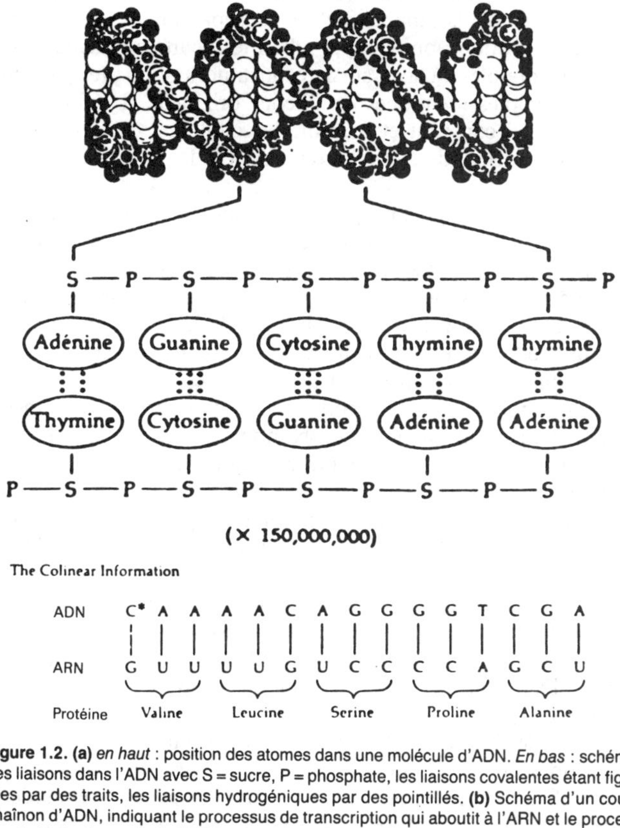

Figure 1.2. (a) *en haut* : position des atomes dans une molécule d'ADN. *En bas* : schéma des liaisons dans l'ADN avec S = sucre, P = phosphate, les liaisons covalentes étant figurées par des traits, les liaisons hydrogéniques par des pointillés. **(b)** Schéma d'un court chaînon d'ADN, indiquant le processus de transcription qui aboutit à l'ARN et le processus de traduction qui relie l'ARN aux acides aminés. (D'après *From Darwin to DNA, Molecules to Humanity*, de G. Ledyard Stebbins. Copyright W.H. Freeman and Co. ; reproduit avec l'autorisation de l'éditeur.)

séquences aminoacides d'une protéine en utilisant un code de trois lettres qui agit comme un langage informatique en spécifiant la séquence des cinq aminoacides dans le ruban d'ADN original.

Pour une bactérie, le code de chaque ruban comprend environ 1,5 million de lettres. Chez l'*homo*, on compte environ 3,5 milliards de lettres dans chaque ruban de l'ADN, lesquelles contiennent l'information de base pour la construction de toutes les cellules de l'être humain. Avant que la cellule ne se divise, les deux rubans de la double hélice se séparent, et un système d'enzymes produit pour chaque ruban le ruban complémentaire. Les deux doubles hélices ainsi reconstituées sont presque toujours des copies identiques de l'hélice originelle. L'information génétique qui construit et contrôle la cellule est codée dans les séquences nucléotides, les lettres ATCG, le long des rubans d'ADN.

Il n'entre pas dans le propos de ce chapitre d'aborder dans le détail la manière selon laquelle, en suivant des processus précis de transcription et de traduction, l'ADN est lu lors de la construction des séquences aminoacides d'une protéine (voir la figure 1.2b), et se trouve ainsi à la base de la construction de la structure cellulaire et du métabolisme enzymatiquement contrôlé de la cellule. Les enzymes sont des protéines. Le code décrivant une action donnée lors de la construction d'une protéine est incrit linéairement sur les rubans d'ADN, non par une courte séquence de lettres, comme dans l'exemple donné plus haut, mais par quelques milliers de séquences de lettres appelées *gène*. Les gènes transmettent les instructions précises pour la construction des séquences aminoacides de protéines particulières. On admettra que, pour la construction des nombreuses espèces de protéines nécessaires aux processus vitaux d'une bactérie, une chaîne d'environ 3 millions de séquences n'est pas de trop. Pour nos cellules à nous, le nombre est plus de mille fois supérieur : 3,5 milliards. Dobzhansky (communication personnelle) évalue le nombre de gènes humains à 30 000 au moins. Pour une protéine moyenne de 500 séquences aminoacides, il faut 1 500 paires de nucléotides, dans la mesure où trois paires sont nécessaires pour chaque séquence. Donc, 30 000 gènes demandent $4,5 \times 10^7$ paires nucléotides. Cependant, compte tenu des duplications, ce nombre pourrait être plusieurs fois supérieur, relevant ainsi ce faible rapport de 1,4 %.

Il reste en outre le problème non résolu des 30 à 70 % du génome des mammifères qui paraissent n'avoir aucune fonction. Une solution partielle est fournie par les espaceurs d'ADN, qui sont des séquences séparant les segments d'ADN actifs.

Normalement, dans la reproduction, il y a transcription précise du code linéaire inscrit dans l'ADN, et donc stabilité des gènes d'une génération à l'autre. Pourtant, des changements appelés *mutations de gènes* apparaissent parfois dans l'ADN. Il peut y avoir des erreurs de transcription, où un nucléotide en remplace un autre, par exemple G à la place de A, ou encore des modifications plus radicales où une ou plusieurs paires de nucléotides sont supprimées ou interverties, quand il ne s'agit pas d'une inversion de segments d'ADN plus importants encore. Ces erreurs de transcription peuvent aboutir à la substitution d'un aminoacide par un autre dans une protéine. L'effet pourrait en être négligeable pour le fonctionnement même de la protéine. Cependant, dans la grande majorité des cas, ces échanges sont nocifs pour la survie et la reproduction de l'individu, qui est par conséquent éliminé par la sélection naturelle.

Il arrive parfois, mais rarement, qu'une mutation soit bénéfique pour la survie et la reproduction. Une telle mutation sera transmise aux générations suivantes et aura pour résultat une survie accrue du groupe biologique qui partage cette mutation. Ainsi, après de nombreuses générations, cette mutation favorable pourra, par la *sélection naturelle*, être incorporée à l'ensemble de l'espèce, laquelle accusera par conséquent un petit changement de son génotype. Plus tard, une autre mutation pourra s'y ajouter, et ainsi de suite.

Telle est la base essentielle de la version moderne de la théorie de Darwin sur la *sélection naturelle* ou la *survie du plus apte*. Les mutations génétiques favorables sont sélectionnées et celles qui ne le sont pas sont éliminées. C'est ainsi, par un processus déclenché à l'origine par le seul hasard, la mutation génétique, que sont formées à travers la sélection naturelle toutes les caractéristiques structurelles et fonctionnelles des organismes vivants, avec leur surprenante adaptativité et leur puissance d'invention. Ainsi formulée, la théorie évolutionniste est un processus purement biologique mettant en jeu des mécanismes qui sont actuellement bien compris dans leur principe, et elle a acquis à juste titre une reconnaissance générale en tant qu'explication satisfaisante du développement de toutes les formes vivantes à partir d'une seule forme primordiale extrêmement simple. Cette théorie, qui remonte à Darwin et à Wallace, est l'une des plus grandes réussites intellectuelles de l'esprit humain. Cependant, elle a besoin d'une certaine mise à jour (sections 1.2 et 1.3, *infra*).

Un acquis récent a été la découverte qu'un grand nombre d'erreurs de transcription n'ont presque aucun effet. Par exemple, le résultat de la mutation peut être un changement de séquence des acides aminés dans une partie de la protéine qui n'est pas essentielle à son fonctionnement. Ou encore, la mutation peut survenir dans une partie de l'ADN qui ne sert pas dans la

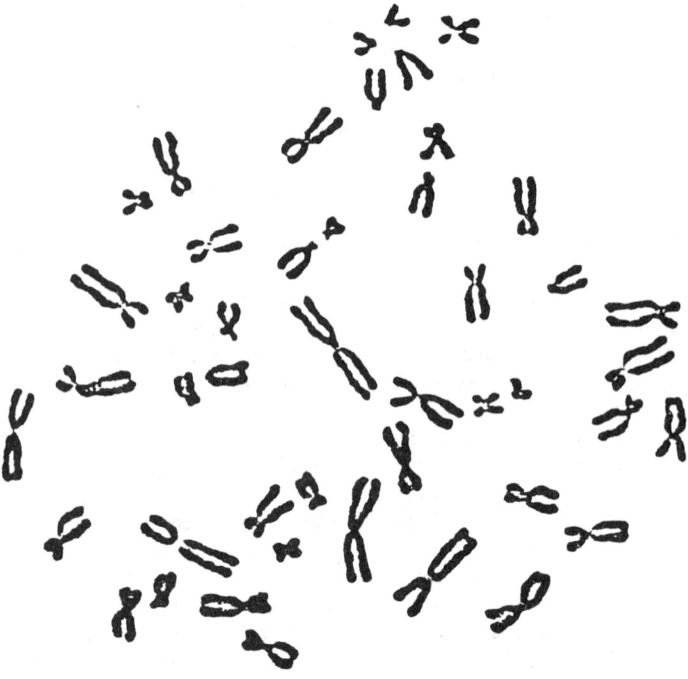

Figure 1.3. Photographie du stock normal de chromosomes chez un être humain de sexe féminin, avec un grossissement de 15 000 fois. Le stock normal de chromosomes chez l'être humain est de 46. (Handler, 1968.)

construction des protéines : elle sera donc neutre du point de vue de la sélection. Avec le temps, il peut y avoir une accumulation importante de telles mutations neutres, et donc un changement considérable de l'ADN originel de la population. Si l'environnement se modifie, ces mutations peuvent ne plus être neutres.

L'ADN du noyau d'une cellule ne se présente pas sous la forme d'une hélice incroyablement longue d'environ 2 mètres de longueur ; il est subdivisé en segments qui composent les chromosomes, comme cela devient manifeste lors de la subdivision de la cellule. C'est alors que l'on voit que le génome humain est divisé en 23 paires de chromosomes, chacune dotée de caractéristiques distinctives (figure 1.3). Pendant la méiose, les chromosomes se divisent et se séparent pour former des cellules sexuelles, et, quand il y a fertilisation, l'ADN au complet est reconstitué, la moitié venant de chaque cellule sexuelle.

Les quatre espèces vivantes d'hominoïdés (table 2.1) ont des structures nucléaires très similaires. Les trois espèces de pongidés — chimpanzé, gorille et orang-outan — ont 48 chromosomes. Chez l'*homo*, deux paires de chromosomes se sont réunies par fusion centrique pour former le chromosome 2 ; l'*homo* a par conséquent 46 chromosomes (figure 1.3). A part cela, on constate une ressemblance remarquable, qui porte même sur les détails des motifs rubanés le long des chromosomes respectifs de chaque espèce.

1.2 La synthèse moderne : le gradualisme phylétique (Mayr, 1963)

Depuis Darwin, il a toujours été reconnu que ce sont les espèces en tant qu'unités qui tiennent le rôle clef dans l'évolution. Une espèce est constituée d'une population plutôt que d'individus isolés. La population d'une espèce est reproductivement isolée de toutes les autres espèces à cause du critère de fertilité. D'autres espèces similaires peuvent habiter le même territoire, mais, malgré cette *coexistence sympatrique*, il n'y a pas de métissage. « Chaque espèce est un système génétique délicatement intégré, sélectionné à travers de nombreuses générations pour remplir une niche bien définie dans son environnement » (Mayr, 1963 : 109).

Dans la perspective darwinienne, la paléontologie explique la formation de nouvelles espèces par un très lent processus de transformation dans l'ensemble du territoire habité par une population ancestrale constituée d'un grand nombre d'individus. Eldredge et Gould (1972) appellent ce processus le *gradualisme phylétique*. Malheureusement, ce gradualisme n'apparaît pas dans les traces fossiles. Les évolutionnistes classiques attribuent cette lacune à l'imperfection des connaissances actuelles. Ce qu'indiquent les fossiles, ce sont des coupures ou « saltations » dans le processus évolutif. La diversité génétique d'une espèce est due à des mutations, à des recombinaisons, des délétions, etc., dans la transmission génétique d'une génération à une autre. Elle est cependant contrôlée par le processus collectif du flux génétique dans les générations successives d'une population se reproduisant librement. Néanmoins, deux individus d'une population se reproduisant sexuellement ne sont jamais identiques génétiquement (Mayr, 1963), à l'exception des vrais jumeaux.

Malgré l'effet homogénéisateur du flux génétique, la théorie synthétique moderne du gradualisme phylétique « a prolongé la tradition consistant à extrapoler à partir de populations locales, et a utilisé le modèle courant des variations géographiques adaptatives — la substitution allélique graduelle dirigée par la sélection naturelle — en tant que paradigme de l'origine des espèces » (Gould, 1982 : 134 ; « allèle », dans ce contexte, est une dénomination collective pour les gènes). On appelle parfois cette conception globale la *continuité sympatrique*. Cependant, Mayr (1963) a reconnu que la spéciation pouvait se produire plus rapidement et plus efficacement dans des populations restreintes et isolées. Une petite population fondatrice migrerait pour s'isoler du flux génétique de la population ancestrale. Mais ce modèle n'en a pas moins continué d'adhérer au principe du gradualisme phylétique dans ces isolats périphériques. La spéciation réussie a eu lieu à cause des effets cumulatifs de petites variations adaptatives au fil d'un grand nombre de générations. L'avantage de l'isolement n'était dû qu'à la diminution, à l'intérieur d'une petite population, de l'effet homogénéisateur du flux génétique.

1.3 L'équilibre ponctué

Eldredge et Gould ont élaboré une théorie dite de *spéciation allopatrique*, selon laquelle une nouvelle espèce peut apparaître

> « seulement quand une petite population locale se trouve isolée à la marge de l'étendue géographique habitée par l'espèce mère. De telles populations locales sont dites *isolats périphériques*. Un isolat périphérique se développe en une nouvelle espèce dans le cas où des *mécanismes isolants* apparaissent qui empêchent une réinitiation du flux génétique si la forme nouvelle rencontre par la suite ses ancêtres. A titre de conséquence de la théorie allopatrique, l'origine des nouvelles espèces ne se trouve pas à l'endroit où leurs ancêtres ont vécu. » (1972 : 94)

Eldredge et Gould (1972) postulent que le développement de la nouvelle espèce dans les isolats périphériques se produit dans un laps de temps assez court par rapport à la durée de l'espèce, et que, s'il y a migration vers le territoire de l'espèce ancestrale, les deux espèces coexisteront sympatriquement sans se croiser. Cela est en effet constaté dans les traces fossiles. Ainsi, de longues périodes de stase sont ponctuées épisodiquement par des événements de spéciation allopatrique. Telle est l'hypothèse de l'*équilibre ponctué*.

Comme il a été dit plus haut, le gradualisme phylétique dépend des mutations génétiques unitaires, qui, si elles sont adaptatives et successives, s'accumulent graduellement par la sélection sur des périodes de temps assez longues. Il existe actuellement des modèles alternatifs qui donnent des effets ponctuels rapides. Des changements chromosomiques majeurs peuvent entraîner les changements génétiques requis pour la spéciation, en l'espace de quelques générations, d'un isolat périphérique. Ainsi, la spéciation peut dépendre de la régulation et du réarrangement des gènes plutôt que de mutations ponctuelles produisant de nouveaux gènes, comme le veut le gradualisme phylétique classique. Des changements phénotypiques majeurs peuvent également résulter de mutations des gènes de régulation, qui peuvent de cette manière déboucher sur la création d'une nouvelle espèce (Bush *et al.*, 1977). Carson a avancé que

> « des événements de spéciation peuvent être provoqués et d'importantes saltations génétiques accomplies par une série

> d'événements génétiques catastrophiques... déclenchée quand a lieu une réorganisation forcée et inhabituelle des supergènes épistatiques du système de variabilité fermé... Je propose que ce cycle de désorganisation et de réorganisation soit considéré comme l'essence du processus de spéciation. »

Cette origine saltationniste proposée pour les espèces n'est pas adaptative, contrairement au gradualisme phylétique classique où la sélection joue un rôle essentiel de contrôle des mutations ponctuelles aléatoires. Ici, l'isolation reproductive, avec des changements génétiques saltationnistes importants et rapides, vient en premier et n'est pas adaptative. Gould (1982) va jusqu'à dire que, bien que la formation saltationniste des espèces fournisse le matériau de base pour la sélection, il y a opposition fondamentale entre ces deux théories alternatives de la spéciation. Selon le gradualisme phylétique, les mutations ponctuelles mènent, dans les populations locales, à des substitutions génétiques qui sont successives, lentes et adaptatives par sélection. Selon l'hypothèse de l'équilibre ponctué, l'origine saltationniste d'une nouvelle espèce est discontinue et non adaptative, et n'est sujette qu'accessoirement à la sélection.

Il peut y avoir formation saltationniste d'un caractère extrême produisant ce qu'on appelle ironiquement un *monstre prometteur*. La sélection peut déterminer si un « monstre prometteur » va ou non survivre, mais la contrainte de base qui s'exerce sur sa genèse et son devenir demeure dans la structure dont il a hérité, non dans le modelage de la sélection (Gould, 1982 :142).

Pour une nouvelle espèce, le critère de fertilité est important quand il s'agit d'essayer de comprendre le processus évolutif des hominoïdés. Par exemple, quand un isolat périphérique évolue pour former une nouvelle espèce, il peut émigrer à nouveau vers sa population ancestrale et maintenir son identité malgré le flux génétique ambiant. Ce flux est sans effet à cause de la stérilité entre espèces. Un cas bien connu est celui du cheval et de l'âne. La constitution génétique de ces deux espèces est si proche que le sperme de l'âne peut fertiliser l'ovule du cheval pour créer un hybride, le mulet. La constitution génétique mixte est très efficace ontogénétiquement pour produire un animal fort, mais les mulets sont stériles. Dans le processus reproductif, les rubans d'ADN détachés ne peuvent se joindre efficacement du fait de certaines différences, en particulier dans les ADN espaceurs de gènes. Chez les hybrides mâles, les cellules reproductives ont des combinaisons de gènes très anormales et sont par conséquent non fonctionnelles (Stebbins, 1982).

1.4 Les mécanismes génétiques dans l'évolution des hominoïdés (White, 1978)

Ces considérations théoriques sur le mécanisme génétique du changement lors de l'évolution seront très utiles quand nous en arriverons, dans les chapitres ultérieurs, à une étude de l'évolution des hominoïdés fondée sur les vestiges fossiles. Plusieurs des événements clefs de l'évolution des hominoïdés semblent s'être produits sans avoir laissé de trace fossile. Par exemple, la transition capitale entre l'existence arboricole et l'existence terrestre, avec l'apparition de la démarche bipède, s'est accompagnée d'un changement adaptif important des os de la jambe et du pelvis (figure 3.9), mais il n'existe pas de fossiles intermédiaires.

Il y a une remarquable similarité biochimique entre les grands singes et l'*homo*. La similarité génétique entre les primates et l'*homo* peut être mesurée en découpant l'ADN à double ruban en petites longueurs de rubans simples. Quand ces rubans simples d'ADN humain sont mis en présence d'autres rubans humains simples, ils se combinent parfaitement pour reformer la double hélice. Des rubans simples d'ADN d'autres animaux témoignent d'une efficacité de recombinaison à des degrés divers qui dépendent de la proximité des rapports des séquences ADN respectives. La table 1.1 montre que, mesurés ainsi, les hommes et les chimpanzés ne diffèrent que par 2,5 % de leurs gènes, cependant qu'avec les autres primates les différences sont plus grandes, conformément à ce qu'on pouvait attendre de la taxonomie. De même, les protéines que construisent les gènes par transcription et translation (figure 1.2b) diffèrent très peu entre humains et chimpanzés, mais davantage chez les autres primates, et plus encore chez les singes et les lémuriens, comme le laissait prévoir la table 1.1. Les différences entre les protéines ont été utilisées par Sarich et Cronin (1977) pour retracer l'histoire de l'évolution, en particulier l'époque à laquelle les lignées ancestrales des chimpanzés et des hommes ont divergé dans l'évolution des hominoïdés. Il existe ce qu'on appelle une horloge moléculaire qui donne un temps de 5 à 10 millions d'années pour l'éclatement de la lignée des hominoïdés en hominidés et pongidés.

Tableau 1.1 Pourcentage de différences dans les séquences d'ADN entre l'homme et diverses espèces de primates

Homme/chimpanzé	2,5
Homme/gibbon	5,1
Homme/singe vert	9,0
Homme/capucin	15,8
Homme/lémur	42,0

D'après *From Darwin to DNA, Molecules to Humanity*, de G. Ledyard Stebbins, copyright © 1982, WH, Freeman *et al.* Reproduit avec l'autorisation de l'éditeur.

Les généticiens s'accordent pour dire que les mutations sont généralement nocives. Une toute petite proportion d'entre elles sont avantageuses et peuvent ainsi constituer le matériau de base de l'évolution. Chacun des dizaines de milliers de gènes hérités par un individu a une infime probabilité de changer au cours du processus de reproduction. Cette probabilité varie entre 1 sur 10 000 et 1 sur 250 000 (Dobzhansky, 1960). Si les mutations sont nocives, elles sont éliminées par la sélection naturelle. Il y a quelquefois un effet double, comme dans le cas de l'anémie à cellules falciformes, nocive en soi en tant que maladie du sang, mais bénéfique dans la mesure où elle confère une résistance au paludisme. Ainsi sa survie héréditaire est-elle assurée. La situation est plus problématique avec le rétinoblastome, le carcinome des yeux des enfants, qui est dû à un gène possédé par environ une cellule sexuelle sur 50 000. Cette maladie, presque toujours mortelle si elle n'est pas traitée, est donc contrôlée par la sélection naturelle. Cependant, actuellement, avec le traitement approprié, 70 % des porteurs du gène parviennent à l'âge adulte et transmettent la maladie à leurs enfants. D'où la question d'ordre éthique : doivent-ils avoir des enfants ? (Dobzhansky, 1960.) Voilà un exemple des nombreux problèmes complexes auxquels nous devons faire face en génétique humaine.

1.5 Conclusions générales sur l'origine des espèces

Eldredge et Gould considèrent la stase et la discontinuité comme la manière dont fonctionne l'évolution à travers les ères géologiques : le changement graduel n'est pas l'état normal d'une espèce. D'importantes populations centrales peuvent exhiber des variations adaptatives mineures, mais celles-ci sont d'un caractère fluctuant, étant ce que Goldschmidt (1940) nomme des culs-de-sac diversifiés à l'intérieur de l'espèce. L'influence du flux génétique intensif au sein de la population centrale freinerait ces spéciations naissantes. Gould (1982) pense que la spéciation est à la base de la macro-évolution, et qu'elle est un processus de bifurcation (cladogenèse) très rapide : au plus quelques milliers

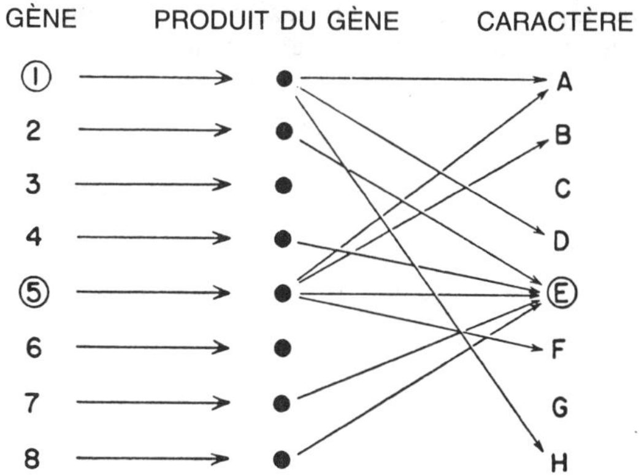

Figure 1.4. L'effet d'un gène peut porter sur plusieurs caractéristiques d'un individu ; une caractéristique peut refléter l'influence des effets de plusieurs gènes. (Reproduit d'après Mayr, *Animal Species and Evolution*, Harvard University Press, 1963.)

d'années, à comparer avec la durée de l'espèce qui est de plusieurs millions d'années. Il propose également que la théorie de l'équilibre ponctué restaure en biologie le concept d'organisme, qu'on avait tendance à oublier dans les conceptions réductionnistes du gradualisme phylétique où les variations génétiques servent comme matériau de base pour la sélection, et où la sélection contrôle pour l'essentiel la direction de l'évolution. Dans la théorie de l'équilibre ponctué, les changements saltationnistes surviennent avant toute correction effectuée par la sélection, qui ne peut agir que sur la nouvelle espèce pleinement formée. L'ontogenèse précède la sélection. Les organismes « influencent leur propre destinée par des moyens intéressants, complexes mais compréhensibles. Il faut réintégrer dans la biologie évolutionniste le concept d'organisme » (Gould, 1982 :144).

Ce concept d'organisme revêtira la plus grande importance dans les nombreux problèmes soulevés par l'évolution des hominoïdés. La figure 1.4 constitue une illustration générale des relations complexes entre gènes dans la construction d'un organisme. Les gènes opèrent pour donner, de la manière indiquée dans la figure 1.2b, des produits génétiques, par exemple construire des protéines et ce sont ces protéines, souvent des enzymes, qui déterminent, par le processus immensément compliqué de l'ontogenèse, les traits caractéristiques de l'organisme.

CHAPITRE II

L'histoire générale de l'évolution humaine

Puisque le thème de ce livre est le passage du cerveau des mammifères au cerveau humain, je me restreindrai ici à l'histoire du cerveau des primates. Les fossiles les plus anciens de l'ordre des primates sont représentés par des dents remontant à 80 MAAP (millions d'années avant le présent) (Stebbins, 1982). On reconnaît de petits primates arboricoles à partir de 65 à 40 MAAP. Les descendants modernes de ces prosimiens sont probablement les tupaïas.

2.1 La généalogie des hominidés (Tobias, 1975a ; Simons, 1981 ; Coppens, 1983)

Nous nous intéresserons surtout à l'histoire fossile de nos ancêtres au sein de la super-famille des hominoïdés, à laquelle appartient également la famille des pongidés, c'est-à-dire les grands singes modernes. Il existe des fossiles d'hominoïdés arboricoles remontant à une époque comprise entre 30 et 35 MAAP dans les stratifications du Fayoum, dans le désert égyptien. Il y a notamment des fossiles de l'*aegyptopithecus*, lequel pourrait bien être l'ancêtre commun des pongidés et des hominidés. A l'époque, Fayoum était constitué de forêts tropicales luxuriantes et de marécages (Pilbeam, 1972, Simons, 1983, 1985).

On donne le nom de *dryopithecus* aux hominoïdés les plus anciens, qui étaient, comme il est montré dans le tableau 2.1, les précurseurs des deux familles, les pongidés et les hominidés (Pilbeam, 1972, 1985 ; Simons, 1972, 1977). Les dryopithèques étaient des primates qui vivaient dans des territoires étendus vers 30 à 12 MAAP. Sont intéressants, entre autres, les deux crânes du Kenya d'environ 16 MAAP, dénommés *proconsul*, lesquels sont apparentés au *Kenyapithecus africanus* (Pickford, 1985).

Tableau 2.1. L'évolution des lignées : hominidés, pongidés et hominiens

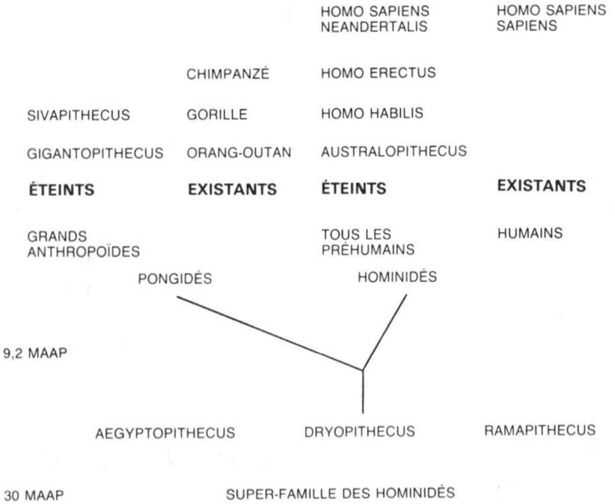

Malgré la distribution très vaste du *dryopithecus* — Hongrie, Grèce, Turquie, Inde, Kenya —, les étapes ultérieures de l'évolution hominidée sont restreintes à l'Afrique, où vécurent à la fois les australopithèques et l'*homo habilis* (figure 2.1). On peut se demander pourquoi seuls les dryopithèques africains participèrent à l'évolution de l'*homo*. Je crois que l'origine des australopithèques représenta une transformation exceptionnelle du genre postulé par Eldredge et Gould (1972) dans leur théorie des équilibres ponctués (section 1.3). Elle fut donc unique au sein d'une petite population isolée. Les dryopithèques restants ont fini par s'éteindre (tableau 2.1).

Jusqu'à ces dernières années, on plaçait le genre *ramapithecus* dans la famille hominidée à cause de sa mâchoire et de sa structure dentaire (figure 2.2c). Cependant, le *ramapithecus* est normalement daté à 12-14 MAAP (Tobias, 1975a), ce qui est antérieur à la séparation dans la lignée hominoïdée (moins de 10 MAAP) (voir plus bas) ; or le crâne récemment découvert à Lufeng, en Chine (Wu, 1984), l'identifie comme hominoïdé. Malheureusement, il y a une lacune presque totale de fossiles entre 8 et 4 MAAP (Tobias, 1975a ; Simons, 1981 Coppens, 1983). Le tableau 2.2 présente un résumé approximatif de l'évolution hominidée.

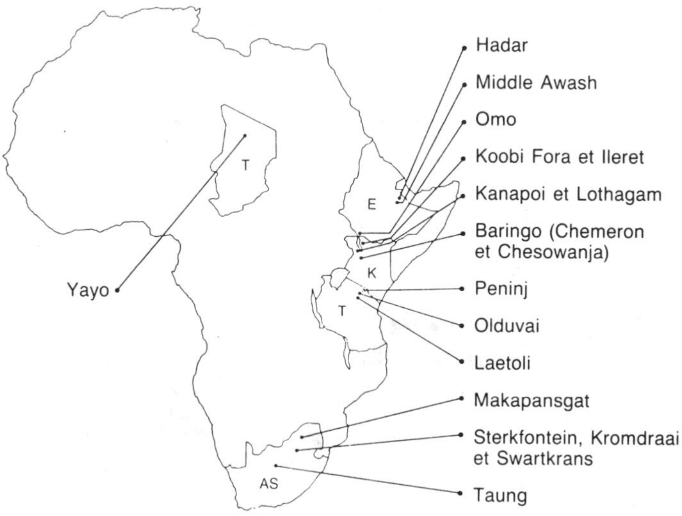

Figure 2.1. Carte montrant la localisation des principaux gisements fossiles d'hominidés.

Les mandibules des hominoïdés et des hominidés sont les fossiles les mieux conservés, surtout les dents. Il existe une discipline extraordinairement raffinée traitant de l'identification et de la description des dents. Parfois, les dents sont les seuls restes fossiles des hominidés. Il ne nous sera possible ici que de citer quelques exemples de la signification des mandibules et des dents. Dans la figure 2.2a, la mandibule d'un chimpanzé montre un parallélisme des arcades dentaires de chaque côté, qui se terminent par une grande canine. Chez l'hominoïdé *dryopithecus* (figure 2.2a), les arcades dentaires présentent un angle de 10°, mais les canines sont toujours importantes. La mandibule du ramapithèque (figure 2.2c) a évolué à 20° de divergence, se rapprochant ainsi des 30° de divergence de l'australopithèque (figure 2.2d). Les canines du ramapithèque se sont réduites, mais sont toujours plus grandes que les canines de l'australopithèque, lesquelles diffèrent très peu de celles de l'*homo sapiens*.

Tableau 2.2. Traces fossiles des origines de l'homme

Espèce ou genre	*Époque d'apparition (en années)*	*Époque d'extinction (en années)*	*Capacite crânienne moyenne (en cm³)*	*Autres caracteristiques*
Homo sapiens				
Races actuelles	30 000	Existantes	1 330	Magdalenien, aurignacien et civilisations actuelles.
Cro-Magnon				
Neandertal	100 000	30 000	1 470	Culture moustérienne. Premiers rites et ceremonies.
Races archaïques	300 000	200 000	1 300	Culture acheuléenne tardive.
Homo erectus	1 300 000	400 000	950	Culture acheuléenne. Premier usage du feu.
Homo habilis	2 000 000	1 600 000	700	Culture d'Olduvai. Premiers outils en pierre taillée.
Australopithecus robustus	3 000 000	2 000 000	550	Marche debout. Pas d'outils connus. Végétarien (?). Pas de notre lignée.
Australopithecus africanus	3 000 000	2 000 000	500	Marche debout. Pas d'outils connus. Omnivore (?). Peut-être de notre lignée.
Australopithecus afarensis	3 500 000	2 500 000	425?	Marche debout. Probablement de notre lignée.
Ramapithecus	14 000 000	10 000 000	?	Marche à quatre pattes. Dents proches du type de celles des hominidés.
Dryopithecines	22 000 000	12 000 000	?	Marche en s'appuyant sur le revers des doigts (?). Peut-être ancêtre commun aux anthropoïdes et aux humains.

La denture maxillaire merveilleusement arquée de l'homme contraste avec celle de l'orang-outan, chez lequel il y a presque parallélisme des arcades dentaires, autant que dans la mandibule du chimpanzé illustrée dans la figure 2.2a. Des mâchoires avec des dents prises à toutes les étapes de l'évolution hominidée sont représentées dans les figures 2.3, 2.4, 2.8 et 2.10. Tobias (1975a) dit que « les divers hominoïdés ont connu des degrés variables d'hominisation selon les traits qui composent le lot complexe des caractères hominidés. Il n'y a pas eu de front unique d'avancée de l'hominisation. »

Comme il a été dit au chapitre 1, Sarich et Cronin (1977), en utilisant leur méthode d'horloge moléculaire, ont fixé la date de la divergence hominidé-pongidé à au moins 5 MAAP, mais certainement pas plus de 10 MAAP. Cependant, à partir d'un modèle non-linéaire fondé sur des horloges calibrées paléontologiquement, Gingerich (1985) a estimé que la divergence hominidé-pongidé s'est produite à 9,2 MAAP en ce qui concerne les chimpanzés, et 9,8 MAAP pour ce qui est des gorilles. Ces dates sont plus éloignées que celles déduites par Simons (1981) de l'étude des traces fossiles (6 MAAP). Pour une discussion détaillée, voir Tobias (1975a, 1975b) et Simons (1981).

2.2 Les australopithèques

Les traces fossiles montrent que les étapes les plus anciennes de l'évolution des hominidés ont eu lieu exclusivement en Afrique, à la fois en Afrique orientale (Kenya, Tanzanie, Ethiopie) et en Afrique australe (Transvaal). Il existe des restes de squelettes de plus de 400 individus (Tobias, 1981a, 1983). La découverte africaine la plus ancienne remonte à 1925, date à laquelle Dart a trouvé à Taung, en Afrique du Sud, un crâne étonnamment bien conservé. La figure 2.3 montre ce crâne juvénile, dont la capacité est bien inférieure à 500 cm^3 (Tobias, 1971). Cette taille est à peine supérieure à celle d'un grand singe moderne, compte tenu de la moindre taille du corps. Pourtant, les squelettes des australopithèques témoignent d'une démarche bipède (section 3.3). Tobias (1983) donne des valeurs moyennes pour la taille du cerveau à partir d'un grand nombre de mâles et de femelles, mélangés pour éliminer le peu important dimorphisme sexuel :

chimpanzés	394 cm^3
gorilles	506 cm^3
orang-outan	411 cm^3

Par la suite, il y a eu d'autres découvertes d'hominidés en Afrique du Sud (voir carte de la figure 2.1) ayant des capacités

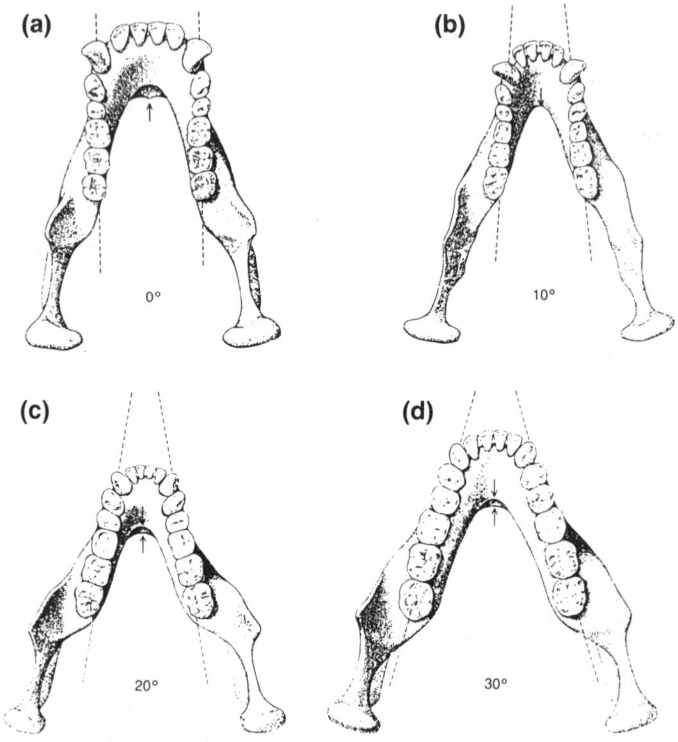

Figure 2.2. Quatre mâchoires inférieures présentant des variations quant à la divergence des arcades dentaires vers l'arrière, chez trois primates fossiles et un chimpanzé actuel. **(a)** Mandibule de chimpanzé actuel : son arcade dentaire, avec sa forme typique en U, comprend deux rangées de dents parallèles ; le degré de divergence est donc nul. **(b)** Reconstitution d'une mandibule de dryopithèque : les rangées de dents divergent d'environ 10° d'angle en moyenne. **(c)** Reconstitution composite d'une mandibule de ramapithèque : les rangées de dents, là où elles ont été conservées, font un angle d'environ 20° en moyenne. **(d)** Reconstitution d'une mandibule d'australopithèque : l'angle de divergence des rangées de dents est en moyenne de 30°. Ces angles sont de plus en plus ouverts chez les hominidés plus récents. Les flèches montrent des différences dans les deux contreforts de l'arête maxillaire, le tore inférieur et le tore supérieur. Les anthropoïdes actuels ont un tore inférieur de grande taille, en plateau ; chez le dryopithèque, c'était le supérieur qui était dominant. Chez le ramapithèque et l'australopithèque, les deux arêtes sont bien développées. (D'après *Ramapithecus*, de E.L. Simons. Copyright mai 1977, Scientific American Inc., tous droits réservés.)

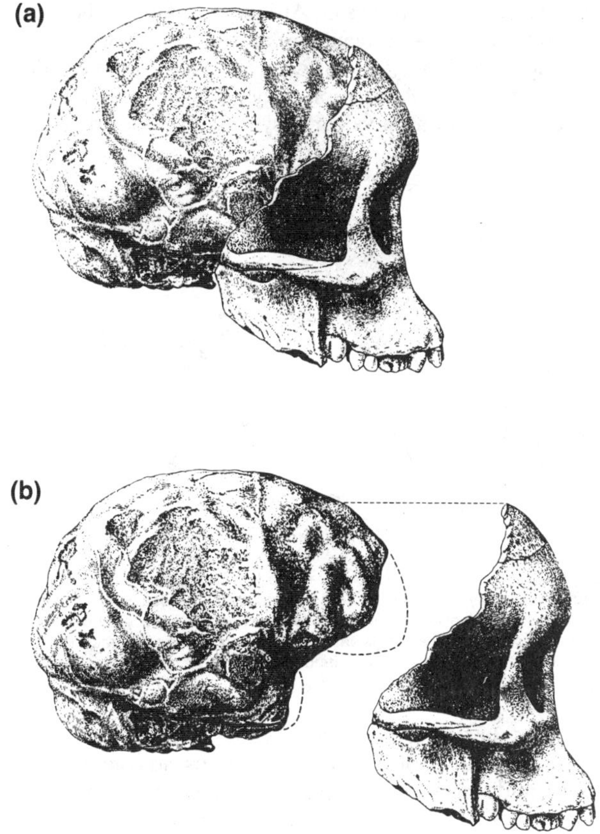

Figure 2.3. Crâne d'un sujet jeune, du site de Taung. Le premier australopithèque à être exhumé. En **(a)** une partie du crâne fossilisé est montrée en place, appliquée au moulage naturel du cerveau ; elle comprend les os de la face, la mâchoire supérieure et une partie de la mâchoire inférieure. En **(b)** le moulage est figuré à part, avec en pointillé les parties des lobes frontal et temporal qui n'ont pas été conservées. (D'après *Casts of Fossils of Hominid Brains* [Moulages de cerveaux fossilisés d'hominidés], de R.L. Holloway. Copyright juillet 1974, Scientific American Inc., tous droits réservés.)

crâniennes de 428-480 cm^3, la valeur moyenne étant de 441 cm^3. Le nom d'*australopithecus africanus* est dû à Dart (Tobias, 1971, 1983). On a également trouvé en Afrique orientale des hominidés bipèdes ayant de petits cerveaux, qu'on a classés comme des australopithèques. Holloway (1983) donne les tailles estimées de six cerveaux provenant d'Afrique orientale, dont le volume varie de 400 à 582 cm^3, et dont la valeur moyenne serait de 445 cm^3.

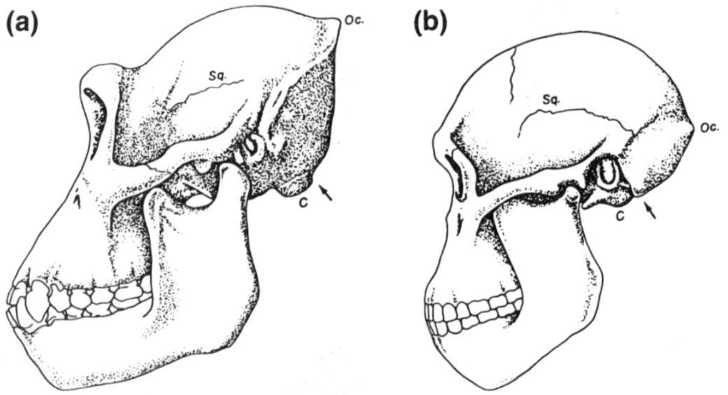

Figure 2.4. Comparaison entre un gorille femelle **(a)** et *australopithecus africanus* **(b)**. Remarquez le contraste quant à la hauteur de la nuque (Oc. = occiput), et à la position et à l'orientation du trou occipital (flèche) et des condyles (C). La face est moins longue chez *A. africanus* parce que les dents de devant sont moins grosses, et aussi parce que la rangée de dents se trouve « rentrée » en dessous de la face. (Le Gros Clark, 1964.)

Les crânes illustrés dans la figure 2.4 montrent l'énorme transformation survenue depuis le gorille, qu'on prend comme modèle de l'hominoïdé qui a évolué par la suite pour devenir le premier hominidé, l'australopithèque (*australopithecus africanus*) (figure 2.4b). Bien que les tailles des cerveaux soient comparables, il y a une grande différence dans les visages et dans les mâchoires. On note déjà une réduction de la taille des dents et une importante réduction des canines.

Une malheureuse controverse a surgi au sujet des rapports entre les découvertes opérées en Afrique du Sud et en Afrique orientale. A Laetoli, en Tanzanie (figure 2.1), on a trouvé une gamme de fossiles hominidés remontant à environ 3,8 MAAP, et, plus tard, au cours des années 1970, on a fait une découverte très riche à Hadar, en Ethiopie (figure 2.1). Une fois reconstitués, les crânes indiquèrent des volumes de cerveau comparables à ceux des australopithèques d'Afrique du Sud. Ceux des ossements qui n'étaient pas crâniens montrèrent qu'ils étaient tous bipèdes.

La datation des fossiles de Hadar est de 3,1 à 2,6 MAAP, ce qui est quasiment la même qu'en Afrique du Sud : de 3,0 à 2,5 MAAP (Tobias, 1981a). Par un raisonnement taxonomiquement étrange, Johanson et White (1979) ont réuni les fossiles très éloignés de Hadar et de Laetoli en une seule espèce distincte, *australopithecus afarensis*, du nom de l'Afar, en Ethiopie. Non seulement les hominidés de Laetoli étaient éloignés de 1 600 kilomètres de Hadar, mais ils les précédèrent d'environ 600 000 ans. Cette manœuvre aboutissait à isoler l'*australopithecus africanus* du Transvaal, et plus tard de l'Omo (figure 2.1), de l'avancée principale des hominidés, celle qui est censée conduire de l'*australopithecus afarensis* à l'*homo habilis*, avancée reconnue à Laetoli, à Omo et à Koobi (Johanson et White, 1979).

Tobias (1981a) et d'autres ont très efficacement critiqué cette création d'une nouvelle espèce (*australopithecus afarensis*) en soulignant que les différences entre les fossiles de Hadar et de Laetoli, pris ensemble et ceux de l'*australopithecus africanus* du Transvaal n'atteignent pas le niveau de la spéciation. Johanson (1985) a essayé de répondre aux critiques dirigées contre cette création d'une nouvelle espèce, l'*australopithecus afarensis*. Il fournit une liste de 22 traits morphologiques primitifs pour appuyer sa thèse, mais ceux-ci paraissent n'être que des variations quantitatives ou probabilistes mineures et prévisibles entre individus de même espèce séparés par l'espace et le temps.

Pour les besoins de ce livre, il suffit de reconnaître la diversité à l'intérieur de l'espèce *australopithecus africanus*, comme l'illustre la tige principale de la figure 2.1. Dans la période australopithèque, il a pu y avoir des variantes locales et même des sous-espèces. Cette possibilité est reconnue par les noms que suggère Tobias (1983) :

Australopithecus africanus transvaalensis
Australopithecus africanus tanzaniensis
Australopithecus africanus aethiopicus.

L'espèce des *australopithecus africanus* posséderait une propriété de *réticulation* : elle aurait pendant les périodes de séparation évolué en sous-espèces, qui se seraient métissées à l'occasion de regroupements géographiques. Ainsi, le flux génétique servirait à préserver l'intégrité de l'espèce dans un état de stase virtuelle. Comme il est indiqué dans la figure 2.6, il y a eu cladogenèse catastrophique vers 2,5 MAAP.

On distingue les australopithèques de leurs ancêtres hominoïdés d'abord par leur posture verticale et par leur démarche bipède (chapitre 3), puis par une denture différente et des canines plus petites (figure 2.2d), enfin (et c'est ce qu'il y a de plus important) par une légère augmentation de la taille du cerveau par rapport au poids présumé du corps (figure 2.6). On traitera en détail de la posture verticale et de la démarche bipède dans la section 3.3. On a discuté plus haut de la denture dans la section 2.1.

Il existe une technologie raffinée pour reconstituer les crânes (voir figures 2.8 et 2.10, *infra*) à partir des fragments trouvés au cours de la fouille. Une technique spéciale de moulage interne avec une substance malléable a été développée pour produire un modèle du cerveau qui occupait ce crâne (Holloway, 1974, 1983). Cependant, la figure 2.3b montre un moulage interne naturel rattaché à la partie antérieure du crâne de Taung. Le crâne est rempli de sable calcifié. Quand on compare le moulage d'un crâne d'australopithèque avec le moulage interne d'un crâne de grand singe moderne, il semble y avoir très peu de différence pour ce qui est de la taille et de la forme du cerveau (figure 2.7). Au plus, on note un léger développement du lobe inférieur frontal dans la zone correspondant à l'aire de Broca associée à la parole, et il est possible qu'il y ait eu quelque augmentation de la taille du lobe pariétal supérieur (Tobias, 1983 ; Holloway, 1983).

L'*australopithecus africanus* a existé pendant plus de 2 millions d'années (figure 2.5), avec tout au plus un changement évolutif graduel. Puis est survenue une séparation brutale, vers 2,5 MAAP (Tobias, 1983). Il y a eu d'un côté deux nouvelles espèces du genre *australopithecus*, l'*australopithecus robustus* en Afrique du Sud et l'*australopithecus boisei* en Afrique orientale, toutes deux dotées de corps plus robustes et d'un volume cérébral légèrement accru. On aurait pu s'attendre que ces développements leur donnent quelque avantage ; l'une et l'autre disparurent néanmoins vers 1 MAAP (figure 2.5). L'*australopithecus africanus* originel ne survécut pas longtemps, lui non plus, à la séparation (figure 2.5), qui eut pour conséquence une ramification soudaine formant une nouvelle espèce si différente qu'on s'accorde en général à la considérer comme le premier membre d'un nouveau genre. Ce genre, l'*homo*, est notre genre à nous.

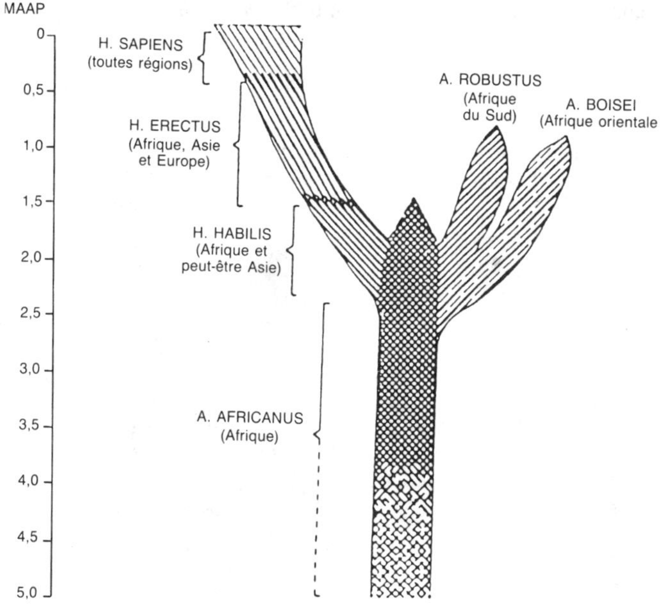

Figure 2.5. Schéma de la phylogenèse des hominidés. Les chiffres de gauche expriment le nombre de millions d'années avant le présent (MAAP). La partie basse du tronc de l'« arbre », de teinte moins sombre, pourrait être occupée par les hominidés fossiles de Hadar et de Laetoli (*A. afarensis*). (Tobias, 1983.)

Que pourrait-on donc dire, globalement, de l'*australopithecus africanus ?* Après sa grande réussite des débuts de la démarche bipède, avec tous les avantages et tous les dangers de cette vie terrestre, il est retombé dans un état de stase évolutive. L'*australo-*

pithecus africanus continua seul, à travers les vicissitudes de la biosphère africaine, la lignée des hominidés. Pour attendre la révolution génétique que constituerait l'avènement de l'*homo habilis* au gros cerveau, la survie suffisait. Premiers dans la course de relais de l'évolution des hominidés, les *australopithecus africanus* remplirent leur mission qui était de transmettre la torche (leurs gènes) aux coureurs suivants, les *homo habilis*.

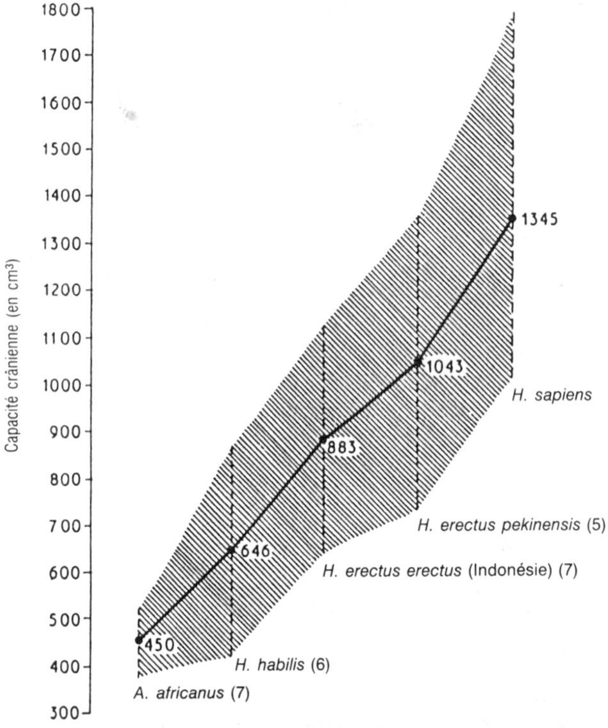

Figure 2.6. Capacité crânienne moyenne et fourchette occupée par 95 % de la population, chez cinq hominidés fossiles. Le graphique illustre de façon frappante comment leur capacité crânienne brute a triplé en 3 millions d'années environ. (Tobias, 1983.)

2.3 L'*homo habilis* (Tobias, 1987)

Une remarquable série de découvertes en Afrique du Sud et de l'Est (figure 2.1) a démontré que la lignée des hominidés à partir des australopithèques y poursuivit son développement. Les premières indications de cette évolution ont été des dents fossiles et des outils en pierre retrouvés ensemble en Afrique australe. Puis, au cours des années 1960, la famille Leakey a découvert à Olduvai, en Tanzanie, et au lac Turkana, au Kenya (figure 2.1), des fossiles hominidés attestant une augmentation de la taille du cerveau (figures 2.6 et 2.8a) et des outils témoignant de l'essor d'une civilisation de la pierre appelée civilisation oldovane (figure 6.10a).

Par suite de l'accroissement très important de la taille du cerveau — de 450 cm^3 en moyenne chez l'*australopithecus africanus* à 646 cm^3 en moyenne ici, soit une augmentation de 46 % —, on a classé ces hominidés dans le genre *homo* (Mayr, 1973). Dart leur a choisi *habilis* comme nom d'espèce parce que ce sont eux qui ont inauguré la civilisation des outils de pierre. Il n'y a pas d'accroissement significatif de la taille du corps, et celui de la taille du cerveau constitue donc une avancée remarquable.

Les moulages internes de cerveaux d'*homo habilis* (figure 2.8a) montrent que cette dilatation du cerveau n'est pas uniforme (Tobias, 1983 ; Holloway, 1983). On note certes un développement du lobe frontal dans l'aire de Broca, mais le plus intéressant est l'amplitude arrondie du lobe pariétal inférieur, correspondant pour partie à l'extension de l'aire de la parole de Wernicke (chapitre 4, figure 4.3). On assiste aussi à un développement du lobe pariétal supérieur. Comme le dit Tobias (1986),

> « l'apparition de l'*homo habilis* marque le début d'une phase nouvelle dans l'évolution humaine — le développement d'un hominidé ayant un grand cerveau, sachant manier des outils, et qui dépend d'une civilisation. Le processus d'hominisation apparu chez l'australopithèque opère un saut quantique dans la direction de l'homme moderne. »

L'*homo habilis* semble s'être cantonné à l'Afrique du Sud et de l'Est. Après sa séparation brutale de l'*australopithecus africanus*, qui le fit apparaître vers 2,5 MAAP, il a continué à habiter sa patrie africaine sans changement notable jusqu'à environ

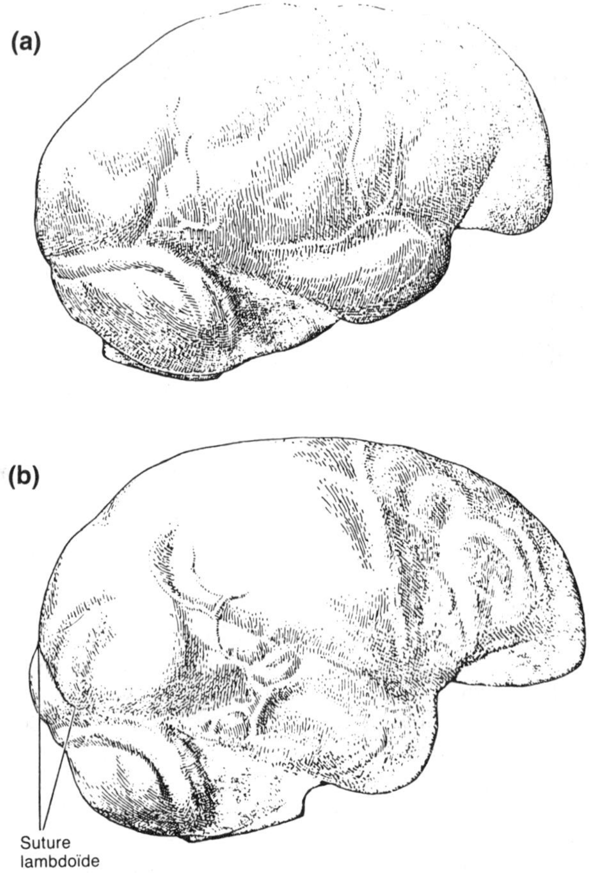

Figure 2.7. Moulages de l'intérieur du crâne **(a)** d'un chimpanzé, *pan troglodytes*, et **(b)** d'un *australopithecus africanus* du type gracile. Dans les deux cas, l'empreinte des circonvolutions et scissures du cortex cérébral n'est guère détaillée. On voit cependant que l'organisation neurologique est différente. Le cerveau de l'hominidé est plus bombé, surtout dans la région pariétale. La face orbitale du lobe frontal est déplacée vers le bas, alors que le rostre olfactif du chimpanzé fait saillie vers l'avant. (Holloway, 1974.)

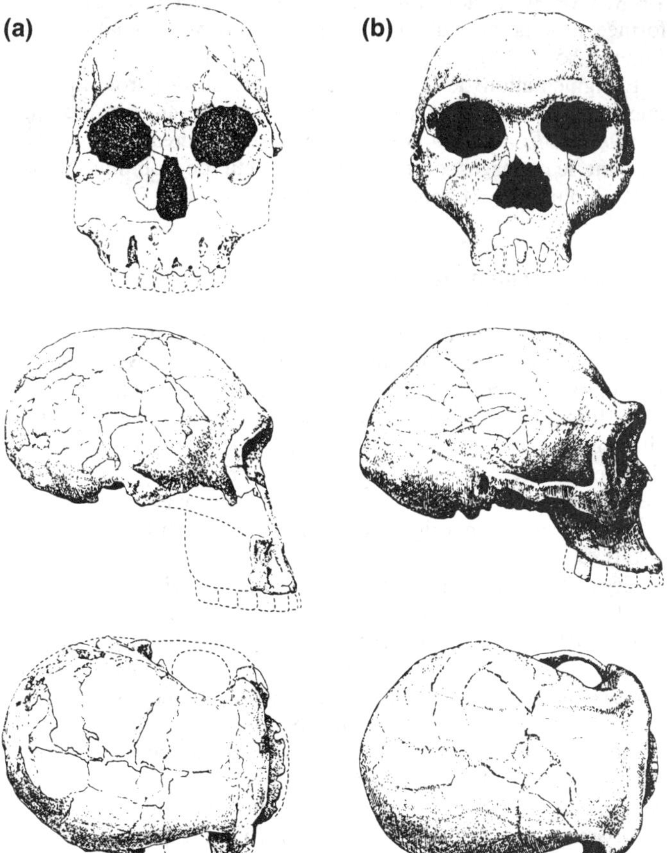

Figure 2.8. (a) Fossile d'hominidé, KNM-ER 1470. Ce crâne provient de la partie inférieure de la formation géologique de Koobi Fora ; il est vieux d'au moins 1,6 million d'années et peut-être de plus de 2,5 millions d'années. Sa capacité crânienne est d'environ 775 cm³. **(b)** Crâne appartenant au genre *homo* trouvé dans les gisements de fossiles à l'est du lac Turkana. Il représente les débuts d'une espèce d'hominidés, *homo erectus*, dont les restes fossiles furent découverts d'abord à Java et en Chine. KNM-ER 3733 est vieux de plus de 1,5 million d'années, donc un million d'années plus ancien que les spécimens trouvés en Chine. Cette ancienneté incite fortement à penser que l'espèce *homo erectus* a pris naissance en Afrique. KNM-ER 3733 possède une capacité crânienne d'environ 850 cm³. (Walker et Leakey, 1978.)

1,6 MAAP. A ce moment-là, la stase de 900 000 ans s'est transformée en saltation. La grande étape suivante a été l'*homo erectus* (figures 2.5 et 2.6).

L'augmentation de la taille des régions de la parole indique que celles-ci furent utilisées. Nous pouvons en déduire que l'*homo habilis* a fait un grand pas en avant en créant et en développant le langage comme moyen effectif de communication. Cette évolution sera abordée dans le chapitre 4.

2.4 L' *homo erectus*

Au cours des années 1890, Dubois a fait à Java une découverte étonnante : des fossiles hominidés dont les crânes aux parois plutôt épaisses avaient une capacité d'environ 850 cm^3. On attribuait à ces fossiles un âge supérieur à 700 000 ans. Plus tard, d'autres sites ont été retrouvés à Java. Quand, durant les années 1920, d'autres fossiles dotés de cerveaux encore plus grands furent découverts près de Pékin, il semblait clair que notre lignage hominidé avait son origine en Asie (Pilbeam, 1972 ; Howells, 1966).

Cependant, la situation fut complètement bouleversée lorsque des fossiles dotés d'un gros cerveau (850 cm^3 environ) et remontant à plus de 1,5 MAAP furent mis au jour en Afrique (Walker et Leakey, 1978). Les sites africains se trouvent à Olduvai, en Tanzanie, et au lac Turkana, au Kenya. Tous ces fossiles asiatiques et africains se ressemblaient beaucoup pour ce qui concernait le crâne, les mâchoires et les dents. Le crâne de la figure 2.8b, originaire du lac Turkana, était doté d'un cerveau de 850 cm^3 ; il remonte à 1,5 MAAP. Le moulage interne (figure 2.9a) est à comparer à celui d'un cerveau humain (figure 2.9b).

Il régnait une certaine confusion taxonomique quand on attribuait à presque chaque nouveau fossile un nom distinct en rapport avec le site de sa découverte. On aboutit à une grande simplification (Howells, 1966) le jour où tous les spécimens ayant des cerveaux de 800 à 1 200 cm^3 et remontant à 0,5-1,5 MAAP furent regroupés sous la domination d'*homo erectus*, avec toutefois quelques sous-espèces reconnues, comme indiqué dans la figure 2.6, où l'on trouve l'*homo erectus erectus* pour les fossiles indonésiens, ainsi que l'*homo erectus pekinensis*. On a découvert des fossiles identifiés comme *homo erectus* à Java (Trinil et Djetis), en Chine (Lantian), et en Europe (Heidelberg).

Ainsi, du fait de la datation, l'hypothèse la plus simple est qu'à partir d'un lieu d'origine présumé en Afrique orientale vers 1,5 MAAP, l'*homo erectus* émigra pour peupler l'Afrique, l'Europe et l'Extrême-Orient. Ce fut la première grande migration des hominidés. A l'évidence, l'*homo erectus* fut un hominidé particulièrement réussi et un grand aventurier, même s'il faut reconnaître qu'il s'est écoulé 500 000 ans (c'est énorme) avant que la migration ne parvienne à atteindre l'Extrême-Orient.

En Afrique orientale et en Europe, les fossiles de l'*homo erectus* sont associés à une civilisation très originale, dotée d'un outillage en pierre et dite acheuléenne. La gamme d'outils comprenait des haches à main taillées, des racloirs, des lames et des pointes comme on peut en voir dans la figure 6.10b (Stebbins, 1982). Le développement de cette civilisation à outils a été mis en lumière par Louis et Marie Leakey dans leurs fouilles à la gorge d'Olduvai, en Tanzanie (Leakey et Lewin, 1977). Au niveau le plus bas se trouvaient les outils oldovains de l'*homo habilis* (figure 6.10a), puis, pendant 100 000 ans, quatre niveaux superposés d'outils faisant montre d'améliorations progressives ; enfin, tout en haut, les magnifiques outils acheuléens, (figure 6.10b). Cela témoigne d'une culture sophistiquée où la production d'outils est orientée vers des fins spécifiques. Dans cette région de l'Afrique orientale, l'*homo habilis* plus primitif coexista avec l'*homo erectus* pendant plus de 100 000 ans, chacun possédant sa propre culture indépendante. Nous ne pouvons que nous émerveiller devant le conservatisme de nos ancêtres hominidés (Leakey et Lewin, 1977).

2.5 Les Néandertaliens

En 1856, des ouvriers découvrirent dans la vallée du Neander, en Allemagne, des ossements humains fossilisés. Les fossiles semblaient provenir d'un type primitif d'*homo*. Quand des fossiles similaires furent mis au jour sur d'autres sites européens, il devint évident qu'il s'agissait là d'un précurseur important de l'*homo sapiens*. Trinkaus et Howells (1979) donnent de l'évolution du néandertalien un récit circonstancié qui fait autorité. Plus

(a)

(b)

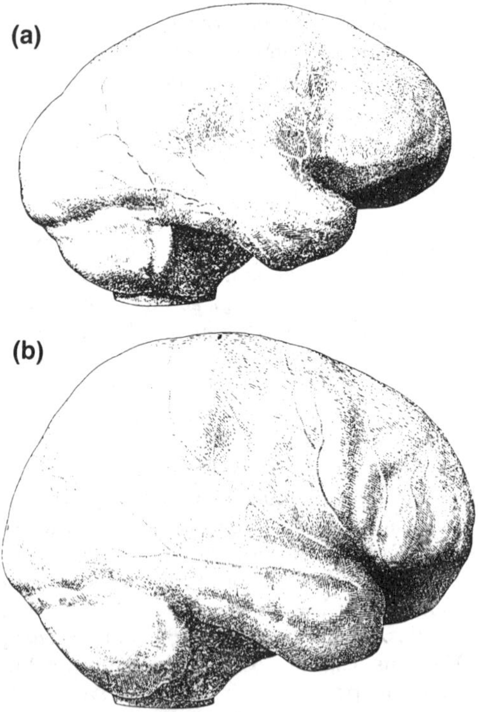

Figure 2.9. (a) Moulage du cerveau de l'*homo erectus*. Comme la figure 2.8a, celle-ci donne des indications sur l'organisation neurologique de l'homme. Pas plus que dans la plupart des moulages crâniens chez l'homme, il n'est possible de déterminer la position de la scissure post-calcarine ; mais l'expansion du lobe temporal et la forme spécifiquement humaine du lobe frontal ressortent bien. Il s'agit ici du spécimen VIII de Java ; il reflète cette conformation du crâne, au sommet un peu aplati, qui caractérise les formes fossiles d'*homo erectus* trouvées en Indonésie. **(b)** Moulage d'un cerveau d'*homo sapiens*, à partir d'un crâne appartenant à la collection de l'université Columbia. La hauteur du cortex cérébral, du sommet du crâne à l'extrémité du lobe temporal, ainsi que le lobe frontal vaste et pleinement arrondi, prouvent que l'aire de Broca est fortement développée et caractérisent le modèle d'organisation neurologique typique de l'*homo sapiens*. (D'après *Casts of Fossils of Hominid Brains*, de R.L. Holloway. Copyright juillet 1974, Scientific American Inc., tous droits réservés.)

récemment, Jelinek (1985) a présenté un survol critique de cette histoire complexe qui évolue constamment à la lumière des nouvelles découvertes et grâce aux nouveaux procédés de datation. Les néandertaliens constituent une entité distincte tout à fait essentielle dans l'évolution des hominidés. On leur accorde à juste titre une désignation spéciale : *homo sapiens neandertalensis*, que nous noterons HSN. L'HSN se distingue de l'HSS (*homo sapiens sapiens*), terme taxonomique qui recouvre toutes les races actuelles de l'humanité.

Les crânes néandertaliens des figures 2.10c et 2.10d sont tout à fait spécifiques quand on les compare aux crânes HSS des figures 2.10a et 2.10b. Ces derniers sont des exemples très intéressants de crânes HSS, dans la mesure où ils proviennent d'individus très anciens : le crâne (b) a été trouvé dans la caverne de Qafzeh, près de Nazareth, et peut remonter jusqu'à la date extraordinairement précoce de 60 000 AAP (ce point sera discuté plus tard) ; le crâne (a) vient de Předmosti, en Tchécoslovaquie, et remonte à 25 000 AAP. Les arcades sourcilières proéminentes des crânes HSN (c, d) prolongent un front fuyant derrière lequel s'étend une voûte crânienne longue et basse ayant une capacité cérébrale (1 450 cm^3 en moyenne) plus grande que celle des HSS (1 350 cm^3 en moyenne). La mâchoire se projette si loin en avant qu'il existe un vide caractéristique entre la dernière molaire et le bord de la branche ascendante du maxillaire, comme on peut le voir clairement dans les figures 2.10c et 2.10d (HSN), par comparaison avec les figures 2.10a et 2.10 b (HSS). Le nez et les os malaires sont situés très en avant, ce qui donne au visage, projeté en avant au-dessous des arcades sourcilières, un aspect tout à fait unique. Les dents de l'HSN sont plutôt plus grandes que celles de l'HSS. Cependant, l'aspect du visage et de la tête, portée droit sur un corps puissant et bien proportionné, devait déjà refléter une beauté humaine bien spécifique.

Les fossiles néandertaliens sont remarquablement similaires partout en Europe et au Proche-Orient (Trinkaus et Howells, 1979 ; Trinkaus, 1984). La transition de l'*homo erectus* à l'HSN s'est déroulée, semble-t-il, comme indiqué dans la figure 2.11 et par les points carrés sur la carte de la figure 2.12, exclusivement en Europe et au Levant. Le crâne s'accroît progressivement de la capacité cérébrale de 800-1 200 cm^3 de l'*homo erectus* vers celle de l'HSN, et les traits du visage sont intermédiaires. Jelinek

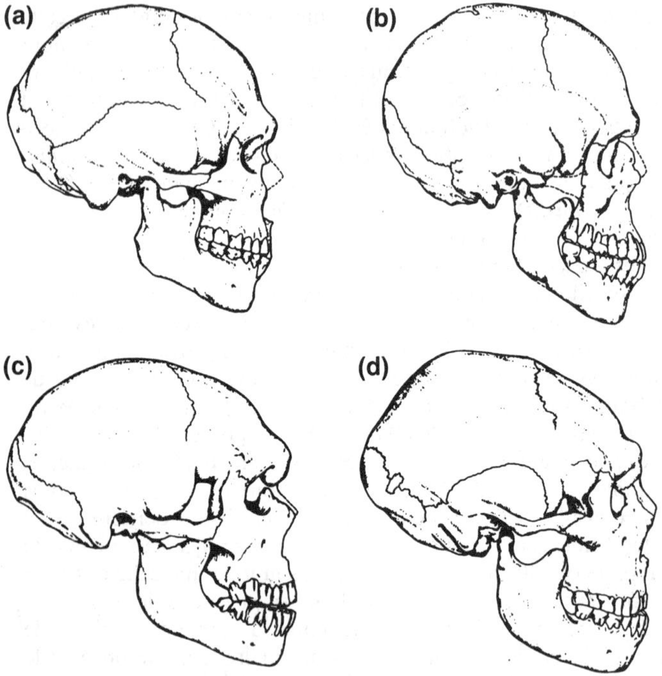

Figure 2.10. Quatre crânes fossiles, tous légèrement restaurés, vus de profil. **(a)** et **(b)**, dont l'anatomie se rapproche du type actuel, proviennent de Předmosti 3 (Tchécoslovaquie) et Qafzeh 9 (Palestine). **(c)** et **(d)**, de type Neandertal, proviennent de La Ferrassie 1 (France) et Shanidar 1 (Irak). Comparés aux crânes modernes, ceux de type Neandertal sont longs, surbaissés et massifs ; la face fait saillie vers l'avant, surtout autour du nez et des dents. Les crânes de type anatomique actuel ont une boîte crânienne plus ronde et plus haute, le nez et les dents s'alignent mieux sur les orbites. Il faut les comparer tous les quatre au précurseur de l'homme de Neandertal, *homo erectus,* représenté figure 2.8b. (Trinkaus et Howells, 1979.)

Figure 2.11. Répartition des hommes de Neandertal dans le temps. Ce tableau va d'il y a 10000 ans à 800000 ans. L'échelle des temps est logarithmique, ce qui agrandit l'espace où figurent le paléolithique moyen et supérieur, et le pléistocène supérieur. La dernière ère glaciaire de celui-ci va d'il y a 80000 ans à 10000 ans ; une période de réchauffement l'a interrompue il y a 35000 ans. Bien que beaucoup de gisements néandertaliens en Europe ne soient pas datés de façon précise, la plupart ont dû être habités il y a entre 75000 et 35000 ans (partie grisée). Les plus anciens fossiles de Krapina sont légèrement plus anciens que les autres néandertaliens d'Europe, mais la plupart sont de la même époque. D'autres gisements, d'il y a plus de 80000 ans, contiennent des fossiles qu'on peut classer dans la catégorie « Neandertal archaïque » : il s'agit de Sac-

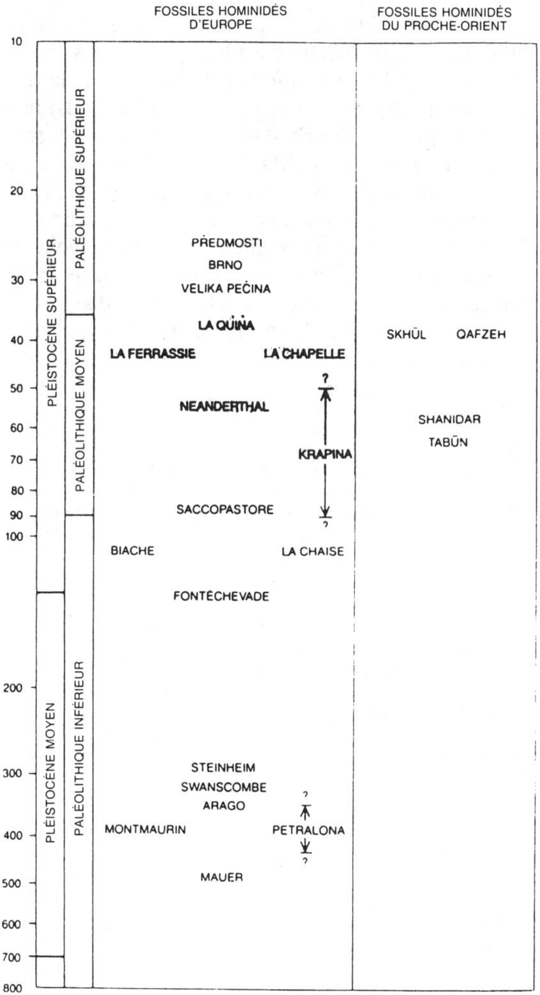

copastore, Biache et La Chaise. Certains fossiles européens encore plus anciens, qui s'échelonnent entre Fontechevade et Mauer, présentent divers degrés d'affinité tant avec les néandertaliens qu'avec *homo erectus*. Les gisements du paléolithique supérieur de Velika Pečina, Brno, Předmosti, Skhul et Qafzeh recèlent tous des fossiles humains de type moderne. (D'après *The Neandertals*, de E. Trinkaus et W.W. Howells. Copyright décembre 1979, Scientific American Inc., tous droits réservés.)

(1985) nomme la totalité de ce groupe *homo preneandertalis*. Après 130 000 AAP, on ne trouve plus que des fossiles et des outils HSN. Comme il est montré dans la figure 2.12, la distribution des fossiles HSN (représentés par des points ronds) recouvre largement l'Europe et le Proche-Orient, avec une concentration particulière, en France, dans le Massif central (en noir). La distribution plus étendue de l'HSN dans la figure 2.12 peut s'expliquer par une migration de l'*homo preneandertalis* à partir des sites européens. Pour les chasseurs-cueilleurs, il peut y avoir, par un processus dit de « gemmation », une avancée aléatoire de 20 kilomètres par génération entre sites, ce qui fait 1 000 kilomètres en 1 000 ans. L'étendue totale du territoire HSN a pu être ainsi atteinte en 5 000 ans.

Tableau 2.3.

Trait	*Néandertaliens orientaux*	*Néandertaliens d'Europe*	*Qafzeh-Skhūl*	*Débuts du paléolithique supérieur*	*Homme actuel*
Taille moyenne (cm)	166	165	177	178	
Capacité crânienne (cm³)			1 545	1 577	
Taux d'avancée de la face (mm)	99	97,5	83	85	~81
Longueur de la mandibule (normalisée) (mm)	25,3	26,6	22,8	21,5	~21
Largeur d'un côté de la mandibule (mm)	43	44,5	38,3	36	34
Hauteur de la face du nasion au prosthion (mm)	94	85	74,6	69	57,5
Largeur des deux mâchoires (mm)	114-120	109	107	96	98
Longueur de l'os pubien de la symphyse à l'acétabule (mm)	93-80		59-83	58-73	
Taux par rapport à la taille	166	167	117	120	
Largeur scapulaire (mm)	11,4		9,7		
Indice de courbure du radius	4,33	5,96	2,73	2,59	

Source : Trinkaus (1983).

2.6 L'*homo sapiens sapiens* (Facchini, 1984 ; Smith, 1984)

Les traits caractéristiques des crânes de la figure 2.10 recoupent les différences entre fossiles postcrâniens, lesquelles sont illustrées dans le tableau 2.3, où sont mentionnées parallèlement les mensurations des crânes. Les néandertaliens originaires d'Europe et d'Orient (essentiellement de Shanidar) font montre d'un visage saillant projeté en avant et d'un appareil masticatoire puissant. En général, on voit dans l'évolution de l'HSN en HSS le changement d'un être robuste en un être plus gracile (Trinkaus, 1983, 1984). On peut associer ce changement à une technologie améliorée dans l'acquisition de la nourriture (chasse et cueillette) et dans la préparation de cette nourriture avant consommation. On en infère que les robustes néandertaliens étaient désavantagés par rapport aux HSS à cause de leurs muscles inutilement massifs qui les poussaient à recourir à la force plutôt qu'à l'habileté.

Les os des membres des HSS étaient plus minces et plus longs, ce qui correspond à une augmentation de la taille des mâles et des femelles d'environ 12 cm. La courbure des avant-bras se réduisit, l'indice de courbure moyen du radius passant de 5,5 à 2,66. Les omoplates étaient plus minces — largeur moyenne de 11,4 mm pour les HSN, de 9,7 mm pour les HSS (Trinkaus, 1984). Mieux formés, les os de la main, en particulier du pouce, pouvaient assurer une prise plus ferme et plus précise, en dépit de la gracilité anatomique de la main. Le resserrement du bassin aurait eu pour résultat une amélioration de l'efficacité locomotrice, mais aux dépens d'une difficulté accrue de la parturition. Cependant, cette difficulté peut être réduite par une naissance plus précoce (voir section 5.5), ce qui peut être acceptable pour la sélection naturelle dans la mesure où il y a parentage amélioré des enfants prématurés (Trinkaus, 1984). La meilleure préparation de la nourriture se refléterait dans la diminution des points d'attache du muscle masticatoire et dans la réduction des composantes dentales antérieures par rapport aux prémolaires et aux molaires, lesquelles sont encore occupées par la mastication. Ainsi, les modifications squelettiques entre l'HSN et l'HSS peuvent être interprétées comme une mosaïque de changements adaptatifs.

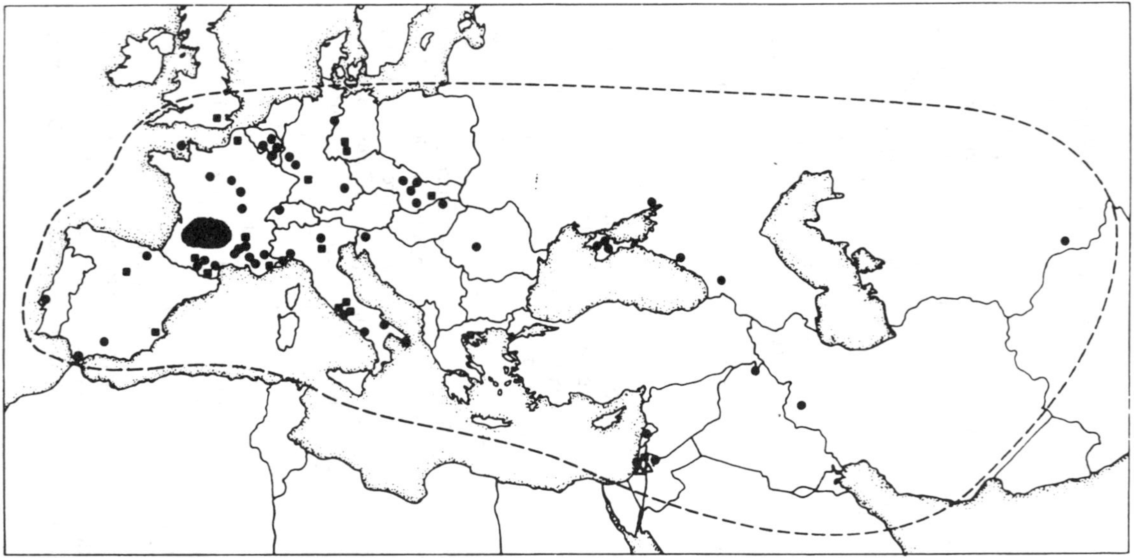

Figure 2.12. Distribution spatiale des sifes où ont été exhumés des fossiles néandertaliens. La plus grande concentration se trouve en France, dans le Massif central (en grisé), où ont été repérés au moins dix sites du Neandertal archaïque et vingt-cinq plus récents. Dans le reste de la carte on a figuré par des carrés les sites archaïques (avec 75 fossiles) et par des ronds les moins anciens (plus de 200 fossiles). Deux triangles blancs dans le Levant signalent l'emplacement de Nugaret-Skhūl et de Djebel Qafzeh. (D'après *The Neandertals,* de E. Trinkaus et W.W. Howells. Copyright décembre 1979, Scientific American Inc., tous droits réservés.)

Par contraste avec les débuts graduels des HSN, qui semblent dériver d'un processus de gradualisme phylétique à partir de l'*homo erectus* couvrant des centaines de milliers d'années (figure 2.11), leur remplacement par les HSS paraît avoir été très rapide, ne prenant pas plus de quelque 5000 ans dans chaque site. L'amélioration des procédures de datation rend évidemment ces dates sujettes à révision, mais elles indiquent néanmoins que la transition de l'HSN à l'HSS a eu lieu d'abord en Palestine, puis

Tableau 2.4.

	Palestine			*Europe centrale*	*Europe occidentale*
	Tabūn	*Skhūl*	*Qafzeh*		
HSN	45000			40000	35000
HSS		41000	70000	34000	32000

Source : Trinkaus (1983, 1984).

environ 5000 ans plus tard en Europe centrale, et quelques milliers d'années après en Europe occidentale. Il est plausible d'attribuer ces dates successives à un flux génétique lié à une migration ayant son foyer initial en Palestine et poursuivant son chemin vers l'ouest, à travers l'Europe, accompagnée du remplacement des néandertaliens par des HSS. Cela est confirmé non seulement par les fossiles, mais aussi par le remplacement du type d'outils moustérien par l'aurignacien (section 6.8).

Ont soulevé beaucoup d'intérêt les fossiles provenant de la caverne de Qafzeh, près de Nazareth, en Palestine, lesquels ressemblent à ceux de Skhūl et sont les plus anciens spécimens eurasiens d'un *homo sapiens* anatomiquement moderne. Les fossiles de Qafzeh-Skhūl montrent encore quelques traits néandertaliens, mais, par ailleurs, ils prennent tout à fait place dans la fourchette des mensurations des HSS (tableau 2.3). Par exemple, les hauteurs nasion-prothion du visage et les largeurs bimaxillaires sont intermédiaires. On a donc suggéré ici une hybridation. L'HSN et l'HSS sont des variétés de la même espèce, *homo sapiens*, et les accouplements peuvent donc être féconds. Il existe des traces comparables de formes intermédiaires en d'autres sites où l'HSN a été remplacé par l'HSS. La transformation d'une importante population indigène HSN en HSS semble indiquer que, dans l'hybridation, s'est manifestée une prédisposition en faveur de l'expression phénotypique des gènes distinctifs HSS. Cette idée est bien plus acceptable que l'autre terme de l'alternative, à savoir l'extermination éventuelle des néandertaliens.

On a laissé les questions les plus importantes pour la fin : comment, où et quand est né l'*homo sapiens sapiens* (l'homme moderne) ? Il existe deux explications concurrentes de la quasi-disparition des fossiles et des outils HSN (la culture moustérienne, figure 6.10c) en faveur de la culture aurignacienne des HSS les plus primitifs (Jelinek, 1985) :

1. Les HSS furent, en Europe, un peuple envahisseur constitué ailleurs. Du fait de l'efficacité supérieure des HSS, les néandertaliens se sont éteints ou ont été absorbés. Cette hypothèse dépend de l'identification du foyer d'origine éloignée supposé. Comme on le verra plus loin, ce site pourrait s'être trouvé en Afrique.
2. L'*homo sapiens sapiens* a évolué à partir des néandertaliens, sans doute par suite de quelque changement rapide à l'intérieur d'une petite communauté isolée (section 1.3). C'est l'hypothèse de Howells, dite de l'Arche de Noé (Stringer *et al.*, 1984). A cause du flux génétique ambiant dans la grande communauté néandertalienne (figures 2.11 et 2.12), une modification génétique locale ne pouvait s'étendre rapidement à la communauté néandertalienne tout entière. On ne peut qu'espérer qu'il y ait eu métissage et non massacre ! Les néandertaliens étaient des gens attachants, doués de compassion (chapitre 5), et vivant dans un pays fertile riche en animaux et en plantes. Pour que les HSS puissent finalement les remplacer, il dut y avoir accumulation progressive de géniteurs HSS d'abord localisés.

Reste le problème du site d'origine de l'*homo sapiens sapiens*. Il est probable que nous possédions déjà la réponse dans les très anciens sites paléolithiques supérieurs que constituent Qafzeh et Skhūl en Palestine (Trinkaus et Howells, 1979 ; Trinkaus, 1983 ; Jelinek, 1985). Les crânes qui en proviennent sont classés comme étant ceux d'*homo sapiens sapiens* (figure 2.10b), avec quelques traits néandertaliens fugitifs (tableau 2.3), mais ils sont tout à fait distincts des fossiles néandertaliens de Tabun, site voisin, lesquels ressemblent aux figures 2.10c et 2.10d. Si l'*homo sapiens sapiens* trouve bien son origine en Palestine, ce serait là un excellent exemple du mécanisme évolutionniste proposé pour rendre compte de la spéciation (section 1.3 ; Gould, 1982). Après le très long équilibre ou stase de l'*homo sapiens neandertalensis* pendant près de 100 000 ans (figure 2.11), on a assisté, dans un isolat périphérique (Qafzeh), à un changement génétique brutal, qui s'est propagé génétiquement au sein d'une petite population locale sans beaucoup se diluer dans le flux génétique général.

A l'origine, Qafzeh était estimé plus ancien que Skhūl, mais, récemment, on a jeté le doute sur sa datation (70 000-80 000 AAP), de beaucoup plus élevée que celle de Skhūl (41 000 AAP) (Jelinek, 1982, 1985). L'argument principal contre la datation plus ancienne de Qafzeh est qu'elle impliquerait un isolement total empêchant toute communication culturelle ou génétique pendant une période de 25 000 ans entre deux communautés voisines éloignées de seulement 30 kilomètres. Mais cet argument ne tient pas compte de l'incroyable conservatisme des hominidés. Par exemple, on a déjà remarqué (section 2.4) qu'en Afrique orientale l'*homo habilis* survit pendant plus de 100 000 ans dans les mêmes régions que l'*homo erectus*, plus évolué. Même au XXe siècle, on a découvert un extraordinaire exemple d'isolement tribal dans les montagnes de Nouvelle-Guinée. Jusqu'à l'arrivée des administrateurs australiens, les tribus ont vécu en parfait isolement , chacune parlant une langue totalement différente. On estime à environ 700 le nombre de langues distinctes en Nouvelle-Guinée ! Même des tribus voisines séparées par des reliefs géographiques insignifiants parlaient des langues radicalement différentes. Après des études approfondies, les linguistes ont conclu que le paysage linguistique observé impliquait que chaque tribu ait vécu isolée de ses voisines pendant une période de 4 000 ans. Cet isolement aurait pu se perpétuer indéfiniment, bien qu'on ait pu noter des cas d'incursions génétiques causées par les femmes faites prisonnières au cours de guerres tribales, comme par exemple quand la tribu Gimi capturait des femmes Fore (Gajdusek, 1973).

Un tel isolement culturel a pu se produire en Palestine à partir de 70 000 AAP, date à laquelle, semble-t-il, les hommes modernes sont apparus à Qafzeh (figure 2.10b) du fait d'un changement génétique saltationniste, ou bien d'un « ensemencement » originaire d'Afrique. Après 20 000 à 30 000 années d'isolement, le changement génétique HSS atteignit Skhūl, produisant là-bas également une population d'*homo sapiens sapiens* primitive, avec seulement quelques traits néandertaliens, comme l'indique le tableau 2.3. La population HSS élargie put alors étendre ses gènes distinctifs à l'Europe pendant les 10 000 ans qui suivirent (figure 2.11 ; tableau 2.4). Peu à peu, son intelligence supérieure et son habileté à manier une technologie avancée dans la chasse, la cueillette et la préparation des nourritures permit aux HSS de coloniser la patrie des néandertaliens, l'Europe. Apparemment, les hommes modernes purent accepter un certain mélange de gènes néandertaliens sans que leurs traits spécifiques en soient affectés.

Revenons-en maintenant au premier terme de l'alternative, selon lequel le monde néandertalien aurait été envahi par une population HSS étrangère. Le nombre et la qualité des fossiles en Europe et au Proche-Orient (illustrés dans les figures 2.10, 2.11 et 2.12) nous ont conduit à nous concentrer sur ces régions dans notre recherche des origines de l'*homo sapiens sapiens* (second terme de l'alternative, évoqué ci-dessus). Nous nous sommes fondés sur les survols de Trinkaus et Howells (1979) ainsi que sur les nombreux écrits récents de Trinkaus (1983-1984). Cependant, il nous faut maintenant considérer les positions en faveur d'une origine africaine de l'*homo sapiens sapiens* formulées par Brauer (1984), Rightmire (1984) et Stringer *et al.* (1984).

Jusqu'à la naissance de l'*homo erectus* (section 2.4), l'Afrique fut le site incontesté de l'évolution des hominidés, comme on l'a vu au début de ce chapitre, mais elle semble avoir perdu sa prééminence après la migration de l'*homo erectus* en Eurasie. Néanmoins, au cours de ces quinze dernières années, on a assisté à de nombreuses découvertes de fossiles et à des améliorations des méthodes de datation qui permettent de formuler l'hypothèse qu'en Afrique orientale l'*homo erectus* évolua à travers des hominidés ressemblant aux prénéandertaliens d'Europe, puis à travers une étape néandertaloïde, jusqu'à l'*homo sapiens sapiens* (Brauer, 1984). Les fossiles de la première apparition de l'*homo sapiens sapiens* sont datés à 90 000 AAP, voire plus tôt, ce qui est bien antérieur à la première apparition de l'HSS en Eurasie, et même à la douteuse datation ancienne des fossiles HSS de Qafzeh. Malheureusement, les fossiles africains identifiés phylogénétiquement par Brauer (1984) comme étant des *homo sapiens* anatomiquement modernes, bien que primitifs (Klasies, Border Cave, Omo 1, Kamjera, Mumba), sont plutôt fragmentaires et de datation inadéquate. Cependant, leur antériorité par rapport aux fossiles HSS eurasiens est généralement admise. Des traces fossiles bien meilleures pourraient apparaître prochainement grâce aux fouilles intensives entreprises actuellement. Déjà, la distribution des sites où ces fossiles HSS ont été découverts est très étendue en Afrique orientale et australe. Et il existe désormais maintes preuves qu'à l'époque de l'âge de pierre, les Africains égalaient ou même dépassaient les Européens pour ce qui concerne l'outillage lithique (Brauer, 1984).

La question la plus importante pour nous est l'origine de l'HSS eurasien. Celui-ci était-il autochtone, ou sa naissance fut-elle déclenchée génétiquement par la migration de populations HSS, probablement le long de la vallée du Nil ? On peut supposer que ce fut par ce chemin que les populations d'*homo erectus* d'Afrique orientale migrèrent en Eurasie pour amorcer leur grand développement à Java et en Chine (section 2.4). Les dates anciennes de l'*homo sapiens* anatomiquement moderne en Afrique sub-saharienne (plus de 100 000 AAP) donneraient du temps pour cette migration. Qafzeh et Skhūl, en Palestine, seraient des jalons sur la route conduisant à une distribution extensive en Eurasie. Malheureusement, il n'existe qu'un seul fossile hominidé sur cette supposée route du Nord. C'est celui de Singa, au Soudan, dont la datation est douteuse. Probablement est-ce un *homo sapiens* primitif, et non un HSS anatomiquement moderne (Rightmire, 1984).

2.7 Problèmes de l'évolution des hominidés (Facchini, 1984)

Un exceptionnel moyen de compréhension de la lignée humaine est fourni par l'analyse de l'ADN mitochondrial d'un grand nombre de gens de races différentes habitant une aire géographique importante (Cann, Stoneking et Wilson, 1987). L'ADN mitochondrial est hérité seulement du côté maternel. Par une technique spéciale appelée association par restriction, il est possible de remonter l'arbre généalogique matriarcal. La conclusion stupéfiante est que toute la population humaine sur terre descend d'une seule et même femme censée avoir vécu il y a environ 200 000 ans, probablement en Afrique, dans la mesure où une branche particulièrement ancienne de l'arbre généalogique ne contient que des Africains noirs. Comme le font remarquer Cann *et al.* (1987), cela impliquerait que l'*homo sapiens sapiens* ait pour origine l'Afrique et se soit propagé à partir de là pour peupler le monde entier. Cependant, on peut rester réservé jusqu'à ce que ce travail ait été confirmé et critiqué.

Une autre complication concerne le sort ultime de l'*homo erectus* avancé de Java et de Chine (figures 2.5, 2.6 et 2.13), dont le cerveau avait plus de 1 000 cm^3. Au surplus, il y a quelque 300 000 ans, existait à Java l'homme de Solo, qui était un développement ultérieur de l'*homo erectus*, doté d'un cerveau atteignant jusqu'à 1 200 cm^3. Apparemment dans l'isolement, l'*homo erectus* a atteint un état prénéandertalien similaire à celui d'Europe (figure 2.11). Stringer *et al.* (1984) émettent l'hypothèse d'une évolution en Asie du Nord de l'*homo erectus* à l'*homo sapiens*, peut-être analogue à celle des néandertaliens. Un développement semblable peut être proposé pour Java. Propagation de l'*homo sapiens sapiens* à partir d'un site proche-oriental (Qafzeh) ou transfert africain jusqu'au site ? La question semble rester ouverte. Il faut noter que l'hypothèse d'un transfert africain paraît reléguer la population HSS africaine à un statut marginal, car, pour des considérations géographiques, la conquête du monde par l'*homo sapiens* a dû partir d'un foyer eurasien.

De ce lieu d'origine supposé, l'*homo sapiens sapiens* a connu une réussite quasi miraculeuse, prenant possession de toute la terre habitable en 15 000 ans environ : de l'Asie en Amérique à travers le détroit de Bering et en Australie à travers l'archipel de la Sonde, les hominidés ayant pu les franchir tous deux à pied pendant la dernière période glacière.

L'évolution biologique semble s'être arrêtée depuis 40 000 ans. Le cerveau de l'HSS, né il y a 70 000 ans (figure 2.10b), possède d'énormes potentialités de développement culturel et une énergie prodigieuse. Ces capacités ont transformé non seulement la vie et l'activité humaines, mais aussi la totalité de la planète Terre. L'évolution culturelle a remplacé l'évolution biologique ; cette question sera traitée au chapitre 10. Au chapitre 6, on discutera des objets façonnés tels que les outils en pierre, puis des peintures des cavernes et des sculptures primitives. Au chapitre 5, on assistera à l'aube de la spiritualité chez les néandertaliens, qui avaient des cérémonies funéraires et qui les accompagnaient même d'offrandes de fleurs (Solecki, 1971, 1977).

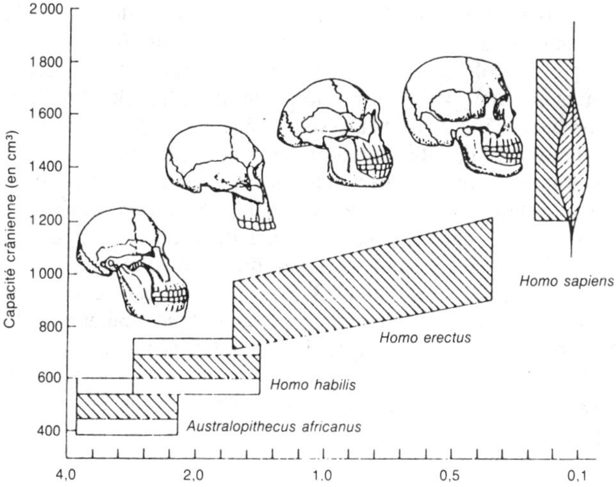

Figure 2.13. Graphique montrant l'accroissement de la capacité crânienne au cours des deux derniers millions d'années, à travers les crânes de l'*A. africanus*, de l'*homo habilis*, de l'*homo erectus* et de l'*homo sapiens*. Le quadrilatère hachuré figure à la fois l'époque où a vécu chaque espèce, et la taille de son cerveau. Le rectangle d'*homo sapiens* vaut pour HSN et pour HSS. Le fuseau hachuré représente la capacité crânienne de l'HSS actuel et la distribution statistique de celle-ci. (D'après *Darwin to DNA, Molecules to Humanity*, de G. Ledyard Stebbins. Copyright 1982, W.H. Freeman and Co. Reproduit avec autorisation.)

Quand on considère cette expansion mondiale, il n'est pas inutile de mentionner les estimations faites de la taille des populations au cours des étapes les plus tardives de l'évolution des hominidés. Des populations s'adonnant à la chasse et à la cueillette comme celles des australopithèques, de l'*homo habilis* et de l'*homo erectus* étaient nécessairement formées de petits groupes tribaux de 30 à 50 individus au plus, et le nombre total des hominidés en Afrique ne dépassait donc probablement pas les quelques milliers. Même au moment de l'expansion de l'*homo erectus* en Asie, vers 1 million AAP, on estime la population mondiale à 125 000 (Deevey, 1960). A l'époque des néandertaliens, la population ne croissait vraisemblablement pas beaucoup. La communauté de Shanidar ne serait jamais allée au-delà de la centaine d'individus (Solecki, 1971). La grande croissance de la population humaine aurait commencé à l'époque néolithique avec une économie agricole sédentaire (animaux domestiques et plantes). On suggère une population mondiale de plus de 3 millions d'individus à 25 000 AAP (Deevey, 1960).

La figure 2.13 décrit l'évolution des crânes d'hominidés grâce à un diagramme montrant les tailles approximatives et les époques. Le néandertalien est dans le rectangle de l'*homo sapiens*, et l'*homo sapiens sapiens* dans le fuseau de droite. La figure 2.6 illustrait la remarquable expansion du cerveau au cours des trois derniers millions d'années. L'hypothèse est que cette expansion fut le résultat de changements génétiques saltationnistes dans le processus évolutionniste de l'équilibre ponctué (Eldredge et Gould, 1972 ; section 3.1). Les performances progressivement croissantes du cerveau joueraient un rôle clé dans la sélection naturelle.

CHAPITRE III

Évolution du cerveau hominidé : bipédie, agilité

Les sections imprimées en corps plus petit
peuvent être omises lors d'une première lecture.

3.1 Les traits structurels essentiels

La figure 3.1 montre à la même échelle les cerveaux d'une série de mammifères et de trois primates. La croissance progressive du

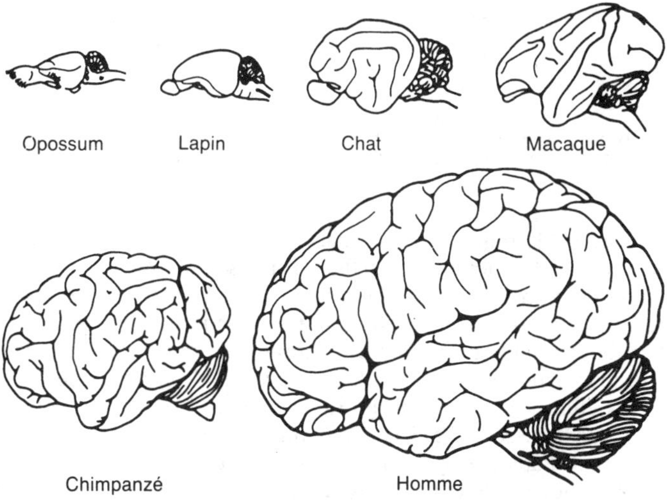

Figure 3.1. Cerveaux de plusieurs mammifères représentés à la même échelle (remerciements au professeur J. Jansen).

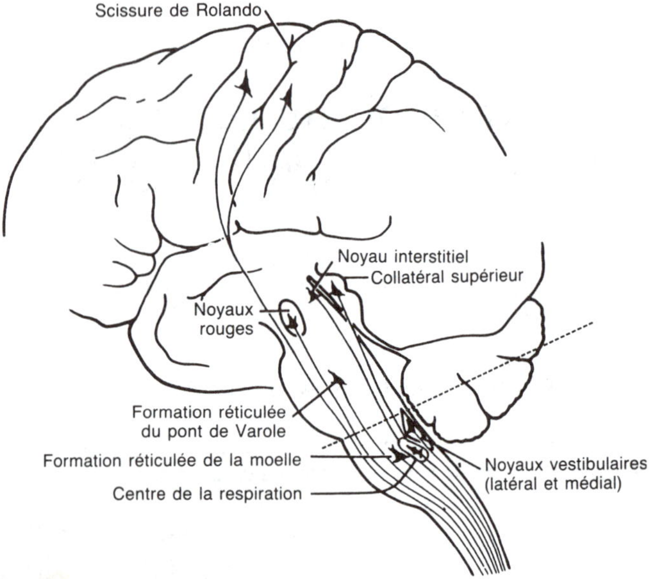

Figure 3.2. Diagramme montrant le cerveau et le haut de la moelle épinière, ainsi que diverses voies nerveuses efférentes et les noyaux d'où elles partent.

cerveau est le trait dominant, mais le cervelet croît en parallèle, quoique à un moindre degré. Bien d'autres composantes importantes du cerveau sont indiquées sur la figure 3.2 dans la vue latérale du cerveau et de la moelle épinière, et dans une section sagittale du cerveau (figure 3.3). Ces figures serviront à comprendre le rôle joué dans l'évolution par le large éventail de cerveaux de primates étudiés initialement par Stephan et Andy (1969), et, plus tard, dans une série d'articles de Stephan et de ses collaborateurs, culminant dans une synthèse récente (Stephan *et al.*, 1987).

On peut considérer la disposition générale du système nerveux central des mammifères d'abord par rapport à la moelle épinière, où les bosses cervicales et lombaires correspondent à l'innervation des membres antérieurs (bras) et postérieurs (jambes) par des nerfs spinaux segmentés, chaque nerf (figure 3.7) étant composé d'une racine ventrale poussant des fibres nerveuses jusqu'aux muscles, et d'une racine dorsale acheminant vers la moelle épinière des fibres nerveuses depuis les organes des sens périphériques, la peau, les muscles, les articulations, etc. Dans la moelle épinière existent des faisceaux étendus de fibres nerveuses (figures 3.6 et 3.14) qui descendent du cerveau et convoient des informations qui peuvent déclencher des neurones moteurs innervant les muscles à travers les racines ventrales et les nerfs des membres (figures 3.7 et 3.14), D'autres faisceaux épais montent au cerveau et y convoient des informations en provenance des récepteurs de la peau, des muscles, des articulations, etc. Enfin, la moelle épinière elle-même (figures 3.7 et 3.15) est une compo-

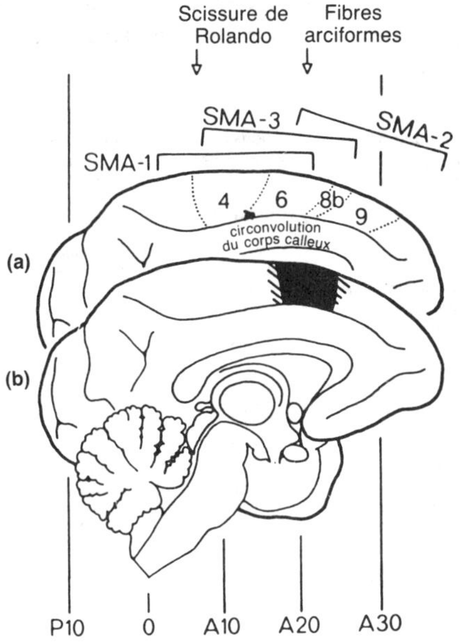

Figure 3.3. Coupe sagittale d'un cerveau de singe, où l'on voit l'hémisphère gauche. En **(a)** sont indiquées les parties médiales des aires de Brodmann 4, 6, 8 b et 9, ainsi que la circonvolution du corps calleux. En **(b)**, on a représenté en noir l'aire motrice associée ; on aperçoit aussi le corps calleux et le cervelet. Les flèches indiquent la position de la scissure de Rolando et des fibres arciformes. (Reproduit avec modifications d'après Brinkman et Porter, 1979, fig. 2. SMA = aire motrice associée.)

sante du système nerveux central qui remplit une grande variété de fonctions réflexes et intégratrices parfois indépendantes du système central. Cette disposition de base reste stable à travers toutes les vicissitudes de l'évolution des mammifères.

Jerison (1973, 1974) a calculé une formule mesurant le développement cérébral des différentes espèces sur la base unique du poids du cerveau (PCe), pondéré par la masse du corps (PCo), formule empiriquement élaborée à partir de mesures d'une grande variété d'espèces de tailles très différentes, et qui donne le rapport :

$$PCe = kPCo^{2/3}$$

S'appuyant sur cette formule, Jerison a développé le concept de *quotient d'encéphalisation* (QE) comme le rapport entre la taille du cerveau d'une espèce donnée et la taille moyenne du cerveau des mammifères vivants, en tenant compte de la pondération liée au poids du corps fournie par la formule. Les valeurs des QE vont de 1,1 pour les prosimiens (primates primitifs) à 1,9 pour les pongidés (2,3 pour les chimpanzés) et 8,5 pour l'*homo sapiens sapiens*.

Tableau 3.1 Indices dimensionnels des principales parties du cerveau (en prenant pour base la famille des *tenrecinal ;* N = nombre d'espèces par famille).

	Tenrecinae (N = 4)	*Insectivores* (N = 50)	*Pro-simiens* (N = 18)	*Singes de l'Ancien et du Nouveau Monde* (N = 23)	*Pongidés (gibbon, chimpanzé et gorille)* (N = 3)	*Homo* (N = 1)
Medulla oblongata	1,00	1,27	1,56	1,87	1,61	2,09
Mésencéphale	1,00	1,31	2,71	3,40	2,86	5,16
Cervelet	1,00	1,64	4,64	6,20	8,81	21,75
Diencéphale	1,00	1,56	5,56	8,00	8,57	14,76
Bulbe olfactif	1,00	0,81	0,52	0,08	0,06	0,03
Cortex olfactif (RB, PRPI, TOL)	1,00	0,94	0,65	0,34	0,31	<0,3
Tonsilla	1,00	1,10	1,73	2,24	1,85	4,48
Septum	1,00	1,22	1,91	2,09	2,16	5,45
Hippocampe	1,00	1,75	2,91	2,64	2,99	4,87
Schizo-cortex	1,00	1,68	2,80	2,23	2,38	4,43
Corps strié	1,00	1,80	5,99	10 12	11,78	21,98
Néo-cortex	1,00	2,65	20,37	48,41	61,88	196,41
Indice d'encéphalisation	1,00	1,43	4,24	8,12	11,19	33,73

Source : communication personnelle de Stephan *et al.*

Cependant, Stephan *et al.* (1987) ont cherché une méthode pour comparer les tailles de différentes composantes spécifiques du cerveau d'une grande variété de primates. Ils prennent comme point de départ les plus primitifs des mammifères vivants, les insectivores les plus simples (*tenrecinae*). On peut supposer que leurs cerveaux ressemblent à ceux de certaines espèces disparues considérées comme les précurseurs d'un grand nombre d'ordres mammifères, y compris les primates. A partir d'une étude des valeurs PCe/PCo pour un changement important de PCo, ils ont conclu à un indice logarithmique de 0,63, ce qui diffère peu du 2/3 de Jerison. Leur *indice d'encéphalisation* (IE) se distingue du quotient d'encéphalisation de Jerison en ce que leur point de départ est différent. Nous donnons quelques valeurs des IE dans le tableau 3.1, mais Stephan *et al.* (1987) ont calculé l'IE pour 18 prosimiens et 23 simiens, pongidés et HSS non compris. Même les prosimiens, qui ont un IE de 4,24 en moyenne, montrent un progrès remarquable par rapport aux *tenrecinae*, et cette avance continue avec les simiens (IE = 8,12) et les pongidés (IE = 11,19), jusqu'à l'énorme 33,73 des HSS.

L'étude de Stephan *et al.* (1987) revêt une importance particulière du fait que les auteurs ont pris des mesures méticuleuses des tailles des principales composantes du cerveau des mammifères. Un sectionnement sériel du cerveau a permis d'identifier anatomiquement ses composantes principales et de mesurer leurs volumes. Les valeurs déterminées pour chaque entité anatomique sont calculées sur la même base que l'indice d'encéphalisation pour donner un *indice de taille* (IT). Le tableau 3.1 donne les valeurs moyennes des IT de douze entités anatomiques importantes chez les prosimiens, les simiens (non humains), les pongidés (gibbons, chimpanzés et gorilles) et les HSS. L'accroissement progressif de loin le plus considérable est celui du néocortex, l'HSS ayant un IT de 196, soit plus de trois fois celui des pongidés (IT = 61,88). Parmi les autres traits notables du tableau 3.1 : les accroissements progressifs importants du cervelet, du diencéphale et du corps strié. En revanche, il y a déclin progressif du bulbe olfactif. On reviendra sur les structures mentionnées dans ce tableau 3.1 au cours des chapitres ultérieurs.

Le développement du cerveau semble être quantitatif, et non pas qualitatif. Cela est vrai même pour le cortex cérébral, dans lequel la structure histologique est restée essentiellement inchangée. C'est ainsi que le diagramme du cortex cérébral (figure 3.4) serait valable pour un chat ou un singe aussi bien que pour un homme, comme on peut le constater par exemple à l'examen des cellules pyramidales dominantes des lames II, III et V. Bien entendu, les diverses régions liées à des fonctions spécifiques à l'intérieur du cortex cérébral accusent des changements de taille importants, ainsi qu'on le verra aux chapitres suivants, et toutes ces régions ne sont pas organisées de la même façon ; on peut considérer à cet égard le cortex comme une mosaïque regroupant une multitude de régions différentes. Cet aspect aussi sera traité ultérieurement.

3.2 La performance fonctionnelle du cerveau (Brooks, 1986 ; Evarts, 1981)

Pour comprendre les mouvements de l'homme, il convient de regarder de près la voie nerveuse qui par le faisceau pyramidal va du cerveau aux neurones moteurs le long de la moelle épinière, neurones moteurs dont les axones se projettent à travers les racines ventrales, et qui déclenchent les signaux provoquant les contractions musculaires (figure 3.6). Il nous suffira pour commencer d'esquisser les principaux traits du contrôle moteur exercé par le cerveau, lesquels ne diffèrent guère de ceux du cerveau des primates et même du singe. Le diagramme du cortex cérébral gauche (figure 3.5) montre le cortex moteur, dans lequel se succèdent de façon linéaire les sites qui commandent les parties mobiles, depuis les doigts du pied (en haut au centre) jusqu'aux lèvres (en bas des deux côtés). Cette aire 4 de Brodmann, comme on l'appelle, se trouve juste devant la sissure centrale (de Rolando), cependant que juste à côté et derrière se situe le cortex sensoriel (les aires de Brodmann 3, 1 et 2), avec une configuration similaire. Dans l'aire 4, un grand nombre de cellules nerveuses pyramidales possèdent des axones qui se projettent le long du faisceau pyramidal (comme dans la figure 3.15). Par suite de la décussation du faisceau pyramidal, les neurones moteurs de l'aire du pouce dans le cortex moteur gauche (par exemple) agissent sur les neurones moteurs du cordon cervical du côté opposé, lesquels excitent les neurones moteurs des muscles qui meuvent le pouce droit (Phillips, 1971).

La figure 3.7 illustre l'innervation motrice des muscles extenseurs (E) et fléchisseurs (F) de l'articulation du genou. Dans tous ces diagrammes simplifiés, des centaines de neurones et de fibres nerveuses sont représentés par un seul. De plus, comme il est indiqué dans les figures 3.7 et 3.15, les contractions des muscles activent des récepteurs qui renvoient au système nerveux central l'information sur ces contractions, comme on peut le voir à l'examen des fibres afférentes étiquetées Ia dans les figures 3.7 et 3.15.

Quand on accomplit un mouvement simple, comme se dresser sur la pointe des pieds, les centres supérieurs du cortex cérébral, tels que l'aire motrice supplémentaire (AMS) (figures 3.3 et 4.3), sont initialement activés par la volition. Puis arrivent les neurones appropriés du cortex moteur, et ainsi de suite le long du faisceau pyramidal jusqu'aux neurones moteurs (voir la figure 3.15), lesquels, à leur tour, provoquent la contraction des muscles extenseurs de l'articulation de la cheville (gastrocnémien et soléaire). Mais cela n'est que la partie élémentaire du fonctionnement des neurones. D'autres grands systèmes du cerveau entrent en action (voir la figure 3.13), tels que le cervelet et les ganglions basaux, pour moduler les réactions, afin que, avant même que les cellules pyramidales du cortex moteur ne déchargent des impulsions le long du faisceau pyramidal, il y ait modification de ces réactions en fonction de l'expérience passée et des autres activités concurrentes comme celles qu'implique le maintien de la station debout initiale.

Outre celui du faisceau pyramidal, il y a d'autres chemins, le long de la moelle épinière, menant jusqu'aux neurones moteurs (figure 3.14). Cependant, au fil de l'évolution, certains de ces chemins ont vu leur importance diminuer au profit du faisceau pyramidal. Par exemple, le chemin du noyau rouge du pédoncule (figure 3.2) le long de la moelle épinière, *via* le faisceau rubrospinal, paraît être très réduit dans la moelle épinière humaine (Nathan et Smith, 1955 ; Brodal, 1981). Un faisceau important est le faisceau vestibulospinal qui part des noyaux vestibulaires (figure 3.2), lesquels transmettent des informations à partir du système vestibulaire situé dans l'oreille interne, qui ressent les mouvements et les rotations de la tête. Un autre faisceau cérébrospinal dans le cerveau humain est le faisceau réticulospinal issu des noyaux réticulaires situés dans le pédoncule cérébral (figures 3.2 et 3.14). Il est relayé à travers un ou plusieurs systèmes neuronaux de la moelle épinière avant d'agir sur les neurones moteurs (Nathan et Smith, 1955 ; Brodal, 1981).

En sus de ces divers voies au départ des niveaux supérieurs du cerveau, il existe des voies menant au cerveau qui transmettent des informations sur l'état des contractions musculaires et les mouvements qu'elles provoquent.

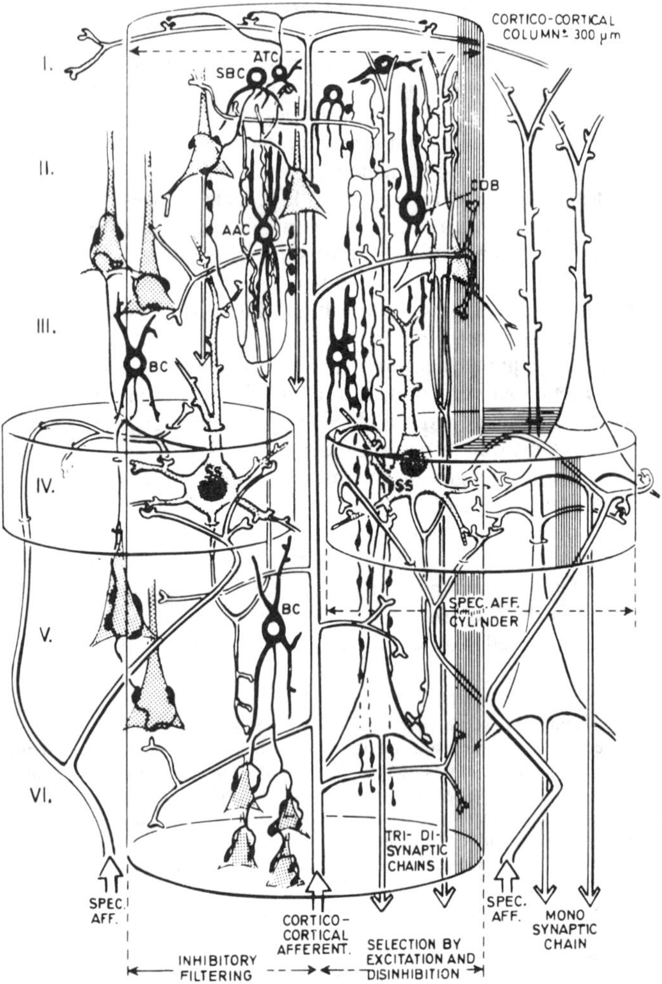

Figure 3.4. Connectivité des neurones dans une colonne ou module reliant plusieurs couches du cortex (voir figure 9.4) ; remarquez l'espace cylindrique vertical d'environ 300 μm qui a été délimité au centre. Il partage une partie de son espace avec deux disques aplatis situés dans la couche IV, dans lesquels certains neurones afférents spécialisés (SPEC. AFF.) se ramifient. Le neurone cortico-cortical afférent esquissé au bas de la figure envoie des terminaisons dans toutes les parties du module cortico-cortical, mais elles ne sont pas partout présentes avec la même densité. Dans la couche I, l'étalement tangentiel des fibres cortico-corticales s'étend bien au-delà du module. Dans la partie

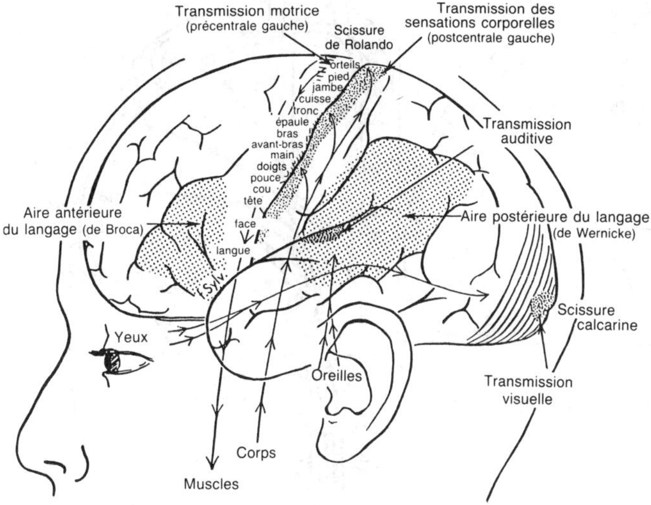

Figure 3.5. Les aires de transmission motrice et sensorielle de l'écorce cérébrale. Le long de la circonvolution précentrale, on a représenté un plan approximatif des aires de transmission motrice. Les aires de transmission des sensations corporelles figurent sur un plan correspondant le long de la circonvolution postcentrale. En réalité, c'est sur le dessus de la surface médiale qu'on aurait dû situer les aires des orteils, du pied et de la jambe (voir figure 3.6). Les aires visuelle et auditive ne sont que suggérées, car cette vue latérale en occulte la majeure partie. On a aussi indiqué les aires du langage (Broca et Wernicke).

---

droite de la figure, on a cherché à montrer comment s'opère le choix des cellules pyramidales auxquelles aboutit l'impulsion, qui doit d'abord franchir des interneurones d'excitation (connexions en étoile, ici étiquetées SS) ou des interneurones de désinhibition, les cellules à double bouquet (CDB) de Ramón y Cajal ; celles-ci sont des interneurones d'inhibition qui agissent spécifiquement sur d'autres interneurones d'inhibition et qu'on a représentés en noir. Le côté gauche de la figure définit l'action des interneurones d'inhibition comme une sorte de filtration qui maintient « en dehors du coup » certaines des cellules pyramidales (en pointillé). Ceux des interneurones qu'on a des raisons assez solides de considérer comme inhibiteurs sont figurés en noir : les cellules en panier (BC) des couches profondes, les petites cellules en panier (SBC) de la couche II, les cellules à axones en touffe (ATC) et une cellule très spécialisée qui relie des axones entre eux (AAC) et agit sur les segments initiaux d'axones de cellules pyramidales. (Szentágothai, 1983.)

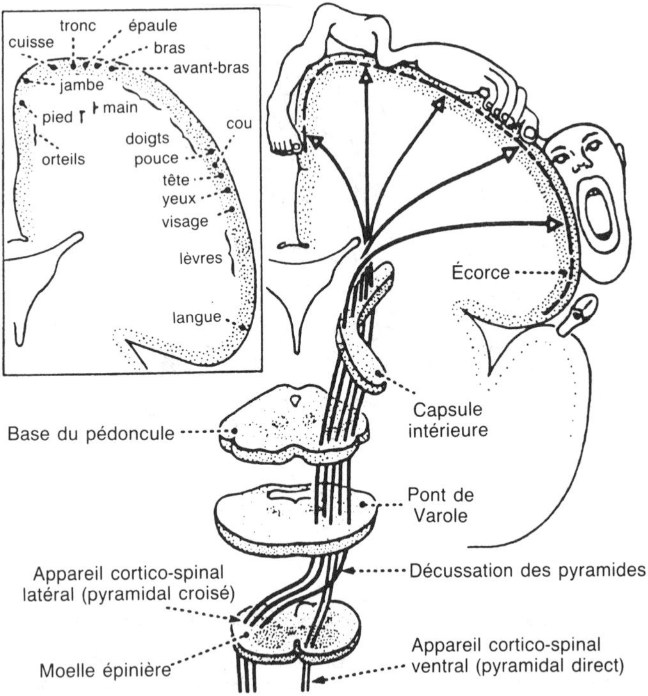

Figure 3.6. Ce dessin schématise sous la forme d'un homoncule les diverses fonctions des grosses cellules pyramidales et leur localisation en divers points du faisceau aplati moteur. Les voies efférentes qui traversent la capsule interne et le pédoncule pour arriver à la moelle épinière sont également représentées (voir figure 3.14). Dans la plupart des cas, les faisceaux se croisent de façon à passer dans la partie dorsolatérale de la moelle du côté opposé à leur point de départ. (McGeer *et al.*, 1987.)

Notre connaissance de l'activité du système nerveux humain dépend nécessairement de l'étude des conséquences des lésions du cerveau dues au hasard, par exemple des lésions vasculaires ou des blessures par balle, mais ces lésions sont trop rares et étendues pour permettre une étude scientifique. Il s'ensuit que, pour comprendre le fonctionnement du cerveau humain, nous dépendons des investigations expérimentales menées sur les autres primates. Celles-ci sont utilisées pour établir des modèles de fonctionnement.

Quand on compare l'évolution du cerveau des mammifères à celle du cerveau humain, il faut reconnaître que la plus grande part du progrès accompli à partir des cerveaux des mammifères les plus simples l'était déjà chez les primates, y compris chez nos lointains ancêtres hominoïdés. Particulièrement intéressants pour

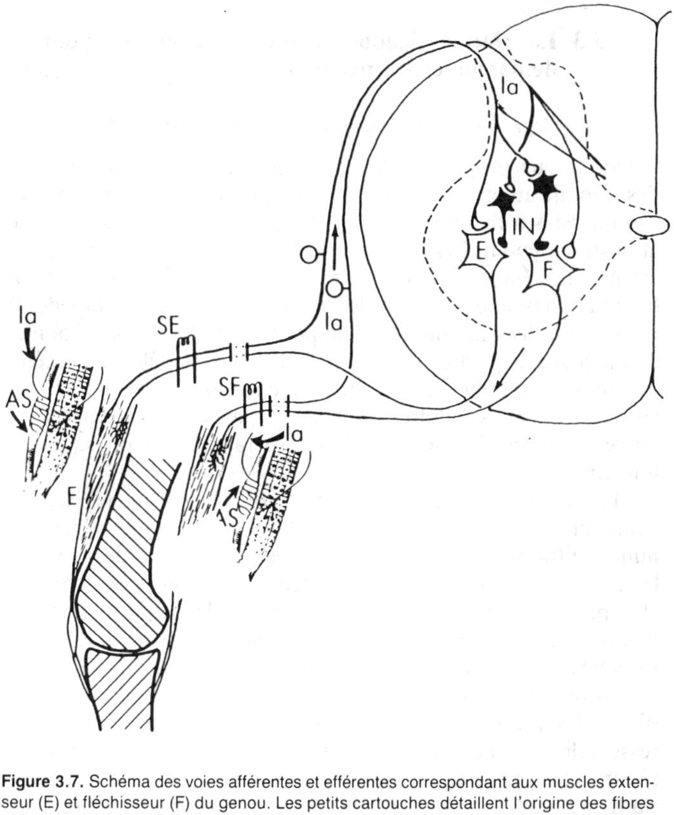

Figure 3.7. Schéma des voies afférentes et efférentes correspondant aux muscles extenseur (E) et fléchisseur (F) du genou. Les petits cartouches détaillent l'origine des fibres afférentes Ia à l'endroit où elles partent des terminaisons en anneau spiralé (AS) des fuseaux musculaires (voir figure 3.15). SE, SF = électrodes servant à exciter les nerfs qui aboutissent à E ou à F.

nous sont les développements survenus dans l'évolution des hominidés à partir des hominoïdés. Parmi ces traits particuliers figurent la démarche bipède, tous les mouvements raffinés de la main requis par la production des outils et des armes ainsi que par la vie communautaire, et enfin les mouvements du larynx, de la langue, du pharynx et des muscles respiratoires qui produisent les expressions linguistiques, lesquels seront traités au chapitre 4.

3.3 La station debout et ses conséquences pour la démarche et les réactions

3.3.1 L'évolution du squelette (Washburn, 1978)

Nous nous proposons de présenter d'abord les témoignages des modifications du squelette qui peuvent être interprétées comme liées à l'importante avancée que constitue l'adoption de la posture debout. Les témoignages fossiles sont inadéquats pour éclairer les étapes virtuelles de la transformation d'un hypothétique hominoïdé en australopithèque à la démarche bipède. Il nous faut utiliser le squelette d'un primate moderne à la station et à la démarche quadrupèdes pour obtenir un modèle de l'ancêtre hominoïdé primitif de l'*australopithecus africanus*. Le témoignage des fossiles montre combien le squelette de ce dernier est arrivé au cours de son évolution à se rapprocher du squelette humain.

La figure 3.8 présente les rapports corps-hanche chez le chimpanzé et chez l'HSS (Schultz, 1968). La colonne vertébrale humaine transmet le poids de la tête et du corps verticalement à la cavité cotyloïde et ainsi au fémur. L'ilion très long du chimpanzé est approprié à une station quadrupède. Il n'est pas possible de réunir des témoignages fossiles d'un hominidé primitif pour faire la comparaison, mais la figure 3.8 c-e montre que le bassin de l'*A. africanus* (figure 3.8d) ressemble à celui de l'HSS (figure 3.8e), cependant que le bassin du chimpanzé (figure 3.8c) ressemble à celui qu'illustre la figure 3.8a. Un fossile remarquable (figure 3.9a) suggère que chez l' *A. africanus* la colonne vertébrale s'articule avec le bassin comme chez l'HSS dans la figure 3.8b. Les traces fossiles montrent que les os longs du membre postérieur des hominidés (le fémur, le tibia, le péroné) s'apparentent à

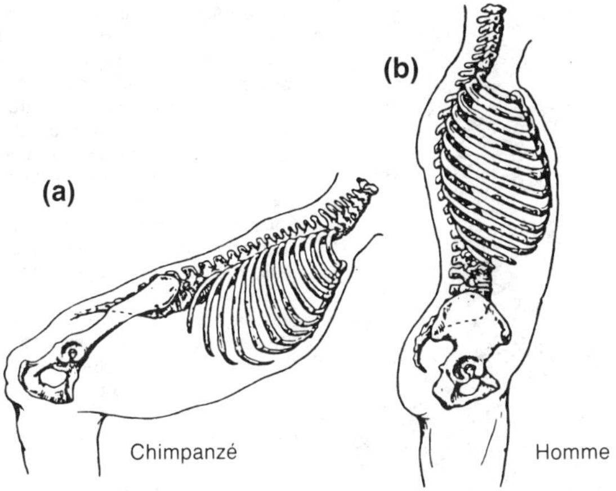

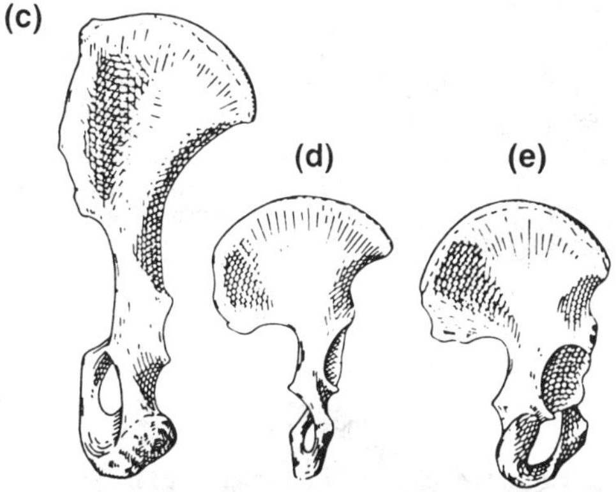

Figure 3.8. (a) et (b) La courbure de la colonne vertébrale ; position et dimension de l'os de la hanche chez un anthropoïde adulte et chez l'homme. (Schultz, 1968.)

Figure 3.8. (c), (d) et (e) Os de la cuisse (« os sans nom ») du chimpanzé **(c)**, de l'*australopithecus africanus* **(d)** et de l'homme actuel **(e)**. Tous ces os sont orientés de telle façon que le plan de la plaque iliaque soit perpendiculaire au regard du lecteur ; la pointe iliaque antéro-supérieure est à droite. L'élargissement transversal de l'os chez l'homme et chez l'australopithèque contraste avec la forme étroite et l'allongement vertical du même os chez le singe. (Tobias, 1983.)

(a)

Figure 3.9. (a) Vue latérale de la colonne vertébrale et du bassin de l'*australopithecus africanus* de Sterkfontein. (Pilbeam, 1972.) **(b)** Pied assez primitif, complet sauf l'arrière du talon et la pointe des orteils, trouvé dans l'horizon inférieur des fouilles d'Olduvai, en Tanzanie. L.S.B. Leakey, qui l'a découvert, l'attribue à un hominidé très ancien. La datation donne environ 1,75 million d'années. Son aspect suggère que le possesseur marchait habituellement sur deux pieds. Cependant, l'absence de l'os du bout de l'orteil empêche de décider si le possesseur, en marchant, faisait de véritables enjambées. (Day et Napier ; reproduit avec l'autorisation de *Nature*, vol. 201 : 969. Copyright 1964, Macmillan Magazines Ltd.)

Figure 3.9. (c) et (d) Os du gros orteil, également découvert dans la gorge d'Olduvai. Celui-ci est beaucoup plus récent que les os du pied de la figure 3.9 b, mais a tout de même probablement plus d'un million d'années. Il s'agit de la dernière phalange de l'orteil — vue de dessous en **(c)** et de dessus en **(d)** —, celle qui supporte l'essentiel de la poussée verticale exercée par le possesseur chaque fois qu'il lance en avant sa jambe droite. L'inclinaison et la torsion que présente l'épiphyse de l'os par rapport à la tige témoignent clairement que le possesseur faisait des enjambées du même type que les nôtres.

(b)

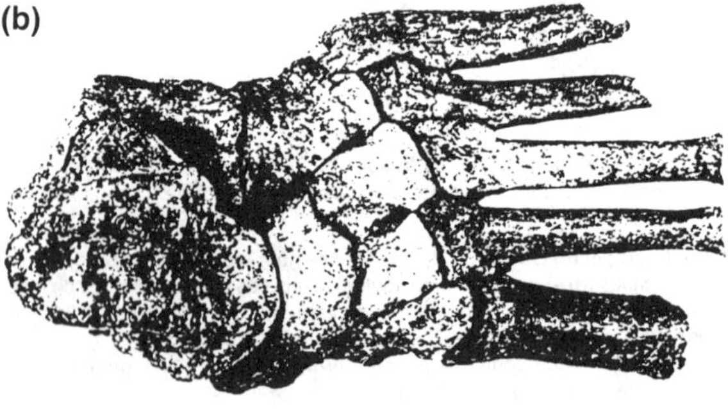

(c) (d)

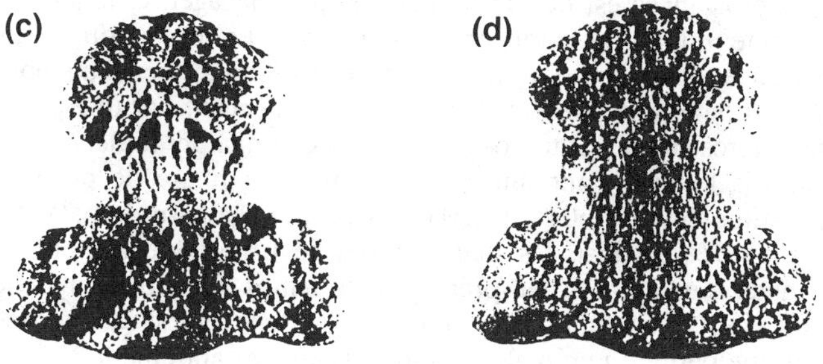

ceux des HSS, et il existe un fossile remarquablement conservé du pied d'un *homo habilis* (figure 3.9b) qui ressemble de fort près à un pied humain, en particulier en ce qui concerne le premier métatarsien. C'est le métatarsien le plus fort, il est aligné avec les autres et n'en diverge pas, comme c'est le cas dans les pieds des primates non hominidés.

Ces données fossiles indiquent que la structure osseuse de l'hominidé *A. africanus* a déjà évolué et que la colonne vertébrale, le bassin et les membres antérieurs sont bien appropriés à la posture verticale. Cependant, l'articulation de la tête sur la colonne vertébrale n'a pas encore terminé son évolution, comme on peut le constater dans la figure 3.10. Chez le gorille (figure 3.10a), le centre de gravité de la tête (↓), en posture verticale, est situé loin devant l'articulation de la colonne vertébrale (↑), et une contraction des puissants muscles de la nuque est nécessaire pour tenir la tête haute dans les rares occasions où le gorille se tient debout. Chez l'*A. africanus*, le déséquilibre est bien moindre, et les muscles de la nuque n'ont pas besoin d'être aussi puissants. Cette tendance se prolonge dans la progression qui conduit de l'*homo erectus* (figure 3.10c) jusqu'à l'*homo sapiens sapiens* (figure 3.10d) (Tobias, 1983).

3.3.2 La démarche bipède et l'agilité

Il n'y a pas lieu de donner une description détaillée de la démarche bipède de l'homme (voir Napier, 1967). Chaque jambe est alternativement jetée en avant (la jambe « balancée »), pendant que le poids est supporté par la jambe « de position ». La jambe balancée est fléchie de manière à la dégager, et le pas est terminé quand le talon frappe la terre. Le poids du corps s'avance, et la jambe initialement de position devient, au bout d'un moment, la jambe balancée, en commençant par une poussée exercée à partir du gros orteil par la contraction du fléchisseur hallucis longus. Pour une jambe donnée, la phase de position constitue environ 60 % du cycle du pas, et la phase de balancement 40 % . Ainsi, les deux jambes se trouvent ensemble en contact avec le sol à peu près 25 % du temps. Quand on marche plus vite, cette fraction est réduite, mais la marche est caractérisée par une période minimale de support bipède ; autrement, c'est la course. Si les enjambées sont grandes, le talon frappe la terre au début de la phase de position, et le gros orteil donne une poussée à la fin, mais il existe d'autres formes, plus douces, de marche. Pendant la phase de position, les glutéi, médius et minimus se contractent pour soutenir le bassin cependant qu'il transfère le poids de ce côté, mais aussi pour faire pivoter le bassin de façon à augmenter la longueur de l'enjambée.

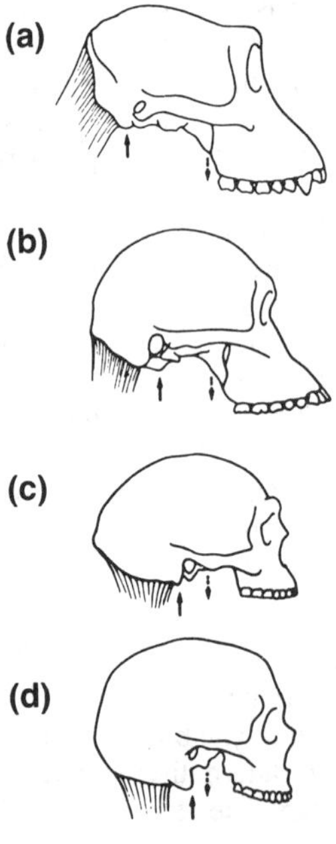

Figure 3.10. Reconstitution des muscles de la nuque attachés au crâne d'un hominien — un gorille **(a)** — et à ceux de trois hominidés — *australopithecus africanus* **(b)**, *homo erectus* **(c)**, *homo sapiens* **(d)**. La flèche en pointillé, à pointe en bas, représente la pesée exercée par le crâne à partir de son centre de gravité. La flèche continue à pointe en haut indique la position qu'occupent sur l'axe antéro-postérieur les condyles occipitaux qui articulent le crâne avec la colonne vertébrale. A mesure qu'on se rapproche de l'homme, les deux flèches se rapprochent elles aussi. Parallèlement à l'amélioration de l'équilibre du crâne sur le pivot que sont les condyles, la taille des muscles de la nuque diminue considérablement et la direction de leurs fibres rejoint la verticale.

Cette démarche bipède à enjambées est typiquement humaine et se trouve être une manière très efficace de se déplacer. Elle contraste avec la démarche vacillante du pongidé pendant ses brefs épisodes bipèdes. Du point de vue évolutif sont intervenus plusieurs changements anatomiques : l'allongement du membre postérieur par rapport au membre antérieur ; le raccourcissement et l'élargissement du bassin (figure 3.8c-d) ; l'ajustement de la musculature de la hanche, où le glutéus maximus reprend au glutéus médius et au glutéus minimus la fonction d'extenseur de la hanche ; un refaçonnement important du pied (figure 3.9b) ; une courbure vers l'avant de la colonne vertébrale dans la région lombaire, avec une rotation vers l'avant de la portion iliaque du bassin (figure 3.9a) afin que le poids du corps porte directement sur la cavité cotyloïde et sur le fémur, comme dans la figure 3.8b. Malgré tous ces changements observés, on a estimé en général que la démarche des hominidés était plutôt titubante (voir Ashton, 1981). Les empreintes de pieds de Laetoli (figure 3.11) ont finalement établi la remarquable réussite de l'*A. africanus*, et, partant, de tous les hominidés postérieurs, à atteindre une démarche bipède quasi humaine (Tuttle, 1985).

Les plus merveilleux fossiles d'australopithèques sont les empreintes de pieds exceptionnelles découvertes dans les gisements de Laetoli, en Tanzanie du Nord (figure 3.11 ; Leakey et Hay, 1979 ; Leakey, 1981). Pour un neurologue, ces empreintes fossilisées illuminent l'histoire la plus ancienne de nos ancêtres hominidés à 3,6-3,7 MAAP, datation confirmée par la méthode K-Ar appliquée au tuf volcanique (Drake *et al.*, 1980). De tels fossiles sont produits seulement quand sont réunies des conditions météorologiques très particulières, impliquant des éruptions volcaniques. D'abord il y a eu chute de plusieurs centimètres de cendres volcaniques. Puis sont survenues les empreintes dans le tuf; celui-ci s'est vite solidifié après avoir été en partie dissous par la pluie, ce qui a donné des carbonates solubles, lesquels furent cristallisés en quelques heures par la chaleur du soleil . Puis une seconde éruption volcanique protégea le tuf et ses empreintes contre d'autres empreintes, l'érosion et les effets du temps pendant des millions d'années.

Les empreintes des figures 3.11a-b, révèlent une démarche bipède bien rodée, avec un positionnement normal du pied droit et du pied gauche, et de gros orteils quasi humains. Les enjam-

Figure 3.11. Le site G de Laetoli. **(a) (b)** Partie sud des pistes laissées par les hominidés. (Leakey, 1981.) **(c)** Empreinte d'hominidé n° G 1-35 trouvée à Laetoli, pied gauche ; elle présente un creux plus profond côté talon, une position du pied qui évoque une jambe cagneuse (*hallux varus*), des orteils assez courts, un creux derrière la rangée des orteils, une lacune entre le pied et les orteils qui indique la marche pieds nus, et une ébauche de traînement du pied au moment où l'orteil quitte le sol, qui correspond au début du balancement de la jambe. Autre empreinte d'hominidé, n° G 1-34 de Laetoli (pied droit), avec creux au talon, lacune « pieds nus » entre orteils et pied, position cagneuse, et voûte plantaire dans le milieu. (Day, 1985.)

(b)

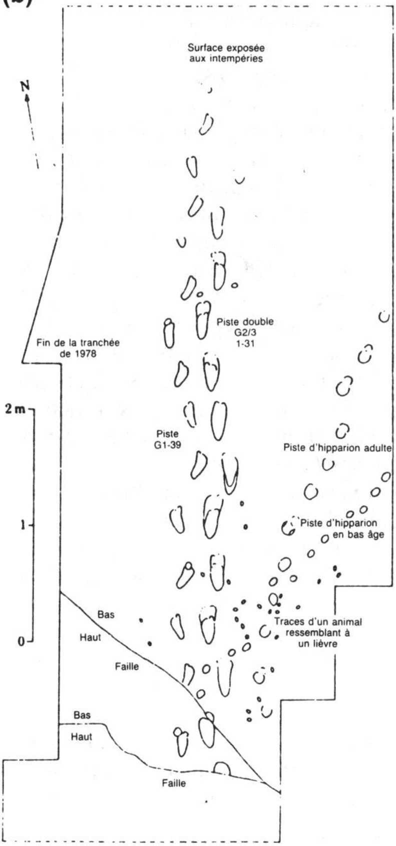
Surface exposée aux intempéries
N
Piste double G2/3 1-31
Fin de la tranchée de 1978
2 m
Piste G1-39
Piste d'hipparion adulte
1
Piste d'hipparion en bas âge
Bas
Haut
Traces d'un animal ressemblant à un lièvre
0
Faille
Bas
Haut
Faille

(c)

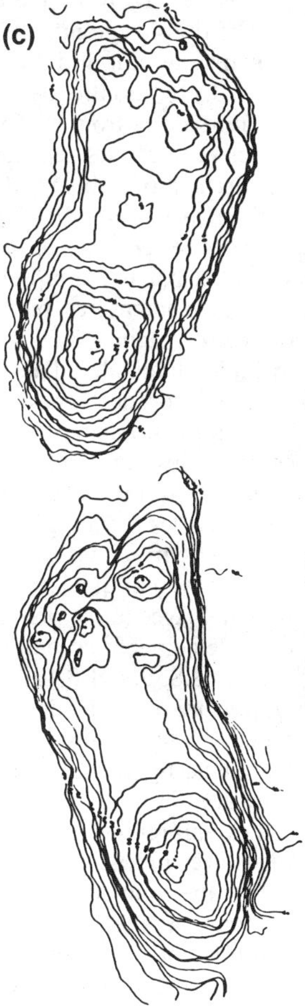

bées des deux individus les plus grands correspondent à des hominidés de 140 à 153 cm. Fait singulier, l'un de ces deux individus a suivi l'autre, plaçant ses pieds exactement dans ses empreintes. Le troisième était plus petit et marchait à côté et à gauche du plus grand, en suivant de près son chemin légèrement sinueux, ce qui indique qu'ils se tenaient par la main. La figure 3.11c montre des diagrammes photogrammétriques des contours de la troisième empreinte (Day, 1985).

Ces empreintes établissent sans aucun doute possible la démarche bipède bien rodée des australopithèques. De plus, elles révèlent des « rapports humains ». Nous pouvons voir dans ces données le témoignage que les australopithèques marchaient en se tenant par la main, mais aussi que l'un suivait l'autre en plaçant exactement ses pieds dans les empreintes du chef. Nous pouvons imaginer qu'il nous a été accordé d'assister à une promenade familiale d'australopithèques d'il y a 3,6 millions d'années sur des cendres nouvellement déposées, tout comme nous nous promènerions sur le sable laissé à marée basse ! On a comparé les empreintes de la figure 3.11 avec celles d'hommes modernes qui marchent ordinairement pieds nus. Il y a identité dans tous les détails (Day, 1985), et une nette différence par rapport aux empreintes de pongidés (Tuttle, 1985).

Il est évident que l'*A. africanus* était un marcheur bipède expérimenté. Avec lui, la première grande avancée vers l'hominisation est pleinement accomplie. La transformation du squelette (figures 3.8, 3.9 et 3.10) s'accompagnait de la transformation de la posture et celle de la démarche quadrupède en démarche bipède. Il faut croire que cette déambulation confiante représentée par la figure 3.11 s'associait à la capacité de se tenir debout sans appui.

Les empreintes montrent que le deuxième individu plaçait ses pieds avec précision dans les empreintes du premier. Cela exige à la fois attention et concentration. Contrairement à l'habileté automatique manifestée par le premier, il s'agit ici d'une habileté contrôlée et volontaire.

Il y a eu une énorme évolution depuis la démarche quadrupède et maladroite du primate qui ne se tient debout qu'occasionnellement et ne marche que peu sur ses pieds arrière et en titubant, jusqu'à l'élégante démarche bipède qu'on trouve dans la figure 3.11 (Napier, 1967). Concurremment avec le développement du squelette, il a dû y avoir changement dans les muscles des bras et des jambes, en particulier dans les muscles autour de l'articulation de la hanche. A la différence des primates, les muscles de la hanche (glutéus médius et minimus) ont ici une action stabilisante pendant la marche, et limitent le ballottement imprimé à la hanche par le fléchisseur et l'extenseur. Chez l'homme, leur fonction d'extenseur de la hanche est assumée par un glutéus maximus très renforcé. Les points d'attache des muscles sur le bassin de l'*A. africanus* attestent que ce changement de la musculature a déjà été partiellement accompli. Les australopithèques sont donc censés avoir marché presque aussi élégamment que les humains. Le rôle clef joué par le grand orteil (figure 3.9c-d) peut également être déjà perçu dans les empreintes de la figure 3.11c.

3.3.3 La station debout bipède

Le passage de la quadrupédie à la bipédie a dû exiger une réorganisation du système nerveux. Malheureusement, notre connaissance de la machinerie neuronale impliquée par la station debout des bipèdes laisse beaucoup à désirer. Un spécialiste de l'étude de la station debout (Nashner, 1985) dit que nous n'en sommes qu'aux tout débuts dans la compréhension des mécanismes complexes qui interviennent quand la station debout est soumise à différentes perturbations.

L'une des investigations les plus simples est illustrée par la figure 3.12. Le sujet se tient debout sur une plate-forme qu'on peut faire avancer ou reculer. On enregistre les potentialités d'action qu'ont différents muscles du torse et des membres pour déceler la stratégie appliquée par le sujet lorsqu'il corrige un balancement en avant et en arrière artificiellement provoqué. Le but de la réaction est de replacer le centre de gravité du corps dans le polygone de sustentation fourni par le pied. Il existe deux stratégies alternatives entre lesquelles le sujet doit avoir fait son choix par avance. Dans la stratégie de la cheville, les extenseurs de la cheville se contractent d'abord pour déplacer la jambe en arrière, comme indiqué dans le dessin par le mouvement de la ligne épaisse vers la ligne mince, puis les fléchisseurs du genou et les muscles du bas du tronc complètent le rétablissement de la position du centre de gravité du corps sur la plate-forme, comme le montre par la grande flèche. La tête aussi revient en arrière. Dans la stratégie de la hanche, le mouvement est plus ample ; la surface de la plate-forme étant moins sûre, la plus grande partie de la compensation est fournie par un puissant fléchissement de l'articulation de la hanche, lequel rétablit le centre de gravité avec le sujet ployé et sa tête projetée en avant.

Même des compensations aussi simples soulèvent bien des problèmes d'activation des organes récepteurs et des mécanismes neuraux centraux. Des problèmes très complexes se présentent, surtout pour ce qui est du rôle de la vision et des mécanismes sensoriels vestibulaires qui signalent la position et les rotations de la tête ; il est probable que les mécanismes vestibulaires agissent dans le cas d'une adaptation plus rapide, et la vision dans le cas de réorientations plus pondérées (Nashner, 1981). Il faut reconnaître que, dans la mesure où l'homme est le seul primate bipède, il est difficile, à la fois techniquement et pour des raisons d'ordre éthique, de procéder à des expériences sur les différentes régions du cerveau qui pourraient être concernées par le maintien de la station debout, telles que, par exemple, les cortex du cerveau et du cervelet, ou les systèmes visuel et vestibulaire. On reviendra sur ces problèmes dans la section suivante, qui porte sur la démarche bipède et sur l'agilité.

Pour l'heure, il suffit de conclure que des changements très complexes ont dû intervenir dans le système nerveux central quand les australopithèques ont commencé à se tenir debout.

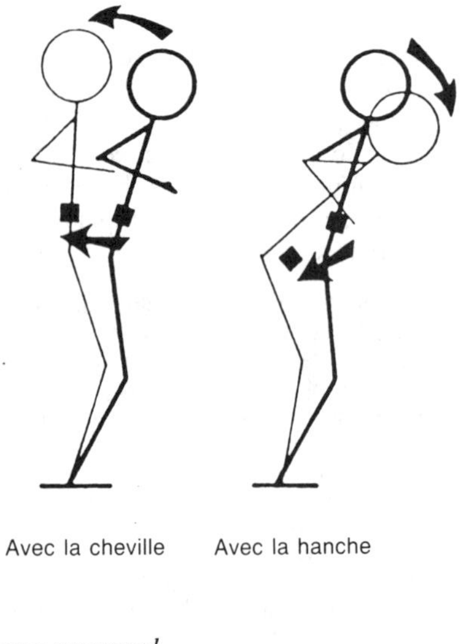

Figure 3.12. Styles de mouvement fondés sur la cheville ou sur la hanche : deux façons différentes de mouvoir le corps. En gras, on a figuré la position de départ, en déséquilibre ; en traits fins, la position obtenue après compensation. Ces croquis ont été exécutés à partir d'un enregistrement vidéo du balancement du corps, qu'on a un peu exagéré pour mieux illustrer la différence. Remarquez que, pour le mouvement utilisant la cheville, le centre de gravité du corps (carré noir) et la tête reculent ensemble. Pour le mouvement utilisant la hanche, au contraire, le centre de gravité recule et descend tandis que la tête s'abaisse et se porte en avant. (Naschner, 1985.)

3.3.4 Le mécanisme neuronal

Les mouvements impliqués par la démarche bipède (figure 3.11) démontrent que le fonctionnement du mécanisme neural du cerveau a été transformé. Il peut paraître surprenant qu'on sache bien peu de chose sur les détails du contrôle neural de la démarche bipède humaine. En fait, presque toutes les investigations scientifiques ont porté sur la démarche bipède telle que pratiquée sur des bandes roulantes ou chez des sujets ayant subi des lésions cérébrales particulières.

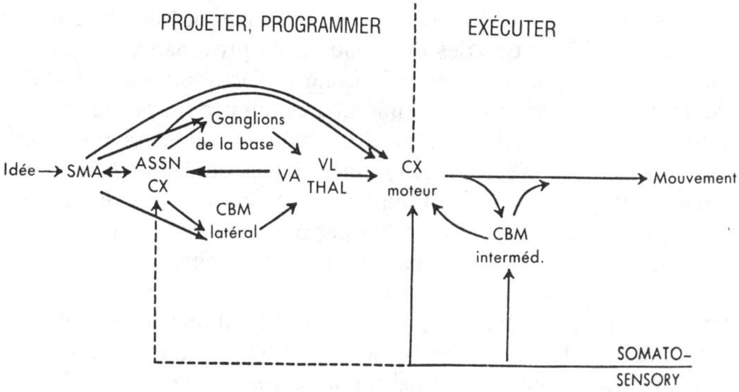

Figure 3.13. Schéma des voies nerveuses qui assurent l'exécution et la maîtrise des mouvements volontaires. Anatomie : assn CX = cortex associatif ; CBM latéral = hémisphère du cervelet ; CBM interméd. = partie intermédiaire du cervelet ; CX moteur = cortex moteur ; SMA = aire motrice associée ; VA thal. = noyau antérieur ventral du thalamus ; VL thal. = noyau latéral ventral du thalamus. Les flèches représentent des voies neuronales composées de centaines de milliers de fibres nerveuses. Pour simplifier le schéma, on a fait comme si la partie intermédiaire du cervelet projetait directement sur le cortex moteur au lieu de faire passer l'impulsion par le noyau ventral latéral du thalamus. (D'après Allen et Tsukahara, 1974, avec modification.)

Comme l'a souligné Grillner (1981), on a négligé le problème de base de la locomotion dans la vie réelle puisqu'elle n'a été étudiée que dans les conditions artificielles d'un tapis roulant en laboratoire. Par exemple, pour marcher dans des conditions ordinaires dans une rue, il faut posséder des capacités perceptives — notamment visuelles — bien développées, et être capable à tout instant de modifier sa façon de marcher par des mouvements qu'il faut bien considérer comme relevant de la volonté. Il est pour le moins surprenant que, dans les investigations menées sur le mécanisme neural de la marche, on se soit concentré sur la moelle épinière, ou sur le pédoncule cérébral, ou sur les ganglions basaux, ou sur le cervelet, mais que les rôles joués par le cortex moteur et par le faisceau pyramidal aient été négligés. Les lésions des ganglions basaux qui interviennent dans le parkinsonisme, avec l'akinésie qui s'y rattache, peuvent avoir pour résultat de grandes difficultés dans le démarrage de la marche. Il est important de se rendre compte que, comme l'illustre la figure 3.13, une marche normale implique qu'il y ait des informations sensorielles de contrôle et de modulation vers le cortex moteur, aussi bien que des informations en provenance du cervelet et des ganglions basaux (DeLong et Georgopoulos, 1983). Néanmoins, les contractions musculaires qui produisent les mouvements de la marche doivent être suscitées pour l'essentiel par des successions de décharges rythmées issues des cellules pyramidales appropriées du cortex moteur. Autrement, il ne serait pas possible d'obtenir un contrôle pas par pas *volontaire* en marchant au milieu d'une foule ou bien en terrain accidenté.

Une excellente synthèse sur le contrôle des muscles par le cortex chez l'homme publiée par Freund et Hummelsheim (1985), explique dans le détail le contrôle des muscles axiaux, proximaux et distaux des membres. Ainsi qu'on le voit sur la figure 3.14, il existe deux chemins descendants majeurs, le faisceau spinal cortico-réticulaire et le faisceau pyramidal, lequel provient principalement du cortex moteur (aire 4 de Brodmann) (figures 3.5 et 3.6). Le premier vient essentiellement du cortex prémoteur, et descend au pédoncule cérébral où il est relayé par de grandes cellules réticulaires pour former deux faisceaux descendant de part et d'autre de la moelle épinière (figure 3.14). Là, ils activent des neurones moteurs qui innervent les muscles axiaux et proximaux des membres. Le second faisceau change de côté dans la moelle (figure 3.6) et descend sous la forme de faisceau pyramidal pour innerver en particulier les muscles distaux des membres contralatéraux. Puisque, dans la démarche bipède, chaque pas est lancé par la contraction d'un muscle membral distal, le fléchisseur *hallucis longus*, la décharge d'impulsions du cortex moteur le long du faisceau pyramidal doit jouer le rôle principal dans la démarche bipède. Il peut certes y avoir une activation corticale motrice des autres muscles des membres postérieurs, et le faisceau spinal cortico-réticulaire est probablement impliqué dans les ajustements des muscles axiaux et de l'articulation de la hanche. Mais nombre d'investigations sont encore nécessaires.

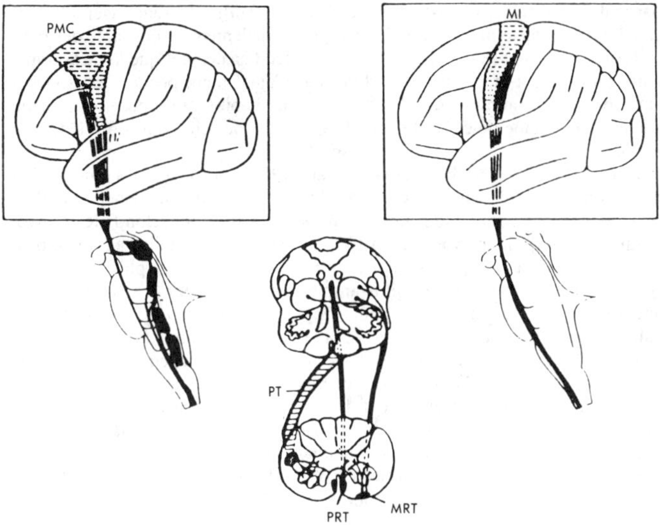

Figure 3.14. Représentation schématique des principales transmissions efférentes qui partent du cortex pré-moteur (à gauche) et du cortex moteur (à droite). MI offre une voie directe de l'écorce à la moelle ; PMC, une voie indirecte de l'écorce, par le corps réticulé, à la moelle. Les vues latérales de l'hémisphère et du pédoncule cérébral montrent la voie qui va du PMC à la formation réticulée du pédoncule, et celle qui va de MI à la moelle épinière et aux noyaux du pont de Varole (à droite). La vue antéro-postérieure du pédoncule cérébral et de la moelle épinière montre l'appareil pyramidal (PT), le tractus réticulo-spinal du pont de Varole (PRT) et le tractus réticulo-spinal médullaire (MRT). (Freund et Hummelsheim, 1975.)

Wiesendanger (1981b) a publié une sélection de comptes rendus de lésions cliniques du système pyramidal, qui sont très utiles pour définir ce qu'on appelle le syndrome pyramidal. Dans trois cas de lésions pratiquement limitées au faisceau pyramidal, il y a eu paralysie flasque tétraplégique qui a ensuite dégénéré en spasticité. Wiesendanger décrit un cas spécial où subsistait un faisceau pyramidal résiduel, tout le reste étant détruit ; pourtant, le patient parvenait à accomplir des mouvements volontaires. Quand les lésions du faisceau pyramidal n'étaient que partielles, la perte de force dans les mouvements était moindre que prévue, mais il faut reconnaître qu'un grand nombre des fibres du faisceau convergent vers le neurone moteur (Phillips et Porter, 1977), et qu'il y aurait donc compensation automatique. Après avoir comparé les lésions du faisceau pyramidal chez les humains et chez les primates (voir en particulier les travaux classiques de Tower [1940]), Wiesendanger (1981b) conclut que le faisceau pyramidal n'est que partiellement responsable des déficits consécutifs aux lésions corticales. On conclut également que la dichotomie entre mouvement et posture est artificielle. L'ajustement postural est souvent aussi précis et complexe que les mouvements habiles surimposés. Les deux exigent un système de contrôle neural rapide tel que celui fourni par le fuseau pyramidal.

Dans ce contexte, Melvill Jones et Watt (1971a) ont mené des études d'un exceptionnel intérêt sur les réactions du muscle gastrocnémien pendant la marche humaine. Quand le sujet descend, il y a activation (selon l'électromyogramme [EMG]) du gastrocnémien 135 millisecondes avant l'instant où le pied touche terre. Quand le pas est plus grand, l'EMG commence plus tôt avant le contact du pied, et est encore plus ample. Par conséquent, il y a contraction anticipatoire du gastrocnémien pour supporter le poids. Les réactions musculaires déclenchées par les circuits de la figure 3.7 au moment du déséquilibre causé par l'entrée en contact du pied avec le sol étaient inadéquates et trop tardives. On a suggéré qu'au cours des étapes préliminaires à l'accomplissement d'un pas descendant, le mouvement de la tête vers le bas activerait les organes otolithes de l'oreille interne (le mécanisme récepteur vestibulaire), ce qui entraînerait la contraction du gastrocnémien par le canal des voies réticulospinales et vestibulaires (Melvill Jones et Watt, 1971b ; Wilson, 1983).

Cependant, le cortex moteur pourrait également être actionné par des signaux visuels indiquant un pas vers le bas. Le rôle de l'organe otolithe a été étudié en analysant l'effet d'une chute libre inattendue. L'EMG du gastrocnémien commença par un temps de latence de 74 millisecondes, ce qui était trop tardif pour amortir l'impact sur de très courtes distances. En conséquence, le sujet dut subir un mauvais impact du talon. Même une chute libre de 2,5 cm se révélait très inconfortable. Cette stimulation de l'otolithe quand une chute libre fait soudain cesser sa stimulation gravitationnelle mérite d'être prise en considération quand on tente d'expliquer les activités musculaires impliquées dans une série de sauts successifs (Melvill Jones et Watt, 1971a). Il a été suggéré que la fréquence préférée des sauts résulte d'une activation des muscles par trois facteurs : le temps anticipé d'atterrissage ; le réflexe fonctionnel d'extension (RFE) (Chan *et al.*, 1979a) qui amorce le saut suivant ; et la réaction vestibulaire au déclenchement de la phase d'apesanteur quand le saut commence. Il faut prendre en considération tous ces facteurs si l'on désire expliquer les réactions rythmiques qui composent la marche. Il est à noter que tous dépendent des centres cérébraux. Les mouvements rythmiques de la marche humaine ne sont pas explicables par les mécanismes spinaux, et ne le sont qu'imparfaitement par les niveaux cérébraux inférieurs tels que les informations vestibulaires atteignant les chemins réticulospinaux et vestibulospinaux.

Comme indiqué dans la figure 3.13, les mouvements de la marche dépendent des décharges rythmiques émises par le cortex moteur sous l'influence de rétroactions en boucle à travers d'autres régions du cortex cérébral, des ganglions basaux et du cervelet. Tout ce mécanisme neural très complexe a dû être refaçonné par les australopithèques au cours de l'évolution du mode de locomotion de la quadrupédie à la bipédie. Néanmoins, le contrôle de l'alternance des pas ne cessera pas pour autant d'être confié aux mécanismes quadrupèdes.

Revenons maintenant à nos trois individus bipèdes de 3,6 MAAP de la figure 3.11. Deux d'entre eux opéraient une simple marche bipède ne nécessitant pas de contrôle continu volontaire. Mais le troisième plaçait avec précision ses pieds dans les empreintes du chef. Il s'agissait là d'actions exigeant un contrôle volontaire précis des décharges corticales motrices le long du faisceau pyramidal et sous le contrôle d'informations sensorielles, principalement de la vision. Il nous est ainsi accordé presque par miracle d'entrevoir comment marchaient les australopithèques, mais il faut bien se rendre compte que la démarche stéréotypée de la figure 3.11 est une exception dans la gamme normale des divers mouvements bipèdes sur le terrain. Notre imagination doit étendre la démonstration spécifique de la figure 3.11 aux autres mouvements des bipèdes dans des activités telles que la chasse, la guerre, l'apport de nourriture au foyer communautaire, etc. Comme l'indiquait la figure 2.5, l'*A. africanus* avait existé pendant au moins 1 million d'années avant les empreintes de la figure 3.11, ce qui est bien assez de temps pour qu'apparaisse une altération des os, des articulations et des muscles nécessaire à une démarche bipède efficace (figures 3.8, 3.9, 3.10).

A. africanus a continué à se déplacer de la manière décrite dans la figure 3.11 pendant plus d'un million d'années sans changement appréciable, ce qui marque une stase dans l'évolution, ainsi qu'on l'a expliqué dans le chapitre 1. Comme le montre la figure 2.5, cette stase s'est terminée vers 2,5 MAAP. Pendant toute cette très longue période, il n'y a eu qu'une petite augmentation de la taille du cerveau, de peut-être 350 cm^3 chez l'ancêtre hominoïdé présumé jusqu'à 460 cm^3 en moyenne. Il ne fait pas de doute que la démarche bipède impliquait une réorganisation drastique du système nerveux central, mais la bipédie exige un mécanisme neuronal plus simple que celui de la quadrupédie, où quatre membres doivent être contrôlés temporellement et spatialement de façon appropriée. Un support constitué de quatre membres assure néanmoins une station stable. Les préhominidés possédaient déjà un système de contrôle moteur complexe et très efficace, comme on peut le constater chez les primates d'aujourd'hui qui sont dotés d'un appareil moteur mieux contrôlé et plus souple que n'importe quel autre ordre de mammifères. On peut supposer que l'agilité contrôlée des *A. africanus* égalait celle des humains non entraînés d'aujourd'hui.

Il est possible que l'*A. africanus* n'ait pas fabriqué d'outils en pierre, n'utilisant que des objets du genre os ou corne, et bien sûr bois (ce qui n'est pas démontrable, dans la mesure où le bois ne se fossilise pas [Leakey et Lewin, 1977]). On peut aussi bien imaginer que ce bois fut façonné en armes primitives, massues et lances, pour la guerre ou la chasse. Ce développement de l'habileté manuelle aurait eu une valeur énorme pour la survie. Mais si les *A. africanus* se sont déployés sur de vastes territoires en Afrique orientale et australe, on n'a pas encore de preuves fossiles de leur existence en Eurasie (Tobias, 1983).

3.4 L'évolution des mécanismes neuronaux en vue d'un contrôle affiné des mouvements

Il est essentiel de comprendre que la finesse de contrôle de tous nos mouvements dépend du *feedback* des récepteurs périphériques. S'il y a blocage des informations sensorielles provenant d'un membre et acheminées vers le système nerveux central, les mouvements de ce membre sont diminués et désorganisés (Denny-Brown, 1966). Les informations sensorielles des récepteurs cutanés et des articulations sont importantes, mais bien plus importantes encore sont les données sensorielles issues des récepteurs musculaires (Matthews, 1981). Dans le diagramme simplifié de la figure 3.15, on peut voir qu'une terminaison nerveuse en anneau spiralé gainant une des fibres d'un fuseau musculaire décharge dans une fibre afférente de groupe Ia, comme on l'a déjà représenté dans la figure 3.7. Il existe deux espèces distinctes de fibres musculaires réunies en fuseau, et il existe aussi des terminaisons nerveuses secondaires pourvues de fibres afférentes (de groupe 2) plus petites que les grandes fibres afférentes Ia de la terminaison en anneau spiralé. Néanmoins, pour nos besoins présents, le diagramme simplifié de la figure 3.15 suffira. C'est la

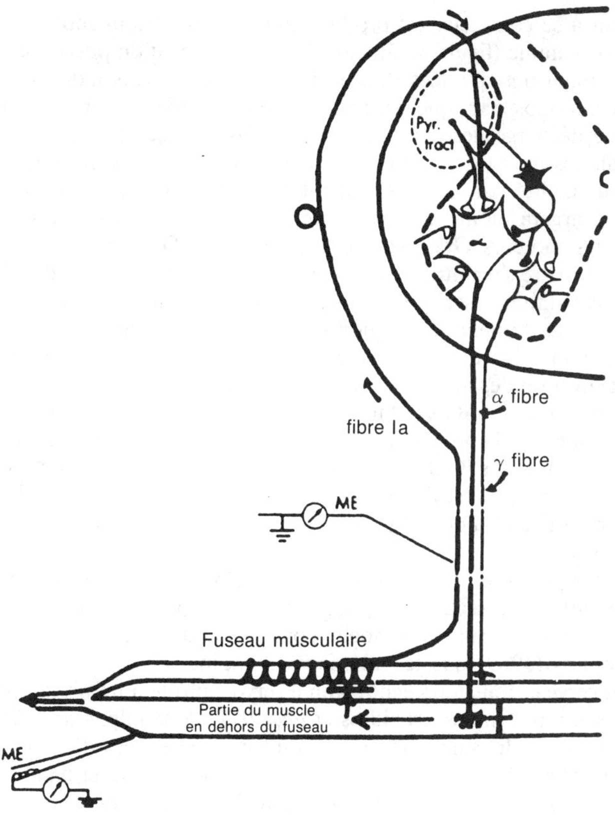

Figure 3.15. Innervation α et innervation γ, dans un schéma qui représente les voies nerveuses partant de la moelle épinière et y aboutissant ; on a représenté aussi les aspects essentiels de l'action et de l'interaction des neurones moteurs α et γ. (Pyr. = appareil pyramidal ; ME = électrodes servant à mesurer les flux.)

fibre Ia qui assure l'innervation monosynaptique des neurones moteurs (figure 3.7).

Si l'on tire sur le tendon du muscle de la manière illustrée par la flèche située à l'extrême gauche de la figure 3.15, l'excitation des fuseaux fait en sorte qu'ils déchargent des impulsions qui remontent la fibre Ia. Si l'excitation des fibres du fuseau les incitant à se contracter est produite par des impulsions motrices de type gamma (figure 3.15), alors il y a une excitation puissante des terminaisons spiralées et, de ce fait, une intensification de l'activation monosynaptique des neurones moteurs GA. Si, en revanche, une décharge des neurones moteurs GA fait que les fibres musculaires hors fuseau se contractent, alors la tension sur le fuseau musculaire parallèle est affaiblie, et la terminaison nerveuse déchargera moins ou pas du tout. Mais si la décharge des neurones moteurs GG coïncide avec celle des GA, alors le fuseau musculaire se contractera et ne sera donc pas relâché. Ce dispositif constitue un servomécanisme tout à fait classique. Plus il y a de neurones moteurs GA actionnés en réaction partielle aux impulsions Ia, plus forte sera la contraction hors fuseau, et moindre l'activation des neurones moteurs GG par ce qu'on appelle la « la boucle réflexe GG ». Mais l'action de cette boucle peut être biaisée sur une large gamme de niveaux par une décharge de neurones moteurs GG. Ainsi, il y a un contrôle en boucle des contractions musculaires, lequel est ajusté en fonction du biais surajouté par la décharge des neurones moteurs GG (voir Granit, 1970).

Jusqu'à récemment, on a cru que les apports afférents Ia provenant des fuseaux musculaires se limitaient à ce contrôle par boucle au niveau de la moelle épinière. L'idée a été avancée par Phillips (1969) que les afférences d'origine musculaire montant au cerveau fonctionnaient comme servocontrôle à un niveau plus élevé. On a montré (Phillips *et al.*, 1971 ; Maendly *et al.*, 1981) que, chez le singe, la projection principale des afférents de groupe Ia s'effectuait vers l'aire 3a, c'est-à-dire vers la bande du cortex sensoriel située dans la figure 3.5 juste derrière le cortex moteur. La flèche libellée *spinal* projette vers la composante « profonde » du thalamus du VPLc, où le relais synaptique se fait par des fibres thalamo-corticales vers les aires somatosensorielles 3a et 2. Chez les primates et quelques autres mammifères évolués, une fois entrées dans la moelle épinière, les fibres bifurquent, comme le montre la figure 3.15 : une branche se dirige vers les neurones de ce niveau de segments, y compris en particulier les neurones moteurs homonymes (voir la figure 3.7) l'autre branche monte dans la colonne vertébrale jusqu'au noyau cunéaire externe du pédoncule , puis, par le faisceau dit lemniscus médial, dans l'enveloppe « profonde » du VPLc (figure 3.16).

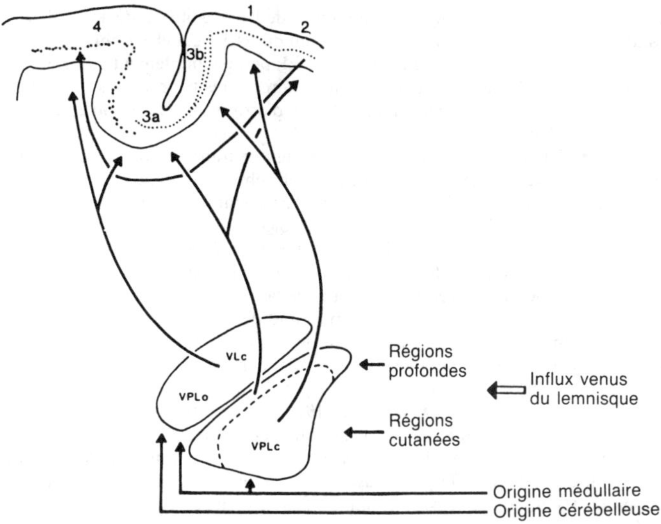

Figure 3.16. Dessin schématique du thalamus, du cortex moteur (4) et du cortex sensoriel (3, 1, 2). Des sections sagittales du noyau latéral postérieur ventral en sa partie caudale (VPLc) et du noyau latéral postérieur ventral en sa partie orale (VPLo-VLc) montrent la répartition des influx afférents et efférents. Dans le VPLc, une région formant coquille, du côté antéro-dorsal, qui reçoit des influx afférents provenant de récepteurs situés en profondeur, y compris des influx afférents venant des muscles et passant par le lemnisque médial, projette à son tour sur les aires 3a et 2 du cortex. Le centre du VPLc, qui reçoit par le lemnisque des influx afférents venus des récepteurs cutanés, projette lui aussi vers un noyau central du même type qui appartient au cortex SI dont il constitue les aires 3b et 1. Les influx afférents venus du cervelet sont relayés par le noyau commun VPLo-VLc et ne débordent pas sur le VPLc. Ce noyau commun les envoie sur l'aire 4, sans débordement sur l'aire 3a ou presque. Les influx afférents médullaires, que l'on connaît beaucoup moins bien, sont relayés par le VPLc ainsi que par le VPLo. Conformément à ce qui est dit dans le texte, on a dessiné une voie qui va de l'aire 2 à l'aire 4. (D'après Friedman et Jones, 1981.)

Des études très importantes ont été menées sur le mode d'action de ces fibres afférentes venant des muscles chez un sujet humain normal (Chan, 1983). Par exemple, on a constaté qu'une dorsiflexion soudaine de la cheville cause non seulement la contraction par réflexe spinal du gastrocnémien, mais aussi une contraction différée beaucoup plus forte qu'on appelle le réflexe extensionnel fonctionnel (REF). Les valeurs moyennes des temps de latence respectifs étaient de 37 millisecondes pour le réflexe spinal et 108 millisecondes pour le REF (Chan *et al.*, 1979a). La réaction volontaire la plus rapide à la perception de l'extension avait un temps de latence moyen de 157 millisecondes, significativement plus élevé que celui du REF, lequel est plus puissant et plus prolongé. Le temps de latence du REF permet amplement aux entrées afférentes suscitées par les extensions musculaires, dans le processus de boucle réflexe postulé à l'origine par Phillips (1969), d'arriver au cerveau ou au cervelet et d'en revenir.

Chan *et al.* (1979a) ont prouvé que le chemin de transmission du REF peut en effet être une boucle en montrant que son temps de latence est réduit de beaucoup quand le chemin est plus court. Par exemple, les temps de latence moyens étaient de 50 millisecondes pour les biceps du bras et de 67.8 millisecondes pour les quadriceps de la jambe. Les différences de temps entre le réflexe tendineux spinal et le REF seraient explicables par la longueur du chemin parcouru depuis les centres respectifs de la moelle épinière et du cerveau ou du cervelet. Ces temps étaient en moyenne de 32 millisecondes (pour les biceps), 47 millisecondes (pour les quadriceps) et 73 millisecondes (pour le gastrocnémien). Preuve supplémentaire, non dénuée d'importance, que le REF est un réflexe en boucle (RA) : il n'y avait pas de REF en dessous du niveau de la lésion. De plus, Chan *et al.* (1979b) ont montré que le REF n'était pas affecté par une anesthésie régionale totale de la peau et des articulations du pied et de la cheville. Il peut être ainsi considéré comme un réflexe en boucle suscité par les afférents musculaires, qu'on peut supposer être pour l'essentiel les fibres nerveuses venant du faisceau musculaire (figures 3.15 et 3.16).

Chan *et al.* (1979a) n'estiment pas que le long temps de latence du REF est lié aux temps de conduction attendus pour le parcours postulé de la boucle nerveuse à partir et à destination du cortex moteur. Des temps bien plus courts de parcours de la boucle nerveuse ont été enregistrés en réponse à des stimulations électriques directes des fibres Ia dans les nerfs. Par exemple, Iles (1979) a constaté que la stimulation du nerf péronier humain provoquait un H-réflexe d'un temps de latence de 29 millisecondes, comme un réflexe tendineux, et un réflexe de boucle à 55 millisecondes (figure 3.17d). Il faut supposer que le réflexe de boucle passait par un chemin traversant le cortex moteur, puisqu'il valait zéro au repos et devenait une réponse assez importante quand le nerf péronier était stimulé par une contraction volontaire continue. Des constatations similaires ont été faites sur les réflexes tendineux du muscle soléaire et sur les réflexes de boucle ; les temps de latence respectifs étaient de 31 et de 57 millisecondes (voir la figure 3.17e). Ces temps courts des boucles nerveuses sont dus aux seuls temps de conduction du chemin parcouru jusqu'au cortex moteur, puisque les impulsions Ia montent aux noyaux de la colonne dorsale par les fibres très rapides du cordon dorsal.

Marsden *et al.* (1978a b, 1983) ont procédé à des études ingénieuses sur les réponses réflexes du muscle fléchisseur pollicis longus chez les humains. Ce muscle est unique en ce qu'il est seul responsable d'un mouvement donné d'une articulation, à savoir le fléchissement de la jointure terminale du pouce. Quand une contraction continue du fléchisseur est brusquement perturbée par l'application d'une extension (figure 3.17a), le muscle accuse une série de réponses réflexes (figure 3.17b). La première de la série, avec un temps de latence d'environ 25 millisecondes, est le réflexe tendineux ordinaire, lequel est produit par un circuit comme celui de la figure 3.7. Deux réponses plus tardives, avec des temps de latence moyens de 40 et de 55 millisecondes, sont également automatiques et non volontaires. Il existe de nombreuses preuves cliniques (Marsden *et al.*, 1978a-b) que ces réponses automatiques de 40 et de 55 millisecondes sont dues à des réflexes de boucle provenant des plus hauts centres du cerveau, en particulier du cortex moteur. Ces réponses sont affaiblies ou supprimées par les lésions qui touchent les chemins menant au cortex cérébral ou en provenant (figure 3.17c). Cependant, les noyaux du cervelet (l'interpositus et le dentatus) peuvent également jouer un rôle dans les temps de latence de 55 millisecondes de cette réponse. Ce n'est que bien plus tard qu'on assiste à une réaction consciente à l'extension soudaine. Les temps de latence de cette réaction, qui peut être soit une résistance puissante, soit un relâchement, sont en moyenne de 126 millisecondes, ce qui est inférieur aux temps de réactions classiques. Des RA similaires ont été observés dans une investigation comparable par Lee *et al.* (1983) portant sur le fléchisseur du poignet soumis à une extension soudaine.

On peut supposer que les réflexes en boucle permettant un servo-contrôle exercé par les centres du cerveau, en particulier par le cortex moteur, sont devenus progressivement plus importants au cours du processus évolutif, dans la mesure où ils sont essentiels pour le contrôle moteur effectif impliqué par les compétences motrices. Comme le disent si bien Wiesendanger et Miles :

> « Le principe du servomécanisme est que l'accomplissement effectif d'un mouvement est continuellement mesuré et comparé avec celui qui était voulu ou prévu. Chaque divergence entre le mouvement réel et le mouvement désiré a pour résultat un signal d'erreur proportionnel à cette divergence, lequel provoque à son tour un signal de commande pour compenser automatiquement l'erreur. Dans le servomécanisme transcortical que nous postulons et qui stabilise les postures, une perturbation se déroulant pendant le mouvement du membre actionnerait des récepteurs musculaires d'extension avec une intensité proportionnelle à

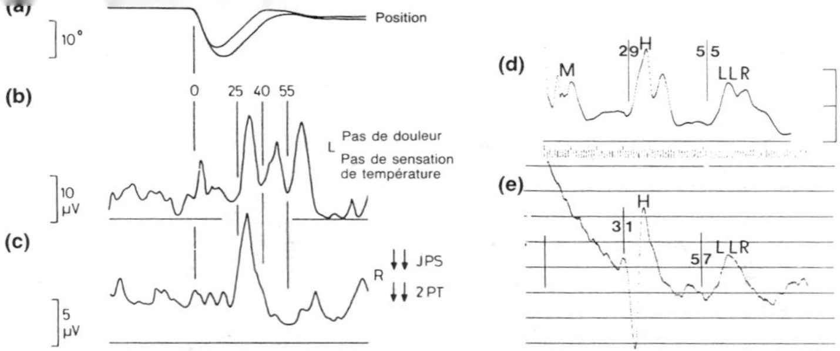

Figure 3.17. (a) - (c) Réponse à une extension brève et rapide du muscle long fléchisseur du pouce, chez un patient porteur d'une lésion de la partie droite du pédoncule cérébral. Cette lésion lui a fait perdre les sensations de douleur et de température du bras gauche. Elle l'empêche de bien estimer la position des articulations, de sentir les vibrations, et de distinguer entre les sensations tactiles (JPS et 2PT) en ce qui concerne la région située à droite ; mais il n'y a pas de diminution de la motricité. **(a)** Enregistrements montrant la position du pouce droit et du pouce gauche (angle par rapport à la main). — **(b-c)** Électromyogramme à onde complète, corrigé, qui concerne le long fléchisseur du pouce, main gauche **(b)** et main droite **(c)**. Le sujet maintenait son pouce immobile en résistant à une force constante de 2 N. A l'instant 0 indiqué par un trait vertical, une force de 30 N a été appliquée pendant 3 millisecondes. Chaque tracé représente la moyenne de vingt-quatre enregistrements. Dans l'électromyogramme du fléchisseur gauche, on observe des réponses bien nettes pendant le temps de latence des mono-synapses médullaires (25 millisecondes), suivies plus tard de réponses à la 40e et à la 55e milliseconde. Dans l'EMG du fléchisseur droit, on voit bien la réponse provenant des mono-synapses médullaires, mais les LLR n'apparaissent pas. (D'après Marsden *et al.*, 1987 b.) — **(d)** Stimulus appliqué au nerf péronéal, chez l'homme, et enregistrement pris sur le muscle tibial antérieur. Le stimulus dépassait le seuil de sensibilité des fibres nerveuses motrices, comme le montre la réponse motrice initiale. Ensuite vient le réflexe H (avec un temps de latence de 29 millisecondes), suivi d'une LLR avec un temps de latence de 55 millisecondes. L'intensité de la LLR dépend de l'arrière-plan constitué par une volonté plus ou moins ferme, et tombe à zéro à l'état de repos. (D'après Iles, 1977.) — **(e)** Stimulus appliqué au nerf tibial et correspondant exactement au seuil de sensibilité des fibres motrices. Le réflexe H, qui présente initialement un caractère positif, a une latence de 31 millisecondes, et la LLR de 57 millisecondes. La LLR est produite à un moment où le sujet se tient sur la pointe des pieds, penché en avant, de façon à solliciter le cortex moteur pour une mise en action de l'extenseur de la cheville. La fréquence du stimulus est de 3 herz, et le tracé représente la moyenne de cinquante réponses (Deletis, Halter *et al.*)

l'intensité du stimulus. Ce signal d'erreur est transmis aux neurones moteurs. Le changement qui en résulte dans une contraction musculaire à un temps de latence M_2 (la boucle) compenserait alors la perturbation initiale de la charge. »

Quand on accomplit un mouvement, il se produit d'abord une appréciation de la force requise pour les contractions musculaires. Une erreur d'estimation du mouvement de la main entraînera un RA correctif qui suscitera une modification appropriée des signaux de déclenchement provenant du cortex moteur, ce qui donnera une réponse corrective du mouvement de la main avec un temps de latence de moins de 50 millisecondes. Le temps de latence correctif de la boucle serait d'environ 70 millisecondes pour les extenseurs de la cheville. La compensation corrective est automatique et inconsciente. S'il est vrai, comme le suggère Jones (1983), qu'au niveau cortical le chemin passe dans le cortex moteur par l'aire 2, alors le plan semble être bien conçu. Ainsi que l'ont montré Powell et Mountcastle (1959), toutes les informations sensorielles profondes provenant des articulations et des aponévroses convergent vers l'aire 2 (figure 3.16). Ce serait approprié si ces informations s'intégraient aux informations Ia de sorte que la projection de l'aire 2 vers l'aire 4 (le cortex moteur) transporte les informations nécessaires au fonctionnement efficace de la boucle à travers le cortex moteur. On a encore suggéré (voir la figure 3.16) que la projection VPLc vers l'aire 3a sert à la perception de la contraction musculaire, tandis que la projection vers l'aire 2 est relayée vers l'aire 4 pour le mécanisme de servocontrôle.

Les chemins des récepteurs Ia vers le cortex moteur, qui servent donc pour les réflexes en boucle, ont été retrouvés chez des mammifères comme le chat (Landgren *et al.*, 1984). On suppose que l'évolution du contrôle en boucle des réponses motrices s'accomplissait déjà chez les hominoïdés (voir Phillips *et al.*, 1971). Ce que nous suggérons ici, c'est que l'évolution progressive chez les hominidés de ce mécanisme de contrôle en boucle fut essentielle pour leur réussite dans le domaine de la dextérité manuelle, de plus en plus manifeste dans les cultures successives qui ont utilisé les outils de pierre (voir figure 6.11).

Wiesendanger (1981) cite Bonin pour faire remarquer que, chez le singe, les aires de Brodmann 4 et 6 sont sensiblement de même taille, alors que chez l'homme l'aire 6 est quatre fois plus grande que l'aire 4 (figure 4.4). Cet agrandissement relatif de l'aire 6 est également noté par Bucy (1935) et par Penfield et Jasper (1954). Il semble que, chez l'HSS, la grande aire corticale 6 ait revêtu une importance croissante dans le contrôle moteur par les centres les plus hauts. Ainsi, des lésions dans l'aire 6 produisent l'apraxie motrice et des perturbations dans l'exécution des tâches oculomotrices (Freund et Hummelsheim, 1985). La figure 3.6 montre schématiquement un autre développement évolutif : il y a expansion énorme de la représentation corticomotrice pour les pouces et les doigts. Comme on le verra dans la prochaine section, cela n'est pas sans rapport avec le développement des compétences motrices fines de la main.

3.5 Les compétences de la main

La bipédie conféra à l'*A. africanus* un autre avantage capital en libérant les membres antérieurs des tâches locomotrices, de sorte qu'ils purent être utilisés à des tâches exigeant plus d'habileté. Révélateurs a cet égard sont les changements survenus dans les os de la main, où le pouce s'est développé de manière à pouvoir être tourné pour saisir avec précision des objets entre le bout des autres doigts et lui. Auparavant, les objets ne pouvaient être saisis qu'avec un fléchissement puissant de toute la main, comme chez les pongidés, ou comme font les humains pour presser quelque chose. Les données fossiles sont représentées dans la figure 3.18 (Napier, 1962a, 1962b) où le pouce hominidé (E) laisse paraître une transition d'un hominoïdé présumé — illustré par un jeune gorille (D) — au pouce humain (F), et se révèle très proche de ce dernier. Le pouce hominidé a gagné en longueur et en puissance osseuse, de même que par l'élargissement de l'osselet terminal (montré dans la première rangée de la figure 3.18). Tous ces changements ont amélioré l'opposabilité.

En dépit de recherches très méticuleuses, on n'a pas réussi à retrouver des outils, même très primitifs, ni dans les gisements de Laetoli, où l'*A. africanus* vécut vers 3,6 MAAP et où il développa une bonne démarche bipède (figures 3.11 et 3,19) (M. D. Leakey, 1981), ni dans les autres sites de l'*A. africanus*. Cependant, dans la région voisine de la gorge d'Olduvai, où les fossiles remontent à 1,9 MAAP, il existe déjà une large gamme d'outils : hachoirs, polyèdres, discoïdes, sous-sphéroïdes, grattoirs et burins (figure 6.11a). Tous sont fabriqués à partir de roche de lave, et on a trouvé en outre des éclats tranchants, généralement en quartzite, qui auraient pu servir pour le taillage.

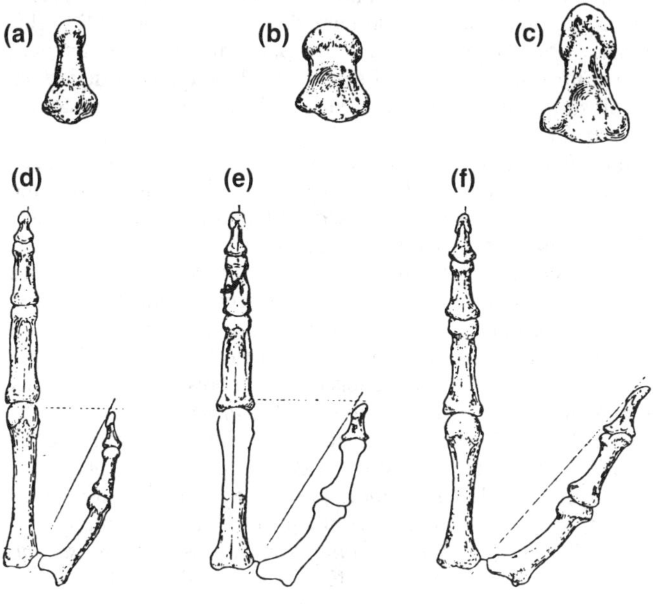

Figure 3.18. Les os de la main d'un gorille jeune **(a, d)**, d'un hominidé du site d'Olduvai **(b, e)**, et d'un homme d'aujourd'hui **(c, f)** : comparaison. La dernière phalange du pouce **(a, b, c)** gagne en largeur et proportionnellement en longueur ; **(d, e)** et **(f)** montrent un allongement du pouce et une ouverture de l'angle qu'il fait avec l'index. Le contour des os d'Olduvai en **(e)** est une reconstitution faite à partir de certains autres indices ; il ne s'agit pas d'os trouvés là. [**(b)** D'après *The Evolution of the Hand,* de J. Napier. Copyright mai 1977, Scientific American Inc., tous droits réservés.]

On peut associer cette industrie primitive de la pierre à la présence au même endroit de fossiles d'un hominidé bien plus avancé, à savoir l'*homo habilis*, dont le cerveau avait une capacité de 650 à 670 cm^3 (R. Leakey et Lewin, 1977).

Il semble que l'*A. africanus* de 3,6 MAAP n'était pas encore suffisamment évolué pour façonner des outils en pierre. On peut conjecturer que son cerveau n'était pas assez développé pour permettre la performance d'habileté manuelle requise par la fabrication d'outils en pierre. A en juger d'après les fossiles, la main de l'*A. africanus* aurait pu être à même de façonner des outils primitifs en pierre, ce qui peut se faire rien qu'en serrant. Même les pongidés ont la capacité de serrer puissamment et de manière bien contrôlée des objets. Il semblerait donc qu'ici la déficience se soit située au niveau du cerveau plutôt que dans les limitations de la main.

Il est frappant qu'au cours de leur longue existence — quelque 3 millions d'années — les *A. africanus* n'aient jamais créé une industrie de la pierre. Ils possédaient pourtant des outils faits d'os, de cornes et de dents (Tobias, 1971), et sans doute même de bois grossièrement façonné pour servir d'armes — massues ou lances — ou pour creuser, outils qui ressemblaient donc à ceux utilisés de nos jours par certaines tribus primitives, mais qui n'ont pas laissé de traces dans la mesure où le bois ne fossilise pas (Leakey et Lewin, 1977). De tels objets en bois ont dû contribuer à améliorer les chances de survie de l'*A. africanus*.

Pour fabriquer ne fût-ce qu'une hache primitive, il faut avoir au préalable une certaine conception du produit fini. On peut donc conjecturer que l'*homo habilis* possédait, au moins jusqu'à un certain point, cette capacité d'anticipation. Parallèlement à l'évolution de l'*homo habilis* en *homo erectus*, puis en *homo sapiens neandertalis* et en HSS, la variété et l'élégance des outils en pierre augmentent d'étape en étape (chapitre 6, section 8). Il est vraisemblable qu'il faille en créditer l'imagination créatrice progressivement accrue et les aptitudes motrices dérivant du développement des hémisphères cérébraux, en particulier des cortex moteur et prémoteur ainsi que de toutes leurs interconnexions annexes (figures 3.1, 3.13, 3.14, 3.16, 4.4). La capacité de serrer les objets avec précision, les raffinements dans la construction de la main qui l'accompagnent se révéleraient décisifs pour l'utilisation efficiente des outils (figure 3.19). Washburn souligne le rôle de ces derniers dans l'évolution même des hominidés : l'emploi d'outils conduit à leur modification et, par suite, à leur fabrication. Dans la fabrication des outils, les hominidés ont même atteint une certaine maîtrise artistique, comme on peut le constater dans la culture des éclats des néandertaliens et dans celle des lames du Cro-Magnon.

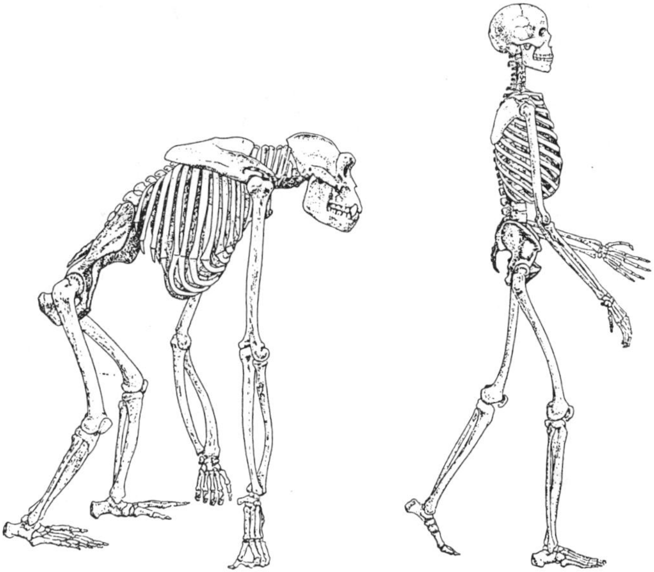

Figure 3.19. La forme et l'inclinaison du bassin chez le gorille et chez l'homme reflètent les différences de posture qui séparent la marche à quatre pattes du mode de locomotion d'un bipède (voir figure 3.8). Chez le gorille, l'ischion est long, l'ilion s'élargit sur le côté, et l'ensemble du bassin s'incline vers l'horizontale. Chez l'homme, l'ischion est beaucoup plus court, l'ilion, déjà large, s'agrandit vers l'avant, et le bassin est vertical. (D'après *The Antiquity of Human Walking*, de J. Napier. Copyright avril 1967, Scientific American Inc., tous droits réservés.)

L'évolution des hominidés a culminé avec l'*homo sapiens sapiens* à l'imagination créative dont on peut voir les manifestations dans les peintures rupestres et dans les sculptures des temps préhistoriques, lesquelles seront examinées au chapitre 6.

CHAPITRE IV

Le langage dans l'évolution des hominidés

Avant d'aborder le rôle majeur du langage dans l'évolution des hominidés, il est capital d'en étudier la nature et la structure sous l'angle philosophique. Il s'agit ici du langage humain autant que des modes de communication utilisés par les mammifères supérieurs dont notre meilleur modèle, tel qu'il devait exister chez nos ancêtres hominidés, nous est fourni par les pongidés.

4.1 Les niveaux de langage

L'ensemble le plus complet de tout ce qui peut être réuni sous le vocable « langage » a été formulé par Bühler (1934), puis développé par Popper (1972, chapitre 6 ; Popper et Eccles, 1977, chapitre P3). L'on ne saurait considérer séparément langages animaux et humains. Tout langage comprend habituellement un

Fonctions	*Valeurs*	
(4) Fonction de discussion argumentée	pertinent/non pertinent	homme
(3) Fonction de description	vrai/faux	homme
(2) Fonction de signal	efficace/inefficace	homme
(1) Fonction expressive	éloquent/non éloquent	homme

Figure 4.1. Les quatre niveaux du langage humain et les valeurs qui leur sont associées, tels que Popper les a formulés. Les niveaux 3 et 4 sont propres à l'être humain exclusivement.

émetteur, un moyen de communication et un récepteur ; c'est un type particulier de système sémiotique.

La classification proposée par Bühler-Popper (figure 4.1) établit deux formes primaires de langage (1 et 2) communes aux animaux et aux êtres humains, et deux formes supérieures (3 et 4) peut-être exclusivement propres aux seconds, bien que, comme on le verra ultérieurement, les avis divergent sur ce point.

1. *La fonction expressive ou symptomatique* : l'animal exprime un état émotionnel ou un sentiment, tout comme le font les êtres humains, par des appels, des cris, le rire, etc.
2. *La fonction de signal* : en communiquant un message symptomatique, l'« émetteur » tente de provoquer une réaction chez le « récepteur ». Le cri d'alerte d'un oiseau, par exemple, signale un danger à l'ensemble de la volée. L'éthologie a découvert que le répertoire des signaux était immense, notamment chez les animaux sociaux tels que les primates. En outre, les signaux employés dans la communication entre êtres humains, ou entre êtres humains et animaux, montrent une diversité et une subtilité très grandes : entre un berger et son chien, par exemple, ou entre un cavalier et son cheval.
3. *La fonction de description* : cette fonction forme la majeure partie de la communication humaine. Nous décrivons nos expériences à autrui : les effets du temps sur le jardin, le prix et la qualité des articles dans les magasins, notre dernier voyage, le comportement d'amis ou de voisins, les découvertes scientifiques les plus récentes — la liste est infinie. Alors que les énonciations correspondant aux deux fonctions primaires du langage sont à la fois des expressions et des signaux, la fonction de description se distingue, elle, par la possibilité qu'ont les énoncés factuels d'être vrais ou faux. Le mensonge est en effet une possibilité implicite.
4. *La fonction de discussion argumentée* ne figurait pas dans la triade originelle de Bühler. Elle fut ajoutée par Popper (1972, chapitre 4). C'est le langage à son niveau le plus élevé. La complexité de cette fonction permet de penser qu'elle fut la dernière à se développer au cours de la phylogenèse, ainsi que le reflète l'ontogenèse. L'art de la discussion critique est intimement lié à la faculté qu'a l'homme de penser rationnellement.

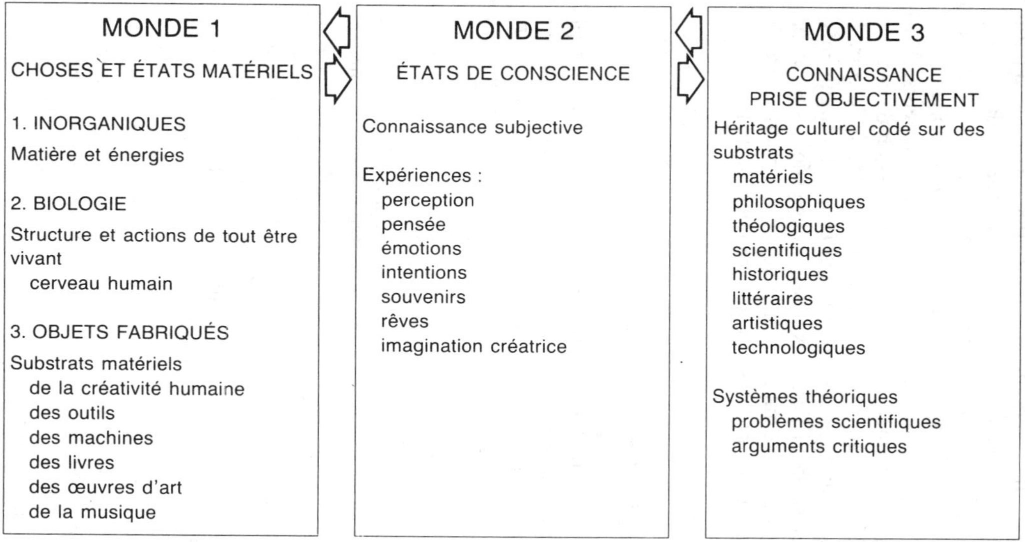

Figure 4.2. Tableau des trois mondes qui englobent toutes les formes de l'existence ainsi que toutes les expériences, tels que les ont définis Popper et Eccles (1977).

Ces quatre niveaux de langage sont parfaitement illustrés par le développement de l'enfant, au cours duquel s'effectue, à partir de la période néonatale, l'acquisition graduelle des différents niveaux : de l'expression la plus simple au signal et à la description, puis à la discussion argumentée. Fait important, chaque niveau de langage est perméable aux niveaux inférieurs. Ainsi, la discussion argumentée ne va pas sans l'expression de sentiments, sans ces signaux qui s'inscrivent dans la tentative de convaincre l'adversaire, sans les descriptions qui étaient les arguments par des références factuelles. L'expression linguistique s'accompagne également de gestes qui perdent toutefois en importance au fur et à mesure de la progression du premier jusqu'au quatrième niveau.

4.2 L'expression linguistique

Il est nécessaire d'introduire dès à présent la conception philosophique des trois mondes de Popper, qui englobe toutes les formes d'existence ainsi que toutes les expériences. Le Monde 1 est celui des choses et des états matériels, cerveau humain compris. Le Monde 2 est entièrement formé des expériences subjectives et des états de conscience. Le Monde 3 est le monde de la connaissance objective ; c'est le monde de la culture, créé par l'homme et intégrant le langage. (Voir figure 4.2.)

Pris subjectivement, le terme « pensée » renvoie à une expérience mentale ou à un processus mental, que l'on peut désigner comme « processus de pensée » et qui relève du Monde 2. Il existe parallèlement le monde des produits du processus de la pensée, celui de la créativité de l'homme : c'est le Monde 3 de Popper, dont il sera question aux sections 10.2 et 10.3. Dans l'expression linguistique, les processus de la pensée subjective parviennent à un statut objectif (Monde 3) (Eccles, 1986).

L'expression verbalisée peut être envisagée selon trois niveaux. Tout d'abord, la nécessité d'un vocabulaire approprié et correctement compris pour toutes les parties du discours — le lexique. Le deuxième niveau, l'exigence syntaxique, tient à l'agencement correct des mots en vertu de règles grammaticales. Les usagers rompus à une langue naturelle jugent si les énoncés sont correctement formés, et leur jugement tient lieu de critère. Troisièmement, les énoncés doivent être jugés comme ayant un sens : c'est le critère sémantique. Des énoncés de structure syntaxique correcte peuvent néanmoins être dépourvus de sens, comme le montre un exemple tiré de Chomsky (1962 : 15) :

« Les idées vertes décolorées dorment furieusement. »

Ces critères, qui s'appliquent au langage humain, revêtent une importance capitale dès lors qu'il s'agit d'évaluer dans quelle mesure des singes dressés présentent des signes de ce qui s'apparente au langage humain, soit les niveaux 3 et 4. En outre, ils sont à la base de la compréhension des troubles du langage, des aphasies provoquées par des lésions cérébrales et qui ont suscité les tentatives de localisation des diverses fonctions linguistiques dans le cortex cérébral.

4.3 L'apprentissage d'un langage humain

Lenneberg (1969) avance qu'au cours du développement de l'enfant les compétences motrices et linguistiques évoluent concurremment. Le tableau 4.1 illustre les étapes de cette évolution entre cinq mois et trois ans, puis à quatre ans et demi. Cette congruence n'est pas sans intérêt, mais il faut éviter de la prendre trop au pied de la lettre : un enfant affecté de graves troubles moteurs, des suites de la polio, par exemple, connaîtra néanmoins une évolution linguistique tout à fait normale. En outre, un bébé chimpanzé développe ses compétences motrices plus rapidement qu'un nouveau-né, mais, même lorsqu'il est élevé dans un environnement humain, sa performance linguistique se réduit aux rudiments les plus élémentaires du langage par signes. L'apprentissage du langage chez les singes au moyen de procédés particuliers sera examiné en section 4.4.

Il est notoire que, même au cours de ses premiers mois, un bébé exerce continuellement son appareil phonateur et fait ainsi l'apprentissage de la plus complexe des coordinations motrices. L'apprentissage de la parole est guidé par l'audition et consiste dans un premier temps à imiter les sons entendus, jusqu'à parvenir à produire, vers l'âge d'un an environ, les mots très simples du type *dada, papa, maman*. La parole dépend ainsi de la réaction engendrée par l'audition de mots : les sourds sont muets.

Lors du développement linguistique, la reconnaissance prime sur l'expression.

Un enfant est affamé de mots : il demande le nom des choses et s'exerce continuellement, même quand il est seul (Papousek *et al.*, 1985). Il ose commettre des erreurs découlant de ses propres règles ; c'est le cas par exemple avec les pluriels irréguliers des noms. Mais une langue ne s'acquiert pas par simple imitation. L'enfant dégage de ce qu'il entend des règles et des rapports, autant de principes syntaxiques qu'il applique lorsqu'il construit des expressions linguistiques.

Hill cite et approuve Halliday (1975) quand il écrit au sujet du développement du langage chez l'enfant :

> « Les premières étapes du développement fonctionnel sont peut-être essentiellement *pragmatiques*, l'enfant utilisant le *proto-langage* pour réguler son entourage, obtenir ce qu'il désire et provoquer des interactions. Ces protofonctions, où l'enfant utilise des objets comme foyers d'interaction, évoluent vers une fonction *mathétique...* » (1980 : 348)

Ici l'enfant se sert du langage, sous son aspect cognitif, pour découvrir le monde. Il est bien sûr évident que ces deux fonctions, *pragmatique* et *mathétique*, sont inextricablement mêlées dans le langage de l'enfant. Terrace et Bever notent à ce propos :

> « L'aptitude qu'a l'enfant à se référer à lui-même, ses désirs et la pression sociale de son entourage n'exigent qu'une faible compétence syntaxique, pour ne pas dire aucune. Néanmoins, cette fonction essentielle du langage produit des effets profonds. Nous avançons l'hypothèse que la maîtrise du langage, expression de sentiments et encodage de comportements socialement désirables ou indésirables, peut constituer une source de motivation en vue d'une utilisation plus complexe du langage — utilisation exigeant la syntaxe. L'aptitude à la symbolisation de soi pourrait se révéler être une condition nécessaire du langage humain. » (1980 : 180)

J'attribue les remarquables progrès linguistiques effectués par l'enfant au cours de ses premières années au développement de la conscience de soi, dans un effort d'expression de soi. Les développements mental et linguistique sont en interaction positive. La faculté de parler fait partie de notre héritage biologique. Ce legs de propensions et de sensibilités a un fondement génétique, mais Lenneberg approuve Dobzhansky (1967) sur l'impossibilité de parler de « gènes du langage ». Cependant, les gènes fournissent les instructions pour la construction, dans le cortex cérébral, des régions spécifiques du langage et des structures secondaires qui participent à la phonation. Ces traits structurels seront examinés plus loin.

Tableau 4.1. Corrélation des développements moteur et linguistique chez l'enfant

Age (années)	*Étapes du développement moteur*	*Étapes du développement linguistique*
0,5	S'assied en prenant appui sur les mains ; saisit des objets unilatéralement	Évolution des gazouillements au babillage par introduction de sons consonantiques
1	Station debout ; marche quand on lui tient une main	Réduplication des syllabes ; signes de compréhension de certains mots ; utilise des sons de façon régulière pour désigner des personnes ou des objets, ce sont les premiers mots
1,5	Saisit et relâche parfaitement les objets ; démarche propulsive, descend les escaliers en rampant, les pieds en bas	Répertoire de 3-50 mots non combinés en phrases ; séquences de sons et intonations s'apparentant au discours ; bonne progression de la compréhension
2	Court (chutes) ; descend les escaliers en avançant seulement un pied à la fois	Plus de 50 mots ; majorité de phrases de deux mots ; intérêt croissant pour la communication orale ; le babillement disparaît
2,5	Saute à pieds joints ; se tient sur un pied un bref instant ; construit des tours de six cubes	Chaque jour de nouveaux mots ; phrases de trois mots ou plus ; semble comprendre presque tout ce qu'on lui dit ; de nombreux écarts grammaticaux subsistent
3	Marche sur la pointe des pieds sur une distance de 2,7 m ; descend les escaliers avec les deux pieds ; saute 90 cm	Vocabulaire de 1 000 mots ; intelligibilité de près de 80 % ; le niveau grammatical des énoncés approche celui d'un adulte ; erreurs syntaxiques multiples, systématiques, prévisibles
4,5	Saute par-dessus une corde ; saute à cloche-pied ; marche le long d'une ligne	Langue bien établie ; les anomalies grammaticales se réduisent aux constructions inhabituelles ou aux aspects plus élaborés du discours

Source : Lenneberg (1969).

4.4 Apprendre le langage aux singes

Descartes suggère qu'il existe entre l'homme et l'animal une différence d'ordre qualitatif, ainsi que l'illustre le langage. Les animaux sont des automates qui ne possèdent pas d'équivalent de la conscience de soi de l'être humain. Ils communiquent entre eux au moyen d'un vocabulaire limité de signes, mais ils n'ont pas la parole, « le langage où se reflètent les processus mentaux de l'homme, ou qui façonne le flot et la nature de la pensée » (Chomsky, 1968). Les êtres humains sont guidés par la raison, les animaux par l'instinct, et, aux yeux de Descartes, le langage humain relève de l'âme. Nul ne met en question la très bonne performance des singes aux deux niveaux linguistiques primaires (figure 4.1), grâce à un comportement expressif et à un système gestuel adapté aux autres membres de leur société (Goodall, 1971, 1986) ; mais leur incapacité à acquérir les deux niveaux supérieurs (3 et 4, figure 4.1) suggère une différence d'ordre qualitatif, telle que la formule Descartes.

C'est la révolution darwinienne qui attribua à l'homme le statut phylogénétique de primate, établissant sa parenté avec les singes anthropoïdes. Il devint tentant, pour les chercheurs, de s'attacher à montrer qu'il y avait là continuité *à tous égards*, les différences étant seulement d'ordre quantitatif. Le seul obstacle dans cette transition en douceur tenait à l'unicité du langage humain, de toute évidence *qualitativement distinct* de celui des singes. Nombre de recherches eurent alors pour objet de prouver que les singes possédaient des virtualités linguistiques, et d'établir ainsi que la différence était uniquement d'ordre quantitatif. Le chaînon manquant dans la phylogenèse serait découvert, et preuve serait donnée de ce que Griffin (1976) décrit comme « la continuité de l'expérience mentale au cours de l'évolution ».

Les premiers projets furent courageusement menés par Furness, les Hayes et Kellogg, qui, en élevant des singes dans une famille humaine, tentèrent de leur apprendre à articuler des sons. Au bout de plusieurs années, ils ne prononçaient toujours pas plus de quatre mots — *papa, mama, cup, up*. L'échec fut imputé à l'imperfection anatomique de leur appareil phonateur, qui empêche la prononciation de certaines voyelles (Lieberman, 1975). Cependant, les êtres humains dont l'appareil phonateur est affecté de lésions graves — perte du larynx ou de la langue, par exemple — peuvent encore parler (Limber, 1980). De même, des troubles provoqués expérimentalement peuvent être remarquablement compensés par des adaptations. Limber (1980 : 211, 214) parvient ainsi à la conclusion suivante :

> « Ces facteurs devraient inciter à considérer avec prudence toute déclaration faisant de la morphologie de l'appareil phonateur l'essence du langage humain. L'appareil phonateur n'est en

soi ni nécessaire, ni suffisant pour expliquer la faculté de langage que possèdent les êtres humains... Les découvertes biologiques récentes n'ont pas tant accru notre compréhension du langage humain que servi à rattacher au matérialisme une supposition *a priori*, plutôt que de la laisser irrésolue, semblable à ce qu'elle était pour Descartes. » (1980 : 211, 214)

L'échec de l'enseignement du langage oral aux singes a débouché sur de multiples projets utilisant d'autres procédés. Ces projets ont suscité un intérêt considérable, parce qu'ils semblaient être en mesure de briser les barrières entre l'homme et les autres animaux. Ainsi, au cours de l'évolution des hominidés, les modes de communication n'auraient pas évolué qualitativement, mais ils auraient connu un développement quantitatif graduel.

A la même période ont été menées des études systématiques portant sur les singes en milieu naturel. Jane Goodall notamment s'est intéressée aux chimpanzés dans la réserve de Gombe Stream (Goodall, 1971, 1986). Sebeok et Umiker-Sebeok ont publié un ouvrage remarquablement documenté sur les projets axés sur le langage des singes tels que les présentaient les chercheurs, dont les comptes rendus furent soumis à l'examen critique de plusieurs linguistes. Les chercheurs se sont d'ailleurs critiqués mutuellement. J'éprouve la vive impression que ces critiques ont provoqué une catharsis dont ce domaine, victime d'une trop forte publicité, avait grand besoin.

Afin d'essayer de prouver la faculté linguistique des singes, les Gardner mènent depuis 1966 une expérience des plus complexes et des plus approfondies. Ils utilisent le langage par signes américain (ASL, American Sign Language), ce qui, pour les chimpanzés, constitue un avantage, puisque ce système n'est pas très éloigné du mode de communication par gestes qui leur est naturel. Les singes ont ainsi la possibilité de mettre en pratique leur faculté d'apprendre un langage sans être handicapés par leur incapacité phonatoire présumée. Washoe, jeune chimpanzé femelle, fut durant de nombreuses années le sujet de leurs recherches. Tout le temps où elle était éveillée, Washoe se trouvait en compagnie d'êtres humains qui communiquaient par signes entre eux et avec elle. Elle acquit un vocabulaire de 130 signes qu'elle parvenait à agencer dans des séquences de quatre « mots » au plus. La quasi-totalité des messages consistait en demandes de nourriture ou d'attention : il s'agissait de communication instrumentale à orientation pragmatique. Par contraste, le langage de l'enfant se compose pour une large part de questions liées à la découverte du « monde » — c'est la fonction mathétique mentionnée en section 4.3.

Les Gardner (1980) ont établi une comparaison d'ordre quantitatif entre les vitesses d'apprentissage du vocabulaire du bébé chimpanzé et de l'enfant. Si, pendant les dix-huit premiers mois, les chimpanzés prennent de l'avance, à deux ans, le vocabulaire de l'enfant est plus étendu. La quantité de vocabulaire ne saurait cependant constituer un critère acceptable de l'aptitude linguistique, qui doit être jugée d'après la façon dont les mots sont utilisés. Il ne fait aucun doute que les singes transmettent intentionnellement des messages porteurs de sens, manifestant dans leur emploi de l'ASL une aptitude sémantique. On peut néanmoins se demander si les séquences de signes (mots) qu'ils produisent obéissent bien à des règles de syntaxe. Ainsi, les signes « *me* », « *tickle* », « *you* » (« me », « chatouilles », « tu ») sont agencés dans tous les ordres possibles pour formuler une seule et même requête, soit « *you tickle me* » (« tu me chatouilles »). Par opposition, dès l'âge de trois ans, un enfant montre qu'il possède des notions de syntaxe en construisant des phrases correctes quand il réclame, exige, nie et interroge.

Le travail d'avant-garde des Gardner a suscité diverses critiques. Ainsi, selon Umiker-Sebeok et Sebeok (1980), les signes produits par les singes risquent d'être sujets à un excès d'interprétation, en dépit des critères très rigoureux choisis par les Gardner. Plus grave, l'expression gestuelle des singes pourrait répondre à des signaux effectués inconsciemment par l'entraîneur. Les Gardner se sont efforcés de répondre à ces critiques par un procédé en double aveugle, que les Sebeok (1980) et Rumbaugh (1980) ont également critiqué.

On crut avec optimisme qu'un chimpanzé aussi doué pour les signes que l'était Washoe pourrait enseigner ce langage à des bébés chimpanzés n'ayant pas dépassé un niveau de performance rudimentaire. Fouts et Rigby (1980) ont cependant constaté que la communication par signes entre membres d'une même espèce était très limitée. En outre, Washoe déçut tous les espoirs en négligeant d'enseigner l'ASL à ses petits.

> « Washoe — qui fut, elle, élevée comme un *enfant* humain — ne manifesta pas beaucoup d'instinct maternel à l'égard de ses

deux petits, morts depuis. » (Umiker-Sebeok et Sebeok, 1980 : 50)

Devant l'échec de l'enseignement intraspécifique, on peut légitimement se demander si les singes formés au maniement de l'ASL donnent réellement à ce langage toute la valeur d'un moyen de communication.

Qu'ont démontré les recherches fondées sur l'emploi de l'ASL ? Tout d'abord, la faculté des singes d'apprendre des signes représentant des choses et des actions. En outre, ils sont en mesure d'utiliser ce symbolisme de manière instrumentale afin de signifier une demande de nourriture ou d'expérience agréable, ou pour exprimer leurs sentiments. La communication par l'ASL relève donc des deux premiers niveaux de langage (figure 4.1). Aucun élément ne permet de juger clairement si ce langage est utilisé de façon descriptive, même à un niveau aussi simple que l'énoncé « *dog bites cat* » (« chien mort chat ») et sa transformation en « *cat is bitten by dog* » (« chat est mordu par chien »). Enfin, comme le note Hill (1980), il n'a pas été établi que le chimpanzé pouvait manipuler la technique pourtant peu complexe de l'enchâssement, alors qu'un enfant de trois ans comprend que « Sarah aime le dompteur qui apporte le chocolat » dérive de « Sarah aime le dompteur » et de « le dompteur apporte le chocolat », simple exemple d'énoncés coréférentiels.

En vue d'éprouver de façon plus claire et plus systématique la faculté des singes à apprendre un moyen de communication symbolique présentant quelque lien avec le langage, Premack (1976) a élaboré un système très ingénieux qui consiste à utiliser des jetons de plastique dont chacun symbolise un mot (voir figure 7.1). Ce sont la forme et la couleur du jeton qui indiquent à quoi il réfère : un mot ou une chose donnés sont indiqués de façon spécifique par un jeton d'une forme et d'une couleur données. Lorsqu'ils servent à communiquer par symboles, les jetons adhèrent magnétiquement à une tablette destinée au dialogue, placée entre le chimpanzé et son éducateur. Les symboles ne présentent pas de ressemblance avec ce qu'ils symbolisent : un triangle bleu signifie « pomme ». La méthode d'apprentissage est un conditionnement opératoire où une récompense rétribue chaque réussite. C'est ainsi que le jeune chimpanzé femelle appelé Sarah a pu acquérir un vocabulaire où figurent des objets, des couleurs, des mots désignant des actions (« insérer »,

« prendre » — on ne parlera pas de verbes, car elle n'utilise que l'infinitif), et la préposition « sur ». Au cours des protocoles d'essai, des symboles signifiant « le même que », « différent de », « nom de », « couleur de » ont été employés dans des situations où Sarah était forcée de choisir. Premack s'est fort habilement servi de ces protocoles pour étudier la capacité qu'avait son singe d'apprendre et de distinguer. Cependant, tous ces procédés sont fondés sur l'emploi, à des fins pratiques, d'un second niveau du langage ou langage secondaire. Lenneberg (1975) a proposé de mettre à l'épreuve les facultés de compréhension du singe de Premack au moyen de méthodes plus générales et plus objectives qu'on ne l'a fait jusqu'ici.

En cherchant à s'appuyer sur l'informatique pour apprendre aux chimpanzés la communication symbolique, Rumbaugh (1980) a réalisé une machine à enseigner extrêmement sophistiquée. Il s'agit de deux claviers de 25 touches où chaque touche symbolise un mot ou une expression. La manière de procéder ressemble pour l'essentiel à celle de Premack, puisqu'il s'agit encore d'utiliser des symboles, mais elle vise à enregistrer en continu, vingt-quatre heures sur vingt-quatre, toutes les frappes de touches effectuées par le chimpanzé, appelé Lana. Le dispositif est conçu tout exprès pour permettre de demander des aliments, des boissons et des services, mais la demande doit être présentée sous la forme grammaticalement correcte que prévoit le langage créé pour les besoins de la cause. Rumbaugh précise : « Pour Lana, le langage est un comportement d'adaptation très précieux, car il permet d'atteindre des buts précis qu'on aurait peine à atteindre autrement » (1980 : 250). On remarquera que cette présentation s'accorde avec la généralisation proposée auparavant, selon laquelle la communication symbolique chez le chimpanzé reste toujours purement pragmatique, alors que l'enfant humain s'en sert non seulement de façon pragmatique, mais aussi et en même temps afin d'apprendre.

Comme dans le cas des recherches de Premack sur Sarah, je pense que tous les actes de communication de Lana se situent aux deux niveaux les plus bas du langage (voir figure 4.1). Qui plus est, on doute que, dans un langage comme dans l'autre, ces singes aient à aucun moment usé d'une syntaxe (Fouts et Rigby, 1980).

Pour résumer toutes ces expériences où l'on a essayé

d'inculquer un langage aux singes supérieurs, on peut dire qu'elles ont démontré chez eux une remarquable capacité d'apprendre la communication symbolique. Les singes utilisent celle-ci de façon pragmatique : pour demander de la nourriture ou un contact social. Ils ne s'en servent pas de façon *mathétique*, c'est-à-dire pour s'informer sur le monde qui les entoure, comme le fait très efficacement un enfant de trois ans. On ne saurait douter de l'habileté des singes à apprendre un langage symbolique au niveau 2, c'est-à-dire celui des signaux, mais il n'est pas sûr qu'ils atteignent jamais le niveau 3 qui est celui de la désignation ; quant au niveau 4, il n'en est bien entendu pas question. Ces deux dernières caractéristiques du langage humain n'ont paru chez aucun singe, même à la suite des apprentissages les plus méthodiques et les plus soignés. Les singes supérieurs sont susceptibles d'utiliser le langage de façon sémantique, notamment l'ASL (American Sign Language, conçu pour les Américains sourds-muets), mais il n'existe aucun indice clair qui donne à penser que leurs actes d'expression linguistique revêtent une forme syntaxique (Lenneberg, 1980 ; Brown, 1980 ; Bronowski et Bellugi, 1970, 1980 ; McNeill, 1980 ; Limber, 1980 ; Hill, 1980 ; Chomsky, 1980). Chomsky conclut ainsi :

> « Très généralement, les travaux récents semblent confirmer l'idée reçue, guère surprenante, que le langage humain, qu'acquièrent même les intelligences humaines du niveau le plus bas, même aussi les gens qui souffrent de handicaps physiques ou sociaux graves, reste pour autant hors de portée des capacités des autres espèces, et ce, même quant à ses propriétés les plus rudimentaires, thème que viennent récemment de développer Eric Lenneberg, John Limber et d'autres. Il semble que la différence soit qualitative : il ne s'agit pas de "quelque chose en plus ou en moins", mais d'un mode d'organisation intellectuelle différent. » (1980 : 439)

Moi qui n'ai observé que de loin ces programmes où l'on cherche à enseigner un langage à des singes, j'ai l'impression que l'optimisme des débuts, où l'on espérait parvenir à communiquer avec des singes au même niveau qu'avec les êtres humains, a été déçu. Il semble qu'il n'y ait rien eu d'intéressant que les singes voulussent nous communiquer. C'était comme s'il n'existait pas chez eux d'équivalent à la pensée humaine. Terrace et Bever (1980) esquissent un projet particulièrement intéressant où ils essaieront d'enseigner aux chimpanzés le concept d'un moi personnel. Gallup a déjà (1977) montré qu'un chimpanzé sait se reconnaître dans un miroir. Terrace et Bever écrivent :

> « Nous aimerions aussi souligner que le concept d'un moi personnel, grâce auquel le chimpanzé pourrait conceptualiser ses émotions, ses intentions, etc., par rapport aux autres individus de son entourage, serait peut-être une étape cruciale qui motiverait le chimpanzé à acquérir la compétence syntaxique qui caractérise le langage humain. Ni Sarah ni Lana ne se sont, à notre connaissance, construit le concept linguistique d'un moi personnel ; dans le cas de Washoe, les indices dont nous disposons sont, au mieux, ambigus. » (1980 : 188)

On admet en général maintenant que dans l'évolution des hominiens, le chimpanzé est notre plus proche cousin ; c'est pourquoi je me suis tant étendu sur les tentatives qu'on a faites de développer le langage chez le champanzé au-delà des niveaux 1 et 2 de la figure 4.1. Par là, je mets en relief l'immensité du progrès qu'a constitué, au cours de l'évolution des hominidés, le franchissement du seuil qui sépare, en matière de capacité linguistique, les deux niveaux les plus bas de la figure 4.1, qui ne servaient qu'à des fins pragmatiques, des deux niveaux supérieurs du langage humain : la désignation et le raisonnement. Car à ces derniers se joint la capacité mathétique — interroger pour apprendre — que déploient nos enfants dès la troisième année dans le déluge de questions par lesquelles ils cherchent à comprendre leur univers. Les anthropoïdes, eux, ne posent pas de questions. Il nous faut donc nous demander : qu'y a-t-il de particulier dans les centres cérébraux du langage, chez l'homme, et quand l'évolution les a-t-elle constitués ?

4.5 L'anatomie de l'écorce cérébrale, et plus particulièrement celle des centres du langage

On sait depuis le siècle dernier que, dans la grande majorité des cerveaux humains, le cortex de l'hémisphère gauche présente deux aires assez étendues (figure 4.3) qui sont étroitement liées au langage, puisque leur destruction entraîne l'aphasie (Penfield et Roberts, 1959 ; Geschwind, 1972 ; Damasio et Geschwind, 1984). Le centre postérieur du langage, ou aire de Wernicke, est plus spécialement associé à l'aspect idéationnel du langage. Les aphasies que provoque sa destruction se caractérisent par une incapacité à comprendre tant la parole que l'écrit. Le patient parle à un rythme normal, avec une vitesse normale et une syntaxe normale, mais ce qu'il dit est remarquablement vide de contenu : c'est un ramassis d'absurdités, entièrement dépourvu de tout aspect sémantique. L'aphasie motrice de Broca, elle, provient de lésions de la partie postérieure de la troisième circonvo-

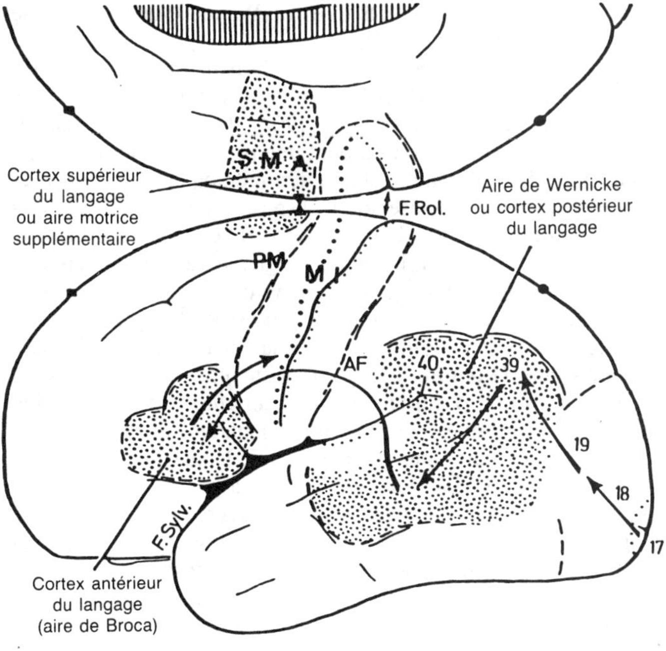

Figure 4.3. L'hémisphère gauche et les aires du langage ; le lobe frontal est à gauche. La partie médiale de l'hémisphère est dessinée comme si elle était reflétée, en haut de la figure. (F. Rol. : scissure de Rolando ou centrale ; F. Sylv. : scissure de Sylvius ; AF : arcuate fasciculus.) Le cortex moteur primaire (MI) est représenté dans la partie précentrale du cortex, où il se trouve juste devant le sillon central, dans lequel il plonge profondément. Devant MI, on voit le cortex prémoteur (PM), avec l'aire motrice supplémentaire (SMA) dont la plus grande partie se trouve côté médial de l'hémisphère. (D'après Penfield et Roberts, 1959, mais avec des modifications.)

lution frontale, aire que nous appelons à présent aire de Broca ou aire antérieure du langage. Ce malade-là ne peut plus parler couramment, ne produisant avec de grands efforts que peu de paroles, mais il comprend ce qu'on lui dit. L'aire de Broca se trouve juste devant les aires corticales qui commandent les muscles de la phonation ; pourtant, cette aphasie motrice est due non pas à une paralysie de ces muscles, mais à des troubles qui gênent leur utilisation. Les lésions de l'hémisphère droit, où qu'elles se situent, n'entraînent pas de graves perturbations du langage. Chez à peu près 5 % des êtres humains, la latéralisation du langage est inversée et les aires de Wernicke et de Broca se trouvent du côté droit.

L'étude des lésions cérébrales chez le bébé et chez l'enfant a montré qu'au début les deux hémisphères cérébraux participent à l'élaboration du langage (Basser, 1962). Normalement, l'hémisphère gauche acquiert petit à petit une prépondérance en ce qui concerne le langage, tant pour l'interprétation que pour la production : on peut supposer qu'il dispose d'un meilleur équipement neurologique. Pendant ce temps, l'hémisphère droit (ou, dans les cas d'inversion, le gauche) régresse dans le domaine de la production du langage, mais conserve une certaine compétence dans celui de la compréhension. Ce processus de déplacement du langage s'achève d'ordinaire avec la quatrième ou la cinquième année (Kimura, 1967). Il existe une corrélation satisfaisante, mais non pas totale, entre la chiralité et la latéralisation du langage ; presque tous les droitiers parlent avec leur hémisphère gauche, mais, chez les gauchers, le langage peut procéder du gauche comme du droit (Penfield et Jasper, 1954).

Nous ne savons pas si les structures neuronales des aires du langage présentent des traits distinctifs. La souplesse d'adaptation de ces aires ne nous est connue qu'à travers des études cliniques. Par exemple, si, chez un bébé ou un enfant jeune, on enlève entièrement l'aire de Wernicke, l'autre hémisphère prend en charge la fonction du langage, avec une réussite il est vrai inégale (Milner, 1974). Lenneberg (1967) a prédit que, si les aires du langage ne sont pas utilisées avant la puberté, elles auront perdu leur capacité d'apprendre. Cela a été confirmé depuis par le cas tragique de Genie, qui fut privée de tout contact avec la parole pendant plus de treize ans. Son apprentissage se fit ensuite très mal et par l'hémisphère droit, alors qu'on se serait attendu, puisqu'elle était droitière, à voir le gauche se charger du langage (Curtiss, 1977).

L'étude la plus satisfaisante des aires du langage a été réalisée par Penfield et Roberts (1959), qui ont saisi le moment où le cerveau de certains sujets avait été mis à nu en vue d'une opération chirurgicale, souvent dans le cadre d'un traitement contre l'épilepsie. On s'est aperçu qu'en appliquant un stimulus faible mais répété, l'on bloquait ou l'on gênait la parole, que celle-ci fût spontanée ou répétée, lorsque le stimulus touchait la région des aires du langage telle que les études sur des lésions l'ont approximativement définie. Ailleurs, il n'avait pas d'effet. Divers protocoles expérimentaux donnèrent des résultats concordants et précisèrent le détail de la cartographie des aires fondée sur les lésions productrices d'aphasies. La figure 4.3 montre les aires du langage découvertes grâce au procédé des stimuli. La stimulation de l'hémisphère droit n'entraînait aucune altération du langage, sauf chez environ 5 % des sujets qui présentaient une inversion localisant les centres du langage dans le seul hémisphère droit. Une stimulation directe provoquait aussi des réactions vocales « motrices » lorsqu'elle touchait les aires motrices des deux hémisphères qui correspondent aux muscles de la phonation (voir figures 3.5, 3.6 et 9.1), mais elle était reconnue sans difficulté. Ces dernières aires ne sont pas dessinées sur la figure 4.3. Une cartographie similaire a été élaborée pour les aires du langage à partir d'un grand nombre d'ablations chirurgicales. La seule différence importante par rapport aux données fournies par les aphasies a consisté en la découverte du cortex supérieur du langage (figure 4.3), qui joue un rôle particulier dans la mise en branle des mouvements servant à parler, comme on s'y attendait puisqu'il n'est autre que l'aire motrice supplémentaire (voir figures 8.3 et 8.4).

Ojemann et Creutzfeldt (1987) ont passé en revue la masse considérable des études sur les aires du langage : leur délimitation clinique à partir des aphasies et les résultats des recherches des physiologistes. Des investigations permettant des distinctions plus fines ont porté sur l'effet d'un stimulus cortical faible répété sur divers aspects des fonctions du langage : la dénomination ; la lecture d'une phrase courte ; la mémoire verbale à court terme ; l'identification des sons du langage. On a constaté que chacune de ces fonctions se trouve répartie sur l'ensemble des aires du langage selon une disposition en îlots distincts qui rappelle une mosaïque ; les mosaïques correspondant à certaines fonctions ont tendance à se chevaucher en partie. L'enregistrement électrophysiologique, soit à la surface des tissus, soit par implantation d'électrodes, a mis en évidence des potentiels électriques locaux qui s'accordent à peu près avec la cartographie fournie par le procédé des stimuli. Ce qui est plus important pour l'avenir, c'est l'enregistrement extra-cellulaire de l'activité de neurones pris un à un, au moyen d'électrodes implantées. Ces travaux n'en sont qu'à leurs débuts, mais on trouve des neurones dont les modifications du profil de décharge électrique présentent une corrélation avec certains aspects d'une langue naturelle.

Notre compréhension des mécanismes cérébraux de la parole reste pourtant grossière. Les flèches de la figure 4.3 indiquent les voies nerveuses qu'intéresse l'action de lire à haute voix. A partir des aires visuelles (17, 18, 19), la voie nerveuse arrive à l'aire 39 (gyrus angulaire). Les lésions de l'aire 39 provoquent des dyslexies. L'étape suivante consiste en une interprétation sémantique effectuée par l'aire de Wernicke ; le résultat passe par AF (faisceau arqué) et arrive à l'aire de Broca où il subit le traitement qui aboutit aux schémas moteurs complexes que requiert l'activation du cortex moteur en vue de la production parlée.

Ce récit ne tient pas compte de l'extrême complexité du mécanisme neuronal, qui dépasse de beaucoup notre entendement. La structure des régions du langage était toutefois assez claire aux yeux de Brodmann pour qu'en 1909, à partir de données histologiques, il élabore avec beaucoup de finesse une carte du cortex cérébral humain où ses différentes aires sont distinctement localisées (figure 4.4). D'après les définitions qu'en donnent Penfield et Roberts (1959), l'aire de Wernicke englobe les aires 39 et 40, les parties postérieures des aires 21 et 22 ainsi qu'une partie de l'aire 37, et l'aire de Broca comprend les aires 44 et 45.

Dans le cas des singes anthropoïdes, les seules cartes cytoarchitectoniques ont été élaborées par Mauss (1911), élève de Brodmann : la figure 4.5 montre le cerveau de l'orang-outan *(pongo)*. Les aires spécifiques du langage visibles sur la figure 4.4 n'apparaissent généralement pas sur la figure 4.5. L'aire de Wernicke est tout au plus représentée par les parties postérieures des aires 21 et 22, et par l'aire 40, petite région émergeant de la scissure de Sylvius ; l'aire de Broca (44, 45) n'a pu être identifiée. Il

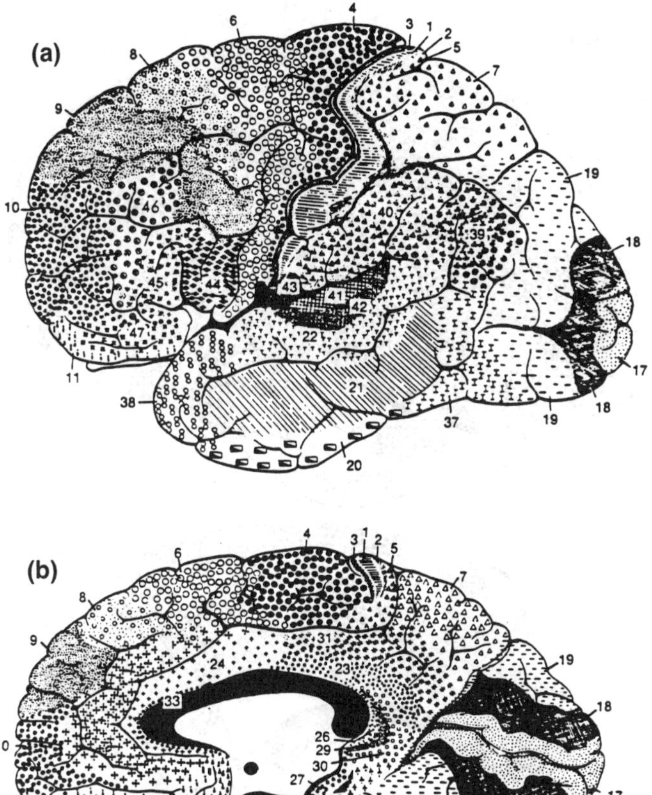

Figure 4.4. Carte cytoarchitectonique du cerveau humain dessinée par Brodmann. Les aires sont numérotées et marquées par des symboles. **(a)** Face externe de l'hémisphère gauche. **(b)** Face interne de l'hémisphère droit. (Brodmann, 1909, 1912.)

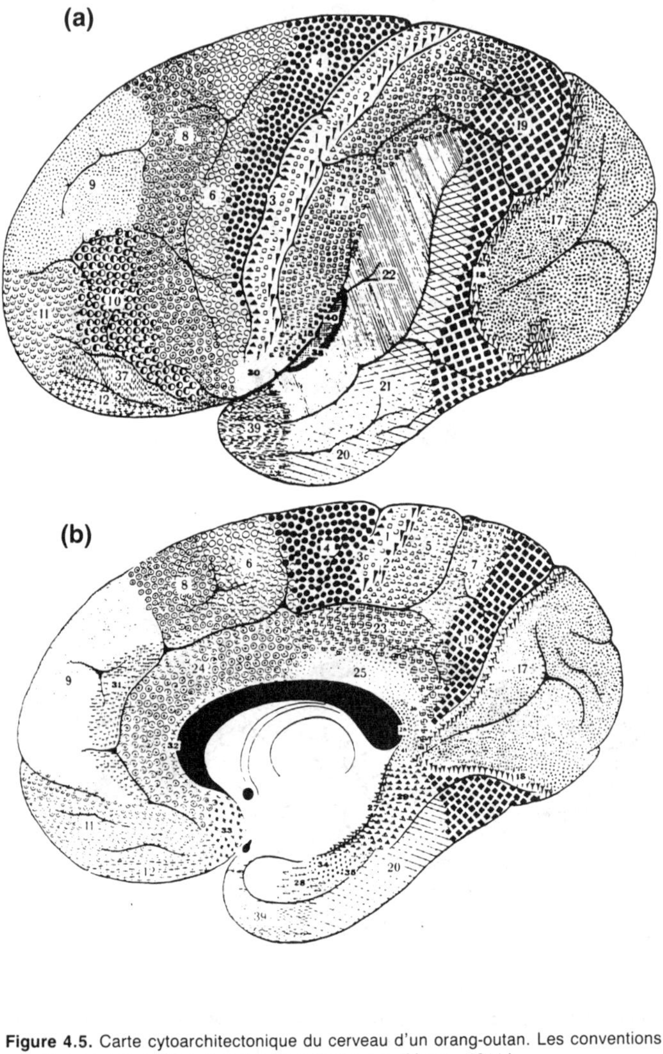

Figure 4.5. Carte cytoarchitectonique du cerveau d'un orang-outan. Les conventions adoptées sont identiques à celles de la figure 4.4. (Mauss, 1911.)

n'existe malheureusement pas de carte cytoarchitectonique du cortex du chimpanzé, dont la figure 3.1 reproduit le cerveau. Les éléments anatomiques ont toutefois été recensés dans leur totalité par Bailey, Bonin et McCulloch (1950). Il n'est en outre pas impossible que l'aire 39 apparaisse partiellement sur leur PG. Il serait donc particulièrement intéressant d'établir une carte de type Brodmann. Si cette carte ressemble à celle de la figure 4.5, l'incapacité des singes à apprendre un langage aux niveaux humains 3 et 4 (figure 4.1) se trouve expliquée de manière très simple : ils ne possèdent pas les aires corticales qui se sont spécialisées dans les fonctions du langage humain, ou pas suffisamment.

Nous ne connaissons que de façon fort imprécise, hélas ! la structure anatomique qui confère aux aires corticales du langage leurs propriétés exceptionnelles (figure 3.4). Comme on l'a évoqué ci-dessus, il existe des aires fonctionnelles du langage dans l'hémisphère droit pendant les premières années de la vie. La destruction des aires du langage de l'hémisphère gauche entraîne un développement de la fonction linguistique dans l'hémisphère droit. Toutefois, cette possibilité de substitution se perd au cours de l'enfance, la plasticité des aires potentielles du langage de l'hémisphère droit paraissant alors s'atrophier.

Geschwind (1965) prétend que les aires du cerveau ont acquis leurs fonctions spécifiques au cours de l'évolution par suite d'une convergence d'informations en provenance de plusieurs modalités sensorielles. Ainsi, lorsque des informations visuelles et tactiles convergent sur les mêmes neurones, comme c'est le cas dans l'aire 39, ces neurones seraient en mesure de transmettre que l'objet vu et l'objet touché sont identiques. Il s'ensuivrait alors la représentation de l'objet, puis sa dénomination. Chez les primates, il existe une aire associative dans le sillon temporal supérieur (STS) (Jones et Powell, 1970). Selon Geschwind, au cours de l'évolution, cette aire s'est spécialisée dans les fonctions de la dénomination, puis du langage. Les remarques de Teuber à cet égard sont tout à fait pertinentes :

> « Le langage... fournit un outil qui permet la représentation mentale des objets absents... Dans une large mesure, le langage nous libère de la tyrannie des sens... Il nous donne accès aux concepts, qui associent des informations en provenance de diverses modalités sensorielles, et qui sont par là même inter-

> sensoriels ou supra-sensoriels ; mais quant à savoir comment tout cela fonctionne, c'est une énigme. » (1967 : 209)

Il n'y a pas encore si longtemps, il était tenu pour acquis que, contrairement au singe (Ettlinger et Blakemore, 1969), le chimpanzé (Davenport, 1976) était capable de réaliser une association croisée — un objet palpé dans l'obscurité était identifié avec le même objet vu, et *vice versa.* Il a toutefois été démontré qu'en ce domaine les singes obtiennent des résultats comparables à ceux des anthropoïdes (Cowey et Weiskrantz, 1975 ; Jarvis et Ettlinger, 1977). La performance de l'homme est, bien entendu, très supérieure ; on l'observe dès l'âge pré-linguistique chez les nourrissons. L'hypothèse selon laquelle l'aire de convergence du STS se serait développée, au cours de l'évolution, dans les aires 39 et 40 de l'aire de Wernicke demeure très séduisante. Il se trouve malheureusement que ces petites aires numérotées 39 et 40 sur la figure 4.5 se situent dans la scissure de Sylvius, et non dans le STS.

Les aires du langage sont formées dans le cerveau humain dès avant la naissance, et ce point est d'une grande importance : elles se développent ontogénétiquement en vue de l'apprentissage du langage. Ce processus est codé génétiquement et, chose étonnante, les régions du langage ainsi développées possèdent la faculté d'apprendre toutes les langues, quelles qu'elles soient. L'équipotentialité des enfants de toutes races face aux langues a été démontrée sans ambiguïté possible. Chomsky (1967, 1968, 1978) s'est appuyé sur ce point dans son ébauche des principes généraux d'une grammaire universelle. J'estime pour ma part que la structure profonde de la grammaire s'apparente à la micro-organisation des aires linguistiques du cerveau. On peut ainsi concevoir que l'enfant naît avec une « connaissance » de la structure profonde du langage, laquelle est encodée dans la microstructure des aires linguistiques du cortex cérébral, qui sont formées avant la naissance sur la base des instructions génétiques (Wada *et al.*, 1975).

4.6 Les voies auditives

Pour autant que nous puissions en juger, des primates supérieurs à l'*homo sapiens sapiens*, il n'y a pas eu d'évolution au

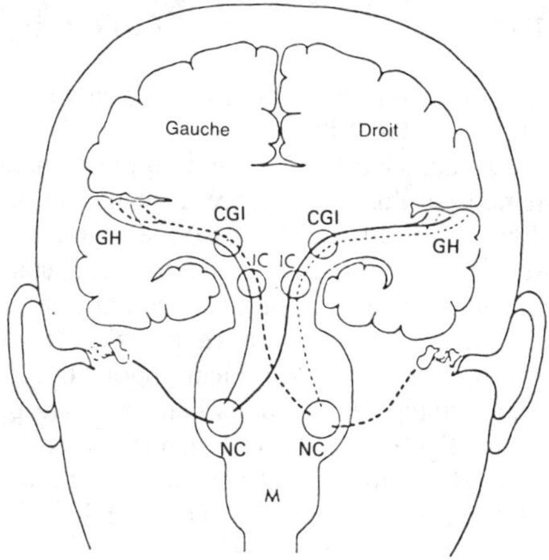

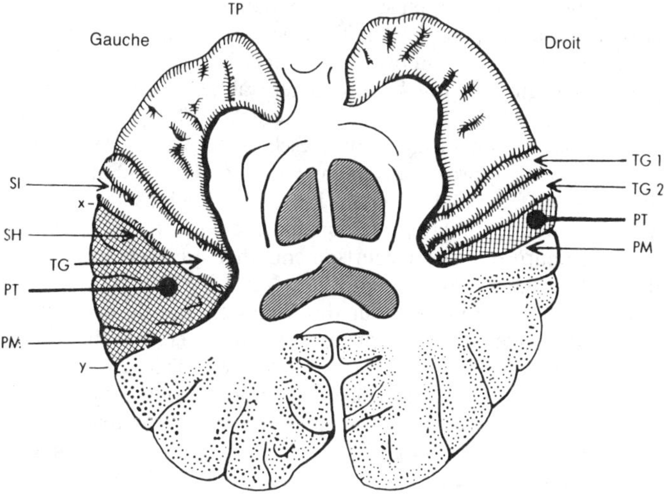

Figure 4.6 Représentation schématique des voies auditives aboutissant aux gyri de Heschl (GH) de chaque côté, où l'on remarque la prédominance des connexions croisées. (NC = noyau cochléaire ; TQI = tubercule quadrijumeau inférieur ; M = medulla oblongata ; CGI = corps géniculé interne.)

Figure 4.7. Asymétrie et hypertrophie de lobes temporaux humains associés au langage. A gauche, la limite postérieure s'abaisse vers l'arrière de façon plus accusée et la limite antérieure du sillon de Heschl (SH) s'incline davantage vers l'avant. Le planum temporal (PT) est hachuré. PT = pôle temporal ; GH = gyrus de Heschl. (Geschwind et Levitsky, 1968.)

niveau du système auditif (des noyaux cochléaires au cortex cérébral) (Brodal, 1981).

La cochlée est le théâtre d'un phénomène de transduction hautement sophistiqué : grâce à un mécanisme de résonance d'une conception admirable, les ondes sonores complexes sont analysées par fréquences et converties en décharges neuronales. Après plusieurs relais synaptiques, les informations codées parviennent à l'aire auditive primaire (le gyrus de Heschl), qui est située dans le sillon temporal supérieur (figure 4.6). La cochlée droite projette principalement dans l'aire auditive primaire gauche, et *vice versa.* Il s'agit là d'une organisation somatotopique linéaire, les sons de fréquence élevée dans la partie interne du gyrus de Heschl, et les sons de fréquence basse dans la partie latérale (Merzenich et Brugge, 1973).

Comme on l'a décrit en section 4.5, dans près de 95 % des cas, la parole est une propriété de l'hémisphère cérébral gauche. En conséquence, l'aire auditive secondaire, le planum temporale (PT), visible sur la figure 4.7, est en général beaucoup plus gros à gauche qu'à droite (Geschwind et Levitsky, 1968 ; Damasio et Geschwind, 1984). Le gyrus de Heschl et le planum temporale correspondent approximativement aux aires 41 et 42 de Brodmann de la figure 4.4 (Brodal, 1981). Ces régions du cerveau humain répondent à la stimulation auditive par sons brefs (*clicks*) avec des temps de latence courts, même chez les sujets sous anesthésie (Celesia, 1976).

Les études anatomiques sur des singes en état de dégénérescence provoquée expérimentalement (Jones et Powell, 1970) montrent que les aires 41 et 42 projettent vers l'aire 22 (le sillon temporal supérieur) et plusieurs aires du lobe frontal, 8a, 9 et 10 (figure 4.4). De la même façon, chez les sujets humains à l'état conscient, la stimulation auditive active de vastes régions situées dans les lobes frontal et pariétal (Celesia *et al.*, 1968).

Chez les sujets humains, l'étude du débit sanguin cérébral régional (rDSC) et du taux métabolique cérébral régional (rTMC) dans le cortex cérébral indique que, lors de performances linguistiques, la distribution des signaux auditifs est tout aussi vaste (Ingvar, 1983) : au-delà des aires attendues, celles de Broca-Wernicke (figure 4.3), elle s'étend jusqu'au cortex préfrontal (aires 6, 8 et 9), ce qui confirme les découvertes de Celesia *et al.* (1968). L'activité du cortex pariétal est donc supérieure à ce que l'on supposait. Celle qui a été constatée dans l'hémisphère droit est tout aussi surprenante, mais peut s'expliquer par un transfert d'activité à travers le corps calleux. Les aires du langage, visibles sur la figure 4.3, participent aux performances linguistiques primaires. En d'autres termes, elles sont associées aux régions du cerveau dont le rôle est primordial dans la fonction auditive. Les fonctions linguistiques supérieures, telles que la pensée conceptuelle, nécessitent une projection depuis ces mêmes régions, comme nous le verrons au chapitre 9.

4.7 Evolution du cerveau et développement du langage

Au cours de l'évolution qui va du singe au primate supérieur puis à l'homme, aucun changement n'a été relevé au niveau des voies auditives jusqu'aux aires auditives primaires et secondaires du cortex (figure 4.6). Mais, ensuite, les différences sont prodigieuses. Rien chez les primates supérieurs ne correspond à l'aire antérieure du langage découverte par Broca (figure 4.5). Plus étonnant encore, c'est à peine si l'on détecte dans le cerveau de l'orang-outan (figure 4.5) et du gibbon les aires pariétales inférieures et les gyri angulaire (39) et supra-marginal (40), si vastes chez l'homme. Ces mêmes régions n'existeraient — ce n'est pas une certitude — chez le chimpanzé que sous la forme d'une zone minuscule du cerveau.

Flechsig (1920) a découvert que, sur la convexité du cortex humain, les aires 39 et 40 étaient les dernières à se myéliniser (figures 4.8 et 4.9). La myélinisation ne survient en effet qu'après la naissance et le développement dendritique, et il est possible que la maturation cellulaire ne s'achève qu'au terme de l'enfance. Ces découvertes, qui présentent un grand intérêt, révèlent que les aires 39 et 40 se sont développées phylogénétiquement pour former une nouvelle région corticale (Geschwind, 1965 ; Tobias, 1983). Cette conclusion concorde d'ailleurs avec l'absence totale de ces aires dans la figure 4.5. La comparaison des cerveaux de l'homme et du primate montre en outre que ce développement tardif des aires 39 et 40 a repoussé vers l'arrière les aires visuelles, par une puissante « pression évolutive ».

Les différentes étapes de ce processus phylogénétique sont tout à fait repérables dans l'évolution des hominidés. Nous possédons en effet d'appréciables spécimens de pétrifications correspondant à chacune des étapes les plus importantes. Par comparaison avec celui des anthropoïdes d'aujourd'hui, Tobias (1983, 1987) ne constate dans le cerveau de l'australopithèque qu'un faible développement, un « renflement » à l'endroit de l'emplacement « futur » de l'aire de Broca, dans le lobe frontal inférieur. Toutefois, dans le cerveau, beaucoup plus gros, de l'*homo habilis*, le « renflement » n'apparaît plus seulement au niveau du lobe frontal inférieur, mais également à l'endroit du lobe pariétal inférieur, ce qui révèle que les aires 39 et 40 s'étaient déjà développées (Tobias, 1983, 1987 ; Holloway, 1983). Chez l'*homo erectus*, la croissance se poursuit, avec le développement des aires dites du langage, antérieure et postérieure, et enfin, dès l'homme de Neandertal, le cerveau atteint vraisemblablement la taille qui est la sienne chez l'*homo sapiens sapiens*. Le lobule pariétal supérieur s'est lui aussi développé graduellement ; toutefois, cette aire (7 selon Brodmann) n'est pas spécifiquement liée au langage, mais aux associations tacto-visuelles, qui seront traitées au chapitre 6.

Nous constatons là l'un des plus extraordinaires phénomènes évolutifs. Une évolution résulte généralement du développement de structures existantes, dont la fonction demeure identique ou apparentée à ce qu'elle était. Mais il n'en va pas de même pour les aires 39 et 40, issues de la partie supérieure du lobe temporal supérieur comme par une efflorescence qui, extrêmement rapide à l'échelle de l'évolution, a repoussé les aires visuelles vers l'arrière, principalement dans la partie interne du lobe occipital (Tobias, 1983 ; Holloway, 1983).

Pour le calcul approximatif de la vitesse d'évolution à l'intérieur de l'ordre des primates, la mesure des éléments du cerveau s'appuie sur l'hypothèse d'une relative homologie dans le développement du cortex cérébral (Stephan *et al.*, 1987 ; Frahm *et al.*, 1982). Ainsi, sur le tableau 3.1, l'indice du néocortex humain est de 199, près de 3,2 fois supérieur à celui du néocortex d'un anthropoïde. L'expansion du cortex résulte d'un accroissement en surface et non en profondeur, laquelle ne varie pas outre mesure (Frahm *et al.*, 1982). On sait aujourd'hui que, dans les aires 39 et 40, le rapport d'expansion corticale est considérablement supérieur à 3,2. Nous avons évoqué au chapitre 3 cette autre expansion particulière qui se traduit par la hausse du

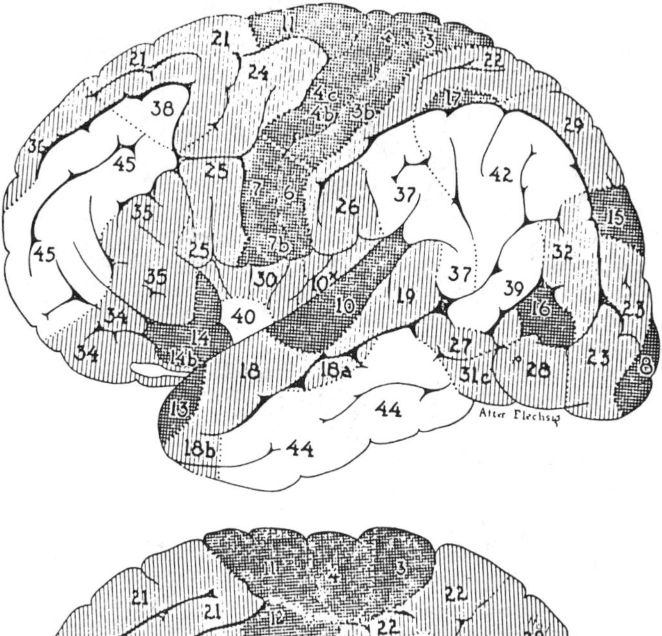

Figure 4.8. Carte de la myélogenèse du cortex cérébral, redessinée d'après celle de Flechsig (1920). Quadrillage : aires primordiales ; lignes : aires intermédiaires ; blanc : aires terminales. Les numéros indiquent l'ordre de la myélinisation. Quadrillage : prénatal ; lignes : de la naissance à un mois ; blanc : plus tard. (Bailey et Bonin, 1951.)

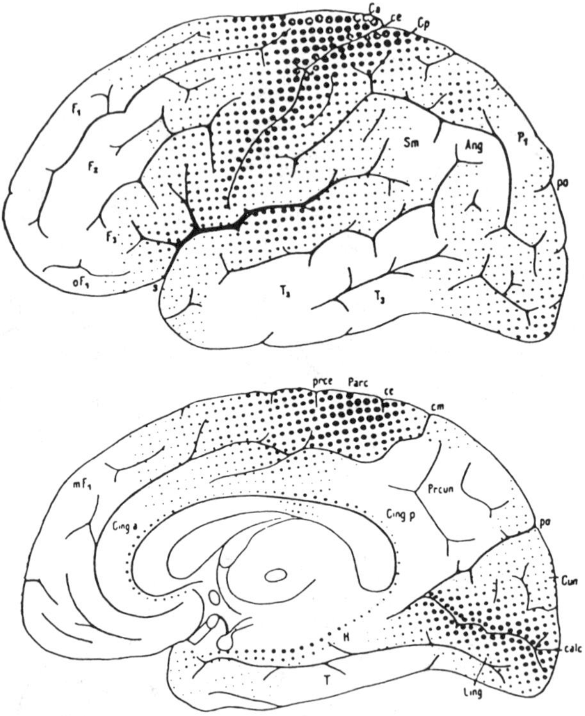

Figure 4.9. Myélinisation du cortex cérébral d'un enfant de dix-neuf jours (l'importance de la myélinisation est indiquée par la grosseur des points). (D'après C. et O. Vogt.)

rapport cortex prémoteur/cortex moteur, beaucoup plus élevé chez l'homme que chez le singe. Les aires 44 et 45 (selon Brodmann, figure 4.4) ont apparemment connu elles aussi une croissance importante, ce qui a permis à l'aire antérieure du langage de se former. Cette aire, dite de Broca, est invisible chez les anthropoïdes (figure 4.5). Ces recherches doivent toutefois être approfondies.

Geschwind (1965) a pu observer que les aires 39 et 40 étaient les seules structures à être apparues au cours de l'évolution du cerveau humain. Il a émis l'hypothèse que l'aire 39 (le gyrus angulaire) remplit une certaine fonction dans le langage, puisqu'elle s'est développée à l'endroit où convergent les informations tacto-visuelles ; elle participe à leur corrélation. L'aire 39 aurait ainsi pour rôle l'identification et la dénomination des objets perçus à la fois visuellement et tactilement. De ce fait, elle concourrait à la description, troisième niveau du langage sur la figure 4.1. Les lésions de l'aire 39 engendrent d'ailleurs souvent la dyslexie ou l'alexie et l'agraphie (Damasio et Geschwind, 1984).

On s'est beaucoup intéressé à l'asymétrie anatomique des hémisphères cérébraux (voir Damasio et Geschwind, 1984 ; et le chapitre 9 du présent ouvrage), mais elle ne prouve rien dans certains cas. Ainsi, sur les pétrifications d'*homo habilis*, les asymétries au niveau de la scissure de Sylvius ou du pôle occipital n'offrent guère d'indications pertinentes quant à la capacité linguistique de l'espèce. En revanche, la rondeur que l'on constate de chaque côté du lobule pariétal inférieur est beaucoup plus probante (Tobias, 1987).

Le cerveau des nains nanocéphaliques fournit un exemple tragique des propriétés exceptionnelles des aires du cortex cérébral (Holloway, 1968 ; Passingham et Ettlinger, 1974). Malgré la taille de leur cerveau, comparable à celle des singes anthropoïdes, ces individus ont un comportement spécifiquement humain, possèdent un vocabulaire de quelques centaines de mots et utilisent un langage élémentaire ; or les aires spécifiques du langage humain doivent être chez eux assez restreintes (figure 4.1), comparativement au gorille dont le cerveau est plus gros. Néanmoins, en raison de la petite taille de leur corps, les nains nanocéphaliques ont un index d'encéphalisation supérieur à celui du gorille (section 3.1).

4.8 Evolution de la production langagière

De l'avis de Lieberman (1975), les singes ne peuvent pas parler en raison de la structure de leur appareil phonatoire (voir ci-dessus). Comme le montre la figure 4.10, la descente progressive du larynx, du singe à l'anthropoïde puis à l'homme, a ouvert un « tube phonatoire », l'air pouvant pénétrer par la bouche aussi bien que par le nez. Les anthropoïdes ont un rhinopharynx (figure 4.10b), lequel s'est davantage développé chez l'homme (figure 4.10c-d). Comme le déclare Tobias :

> « Le point capital, c'est que même les grands singes possèdent un rhinopharynx, soit la capacité structurale pour qu'un courant d'air traverse la bouche et que le larynx s'abaisse — condition morphologique indispensable à la phonation. Ces traits caractéristiques étaient, chose un peu inattendue, moins apparents chez l'australopithèque, tandis que chez l'*homo habilis* et les membres plus évolués des hominidés ils devaient ressembler davantage à ceux de l'homme moderne. » (1983 : 129)

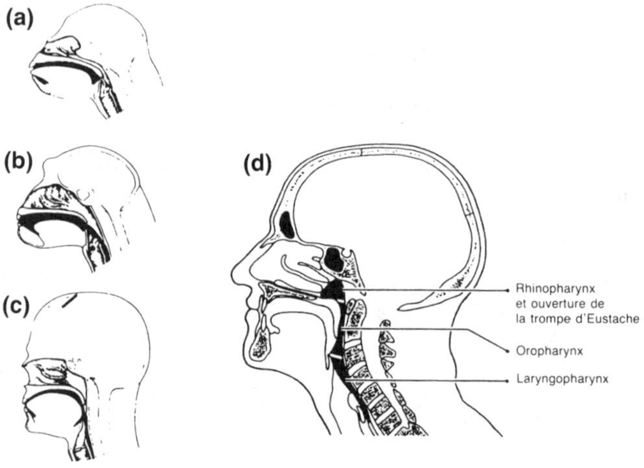

Figure 4.10. Les divers états morphologiques du tube respiratoire supérieur ou voie aérienne (en pointillé) et du tube digestif supérieur ou voie alimentaire (en gras), montrant l'apparition du rhinopharynx, la séparation de l'uvule et de l'épiglotte, et la « descente » du larynx. Le « tube de la phonation » apparaît chez les grands singes et l'homme. **(a)** singe ; **(b)** chimpanzé ; **(c)** homme ; **(d)** coupe sagittale d'une tête d'homme moderne. Les trois subdivisions du pharynx sont clairement représentées. (Tobias, 1983.)

Si le chimpanzé possède un organe phonatoire suffisamment développé pour émettre les sons du langage (phonèmes), du moins à un niveau primaire, le fait qu'il n'y parvienne pas ne peut être imputé qu'à un déficit cérébral. Ce point est parfaitement illustré par les différences très importantes qui existent entre les bébés humains et les petits chimpanzés. Ainsi, les bébés humains ne cessent de babiller jusqu'à ce qu'ils réussissent à émettre des phonèmes, comme l'ont montré en particulier les recherches de Papousek *et al* (1985). Les chercheurs ont enregistré systématiquement toutes les phonations de bébés humains quand ceux-ci sont laissés seuls. Ils s'entraînent des heures durant, apparemment selon une technique d'apprentissage automatique, et améliorent l'énonciation des phonèmes, parvenant de la sorte à émettre des mots simples et enfin des mots polysyllabiques et des phrases. En comparaison, les petits chimpanzés restent incroyablement silencieux. A cause de leur structure cérébrale, ils ne sont pas enclins à la phonation expérimentale, ainsi que l'ont montré Furness, Kellogg et les Hayes par l'échec de leurs expériences (voir section 4.4).

Lenneberg (1969) a fait des observations passionnantes après avoir « écouté » des enfants dont les deux parents étaient congénitalement sourds. Ces enfants n'entendaient de leurs parents aucune parole et leur phonation ne leur était d'aucun secours pour obtenir d'eux ce qu'ils voulaient. Ils ont pourtant commencé à parler à l'âge coutumier et leur développement linguistique s'est poursuivi normalement. Les rencontres qu'ils faisaient en dehors de leur foyer ont sans doute constitué des guides d'apprentissage suffisants. A partir de ses propres observations et de celles d'autres chercheurs, Lenneberg affirme :

> « ... La capacité linguistique suit sa propre histoire naturelle. L'enfant peut mettre à profit cette capacité si son environnement lui en donne la possibilité et lui procure une stimulation. L'activité langagière peut être restreinte par les circonstances, mais la capacité, devenue latente, n'est pas aisément bloquée. » (1969 : 637)

Tobias (1986) conclut au sujet de l'évolution linguistique chez les hominidés qu'un certain nombre de sons du langage (phonèmes) étaient à la portée de l'*homo habilis*, dont la capacité linguistique devait être supérieure à celle de l'australopithèque, mais inférieure à celles de l'*homo erectus* et de l'*homo sapiens* :

> « On suppose que l'*homo habilis* a acquis les éléments neuronaux et anatomiques lui donnant accès au langage, mais que,

fonctionnellement et structuralement, il n'avait probablement pas atteint le degré d'évolution de l'homme moderne. » (1986 : 757)

4.9 Langage et survie au gré de l'évolution

Au cours de la longue existence de l'*australopithecus africanus* — plus de deux millions d'années —, on ne constate pas de fort accroissement démographique. D'après les restes fossiles, la population était uniquement répartie sur cinq sites en Afrique australe ét dix au maximum en Afrique orientale. Les restes de quelques centaines d'individus ont été mis au jour (Tobias, 1983). Pendant cette longue période, 100 000 générations se seraient succédé. S'il n'existe qu'une chance sur un million pour que les restes fossilisés d'un individu soient découverts (voir Leakey et Lewin, 1977), la population ne devait guère dépasser quelques milliers d'habitants, quelle que soit la période envisagée. La lignée évolutive des hominidés devait être bien ténue, représentée dans certains sites par quelques individus seulement. Toutes les espèces du genre australopithèque se sont éteintes il y a près d'un million d'années (figure 2.5).

Le bipédisme fut une aventure audacieuse où les premiers hominidés remplacèrent la sécurité relative que leur procuraient les arbres par les nombreuses possibilités qu'offrait une existence menée au niveau du sol. C'était un choix que l'existence de prédateurs rendait risqué, en particulier pour les bébés et les enfants, mais qui permit d'établir des lieux d'habitation où l'on partageait la nourriture et où s'organisait la survie nocturne, probablement dans des grottes ou en des sites protégés par du bois ou autres matériaux périssables. C'est sans doute alors que s'imposa la nécessité de communiquer par un langage de sons. Tobias (1983, 1987) considère que l'*homo habilis* est à l'origine du langage verbal. Il s'appuie pour cela sur la présence des aires antérieures et postérieures du langage constatée sur des pétrifications. Ce développement capital n'a pu survenir sans ce préliminaire que furent les signaux sonores primitifs, résultat d'un code génétique qui construisit un cerveau procurant des moyens d'adaptation accrus. Cela pourrait constituer un exemple d'évolution graduelle. On a même relevé chez l'australopithèque des signes de développement du gyrus frontal inférieur, surnommé calotte de Broca

(Tobias, 1983, 1987). Ce remarquable exploit qu'est la marche, chacun posant ses pieds dans les empreintes de pas du chef (figure 3.11), montre que les australopithèques pratiquaient des modes d'expression et de jeu supérieurs à ceux des singes. A mon avis, ils avaient atteint le troisième niveau de langage (figure 4.1). C'est alors que survint une division cladistique, accompagnée des importantes mutations génétiques qui sont à l'origine de l'*homo habilis*, premier membre du genre *homo*, auquel nous appartenons (figure 2.5). La taille du cerveau s'accrut de 40 % environ, mais l'élément essentiel reste la présence des aires antérieures et postérieures du langage (Tobias, 1983 ; Holloway, 1983).

Tobias (1983, 1987) défend de façon convaincante la thèse de la performance linguistique de l'*homo habilis*. En revanche, il dénie à l'*A. africanus* toute possibilité d'une telle performance, même au niveau primaire évoqué ci-dessus, en raison de la petite taille de son cerveau. En dépit de son hypothétique compétence linguistique, l'*homo habilis* ne semble pas avoir connu de forte croissance démographique ; aucun élément ne permet non plus d'affirmer qu'il ait émigré au loin. La grande dissémination survint au bout de centaines de milliers d'années, à la période de l'*homo erectus*, espèce beaucoup plus évoluée sur le plan génétique et dont le cerveau s'est considérablement accru, notamment les aires du langage (figures 2.5, 2.6 et 2.13).

Même un langage primaire peut être utilisé à des fins descriptives. Il atteint alors le troisième niveau sur l'échelle proposée en figure 4.1. La description permettait sans doute de localiser les plantes d'usage alimentaire et le gibier, ainsi que les prédateurs. Ce langage devait accompagner les actions favorisant la cohésion sociale et l'attention mutuelle au sein du groupe et de la famille nucléaire, comme cela est décrit aux chapitres 2 et 5. La portée limitée d'une telle évolution allait s'élargir jusqu'à ce que l'*homo sapiens sapiens* devienne incontestablement l'espèce prédominante sur la planète. Le rôle capital du langage dans la culture sera abordé au cours de chapitres ultérieurs consacrés à la pensée et à la conscience de soi (chapitres 8, 9 et 10).

CHAPITRE V

Le système limbique et ses relations avec l'évolution des fonctions reproductives et affectives

On appelle système limbique l'association complexe de centres nerveux et de leurs voies de communication. Le système limbique est situé à la base du cortex cérébral ; il est en partie représenté sur le versant médian de la section sagittale du cerveau (figures 4.4 et 5.1). L'hypothèse de ce chapitre consistera à démontrer que le système limbique joue un rôle capital dans le processus d'évolution des hominidés jusqu'à leur émergence finale. Il n'est pas nécessaire de connaître l'anatomie du cerveau dans ses détails pour comprendre l'histoire de l'évolution de l'homme ; pour une approche plus complète, on pourra se reporter à Brodal (1981) et Isaacson (1974).

5.1 Rappel anatomique

La figure 5.2a présente l'amygdale, ainsi nommée par allusion à sa forme en amande, qui constitue le centre de l'action. L'amygdale est nichée à la partie interne du lobe temporal située sous la zone 34 de la figure 4.4. Comme le montrent les flèches, elle entretient un double rapport avec l'hypothalamus : rapport direct et également indirect par l'intermédiaire des stries terminales. L'hypothalamus est représenté par des hachures verticales (H) ; nous ne détaillerons pas ici les nombreux noyaux qui le constituent. La subdivision de l'amygdale opérée par Brodal (1981) entre les groupes médian-cortical et basolatéral est essentielle en

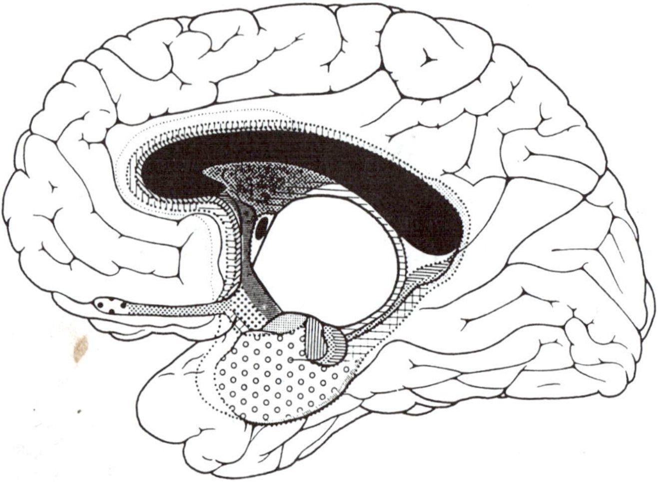

Figure 5.1. Coupe médiane du cerveau mettant en évidence les différentes composantes connues des structures limbiques corticales. Corps calleux et commissures antérieures (noir) ; bulbe olfactif relié vers la gauche au lobe piriforme par le faisceau olfactif ; hippocampe (cercles blancs) avec une voie efférente qui se continue par le trigone (voir figure 5.2a). (Stephan, 1975.)

ce qu'elle confirme les différentes études sur les effets résultant de la stimulation et de l'ablation de ces zones (voir figure 5.3). Cette figure montre aussi un faisceau reliant l'amygdale au noyau du septum. Ne sont pas représentées les afférences amygdaliennes venant du bulbe olfactif, soit directement, soit indirectement par le biais du lobe piriforme (figure 5.3), ou venant des noyaux thalamiques et des zones corticales (voir figure 5.3).

Dans la figure 5.2b, les noyaux du septum (S) sont au centre de l'action. Le faisceau strié hypothalamique (FH) est particulièrement important avec sa double voie de communication entre la calotte du pédoncule et l'hypothalamus. On remarque également une autre voie descendante qui, par les stries médullaires, va vers le ganglion de l'habenula et, de là, à la calotte et au ganglion interpédonculaire. Ainsi, les noyaux du septum sont intimement reliés au tronc cérébral et ont la possibilité de déclencher des réponses somatiques. Dans la figure 5.2a-b, l'hypothalamus est

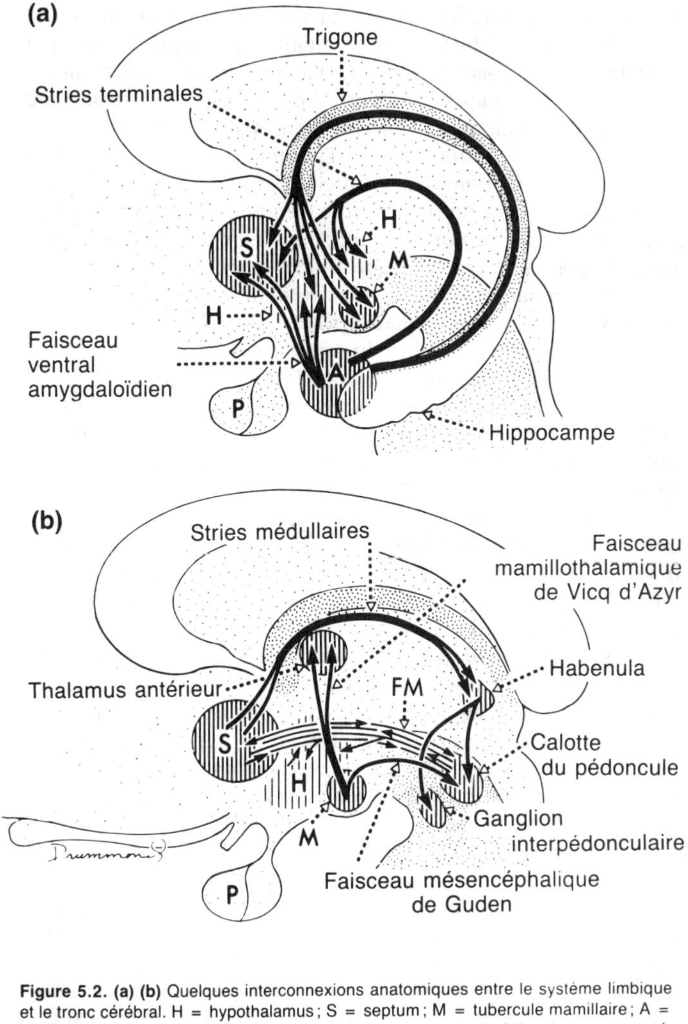

Figure 5.2. (a) (b) Quelques interconnexions anatomiques entre le système limbique et le tronc cérébral. H = hypothalamus ; S = septum ; M = tubercule mamillaire ; A = amygdale ; P = hypophyse (glande pituitaire) ; FM = faisceau médian du cerveau antérieur. **(b)** représente une coupe sagittale voisine de la médiane ; **(a)** est une coupe plus oblique permettant de voir à la fois l'amygdale et le septum. (McGeer *et al.*, 1987.)

montré à l'arrière-plan. Il est cependant le principal acteur dans l'expression des émotions et des réactions sexuelles, ce qui en fait la structure phare du système végétatif qui contrôle le système vasculaire et les viscères. L'hypothalamus contrôle également les sécrétions de la glande pituitaire, l'hypophyse (P), qui agit de manière plurifocale par le biais de transmetteurs chimiques.

On a pu croire, à tort, que chez l'homme les noyaux du septum sont atrophiés, leur emplacement chez les mammifères inférieurs étant remplacé chez lui par une fine membrane dépourvue de cellules nerveuses, le septum lucidum, qui sépare les ventricules latéraux. Cependant, grâce à une étude comparative rigoureuse, Andy et Stephan (1968) ont montré qu'une migration ventrale des noyaux du septum s'était opérée pour former le « septum verum ». En fait, l'ensemble du septum est très développé chez l'homme il atteste un indice de taille de 5,45, soit plus du double de celui des petits et des grands singes (respectivement 2,09 et 2,16) (tableau 3.1). L'indice de taille exprime la taille du septum par rapport à celle d'un insectivore de poids corporel équivalent.

Les figures 5.2 et 5.3 montrent plusieurs autres faisceaux importants. Le trigone (figure 5.2a) est un grand tractus avec plus d'un million de fibres. C'est la principale voie efférente venant de l'hippocampe ; il décrit une courbe sous le corps calleux pour aboutir dans le noyau du septum (S), l'hypothalamus (H) et les tubercules mammillaires (TM). Dans la figure 5.2b, les tubercules mammillaires sont reliés au thalamus antérieur qui a lui-même des liaisons très fortes avec la circonvolution du corps calleux; ils sont également reliés au néocortex (non représenté ici). La figure 5.3 montre aussi que des voies de communication émanant des noyaux septaux et de l'amygdale rejoignent le gros noyau thalamique médian dorsal (MD) ainsi que le néocortex, préférentiellement au niveau du lobe préfrontal. Cette même figure 5.3 représente de nombreux faisceaux émanant de différentes aires du néocortex vers le système limbique. Ces voies de communication jouent très vraisemblablement un rôle essentiel dans l'interconnexion des informations entre le néocortex et le système limbique, siège du développement et de l'expression des émotions.

Ce bref rappel anatomique prend un relief particulier lorsqu'il s'agit de rendre compte des différentes réactions provoquées tant par la stimulation que par l'ablation des zones du système limbique, et de les mettre en rapport avec les émotions. Dans cette perspective, les rares expériences menées sur l'homme revêtent une importance hautement significative.

5.2 Le système limbique et l'expression des émotions (voir Uttal, 1978, chapitre 5.E)

Les travaux précurseurs de Hess (1932) ont donné la première étude systématique sur les effets induits par la stimulation des

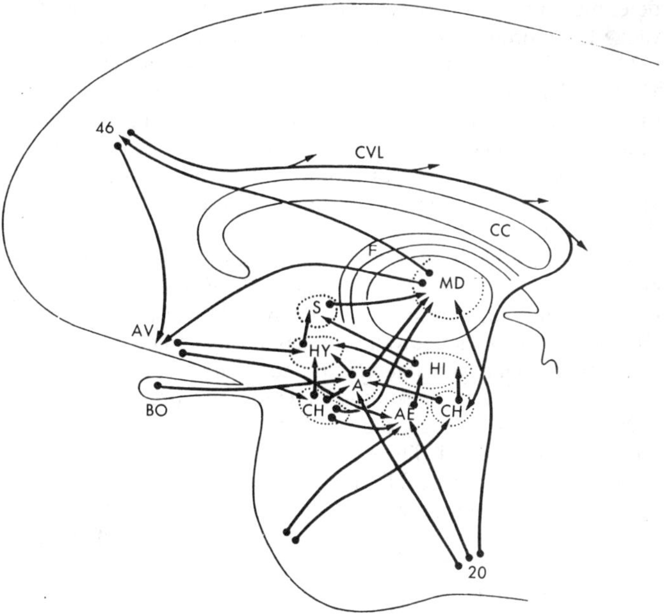

Figure 5.3. Représentation schématique de la face médiane de l'hémisphère cérébral droit montrant les interconnexions allant et venant entre le néocortex, le noyau thalamique médian-dorsal (MD) et le système limbique. AV = aire visuelle du cortex préfrontal ; HI = hippocampe ; S = septum ; CC = corps calleux ; AE = aire entorhinale ; A = amygdale ; CVL = circonvolution cingulaire ; BO = bulbe olfactif ; CP = cortex piriforme ; CH = circonvolution de l'hippocampe ; HY = hypothalamus. 46 et 20 sont les aires de Brodmann.

aires limbiques et hypothalamiques chez l'animal conscient. Les électrodes de stimulation avaient été implantées sous anesthésie lors d'une intervention préliminaire. Le site de la stimulation a ensuite fait l'objet d'observations rigoureuses. Par cette démarche, Hess a montré qu'il était possible de provoquer par la stimulation des comportements émotionnels chez l'animal, comportements redevables en grande partie au système autonome. Les manifestations ainsi induites exprimaient la peur ou la défense par des grognements, des sifflements ou une piloérection ; elles se traduisaient également par la recherche de nourriture ou de boisson hors de tout besoin, ou par d'autres réactions : vomissement, défécation, miction, hypersexualité. Depuis cette époque, des travaux plus approfondis sur les effets produits par la stimulation ou l'ablation des aires hypothalamique et limbique ont été menés. Des résultats contradictoires ont souvent été enregistrés. Ces divergences sont dues au fait que la zone d'investigation est la plus complexe du cerveau, avec de nombreux centres très proches les uns des autres, ayant des actions différentes et parfois opposées. De plus, chaque espèce animale présente des caractéristiques spécifiques.

Avec la technique des électrodes implantées à demeure, Olds et Milner (1954) ont inauguré une nouvelle technique d'étude des émotions. Il a ainsi été démontré qu'avec des électrodes implantées pour stimuler les noyaux du septum ou le faisceau médian cérébral antérieur (voir figure 5.2b), conjuguées à des techniques permettant aux rats une autostimulation par pression sur une barre, on suscitait des conduites extravagantes pouvant atteindre 7 000 stimulations à l'heure ! Les comportementalistes eux-mêmes durent se rendre à l'évidence et admettre qu'il s'agissait là d'une réaction comportementale provoquée par la stimulation d'un centre de plaisir. Ainsi, écartant le schéma limitatif stimulation-réaction des théories comportementalistes, Isaacson constate que « les expériences de l'organisme doivent dorénavant être prises en compte dans la description ou l'analyse du comportement. Les scientifiques qui se proposent de percer les bases neuronales du comportement doivent maintenant, une fois encore, intégrer les termes " plaisir " et " douleur " à leur vocabulaire » (1974 : 104).

Ce changement d'attitude concernant l'interprétation de l'expérimentation animale a été largement confirmé par les rapports d'expérimentation humaine qui seront décrits ultérieurement. Il est remarquable que des rats puissent se priver de nou rriture ou d'activité sexuelle pour le seul bénéfice de l'autostimulation et qu'ils négligent la douleur infligée à leurs pattes par la pression exercée sur l'appareil déclencheur. Toutes les zones de la région limbique hypothalamique ne revêtent pas la même importance que celle du faisceau longitudinal médiodorsal. Dans d'autres zones, les stimulations provoquaient des réactions de rejet qui donnaient lieu à un comportement d'évitement. Comme cela a été décrit chez le chat, on constatait que la stimulation de l'amygdale suscitait principalement des réponses de rejet, mais que si l'on stimulait d'autres zones, tout comportement agressif était annihilé.

L'ablation bilatérale des noyaux du septum provoquait des réactions à l'opposé des stimulations de plaisir : elle engendrait l'irritabilité et l'agressivité. Après avoir subi l'ablation des deux amygdales, les animaux avaient tendance à adopter un comportement docile et témoignaient d'une hypersexualité aux manifestations bizarres. Clemente et Chase (1973) ont publié une étude minutieuse d'enquêtes portant sur les structures hypothalamico-limbiques responsables d'agressivité chez l'animal. Selon cette étude, il semble que le système limbique (amygdale et septum) agisse en régulant les fonctions facilitatrices et inhibitrices de l'hypothalamus.

En quelques occasions privilégiées, des patients présentant des désordres du système limbique ont permis de mener des études sur les effets de la stimulation et de l'ablation. Il est satisfaisant de noter que les résultats de ces observations chez l'homme diffèrent peu de ceux obtenus chez l'animal.

Delgado a rapporté un cas de perturbation amygdaloïdienne chez une jeune fille de vingt ans qui avait présenté une encéphalite à l'âge de dix-huit mois :

> « Des accès de colère de la plus grande violence, fréquents et imprévisibles, constituaient pour elle un handicap social majeur. La patiente fut amenée à l'hôpital en service d'aliénés dangereux ; là, on lui implanta des électrodes dans l'amygdale et l'hippocampe pour tenter de détecter d'éventuelles anomalies cérébrales... On constata de fortes anomalies électriques à la fois dans l'amygdale et dans l'hippocampe... On établit ainsi que des crises d'agressivité comparables aux accès colériques spontanés de la

patiente pouvaient être traitées par la stimulation de l'amygdale droite. Dans un accès de rage, elle jetait avec violence sa guitare au sol et se précipitait contre les murs, puis elle arpentait la pièce pendant plusieurs minutes pour se calmer enfin et retrouver un comportement paisible. Cette observation fut d'une importance clinique essentielle dans l'orientation du traitement par électrocoagulation localisée. » (1969 : 137)

Ce rapport a été suivi par la relation d'autres cas similaires. Mark et Erwin (1970) ont travaillé sur les conséquences de la stimulation de l'amygdale chez deux patients souffrant de crises épileptiformes temporales associées à des accès de violence incontrôlables. Il fut établi qu'une stimulation par électrodes implantées dans la zone médiane induisait une violence d'une extrême intensité, alors qu'une implantation latérale produisait des sensations agréables : impression de chaleur, de flottement, d'exaltation. Ces deux patients furent guéris par ablation chirurgicale de l'amygdale.

Heath (1954, 1963) a signalé que, chez un grand nombre de schizophrènes, la stimulation provoquée par des électrodes implantées dans les noyaux du septum procurait des sensations agréables à dominante sexuelle, à tel point que certains patients s'autostimulaient comme le faisaient les rats d'Olds ! Delgado (1969) a rapporté trois cas d'épilepsie psychomotrice pour lesquels des électrodes implantées dans l'amygdale, vraisemblablement dans la zone latérale, avaient suscité des sensations agréables accompagnées d'un comportement exagérément amical.

MacLean (1966) a décrit l'activité sexuelle déclenchée par la stimulation du système limbique chez le singe. Les aires les plus particulièrement concernées étaient d'une part le faisceau cérébral médian (FCM), l'hypothalamus latéral (H) et le septum (S) (voir figure 5.2), et, d'autre part, le thalamus médio-dorsal (TM), la circonvolution cingulaire (CC) et l'aire visuelle du cortex préfrontal (AF) (voir figure 5.3).

Pour résumer, nous pouvons reprendre l'hypothèse simplifiée de MacLean (1966) selon laquelle le système limbique comprend deux composantes qui entraînent des effets soit plaisants, soit déplaisants. Les noyaux du septum, le faisceau cérébral médian et l'hypothalamus (voir figure 5.2b) engendrent des affects agréables et les émotions qui leur sont associées ont souvent une forte coloration sexuelle. L'amygdale (zone médiane) et ses efférences en partie par les stries terminales (figure 5.2a) entraînent des réactions de rejet et de dégoût. Une hyperactivité amygdalienne peut avoir sur les patients des conséquences désastreuses en en faisant des délinquants dangereux à tendances parfois homicides.

Dans cette étude sur l'origine des affects, nous nous sommes jusqu'à présent particulièrement intéressé au système limbique et aux structures associées ; il est cependant nécessaire de rappeler ici que les affects doivent être considérés comme des expériences conscientes (MacLean, 1970). Conformément à l'hypothèse de l'interaction dualiste (chapitre 8), les affects sont liés à l'activation de modules du néocortex dans une organisation spatio-temporelle unique. Par exemple, les figures 8.5 et 9.5 montrent les affects sous la dépendance de la conscience intérieure qui s'exprimeraient sous la forme d'émotions par l'activation des modules appropriés. Ainsi, les voies de communication entre le système limbique et le néocortex constituent le lien essentiel permettant de manifester des expériences conscientes d'ordre affectif et émotionnel. Le noyau thalamique médian dorsal (MD) est une structure capitale par le fait qu'il reçoit des afférences de l'amygdale et du septum, et qu'il se projette très largement vers le néocortex, en particulier sur la quasi-totalité du lobe préfrontal (46, AI de la figure 5.3). L'importance du thalamus antérieur (figure 5.2b) tient également à ses projections vers la circonvolution cingulaire (CC) et, de là, vers l'ensemble du néocortex.

5.3 Pharmacologie du système limbique et de l'hypothalamus

Les transmetteurs impliqués dans la modulation du système limbique et de l'hypothalamus, et qui, de ce fait, modifient le comportement, sont la sérotonine et les catécholamines (noradrénaline et dopamine). Il est largement démontré que ces amines jouent un rôle important dans l'expression des états émotionnels et comportementaux (Kety, 1970, 1972). La noradrénaline et la dopamine semblent être particulièrement impliquées dans les comportements d'éveil, l'agressivité, l'autostimulation et l'alimentation, alors que la sérotonine entraîne la détente et le sommeil (Eccles, 1980, chapitre 6). En résumé, Kety constate :

> « Il est peut-être hasardeux de prétendre donner la paternité d'un état émotionnel particulier à l'une quelconque de ces amines. Il est plus vraisemblable que celles-ci agissent séparément ou de conserve à des points cruciaux du réseau neuronal qui sous-tend les états émotionnels. Bien que ces imbrications puissent être considérées comme des traits communs et des composantes primaires de différents affects, les caractéristiques particulières de chacun de ces états sont très probablement dérivées des extensions des réseaux qui représentent les facteurs perceptifs et cognitifs fondés sur l'expérience de l'individu. » (1972 : 120)

L'action des différents agents pharmacologiques peut être imputée à ces transmetteurs. Par exemple, l'action hallucinogène du LSD semble être en relation avec les sites récepteurs de la sérotonine ; de même, l'action apaisante de la réserpine en fait un agent antipsychotique efficace, probablement par déplétion de la dopamine. Pour une pharmacologie du système limbique plus détaillée, on peut se reporter au chapitre 15 de McGeer *et al.* (1978).

Les transmetteurs peptidiques sont plus importants encore dans le système limbique que les amines biogéniques (McGeer *et al.*, 1987, chapitre 12). L'hypothalamus est le centre de stockage le plus riche du système limbique. L'amygdale est également très riche, avec la très grande variété de peptides neurotransmetteurs stockée dans ses diverses localisations (Roberts *et al.*, 1982). Les faisceaux d'association contenant les peptides vont de l'amygdale à l'hypothalamus par les stries terminales (voir figure 5.2a). Les noyaux du septum et de la bandelette de Broca sont également riches en neurotransmetteurs peptidiques.

Les opiacés injectés s'accumulent dans l'amygdale, dans les noyaux associés et dans l'hypothalamus. Les œstrogènes (œstradiol) se concentrent également dans l'hypothalamus et dans l'amygdale (voir figure 5.7). L'action physiologique de ces transmetteurs supposés (amines biologiques et peptides) sur les diverses composantes du système limbique mérite une étude plus approfondie et plus discriminante.

Il faut bien admettre que les sites de captage des opiacés dans les noyaux limbiques sont en liaison étroite avec la toxicomanie.

Comme nous l'avons vu plus haut, la stimulation électrique du septum, du faisceau longitudinal médian et de l'amygdale latérale procurent des sensations agréables à tonalité sexuelle. Par voie de conséquence, une autostimulation provoquée par une électrode implantée chez le rat devient compulsive ; cette même autostimulation compulsive est observée chez l'homme. Il est tout à fait licite d'admettre que cette recherche de plaisir et ces sensations érotiques font partie du déroulement d'une vie normale et équilibrée, et qu'en ce sens elles sont largement souhaitables. Les récepteurs opiacés du système limbique sont les sites d'action des enképhalines, qui jouent un rôle analgésique autogénéré dans le système neuronal (Hökfelt *et al.*, 1977 ; Eccles, 1984)

Malheureusement, tous les sites des récepteurs responsables du plaisir, tant physiologique que psychologique, sont susceptibles d'être annexés par l'usage de la drogue. Les réponses neuronales ainsi provoquées procurent ces sensations de plaisir incontrôlable qui envahissent et dominent le drogué, aboutissant à l'accoutumance. L'étude de l'évolution montre que la grande majorité des races humaines a découvert une plante, d'une forme ou d'une autre, contenant une substance capable de procurer des sensations de plaisir, et, par là, susceptibles d'engendrer l'accoutumance. Par contraste, les primates non humains semblent « innocents » d'une telle assuétude dans leur environnement naturel. La section suivante de ce chapitre prouvera que l'indice de taille des noyaux du système limbique progresse beaucoup plus en ce qui concerne les noyaux du plaisir qu'il ne le fait pour les noyaux en rapport avec le comportement.

5.4 Indice de taille des composantes du système limbique au cours de l'évolution des primates

L'observation de la taille des diverses composantes du système limbique chez les primates existants, l'homme y compris, offre un aperçu significatif de l'évolution des hominidés. Le tableau 5.1 représente ces diverses composantes telles que les ont décrites Stephan *et al.* (1988). A la lecture de ce tableau, on ne peut constater aucun accroissement de taille comparable à celui du néocortex du cerveau ; cependant, quelques composantes du système limbique et des aires associées témoignent de diverses modifications significatives de leur volume. Par exemple, l'hippocampe humain atteste d'un indice de taille de 4,87, comparé à celui des grands singes qui n'est que de 2,99. Cette augmentation est encore plus sensible pour la section la plus frontale de l'hippocampe qui est une structure essentielle à l'établissement des facteurs cognitifs — voir figure 7.4a (Stephan, 1983). Comme le laissent supposer les étroites relations avec l'hippocampe, l'indice de taille de l'archicortex (cortex endorhinal et périrhinal, subiculum) est comparable à celui de l'hippocampe : 4,43 pour l'homme, contre 2,38 pour le singe.

Le septum humain montre un fort indice de taille, confirmant une augmentation : 5,45. Contrastant avec ces chiffres, l'indice de taille du bulbe olfactif présente une atrophie progressive : 0,03 pour l'homme 0,06 pour le singe et 0,52 pour les prosimiens. L'indice du cortex olfactif est également bas : environ 0,3 pour l'homme, et 0,31 pour le singe. Bien évidemment, l'odorat est en nette régression chez l'homme par rapport à son importance chez les mammifères primitifs.

L'amygdale, composante essentielle du système limbique, montre une différence majeure entre ses deux éléments principaux, comme l'indique le tableau 5.1 (Stephan *et al.* 1988). Partant d'une taille approximativement égale chez les insectivores primaires, un déséquilibre s'opère. Le groupe des noyaux médio-centraux (MC) occupe une fraction de plus en plus réduite pour aboutir à un pourcentage de 24,7, alors que le groupe baso-latéral cortical (BLC) atteint 75,3 %. Brodal (1981, figure 10.5) a montré que le groupe baso latéral des noyaux de l'amygdale a progressé régulièrement au cours de l'évolution de l'homme, tandis que le groupe médian-central est demeuré d'une taille réduite. Parallèlement, l'indice de taille du MC est resté faible tout au long de l'évolution (1,30 pour les simiens et 2,52 pour l'homme), alors que dans le même temps, le BLC attestait d'une augmentation considérable (3,05 pour les simiens et 6,02 pour l'homme). Si l'on envisage la progression du septum au cours de l'évolution (celui-ci finissant par atteindre chez l'homme un indice de taille de 5,43 ; voir tableau 5.1) et si cette augmentation est mise en rapport avec les valeurs des composantes de l'amygdale, on peut en conclure que, dans le système limbique, l'évolution a favorisé les composantes liées aux sensations de plaisir (septum et BLC) et, dans le même temps, défavorisé les composantes liées à l'agressivité et à la colère (MC), qui sont demeurées sous-développées.

Il n'entre pas dans les intentions du présent ouvrage d'explorer dans leur complexité les voies de communication émanant de l'amygdale et du septum, sujet par ailleurs largement débattu (Brodal, 1981). Si certaines de ces voies sont présentées dans les figures 5.2 et 5.3, elles ne le sont que de manière fort schématique. Il est intéressant de constater que la stimulation ou l'ablation de la circonvolution cingulaire (CC dans la figure 5.3) entraîne une gamme d'émotions variées qui correspondent à celles de l'amygdale et du septum telles qu'elles sont décrites plus haut. Il est ainsi légitime de penser que la circonvolution cingulaire joue le rôle d'intermédiaire entre le cortex préfrontal et les aires visuelles, comme cela est indiqué de façon fragmentaire dans la figure 5.3.

Tableau 5.1. Évolution du septum et de l'amygdale (famille des tenrecs)

	Groupe médian central		*Groupe cortical baso-latéral*		*Septum*
	Pourcentage de l'amygdale complète	*Indice de taille*	*Pourcentage de l'amygdale complète*	*Indice de taille*	*Indice de taille*
Tenrec (moyenne) (N = 4)	46,8	1,00	53,2	1,00	1,00
Insectivore (m) (N = 50)	46,8	1,08	53,2	1,13	1,22
Prosimien (m) (N = 18)	31,1	1,16	68,9	2,23	1,91
Singe de l'Ancien et du Nouveau Monde (m) (N = 23)	26,5	1,30	73,5	3,05	2,09
Hylobate (gibbon)	23,4	1,20	76,6	3,24	2,46
Gorille	26,4	0,88	73,6	1,94	2,16
Chimpanzé	27,4	1,11	72,6	2,28	1,87
Pongidé (N = 3)	25,7	1,06	74,3	2,49	2,16
Homme (N = 1)	24,7	2,52	75,3	6,02	5,45

N = nombre d'individus

5.5 Conséquences de l'accroissement du volume du cerveau au cours de l'évolution des hominidés

En traitant du problème de l'accroissement du volume du cerveau dans les périodes pré- et post-natales, Gould (1977) constate que les bébés humains sont les seuls à présenter un cerveau d'un volume aussi réduit par rapport à la taille de cet organe chez l'adulte. Cette caractéristique est mise en évidence dans le double diagramme comparant le poids du cerveau et celui de la masse corporelle (figure 5.4). Gould la résume de manière saisissante par une simple question : « Les bébés humains naissent-ils trop tôt ? » S'appuyant sur des données obstétricales, Tobias (1981b) a justifié la nécessité de cette précocité évolutive de la parturition. Il émet cette hypothèse : considérant la croissance et l'augmentation du volume du cerveau au cours de l'évolution, il est nécessaire que les naissances se produisent plus tôt pour être sûr qu'il n'y aura pas de disproportion entre le crâne du fœtus et la taille de la filière pelvienne de la mère. Le tableau 5.2 met en parallèle le volume du cerveau chez l'homme et chez le singe à la naissance et à l'âge adulte. Si l'on admet que le singe que l'on connaît aujourd'hui est un équivalent acceptable de nos ancêtres hominiens, il est intéressant de relever le faible accroissement en volume du cerveau à la naissance au cours de l'évolution de notre espèce (300-350 cm^3) par opposition à la multiplication par trois du volume chez l'adulte.

Si, au fil de l'évolution des hominiens, le volume du cerveau à la naissance comparé à celui de l'âge adulte s'était maintenu dans le rapport de 60 % (proportion attestée chez le singe), sa taille serait exagérément importante, comme le montrent les chiffres de la quatrième colonne du tableau 5.2. La nécessité de provoquer la parturition à un stade relativement précoce du développement a donc été un impératif absolu de l'évolution. Les conséquences de cette naissance avancée seront examinées dans la section 5.6 ; dans un premier temps, nous allons nous pencher sur les mécanismes biologiques qu'elle implique.

Nous devons à Liggins *et al.* (1967) cette découverte étonnante : chez le mouton, la première manifestation de la mise bas se déclenche quand l'activité de la glande fœtale induite de manière neurogène entraîne une sécrétion d'ACTH (hormone cortico-stimulante) qui, à son tour, suscite la sécrétion de cortisone par la surrénale (Thornburn *et al.*, 1972). On peut supposer que, chez le fœtus, l'activation de l'hypophyse est initiée par les neurones hypothalamiques du noyau arqué qui sécrètent l'agent producteur de corticotrophine (CRF) dans le système porte pituitaire (voir Brodal, 1981, figures 11.12, 11.13, 11.14). L'augmentation du cortisol fœtal produit une augmentation d'œstrogènes qui entraînent la libération des prostaglandines utérines, ce qui

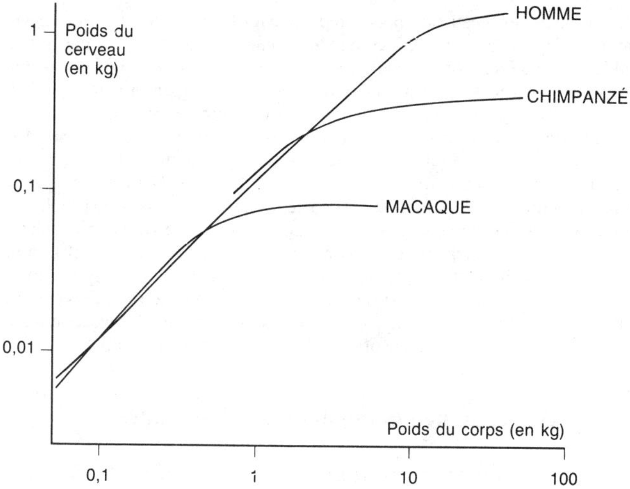

Figure 5.4. Rapport cerveau-corps au cours de l'évolution ontogénique chez différents mammifères. Trois espèces de primates suivent la même courbe, mais l'espèce humaine prolonge la période prénatale jusqu'à un point avancé de la période postnatale, ce qui se traduit par un haut degré d'encéphalisation. (D'après Gould, 1977, John Willey and Son, New York.)

Tableau 5.2. Volume comparé du cerveau à la naissance et à l'âge adulte chez l'homme et le singe (données réelles) et chez les hominidés (données supposées)

	Taille moyenne du cerveau adulte (cm³)	*Taille du cerveau à la naissance (cm³)*	*Pourcentage par rapport à l'adulte*	*Évaluation du volume du cerveau, la naissance n'étant pas anticipée (cm³)*
Grand singe	480	300	60	
Australopithèque	480	300	60	300
H. habilis	646	300	46	390
H. erectus	890	300	35	530
H. erectus pekinensis	1 043	300	29	625
H. sapiens	1 344	350	26	810

Source : Tobias (1981b).

provoque les contractions utérines par sensibilisation du myomètre (Klopper, 1974).

Le problème est beaucoup plus complexe chez les primates, l'*homo sapiens* compris (Liggins *et al.* 1977), bien que le facteur déclenchant de la parturition semble toujours être d'ordre fœtal. Les membranes fœtales (amnios et/ou chorion) sont concernées par la production d'hormones qui participent au déclenchement de la parturition, mais il semble que, comme chez le mouton, le moment précis de ce déclenchement obéisse à l'influence de la surrénale fœtale. Les prostaglandines agissent ensuite pour renforcer l'action des contractions utérines une fois que le travail a commencé (Nathanielsz, 1978). La question qui nous intéresse ici est de situer dans le processus de l'évolution pourquoi le déclenchement de la parturition à l'initiative de l'hypothalamus apparaît progressivement plus tôt, comme le montre la figure 5.2. Il semble que les noyaux limbiques, tels que l'amygdale, jouent ici un rôle essentiel. Nous sommes conduits à penser que les risques de la naissance entraînent une parturition plus précoce, évolution réglée par un mécanisme de sélection naturelle. Ce que nous ignorons encore, c'est comment cela survient.

5.6 Stratégie démographique des hominidés

La figure 5.5 montre l'accroissement progressif de la durée des différentes phases de la vie et de la gestation au cours de l'évolution du développement des primates. La figure 5.6 est un diagramme simplifié visant à mettre en évidence l'équilibre entre, d'une part, la longévité, et, d'autre part, quatre facteurs qui tendent à diminuer le taux brut de l'accroissement de la population (Lovejoy, 1981). A droite de la balance, 1 représente la masse de population stable. Si R = 1, la population demeure stable si la valeur de R — 1 est négative, la population décline jusqu'à extinction totale. Il convient ici de noter qu'à la fin des années 1980 R était égal à 0,6 pour l'Allemagne fédérale et à 0,7 pour la Suisse.

Le chimpanzé représente certainement le meilleur modèle du processus de l'accroissement démographique des hominoïdés avant l'apparition des hominidés. La maturité sexuelle du chimpanzé se produit à dix ans (figure 5.5). La période moyenne de latence entre deux naissances est de cinq ans et demi, délai de toute évidence imputable à la longue phase de frigidité de la femelle. La durée de la gestation est de trente-quatre semaines et la dépendance des petits est d'environ six ans. Le petit est allaité pendant une période qui va de quatre ans et demi à six ans, et il est porté par sa mère durant quatre ans. Bien que les petits

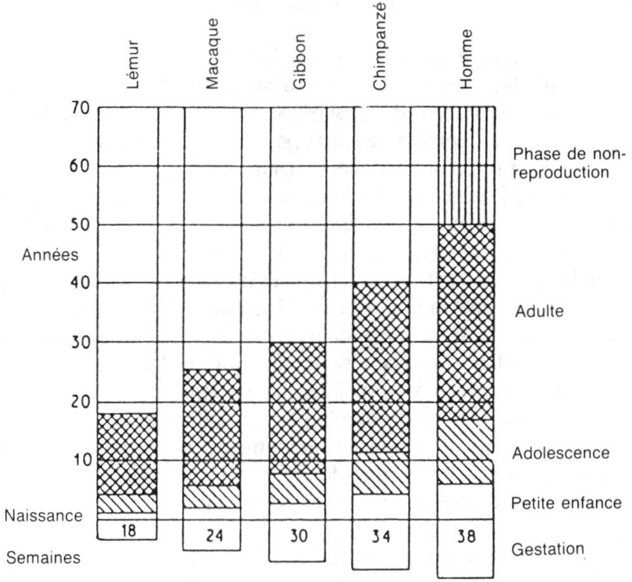

Figure 5.5. Accroissement progressif des phases de la vie et de la gestation chez les primates. Noter la proportionnalité des quatre phases retenues. La phase post-reproduction ne concerne que l'homme et est probablement un développement récent. (Lovejoy, *Science*, vol. 211 : 341-50, 1981, AAAS.)

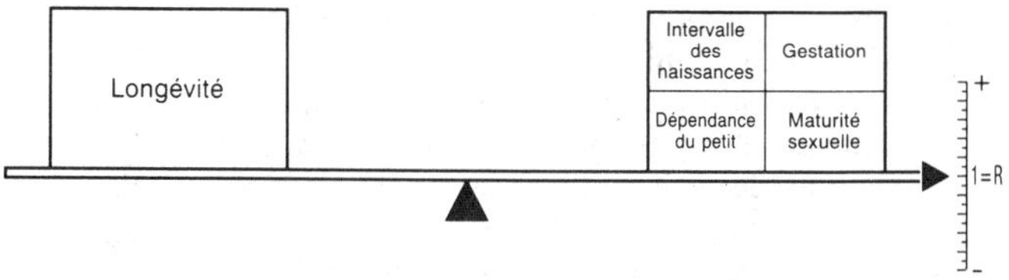

Figure 5.6. Modèle mécanique des variables démographiques chez les hominoïdes. R représente le taux brut d'accroissement de la population (1 est le volume de population stable). Une augmentation de la durée de l'une de ces quatre périodes placées sur l'extrémité droite de la balance (intervalle des naissances, gestation, dépendance du petit, maturité sexuelle) entraîne une modification comparable de la longévité, représentée sur l'extrémité gauche. Une maturation prolongée réduit R et mène à l'extinction de la population, ou à son remplacement par des populations dans lesquelles les phases de la vie sont chronologiquement plus courtes. Des quatre variables placées à droite, seul l'intervalle des naissances peut être sensiblement écourté sans que cela entraîne d'altération dans la physiologie adulte du primate. (Lovejoy, *Science*, vol. 221 : 341-50, 1981, AAAS.)

s'agrippent avec force à leur mère, les chutes ne sont pas rares lors des déplacements d'arbre en arbre, causant des blessures et éventuellement la mort des jeunes. Si la mère meurt avant que le petit ait cinq ans, celui-ci ne survit pas, l'adoption n'étant pas une pratique courante chez les mères ayant déjà la charge de petits. Les mâles ne jouent aucun rôle dans l'élevage des petits, pas plus qu'ils ne s'occupent de leur apporter de la nourriture. Il s'agit là d'une société de type strictement matriarcal. Quoique les chimpanzés puissent vivre jusqu'à quarante ans, beaucoup meurent à un âge moins avancé. Goodall (1986) cite de nombreux cas de mise à mort dans les groupes semi-dépendants qu'elle a étudiés dans la réserve de Gombe Stream. Sur une population d'environ 50 individus, 12 ont ainsi été tués par leurs semblables sur une durée de cinq ans, la plupart de ces mises à mort étant le fait de femelles dominantes sur des petits de rang inférieur. Comme le montre la figure 5.6, le processus démographique n'occupe qu'une place secondaire dans la survie de l'espèce.

Une observation similaire peut être faite chez l'orang-outan qui présente également une société matriarcale avec de longues périodes de frigidité de la femelle et des intervalles entre les naissances d'environ sept ans. La population, estimée à environ 7 000 individus dans la forêt de Bornéo, ne survit que de manière marginale.

Cet état de fait est totalement inversé avec le plus petit des grands singes, le gibbon à main blanche (hybolate) (voir Wilson, 1975 : 528). Ici, la famille est nucléaire, avec une organisation par couple comptant jusqu'à quatre petits. La famille est intimement unie et femelles et mâles jouent des rôles comparables dans les comportements de défense ou dans les relations précoïtales. La mère s'occupe des petits dans leur jeune âge, mais le père les prend également en charge, notamment lorsqu'ils sont plus âgés. Il joue avec eux et, le cas échéant, les protège et les défend.

Les chimpanzés, qui ont un mode de vie particulièrement grégaire, présentent parfois une ébauche de vie de couple. Goodall (1986 : 464) rapporte huit cas, qui ont fait l'objet d'une observation attentive, de couples quittant le groupe plusieurs jours pendant la période des amours.

Comme le montre fort bien Lovejoy (1981), la situation démographique initiale s'est améliorée lorsque quelques hominoïdés plus téméraires que leurs semblables sont descendus des arbres pour se transformer en bipèdes se déplaçant sur la terre ferme. L'un des grands avantages des bipèdes sur les quadrupèdes est la possibilité de transporter facilement la nourriture sur de grandes distances. Ces transports étaient vraisemblablement opérés à l'aide de sortes de plateaux constitués d'écorce ou de bois, comme le faisaient (et le font encore aujourd'hui) les sociétés qui pratiquent la cueillette et la chasse. Il est légitime de supposer que la vie à terre a entraîné le choix et la sélection d'aires de vie qui ont elles-mêmes rendu nécessaire la construction et la mise en place de protections faites de branchages ou de palissades de bois. Rien de tout cela ne s'est fossilisé et n'est donc parvenu jusqu'à nous. Cependant, on a pu trouver des cercles de pierres, dont certaines étaient empilées (De Lumley, 1969), qui ont fort bien pu être employées à la fondation de structures de protection (figure 6.16). Isaac (1978) a démontré l'existence de lieux de vie environ 2 millions d'années avant notre ère, l'accumulation d'outils et d'ossements d'animaux témoignant d'une vie communautaire. Le partage de la nourriture semblait être une règle généralement acceptée et suivie. Les mâles se chargeaient de fournir principalement la viande, qu'ils se procuraient au cours de chasses qui les entraînaient parfois loin du camp. Les femelles, qui ne s'éloignaient que fort peu du lieu d'habitat, récoltaient de petits animaux et cueillaient des végétaux comestibles, tels que fruits, noix, tubercules, racines, plantes, jeunes pousses, etc.

L'une des principales conséquences de cette vie à terre pour les femelles a été l'allégement de la charge parentale, les enfants étant regroupés dans des « nids » aménagés sur le lieu de vie. Les charges parentales pouvaient même être partagées entre les mères, ce qui représentait un avantage certain en ces temps de vie précaire, car cela permettait la prise en charge des orphelins en cas de mort de la mère. Cependant, comme le souligne Lovejoy, c'est la participation du mâle aux charges parentales qui constitue l'acquis le plus important au plan démographique. Il est très vraisemblable que l'événement majeur que constitue cette accession à la responsabilité partagée ne s'est pas fait brutalement. En suivant Lovejoy (1981), on peut ainsi dégager plusieurs facteurs déterminants.

Premièrement, par l'action conjuguée de la diminution du stress maternel et d'une meilleure alimentation rendue possible par le partage de nourriture, les femelles ont progressivement été sexuellement plus réceptives, comme elles le sont aujourd'hui, y compris pendant la période de leurs menstruations. Il en est résulté une diminution de l'espacement des naissances. Cette réceptivité est due au taux des œstrogènes qui se maintient pendant toute la durée du cycle menstruel, avec un pic très élevé avant les règles, pour chuter au tiers de ce niveau après le cycle.

Deuxièmement, la position verticale a mis en valeur les caractéristiques sexuelles des deux sexes : pénis, poitrine, pilosité axillaire et pubienne, se conjuguant avec la sécrétion par les glandes exocrines et apocrines d'odeurs sexuellement attirantes. Dans le même temps, la pilosité qui couvrait tout le corps a régressé, donnant à la peau une apparence séduisante.

Troisièmement, la combinaison du partage de nourriture et des charges parentales a favorisé une association allant vers une intimité plus affirmée dans une relation de couple, l'un et l'autre des deux parents prenant en charge l'élevage des enfants. La famille nucléaire était née, bien que les gibbons (voir ci-dessus) en aient déjà représenté une première approche. Cette nouvelle organisation a eu pour conséquence une amélioration sensible de la survie de l'espèce. Il serait cependant erroné de conclure que, par l'union en couples, les mâles ont assumé l'accomplissement de leur paternité biologique. Les relations sexuelles ont été les grandes bénéficiaires de cette innovation. Grâce à la réduction de l'espacement des naissances, ramené à deux ans et demi, comme cela est le cas pour l'homme moderne, la famille nucléaire a pu compter plusieurs enfants dans un même laps de temps. Chez l'homme, la dépendance des enfants s'est prolongée jusqu'à quinze ans et plus (figure 5.5).

Ces changements dans les données de la reproduction sont en relation étroite avec le système limbique. Ainsi, pour ne donner qu'un exemple, une diminution du stress maternel va de pair avec un niveau élevé stable d'œstrogènes dans le sang dû à la production hypothalamique d'une libérine spécifique, hormone qui entraîne la sécrétion hypophysaire de FSH, laquelle active à son tour la production d'œstrogènes par les ovaires. Le taux élevé d'œstrogènes a une action initiatrice sur la libido de la femme en agissant sur son système limbique hypothalamique. On a pu montrer (Pfaff, 1980) qu'un œstrogène injecté est capté par les noyaux de l'amygdale et du septum, mais aussi par l'hypothalamus moyen (figure 5.7). Ces noyaux se projettent vers le cortex cérébral, comme l'indique la figure 5.3, particulièrement vers la circonvolution cingulaire et le lobe préfrontal. Ces manifestations sexuelles extérieures mettent en jeu tout spécialement la vision, l'odorat et le toucher. Cela entraîne un renforcement du lien mâle/femelle qui marque toute la famille nucléaire — ce lien pouvant, dans un raffinement des relations, donner naissance à ce qu'il est convenu d'appeler l'amour.

Les différentes stratégies démographiques mises en évidence par la figure 5.6 auraient fort bien pu être autant d'éléments favorables à une expansion de la population. Cependant, rien de semblable ne s'est produit. Les prédateurs, qui ont constitué une grave menace pour les individus vivant sur le sol, et particulièrement pour les jeunes, ont représenté l'un des éléments défavorables à une telle évolution. Un autre a été les nombreuses maladies tropicales endémiques dans les régions où s'est effectué le développement des hominidés Selon Solecki (1971), à Shanidar, le groupe tribal ne comptait qu'environ vingt-cinq individus.

Il convient d'évoquer maintenant l'alternative à la société monogamique organisée sur les liens de couples, que Mayr considère comme l'acquis le plus productif des modifications génétiques. Nous voulons parler ici de la polygamie, état dans lequel « les chefs de chaque groupe jouissent d'un avantage considérable en ce qui concerne la reproduction. Dans cette situation, un individu en position dominante a en effet toutes les chances d'avoir plusieurs femmes » (1973 : 57). Cependant, une telle société renonce aux avantages que représente le partage parental dans l'élevage des enfants, caractère lié à la famille nucléaire. Ce facteur est plus manifeste encore en ce qui concerne les enfants de sexe masculin, avec le développement d'une technologie primitive liée à la production et à l'usage d'armes et d'outils. Parallèlement, les mères prennent en charge l'éducation des filles, en les initiant au ramassage et à la préparation de la nourriture, en leur enseignant l'hygiène et divers soins corporels, et en leur apprenant à confectionner des protections pour le corps à partir de peaux de bêtes. Mayr s'intéresse particulièrement aux avantages génétiques de l'évolution biologique. Toutefois, en ce qui concerne les hominidés, l'évolution culturelle prend le pas sur l'évolution biologique et c'est précisément là que la famille

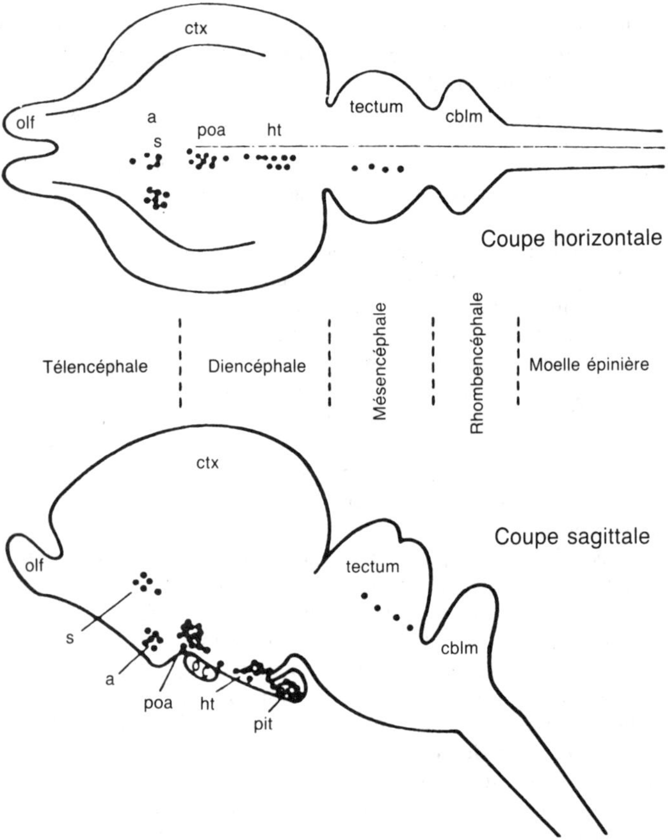

Figure 5.7. Représentation schématique d'un cerveau type de vertébré montrant les localisations des neurones riches en œstradiol et testostérone communs à tous les vertébrés connus à ce jour. Les points noirs représentent les amas de cellules riches en stéroïdes. Les caractéristiques de la distribution du ^{3}H-œstradiol et de la ^{3}H-testostérone, qui sont partagées par tous les vertébrés, comprennent des cellules spécifiques dans le télencéphale limbique (par exemple septum, amygdale ou archistriatum), l'aire préoptique, les noyaux du tuber hypothalamique et des aires spécifiques du subtectum du mésencéphale. (a = amygdale ou archistriatum ; cblm = cervelet ; ctx = cortex [non-mammifères : cortex dans son ensemble ; mammifères : néocortex] ; ht = noyaux de la région du tuber hypothalamique ; oc = chiasma optique ; olf = bulbe olfactif ; pit = glande pituitaire ; poa = aire préoptique ; s = septum ; tectum [non-mammifères : toit optique et tubercules quadrijumaux inférieurs ; mammifères : tubercules quadrijumaux inférieurs et supérieurs].) (D'après Pfaff, 1980, Springer Verlag, Heidelberg.)

nucléaire représente l'acquis le plus important dans l'évolution de l'espèce (sections 10.3 et 10.4).

Il ne fait aucun doute que la survie des petits soit très intimement liée au partage des responsabilités parentales au sein de la famille nucléaire, et c'est justement là-dessus que repose toute l'évolution ! Lovejoy pose la question en ces termes : « Ne peut-on voir la famille nucléaire comme une prodigieuse adaptation de laquelle dépend tout le succès des premiers hominidés ? », et conclut ainsi :

> « Plus exactement, une culture matérielle avancée et l'accélération de l'accroissement en volume du cerveau au pléistocène sont deux conséquences d'un caractère spécifique aux hominidés comprenant une organisation parentale bien établie au sein d'un système de relations sociales, une association en couple, un comportement sexuel et reproductif organisé et, enfin, l'usage exclusif des membres inférieurs pour la locomotion. Cela implique qu'il n'est pas impossible que la famille nucléaire et le comportement sexuel remontent l'un comme l'autre à des origines de loin antérieures à l'avènement du pléistocène. » (1981 : 348)

Un tel déplacement dans le temps nous ramènerait aux australopithèques (figure 2.5).

Si, comme le pense Lovejoy, la phase optimale de la stratégie de l'évolution des hominidés a été l'apparition de la famille nucléaire, cela présuppose un sens développé de l'altruisme et de l'entraide mutuelle — ce qui est en tout point contraire à la conception de la vie de l'homme des premiers temps imaginée par Sherrington :

> « Son monde était régi par la loi qui veut que la force prime le droit, et la souffrance en était une autre règle fondamentale. Cependant, un extraordinaire "désir de vivre" dominait cet état de fait. Ainsi, lorsque nous nous représentons ce type de vie, et cela dans la mesure où nous en sommes capables, nous ressentons un profond émerveillement et nous ne pouvons que nous réjouir devant l'issue favorable que notre espèce a connue. » (1940 : 377)

Toutefois, le scénario non belliciste que nous retenons ne doit pas nous faire oublier qu'après le développement exemplaire qu'a connu l'*homo habilis*, l'australopithèque s'est éteint et a totalement disparu il y a de cela plus d'un million d'années (figure 7.5). Il n'est nul besoin d'imputer cette disparition à quelque agression que ce soit de la part de représentants du genre humain. Il a suffi que l'équilibre tel qu'il est décrit plus haut (figure 5.6) ait témoigné d'une rupture et d'une valeur de R inférieure à 1 pour que l'extinction soit inéluctable, et cela sans qu'aucune agression ne soit impliquée. Nous ignorons tout, par exemple, de l'influence des maladies sur ce déclin.

Appliquée aux premiers stades de l'évolution des hominidés, cette hypothèse d'une famille nucléaire et d'une association monogame en couples peut cependant être considérée comme une conception par trop idéaliste. Tout ce que nous pouvons avancer avec certitude, c'est la présence de bipèdes pouvant se déplacer rapidement pour transporter la nourriture et la déposer en un lieu commun où se pratique, à ce que l'on croit savoir, le partage de nourriture. Pourtant, tout au long de l'évolution des hominidés, on constate une évolution considérable des noyaux du système limbique responsables des sensations de plaisir et des comportements amicaux (section 5.2). Il a ainsi été montré (tableau 5.1) que l'indice de taille du septum s'est accru, passant de 2,05 pour les simiens à 5,5 pour l'*homo*. Dans le même temps, l'indice de taille de l'amygdale latérale témoigne d'une augmentation plus sensible encore, passant de 3,05 pour les simiens à 6,02 pour l'*homo*. Contrastant avec ces données, le noyau de l'amygdale moyen, responsable de la colère et des comportements agressifs, ne montre qu'un léger accroissement de volume, passant de 1,30 pour les simiens à 2,52 pour l'*homo*. Il ressort de ces constatations qu'au cours de l'évolution la sélection naturelle a façonné un code génétique dont la caractéristique, au plan ontogénique, est une augmentation des noyaux responsables du plaisir et des comportements amicaux plus importante que celle qui a touché les noyaux responsables de la colère et de l'agression.

Nous ne possédons qu'une trace matérielle unique de l'australopithèque, celle des empreintes de pieds que la figure 3.11 reproduit. Interprétée d'une manière qui laisse place à l'imagination, cette trace permet de concevoir, avec un degré de certitude remarquable, la preuve de l'existence d'une famille nucléaire. On y voit les empreintes de pieds d'un couple et celles d'un enfant que l'un des deux parents tient par la main.

5.7 Le développement de l'altruisme

Le terme « altruisme » a été introduit au milieu du XIXe siècle par Auguste Comte pour désigner un type particulier d'attitude morale : celle d'une personne qui cherche à faire le bien d'autrui sans escompter de son attitude le moindre avantage personnel.

Malheureusement, une grande confusion dans l'emploi du terme est née de son usage par les sociobiologistes (Wilson, 1975, 1978 ; Dawkins, 1976). Sont ainsi qualifiés d'altruistes certains types de comportement chez l'animal qui « apparemment » témoignent d'une attitude d'intérêt pour d'autres animaux de la même espèce. Les exemples cités par ces chercheurs sont majoritairement empruntés aux insectes organisés en société dont le comportement est purement instinctif. Il résulte de ces usages conflictuels qu'une distinction très nette doit être opérée entre ces comportements de sacrifice social et ceux qui sont purement altruistes dans l'acception originelle du terme. J'ai ainsi proposé que l'on qualifie les comportements instinctifs de « pseudo-altruistes » (Eccles, 1980, chapitre 8), ces comportements étant, je le rappelle ici avec force, en tout point distincts de ceux qui font l'objet de la présente étude, et qui sont des manifestations d'authentique altruisme.

Le véritable altruisme se caractérise par deux traits essentiels. En premier lieu, il est indispensable qu'il y ait *intention*, c'est-à-dire que l'acte soit prévu, bien qu'il puisse devenir en grande partie automatique. Ensuite, l'acte prévu doit être réalisé *dans le but* de satisfaire les intérêts de l'autre (ou des autres) personne(s). L'intention ne concerne que les relations interpersonnelles. Il est ainsi manifeste qu'une existence humaine « normale » est un tissu d'actes altruistes. Cela posé, nous pouvons formuler la question suivante : à quel moment de l'évolution des hominidés apparaît la première manifestation d'altruisme dans l'attitude morale de l'individu ?

Il nous faut d'abord observer le comportement des animaux supérieurs. On connaît de nombreuses anecdotes rapportant le comportement apparemment compatissant de dauphins pour l'un des leurs après que celui-ci a été blessé. En revanche, selon Washburn (1969), les primates, dans leur milieu naturel, ne témoignent d'aucune compassion pour leurs semblables. Dans ces communautés, c'est l'agressivité qui confère, par exemple, le statut de domination dans l'ordre de priorité pour l'accès à la nourriture. Si l'on fait une exception pour les chimpanzés, que l'on peut distinguer des autres primates, le plus fort se sert le premier sans manifester le moindre intérêt pour les faibles ou les jeunes, ceux-ci devant se contenter de ce qui reste. De même, il semble n'y avoir aucune trace de compassion chez les chimpanzés observés dans la réserve de Gombe Stream. Goodall (1971) rapporte le cas d'un mâle adulte, « McGregor », qui, après une attaque de poliomyélite, perdit l'usage de ses membres inférieurs. Cette paralysie entraîna l'apparition de plaies sur l'arrière-train, qui ne tarda pas à s'infecter. L'animal fut totalement rejeté par ses anciens compagnons, qui ne manifestèrent aucun sentiment pour les grandes souffrances qu'il endurait. McGregor fut finalement abattu hors de la vue des autres singes.

Après ces remarques préliminaires, notre démarche pour tenter de déterminer l'apparition des premières manifestations d'un comportement altruiste nous amène maintenant à nous tourner vers les hominidés. Je proposerai tout d'abord de considérer le partage de nourriture sur un lieu de vie communautaire comme la première manifestation d'un comportement altruiste (Isaac, 1978). Vient ensuite la conception d'une famille nucléaire, premier stade d'une organisation sociale altruiste avec, comme première trace observable, laissée il y a plus de 3,6 millions d'années, le déplacement en groupe tel que le montre la figure 3.11.

Les rites funéraires de l'homme de Neandertal constituent déjà une manifestation de comportement altruiste. On peut supposer qu'il existait alors une connaissance de soi et une reconnaissance des autres comme individus. De cette double reconnaissance a découlé tout naturellement une attitude d'intérêt pour les autres, d'abord de leur vivant, puis après leur mort, comme l'attestent les comportements funéraires de l'homme de Neandertal il y a plus de 80 000 ans (Hawkes, 1965). Le corps du défunt, peint de couleur ocre rouge, probablement pour compenser la pâleur de la mort, était enterré avec des armes, des outils et des poteries.

Il revient cependant à Solecki (1971) d'avoir découvert la première trace manifeste de comportement altruiste dans toute la durée de la préhistoire humaine : le squelette d'un homme de Neandertal adulte souffrant d'un sérieux handicap physique dès sa naissance, handicap encore aggravé par des blessures ultérieures. En dépit de son état physique, cet individu s'est maintenu en vie jusqu'à l'âge de quarante ans, âge qu'il lui aurait été totalement impossible d'atteindre si les autres membres du groupe ne l'avaient pris en charge (la figure 2.10 donne une image du crâne de cet homme). La grotte de Shanidar offre une autre preuve de comportement altruiste. Les restes qu'elle renferme permettent de penser qu'à cette époque des offrandes de fleurs accompagnaient les rites funéraires, comme l'attestent les analyses de pollen. Il est ainsi possible de faire remonter les premières manifestations de comportement altruiste à 60 000 ans avant notre ère, avec l'espoir de remonter plus avant encore dans le temps, car les hommes de type Neandertal, avec un cerveau d'un volume comparable au nôtre, existaient déjà il y a plus de 100 000 ans (figures 2.10 et 2.13).

L'histoire de notre espèce offre d'innombrables exemples de comportement altruiste et la première trace littéraire en est l'épopée de Gilgamesh, écrite à Sumer environ 2 200 ans avant J.-C. Ce poème raconte les combats héroïques de Gilgamesh pour retrouver son fidèle ami Enkidu dans les régions souterraines et pour le ramener à la vie. L'avènement des grandes religions monothéistes a correspondu à l'enseignement d'un comportement altruiste et, en dépit des nombreuses atteintes et agressions dont il pâtit, c'est encore sur ce comportement qu'est fondée notre société moderne. Malheureusement, ce n'est pas là une valeur dont parlent volontiers les médias : l'altruisme ne se vend pas bien ! Mère Teresa, à Calcutta, en demeure cependant une figure emblématique.

Comme cela a été rappelé à la section 5.7, on a pu constater au cours de l'évolution des hominidés une forte augmentation de l'indice de taille des noyaux associés aux comportements de plaisir, contrairement à ce qui s'est passé pour le noyau moyen de l'amygdale lié aux comportements agressifs. Ce dernier revêt pourtant une importance non négligeable dans le déroulement d'une vie humaine dans la mesure où la motivation incitant à accomplir des actes qui demandent courage et ténacité s'appuie très probablement sur une agressivité contrôlée.

Sherrington évoque de manière saisissante les mystérieuses origines de la moralité et, par voie de conséquence, de l'altruisme. Mère Nature, telle que l'a révélée l'évolution biologique, prend l'homme à témoin et l'apostrophe en ces termes :

« Tu m'as crue morale, tu me connais maintenant dénuée de morale. Comment pourrais-je être morale, moi qui suis, comme tu le prétends, nécessité aveugle, pur mécanisme ? Cependant, après une longue attente, tu es enfin sorti de moi, toi qui es moral. En vérité, tu es la seule créature morale de l'univers entier et, par conséquent, la seule créature immorale.

« Tu m'as crue intelligente, sage même. Tu me sais maintenant dénuée de toute intelligence et, pour la plus grande part de moi-même, privée de raison. Comment pourrais-je posséder sens ou finalité, moi qui ne suis que pur mécanisme ? Cependant, après une longue attente, je t'ai créé, toi qui possèdes la raison. Si tu daignes réfléchir un instant, toi, avec toute ta raison, tu peux comprendre cela. Toi, la seule créature dotée de raison et par conséquent la seule créature folle... Tu es mon enfant. Ne me demande pas de t'aimer. Comment pourrais-je t'aimer, moi qui ne suis qu'aveugle nécessité ? Je ne puis t'aimer, je ne peux te haïr non plus. Mais maintenant que je t'ai donné la vie, à toi et à tous tes semblables, souviens-toi que tu es un autre monde en toi-même ; un monde qui recèle, de par ta propre présence, amour et haine, raison et folie, moralité et immoralité, bien et mal. C'est à toi d'aimer où l'on peut éprouver de l'amour, aimer qui l'on peut aimer, aimer l'autre et être aimé de lui.

« Ecoute encore ceci : réfléchis et comprends qu'en me connaissant tu as découvert l'instrument d'une Finalité, l'outil manié par une Main telle que ta vue seule ne peut la concevoir. Il te faut maintenant apprendre à élargir ta vue. » (1940 : 399-400)

Je me sens en parfaite harmonie avec Sherrington tel qu'il se révèle dans ce passage si émouvant. Je pense, comme mon maître respecté, que l'évolution biologique n'est pas le seul fruit du hasard et de la nécessité. Ni le hasard pur, ni la seule nécessité n'auraient suffi pour créer l'homme et ses valeurs. Je pense, moi aussi, qu'il se peut que l'évolution soit l'instrument d'une Finalité qui l'élève bien au-dessus du hasard et de la nécessité, du moins en ce qui concerne cette transcendance qui est à l'origine de l'avènement de l'espèce humaine dotée de conscience. L'évolution culturelle prend le relais de l'évolution biologique et devient à son tour essentielle pour la sélection naturelle, non pas seulement par la valeur que représentent les innovations technologiques, mais aussi par la création et le développement de nouvelles valeurs. L'altruisme, par exemple, est l'un de ces éléments fondamentaux qui donnent ses bases morales à une société tout entière vouée au bien-être de ses membres.

CHAPITRE VI

L'évolution oculomotrice : la créativité artistique

Les sections imprimées en corps plus petit
peuvent être omises lors d'une première lecture.

6.1 Les aires visuelles du cortex cérébral du primate

Toute recherche sur les changements qui se sont produits au cours de l'évolution du système oculomoteur depuis les hominidés jusqu'à l'*homo sapiens* requiert que l'on décrive sommairement l'état actuel de nos connaissances sur le traitement de l'information visuelle par le cerveau du singe. L'étude la plus approfondie a été effectuée sur le système visuel très complexe du macaque (*macaca mulata*). Il convient de considérer que ce système visuel a constitué, au départ de l'évolution des hominidés, le modèle d'après lequel s'est formé leur propre appareil visuel dans la mesure où, pour l'essentiel, il est très semblable à celui des autres primates supérieurs. Le sens de la vue joue un rôle primordial chez les primates, qui ont déjà dépassé dans leur évolution tout autre ordre de mammifères. Leurs yeux sont exorbités, ce qui leur donne une vision binoculaire complète. Comme on le voit sur la figure 6.1, les voies optiques sont disposées avec une décussation partielle dans le chiasma optique de sorte que les champs visuels droits des deux yeux projettent les images, *via* un relais synaptique situé dans le corps latéral genouillé (CLG), sur le cortex visuel primaire (voir figure 4.4) (aire 17 de Brodmann ou aire visuelle V1) de l'hémisphère gauche, et *vice versa* pour les champs visuels gauches des deux yeux.

Le cortex visuel primaire occupe une proportion beaucoup plus importante dans le cortex cérébral du singe (16 %) que dans le cerveau humain (4 %) (Van Essen, 1985). C'est ce que l'on peut constater en comparant l'aire 17 chez les humains (figure 4.4) et chez le grand singe (figure 4.5).

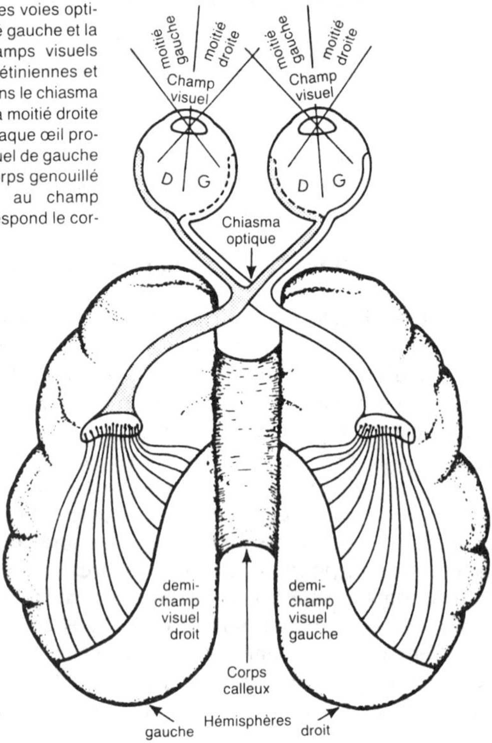

Figure 6.1. Schéma des voies optiques montrant la moitié gauche et la moitié droite des champs visuels ainsi que les images rétiniennes et le croisement partiel dans le chiasma optique, de sorte que la moitié droite du champ visuel de chaque œil projette dans le cortex visuel de gauche après relais dans le corps genouillé latéral ; inversement, au champ visuel de gauche correspond le cortex visuel de droite.

Comme on va le voir ci-après, l'information visuelle est traitée non seulement dans l'aire 17, mais aussi dans les aires adjacentes des lobes temporal et pariétal. L'ensemble de l'aire visuelle constitue environ 15 % du cortex humain (Van Essen, 1985) et au moins 30 % du cortex du singe.

6.2 Réaction neuronale dans le cortex visuel primaire (Hubel, 1982)

On peut utiliser des micro-électrodes pour enregistrer les impulsions émises par chacune des cellules nerveuses prises isolément, moyen employé par exemple avec grand succès par Hubel et Wiesel (1962) pour observer le cortex visuel primaire.

Dans la figure 6.2a, une seule cellule ayant été atteinte par une micro-électrode implantée dans le cortex visuel primaire envoie des impulsions. Le tracé de l'implantation est représenté par exemple dans la figure 6.2b par la ligne oblique, et de petites lignes transversales indiquent l'emplacement de nombreuses cellules nerveuses le long de ce tracé. En plaçant soigneusement la micro-électrode, il est possible d'enregistrer, hors de la cellule, l'influx émis par une seule cellule. La cellule montre un léger dégagement d'influx permanent en arrière-plan (tracé supérieur de la figure 6.2a), mais si l'on balaie la rétine avec un faisceau lumineux, comme on le voit à gauche du diagramme, il se produit une réaction intense de la cellule au moment où la lumière balaie une certaine zone de la rétine, et un arrêt immédiat de cette réaction lorsque le faisceau lumineux quitte cette zone (tracé inférieur de la figure 6.2a). Si l'on fait pivoter la direction du balayage, la cellule réagit un tout petit peu, comme sur le tracé intermédiaire. Finalement, si l'orientation du balayage forme un angle droit avec la direction la plus excitante, il ne se produit aucun effet (tracé situé tout en haut). Cela signifie que cette cellule particulière est extrêmement sensible aux mouvements du faisceau lumineux orienté d'une certaine façon, et tout à fait insensible aux mouvements dont l'orientation est perpendiculaire à la précédente.

Dans la figure 6.2b, la direction des lignes traversant le chemin suivi par la micro-électrode indique leur sensibilité au changement d'orientation. On retrouve la même sensibilité au changement d'orientation lorsque le chemin suivi par l'électrode court le long d'une colonne de cellules perpendiculaire à la surface, comme c'est le cas dans le groupe supérieur de douze cellules. Cependant, dans la figure 6.2b, l'électrode suit son chemin à travers la matière blanche centrale, puis continue pour traverser trois groupes de cellules qui ont une sensibilité différente à l'orientation. Naturellement, son parcours traverse plusieurs colonnes de sensibilité à l'orientation, comme l'illustrent les pointillés.

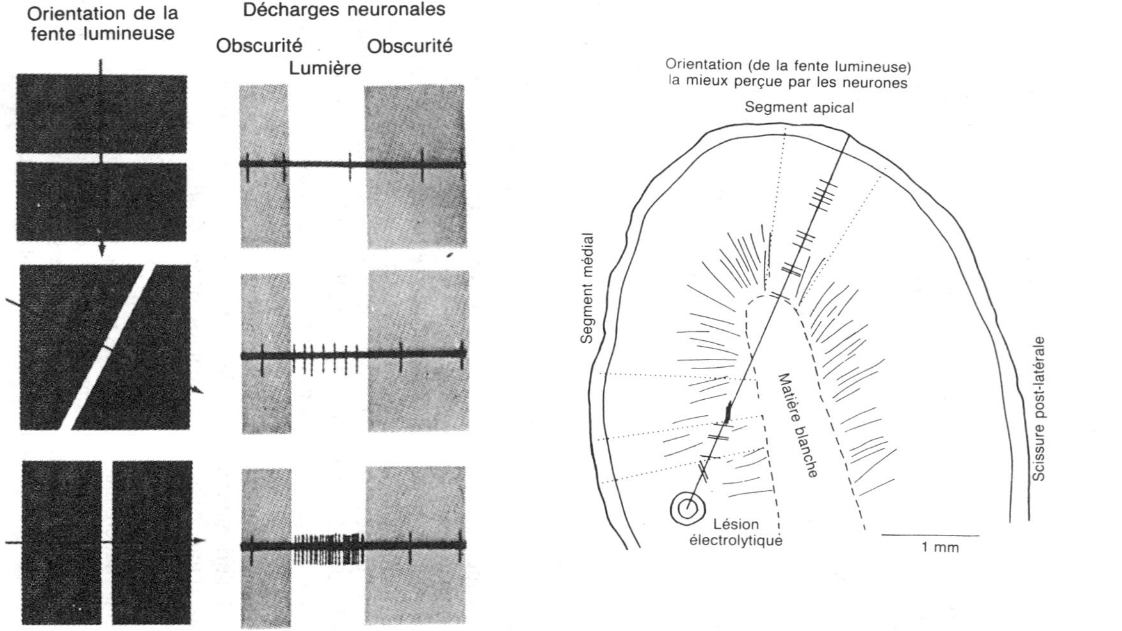

Figure 6.2. Réaction des neurones à l'orientation d'un faisceau lumineux ; neurones du cortex visuel primaire du chat. Description détaillée dans le texte. (Hubel et Wiesel, 1962.)

Dans le cortex visuel, les neurones présentant une sensibilité similaire à l'orientation tendent à être disposés en colonnes situées perpendiculairement à la surface corticale. On peut ainsi concevoir que, dans la vaste aire visuelle du cortex primaire de l'homme, la population d'environ 400 millions de neurones est organisée en une mosaïque de colonnes constituées chacune de quelques milliers de neurones dotées de la même sensibilité à l'orientation (Hubel et Wiesel, 1963).

Cette disposition peut être considérée comme la première étape de la reconstitution de l'image rétinienne. On admettra naturellement que cette carte qui reflète la sensibilité des cellules à l'orientation est superposée à la carte du champ rétinien, chaque zone de ce champ étant composée de colonnes dont l'ensemble représente toutes les orientations des faisceaux lumineux ou des lignes de partage entre la lumière et l'obscurité.

On a déjà montré dans la figure 6.1 que les yeux, du même côté ou du côté opposé, projettent sur le corps latéral genouillé (CLG) en direction du cortex visuel. Toutefois, chez le primate, ces projections sont relayées par lamelles séparées, trois pour l'œil situé du même côté (2i, 3i, 5i), trois pour l'œil situé du côté opposé (1c, 4c, 6c) (figure 6.3). La projection vers les colonnes de l'aire 17 est illustrée très schématiquement dans cette figure (Hubel et Wiesel), qui montre que les lamelles du même côté et du côté opposé au CLG projettent sur des bandes ou colonnes alternées appelées colonnes à dominance oculaire. Verticalement, les bandes ou colonnes sont définies par leur spécificité d'orientation comme indiqué à la figure 6.2 ; dans la figure 6.3, on peut voir que ces bandes ou colonnes sont disposées sur la surface supérieure du cortex suivant leur sensibilité à l'orientation. Dans la réalité, les éléments des colonnes sont, bien sûr, organisés de façon beaucoup moins stricte que dans le diagramme se rapportant au cortex du singe.

Dans la partie supérieure de la couche IV de la figure 6.3 se trouvent des cellules simples qui sont strictement monoculaires et qui réagissent uniquement aux faisceaux ou aux lignes de partage orientés selon la figure 6.2. A l'étape suivante de la reconstitution de l'image interviennent des neurones situés à d'autres niveaux de l'aire 17 et des aires visuelles secondaires et tertiaires qui l'entourent (aires 19 et 19 de Brodmann — figures 4.4 et 4.5). A cet endroit figurent des neurones qui sont spécialement sensibles à la longueur et à l'épaisseur des bandes d'ombre ou de lumière ainsi qu'à l'existence d'un angle formé par deux bandes. Ces neurones, appelés neurones complexes et hypercomplexes (Hubel et Wiesel, 1963, 1965, 1977), constituent une étape suivante dans la reconnaissance des formes. La figure 6.3 donne des exemples de deux cellules complexes situées dans la couche supérieure, qui reçoivent chacune les messages émis par deux cellules simples des colonnes de dominance oculaire.

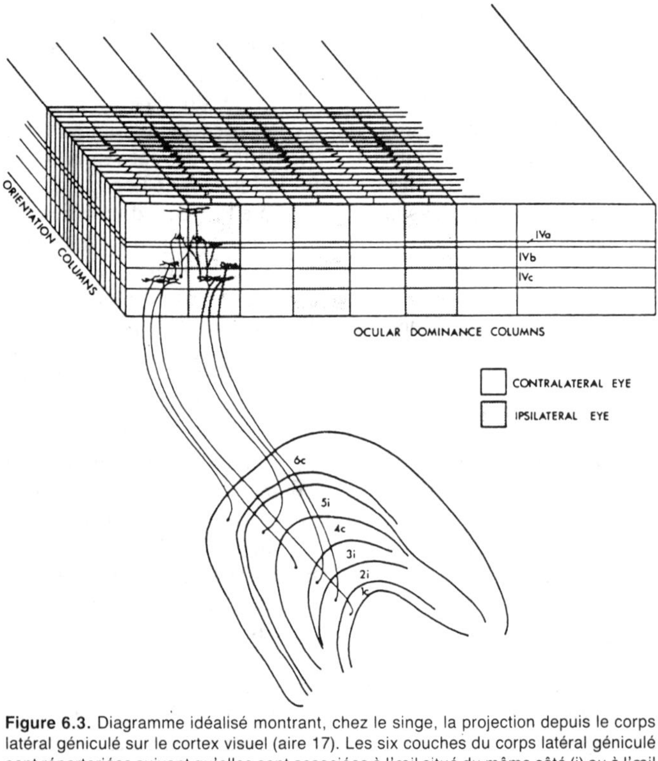

Figure 6.3. Diagramme idéalisé montrant, chez le singe, la projection depuis le corps latéral géniculé sur le cortex visuel (aire 17). Les six couches du corps latéral géniculé sont répertoriées suivant qu'elles sont associées à l'œil situé du même côté (i) ou à l'œil situé du côté opposé (c). Les couches i et c projettent sur des aires spécifiques, formant ainsi les colonnes de dominance oculaire pour les yeux, celui qui est du même côté et l'autre. Les bandes ou colonnes du cortex visuel, superposées comme des dalles, sont définies par les critères de dominance oculaire dans une direction, et d'orientation (montrée sur la surface supérieure) (voir figure 6.3) dans l'autre direction. (Hubel et Wiesel, 1974.)

6.3 La vision en relief

Comme nous l'avons déjà vu sur la figure 6.3, chaque œil projette sur trois des six couches du CLG qui répercute sur le cortex visuel primaire, lequel se trouve ainsi partagé en colonnes de dominance monoculaire qui alternent, l'une dominée par l'œil situé du même côté, l'autre par l'œil opposé. Ainsi, bien que la décussation partielle du chiasma optique (figure 6.1) résultât de l'existence de fibres de l'œil gauche ou de fibres de l'œil droit dans chaque voie optique, il n'existait pas de mélange dans l'innervation des lamelles spécifiques du CLG et dans la projection sur les colonnes (à dominance oculaire) de l'aire visuelle primaire.

Les cellules réceptrices primaires des colonnes adjacentes de dominance oculaire projettent sur les cellules pyramidales ordinaires au niveau des couches plus superficielles (figure 6.3). Puisque les deux yeux considèrent le monde tridimensionnel à partir de deux voies de transmission dont les points de départ sont séparés par la distance interpupillaire qui d'habitude est de 60 à 70 mm, les deux images rétiniennes présentent une disparité. En fin de compte, cette disparité est reçue par les colonnes adjacentes (à dominance oculaire) et constitue la matière première de la vision en relief.

Lors des premières recherches sur la vision en relief, on a tenté de découvrir des neurones du cortex visuel primaire spécialement sensibles aux disparités des données émises par les deux yeux. Des expériences menées sur des chats anesthésiés, privés de mobilité oculaire (Barlow *et al.* 1967 ; Bishop, 1970 ; Hubel et Wiesel, 1970), ont permis de découvrir des neurones isolés du cortex visuel (aire 17) qui transmettaient la disparité binoculaire. Poggio et ses collaborateurs ont poursuivi ces recherches avec l'avantage de posséder des techniques expérimentales plus sensibles qui permettaient de procéder à une étude rigoureuse, sans anesthésie, sur des macaques dressés (Poggio et Fischer, 1977 ; Poggio, 1984). Des faisceaux lumineux orientés chacun de manière différente (figure 6.2) furent déplacés dans le champ visuel à des distances différentes par rapport au point de fixation, et cela soit dans une direction, soit dans l'autre. Dans les aires 17 et 18 de Brodmann, une proportion importante de cellules simples et de cellules complexes étaient distinctivement sensibles à la disparité binoculaire horizontale. Il existe plusieurs types de réaction à la disparité mais, à ce stade très précoce du traitement par le cortex de l'information visuelle, on assiste à une identification des profondeurs par les neurones de sorte qu'une donnée en deux dimensions reçue par la rétine de chaque œil est transformée en réaction à la disparité binoculaire ; il existe donc, dans les aires visuelles V1 et V2, des neurones qui portent les informations spécifiques de la perception de la profondeur (Poggio et Poggio, 1984). Cette transformation a également lieu face à une image en relief formée de points répartis au hasard, mais, dans ce cas, pour seulement 20 % des neurones (Poggio, 1984). Ainsi, un cerveau monoculaire émerge dès le premier stade du traitement de l'information visuelle par le cortex. Cependant, on ignore encore comment ces informations en trois dimensions sont transformées en perception tridimensionnelle, et beaucoup d'autres facteurs entrent en jeu. La vision en relief s'apprend. Elle est extrêmement développée chez les primates arboricoles. Son plus haut degré de perfection se manifeste dans l'extraordinaire agilité dont font preuve dans les arbres les meilleurs grimpeurs à mains (brachiateurs) : les gibbons, petits primates de Malaisie. On peut se demander dans quelle mesure nos meilleurs gymnastes, nos meilleurs danseurs et nos meilleurs athlètes ne rivalisent pas avec le gibbon. Chez celui-ci, les aires de Brodmann (Mauss, 1911) ne semblent comprendre aucune aire spécialement développée dans la partie pariétale supérieure du cerveau, principalement constituée de neurones oculomoteurs (figure 6.5 ci-après).

6.4 Les aires visuelles préstriées

Le tiers postérieur du cortex cérébral des singes inférieurs est une mosaïque d'aires visuelles dont chacune représente, en des endroits différents, les images envoyées par la rétine. Elles servent à analyser les réactions des organes à tel ou tel caractère visuel comme la forme, la dimension dans l'espace, le mouvement, la couleur (Zeki, 1969, 1973, 1978 ; Cowey, 1982). Trois techniques principales ont été utilisées pour analyser la projection en avant des informations visuelles transmises par l'aire V1 du macaque. Premièrement, l'étude conventionnelle des dégénérescences consécutives à des lésions. Deuxièmement, les techniques de repérage radioactif qui permettent de suivre les projections des fibres nerveuses. Par exemple, après injection du produit dans V1, une forte radioactivité apparaît dans l'aire V2 adjacente. Puis des injections en V2 montrent que celle-ci projette sur deux autres aires visuelles : V3 et V4, situées dans l'aire temporale inférieure, et sur MT (figures 6.5 et 6.6), située dans le sillon temporal supérieur. Troisièmement — et c'est le plus important —, nous disposons de techniques d'enregistrement à partir de neurones pris isolément et réagissant à des excitations visuelles sélectionnées.

La figure 6.4 indique l'emplacement de V2, V3 et V4 sur les surfaces latérale et médiale du cortex gauche du macaque telles que ces techniques ont permis de les découvrir. Les petits croquis représentent les sillons, la scissure postcalcarine ayant été ouverte sur le grand croquis pour montrer les aires situées dans ses profondeurs. Cette projection se rapporte particulièrement aux différentes caractéristiques de l'excitation visuelle. Par exemple, les cellules de l'aire V4 présentent une sensibilité différentielle à la perception des couleurs (Zeki, 1973, 1980) ; 70 % des cellules de V2 et V3 servent à différencier les directions (Zeki, 1978).

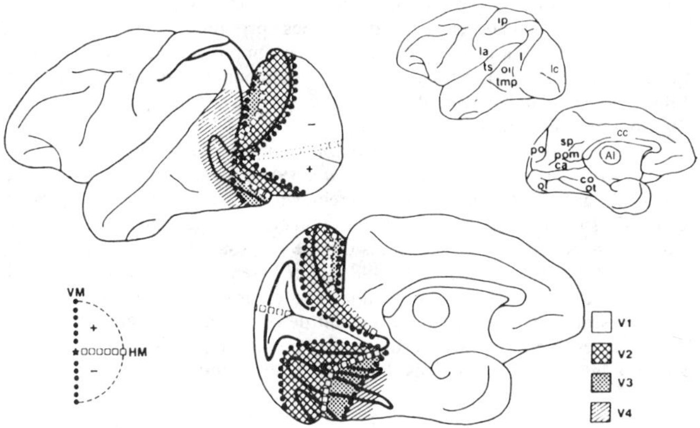

Figure 6.4. L'emplacement et l'étendue du cortex strié V1 et de V2, V3, V4. Les aires visuelles sont représentées sur les vues latérale et médiale des hémisphères, dans lesquels on a partiellement ouvert les sillons. Les symboles correspondant aux sillons sont indiqués sur les petits croquis du cerveau. Un signe *plus* (+) indique la représentation du champ visuel supérieur et un signe *moins* (–) celle du champ visuel inférieur. Les cercles correspondent à la représentation du méridien vertical (VM), les carrés à celle du méridien horizontal, et les étoiles à celle du centre de la fixation du regard. Comme dans le cortex strié (indiqué en blanc), dans V2 (croisillons), V3 (pointillés), V4 (petits traits obliques), le champ visuel supérieur est représenté dans la partie ventrale de l'hémisphère, le champ visuel inférieur dans la partie dorsale. A la limite de V1, V2 et V3 se trouve une série de représentations alternées des méridiens verticaux et horizontaux. (ca = scissure calcarine ; cc = corps calleux ; co = sillon collatéral ; lc = lèvre calcarinienne supérieure ; ip = sillon intrapariétal ; l = scissure post-calcarine ; la = sillon latéral ; AI = adhésion interthalamique ; oi = sillon occipital inférieur ; ot = sillon occipito-temporal ; po = sillon pariéto-occipital ; pom = sillon pariéto-occipital médial ; sp = sillon subpariétal ; tmp = sillon moyen temporal postérieur ; ts = sillon temporal supérieur.) (Ungerleider, 1985.)

Comme le montre la figure 6.5, la principale autre projection transmise par V1 aboutit dans l'aire MT placée au fond du sillon temporal supérieur. L'aire MT projette vers l'avant sur quatre sites différents (figure 6.6). Deux d'entre eux se trouvent dans la partie ouverte du sillon intrapariétal (figure 6.6) et sont situés dans l'aire 7 de Brodmann. L'ensemble de l'aire MT de la figure 6.5 signale la direction du mouvement et la façon dont il se détache sur un fond, c'est-à-dire qu'elle a une fonction oculospatiale. Il faudrait rappeler que Mountcastle et ses collaborateurs étudièrent pendant de nombreuses années les neurones de l'aire 7 de Brodmann chez les singes inférieurs (Mountcastle *et al.*, 1968, 1984). Ces neurones sont sensibles aux données visuelles et sont spécialement concernés par le mouvement (ce sont eux qui permettent de suivre de l'œil un mouvement) et par l'espace visuel qui est en rapport direct avec l'appréhension des formes corporelles.

Van Essen (1985) a présenté une étude plus compliquée de la projection de V1 sur nombre d'aires préstriées et de leurs interconnexions. Toutefois, elle ne diffère pas fondamentalement du simple schéma donné par Ungerleider (1985), reproduit dans la figure 6.6.

Pour étudier le système visuel du nyctipithèque, on a utilisé les mêmes techniques que pour le macaque (Baker *et al.*, 1981 ; Cowey, 1982 ; Van Essen, 1985). L'avantage est que, le cortex cérébral n'étant pas aussi profondément creusé de sillons, il est plus facile à examiner. On a identifié beaucoup de composants préstriés et quelques-uns d'entre eux sont homologues à ceux du macaque (figure 6.6) (Baker *et al.*, 1981 ; Van Essen, 1985). Apparemment, il n'y a pas eu de recherches comparables sur les primates anthropoïdes, mais certaines structures (figure 4.5) permettent de concevoir une complexité similaire pour les aires visuelles préstriées et la même supposition vaut en ce qui concerne les ancêtres hominiens de la lignée des hominidés.

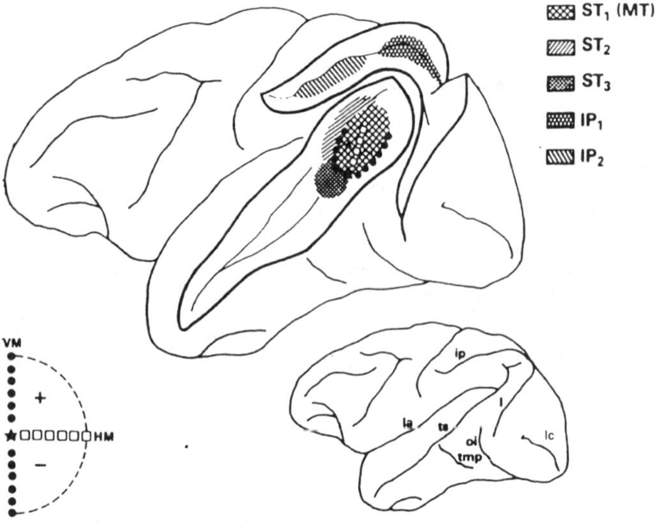

Figure 6.5. Emplacement et étendue de MT (croisillons) et quelques-unes des aires sur lesquelles projette MT. Les aires sont illustrées sur une vue latérale de l'hémisphère dans lequel les sillons temporal supérieur et intrapariétal sont représentés dépliés pour faire apparaître les rebords supérieur et inférieur du sillon. MT (ST_1) projette sur deux aires du sillon temporal supérieur (ST_2 et ST_3) et sur deux autres aires du sillon intrapariétal (IP_1 et IP_2). Chacune de ces aires, comme MT, se caractérise par un aspect myéloarchitectonique qui les différencie. (Ungerleider, 1985.)

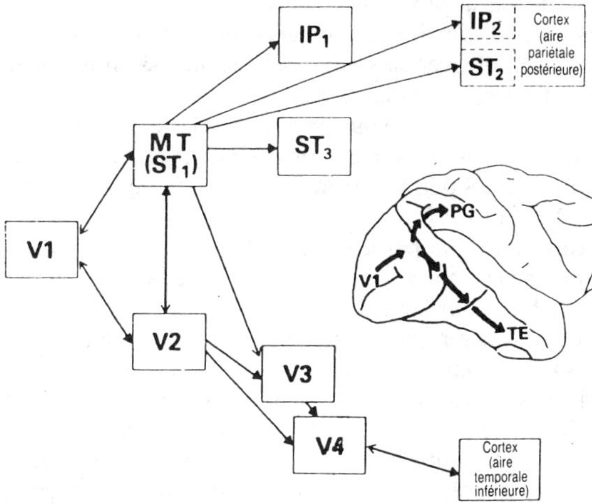

Figure 6.6. Schéma simplifié des aires corticales visuelles et de leurs connexions connues. Les flèches en gras indiquent les projections vers l'avant qui, dans leur majeure partie, se terminent sur la couche IV et dans la partie la plus profonde de la couche III ; les flèches en tracé léger indiquent les projections vers l'arrière qui contournent la couche IV pour aboutir dans les couches supra-granulaires et infra-granulaires. Les données suggèrent une divergence dans le flux des informations visuelles à partir du cortex strié (V1), divergence qui commence par les aires V2 et MT. Une voie se dirige dorsalement dans le cortex pariétal postérieur (PG), l'autre ventralement dans le cortex temporal inférieur (TE). Nous supposons que ces deux voies divergentes servent à transmettre l'une la perception de l'espace, l'autre l'identification des objets. (Ungerleider, 1985.)

Ces recherches sur les aires visuelles préstriées sont si récentes que nous ignorons encore en partie le rôle joué par la complexité des connexions entre neurones dans la réception de l'information visuelle. La figure 6.6 indique déjà la mise en œuvre d'un extraordinaire système de répartition. Il est important de se rendre compte qu'à cause de la priorité accordée à certains traits du donné visuel, l'attribution d'un stimulus visuel à tel ou tel point de la rétine perd beaucoup de la précision qu'elle avait au niveau de l'aire V1. Chaque neurone de V2, V3, V4 et MT est réceptif aux informations envoyées par une partie assez large de la surface rétinienne.

Dans l'aire TE du lobe temporal (figure 6.6) se trouvent des neurones qui ont la propriété remarquable de détecter certaines caractéristiques distinctives des objets (Gross, 1973 ; Gross *et al.*, 1985). Par exemple, certains neurones reconnaissent uniquement les carrés, d'autres les rectangles, d'autres les triangles, d'autres enfin les étoiles. Plus étonnants encore sont les neurones, en petit nombre, qui réagissent uniquement aux mains ou aux visages, ou à des parties de ces derniers. Ainsi, l'aire TE comprend des neurones qui opèrent sur l'information visuelle une sélection fondée sur une caractéristique particulière de l'objet. Dans certains cas, elle signale une caractéristique supplémentaire, à savoir la signification de l'objet pour l'animal.

On peut considérer que chaque étape du traitement de l'information visuelle depuis la rétine jusqu'aux aires corticales 20 et 21 (figures 4.4) est structurée selon une séquence hiérarchique où les traits distinctifs se succèdent dans un certain ordre :

1. La spécificité du champ visuel diminue progressivement. Cette généralisation croissante aboutit à une représentation fovéale de tous les neurones des aires 20 et 21 (figures 4.4, 6.4 et 6.6). De plus, à ce stade, tous les neurones reçoivent des influx provenant des demi-champs visuels des deux yeux, y compris la fovéa, par l'intermédiaire de données envoyées aux deux lobes occipitaux *via* le splenium du corps calleux (figure 6.1).
2. Le stimulus adéquat est de plus en plus étroitement spécifié : d'abord une tache, puis une raie brillante ou une démarcation orientée d'une certaine façon, puis des bandes de telle ou telle longueur ou largeur, souvent aussi, à ce niveau, un mouvement dans telle ou telle direction, et, finalement, les traits détectés par certains neurones de l'aire 20 et 21.
3. Nous possédons également la preuve que des neurones de l'aire 20 et 21 montrent une sensibilité à une qualité supplémentaire, à savoir la signification de la réaction pour l'animal.

6.5 Les lésions des aires visuelles striées et préstriées

Les lésions de l'aire visuelle primaire du singe provoquent des défauts de vision situés effectivement dans les parties du champ visuel où l'on s'attend à les trouver. L'ablation de différentes parties de l'aire V2 produit les effets attendus soit sur la vision centrale, soit sur la vision périphérique (Cowey, 1981, 1982). L'ablation sélective de l'aire V4 élève les seuils de discrimination entre les couleurs, mais non ceux de la sensibilité à l'orientation. L'ablation de l'aire TE atteint l'aptitude à l'apprentissage par la vue, bien que la vision elle-même ne soit pas touchée (Cowey, 1981, 1982).

Pour découvrir si le cerveau humain est organisé pour la vision d'une façon semblable au cerveau simiesque, il est nécessaire de rassembler les descriptions de symptômes occasionnés par des lésions localisées du cortex strié et préstrié. Pour des raisons d'éthique, il est impossible d'utiliser les même méthodes de recherche que pour le système visuel du singe (fondées sur les dégâts provoqués par des lésions ou sur l'emploi d'un marqueur radioactif, ou encore sur l'enregistrement des influx nerveux émis par un neurone isolé). Malgré ces handicaps, les recherches sur le cerveau humain présentent un grand avantage.

L'analyse du monde visuel n'est qu'un prélude à la façon que nous avons de réagir par rapport à lui, laquelle comprend reconnaissance, action, idées, émotions, etc. Et la réaction évolue nécessairement avec l'apprentissage. Le même stimulus peut susciter des réactions différentes selon les significations que nous avons appris à lui attribuer.

Malheureusement, une atteinte accidentelle du cerveau est rarement — pour ne pas dire jamais — limitée à l'une des aires visuelles spécifiques. Toutefois, en rassemblant les rapports recueillis sur un grand nombre de cas de lésions, il est possible de reconstituer des syndromes correspondant à ceux produits par certaines lésions expérimentales chez le macaque (Cowey, 1981, 1982 ; Warrington, 1985).

La cécité provoquée par des lésions bilatérales du cortex occipital est rarement totale ; elle se présente sous la forme d'un fractionnement des fonctions visuelles — acuité visuelle, vision des formes, discrimination des couleurs, repérage dans l'espace, vision du relief —, de sorte que les patients souffrent de défauts de vision qui sont relatifs et assez divers. Des lésions unilatérales peuvent causer une absence unilatérale de sensibilité visuelle à l'orientation. Une atteinte ventrolatérale préstriée provoque l'achromatopsie, c'est-à-dire que la vision des couleurs fait défaut ou se trouve gravement altérée ; pourtant, le mécanisme trichromatique de la projection de la rétine vers le cortex est intact. L'aire V4 a probablement été touchée. Après une lésion pariétale dorsolatérale, le patient peut mal apprécier la position d'un objet alors qu'il en perçoit bien la forme et la couleur. Une lésion du lobe temporal droit produit des erreurs de reconnaissance visuelle. Cowey (1982) décrit chez l'homme une absence de reconnaissance visuelle d'objets complexes ou de visages dans des cas où la sensation visuelle proprement dite n'est en rien diminuée. Par exemple, la prosopagnosie ou incapacité de reconnaître des visages est provoquée par une lésion du cortex ventro-médial occipito-temporal qui semble atteindre une zone située plus en arrière que l'aire TE (figure 6.6) dans laquelle, chez le macaque, certains neurones réagissent quand, devant l'œil, se dessine un visage. Un syndrome à peu près semblable est appelé agnosie des objets et se divise en plusieurs sous-classes.

Les réactions des neurones de l'aire 7 de Brodmann (figure 4.4) (Mountcastle *et al.*, 1975, 1984) à des données visuelles et au mouvement donnent au sujet quelques indications sur l'existence d'un espace autour de soi.

Van Essen (1985) déclare que l'aire préstriée de l'homme est si vaste qu'elle pourrait bien contenir beaucoup plus d'aires spécialisées que l'aire préstriée du singe. Mais ce n'est là qu'une conjecture. Ce dont nous avons besoin pour l'étude du cerveau humain, c'est de techniques améliorées telles que les nouvelles techniques histologiques, les investigations topographiques par PET et les scanners à RMN (résonance magnétique nucléaire). La technique du xénon radioactif fournit déjà des renseignements précieux (voir figures 6.8 et 6.9 ci-après).

6.6 Recherches sur les réactions des cerveaux humains à des excitations visuelles

Actuellement, il est possible d'étudier région par région les activités du cerveau humain occupé à des tâches visuelles particulières consistant à distinguer ou à imaginer. Les résultats les plus significatifs ont été obtenus par Roland et ses collaborateurs (Roland et Lassen, 1976 ; Roland et Skinhøj, 1981 ; Roland et Friberg, 1985 ; Roland, 1985), qui ont utilisé une technique

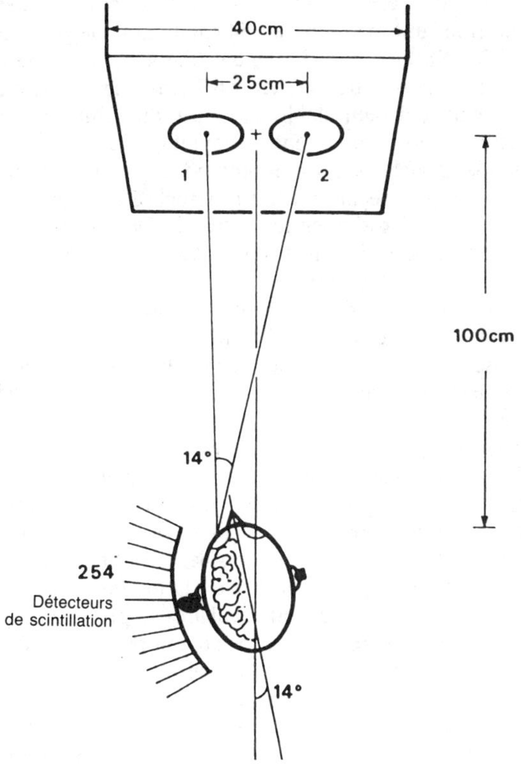

Figure 6.7. Discrimination visuelle. Les ellipses tracées par l'ordinateur sont projetées sur un écran à fond bleu cobalt. Elles ont la même superficie, mais leur forme est légèrement différente. Durant la moitié des présentations, les axes longitudinaux des ellipses étaient parallèles à l'axe du corps. Durant l'autre moitié, ces axes étaient perpendiculaires à l'axe du corps. Temps de présentation : 3,5 secondes ; intensité de la lumière : 89,3 lumens par m^{-2}. Le sujet devait déplacer son regard par saccades entre les ellipses pour recueillir et comparer les informations sur les deux. Les seules réponses autorisées étaient « une » ou « deux », comme dans d'autres expériences de discrimination où le sujet n'a le choix qu'entre deux termes d'une alternative. (Roland et Skinhøj, avec la permission d'Elsevier Science Publishers.)

consistant à injecter du xénon radioactif (^{133} Xe) dans la principale artère (la carotide interne) qui apporte le sang dans l'un des hémisphères du cerveau. Pendant les 40 secondes qui suivent cette injection, une batterie de 254 compteurs Geiger mesure la radioactivité produite par 254 régions d'un des hémisphères cérébraux (comme le montre le schéma 6.7), chaque région mesurant environ 1 cm^2. On peut établir une carte du débit sanguin cérébral local pour un sujet au repos complet gardant les yeux fermés et les oreilles bouchées, puis on reprend les mêmes mesures pendant que le sujet exécute un travail visuel, afin de découvrir les changements que produit en lui ce travail. On procède à diverses séries d'expériences, les unes avec travail, les autres au repos, toutes sur un grand nombre de sujets, pour déceler, parmi les aires d'une certaine région, lesquelles présentent une activité significative pendant telle ou telle tâche visuelle. Tous les changements observés consistent en des augmentations du débit sanguin qui indiquent de façon sûre un accroissement de l'activité des neurones.

La figure 6.7 montre le dispositif expérimental, le sujet devant trouver les différences entre deux ellipses quant à la disposition excentrée ou non de leurs foyers. Pendant les 40 secondes qui suivent l'injection de xénon radioactif, c'est-à-dire pendant que le compteur Geiger est en marche, le sujet cherche la différence de centrage entre les ellipses 1 et 2 selon la méthode de son choix. Naturellement, des mouvements oculaires se produisent pendant qu'il regarde, mais le reste du corps ne doit pas bouger et le jugement concernant la position de 1 ou de 2 n'est exprimé qu'après la fin de la séquence expérimentale. Une augmentation statistiquement significative du débit sanguin cérébral régional, largement répartie entre les deux hémisphères, est représentée (figure 6.8) sous forme de pourcentages. Comme on pouvait s'y attendre d'après les résultats obtenus chez le macaque (figure 6.6), on a observé une augmentation de la circulation sanguine dans les deux lobes occipitaux et dans les aires adjacentes des lobes temporal et pariétal. Malheureusement, l'injection par la carotide interne n'atteint pas le pôle occipital. Il est également impossible de mesurer le débit sanguin sur les surfaces médiales des hémisphères cérébraux.

Une grande partie de l'accroissement du débit sanguin dans la zone postérieure de l'hémisphère correspond aux aires visuelles

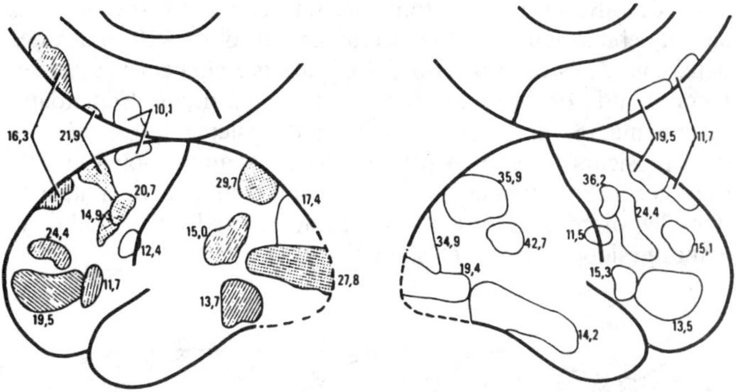

Figure 6.8. Le pourcentage moyen d'augmentation du débit sanguin et sa répartition pendant un travail de discrimination visuelle. A gauche : l'hémisphère gauche, six sujets. Les zones barrées de croix présentent une augmentation de débit statistiquement significative au niveau 0,0005 (d'après le test de *t* de Student, niveau de confiance sur un seul côté). Zones hachurées, P < 0,005 ; autres zones, P < 0,05. Sur le plan de l'identification fonctionnelle et anatomique, les erreurs moyennes typiques maximale et minimale étaient les suivantes : aire motrice supplémentaire, 10,1 ± 5,2 ; postérieur frontal supérieur, 21,9 ± 2,6 ; antérieur frontal supérieur, 16,3 ± 4,2 ; champ oculaire frontal, 20,7 ± 3,4 ; postérieur médio-frontal, 14,9 ± 3,2 ; antérieur médio-frontal, 24,4 ± 4,7 ; antérieur médio-frontal, 19,5 ± 4,1 ; aire de Broca, 11,7 ± 2,0 ; aire de commande des muscles de la bouche, 12,4 ± 3,1 ; occipito-latérale, 27,8 ± 2,6 ; supérieure occipitale, 17,4 ± 5,4 ; pariéto-temporo-occipital, 15,0 ± 4,3 ; postérieure pariétale supérieure, 29,7 ± 4,1. Pour le reste de la région post-pariétale, l'augmentation était de 8,7 ± 4,6. A droite, l'hémisphère droit, deux sujets. (Roland et Skinhøj, 1981, avec l'autorisation d'Elsevier Science Publishers.)

qui existent chez le macaque (figures 6.4, 6.5 et 6.6). Cette augmentation était considérable dans l'aire temporale inférieure (aires 20 et 21 de Brodmann) (figure 4.4), particulièrement à droite (14 %). Dans les deux hémisphères, les augmentations observées correspondent à V2, V3, V4 de la figure 6.4. Une aire qui semble correspondre à l'aire MT de la figure 6.6 montre une augmentation de 15 % à gauche, et de 42 % à droite. Roland (1985) a été surpris par l'importance de cette augmentation dans les aires pariétales postérieures supérieures : 36 % et 30 %, mais je suggérerai qu'on pouvait s'y attendre, puisque Mountcastle et son équipe (Mountcastle *et al.*, 1975, 1984) avaient établi que l'appréciation des formes et l'appréhension des relations spatiales entraînent une activité neuronale de l'aire 7 de Brodmann, qui est l'aire PG de la figure 6.6.

La découverte la plus étonnante fut l'extrême dispersion des aires à débit sanguin cérébral accru dans les lobes préfrontaux des deux côtés. Les champs visuels frontaux présentaient l'accroissement attendu de 21 % à gauche et de 36 % à droite. Cependant, l'augmentation du débit sanguin était également considérable dans plusieurs autres aires préfrontales qui semblent jouer un rôle dans la concentration et l'attention, et qui entrent aussi en activité dans les discriminations et les jugements sur le plan auditif et somesthésique (Roland et Skinhøj, 1981).

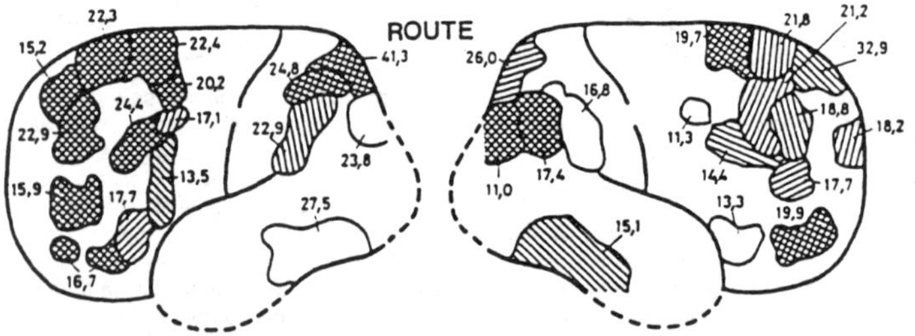

Figure 6.9. Comme pour la figure 6.8, mais s'applique à la tâche visuelle décrite dans le texte. (Roland et Friberg, 1985, avec l'autorisation de l'American Physiological Society.)

Les sujets qui présentaient les schémas de répartition du débit sanguin de la figure 6.9 (Roland et Friberg, 1985) furent soumis à un tout autre problème. Les sujets au repos, isolés du bruit, les yeux fermés, devaient visualiser des paysages successifs, traversés par un itinéraire imaginé par eux le long d'une route bien connue. Il était malheureusement impossible de mesurer l'augmentation de la circulation dans la plus grande partie du lobe occipital, mais le lobe temporal inférieur entrait en activité des deux côtés, comme le laissait supposer sa tendance à intervenir dans la distinction de traits caractéristiques. Les aires MT et PG étaient excitées des deux côtés, comme prévu dans une tâche visuelle concernant le mouvement et l'espace. On observe toute une gamme d'augmentations du débit sanguin dans le lobe préfrontal, qui peuvent être rattachées aux tâches de mémoire visuelle. Cependant, il ne faut pas nécessairement considérer que la totalité de cette activité est directement provoquée par la tâche elle-même. Il y a des liens étroits entre la plupart de ces aires préfrontales ; l'activation directe de l'une d'elles durant l'accomplissement d'une tâche visuelle mentale a pu déclencher successivement l'activité d'une deuxième, puis d'une troisième aire préfrontale. Il est important d'admettre que, au cours de l'accomplissement d'une tâche de mémoire visuelle, l'excitation atteint des parties très diverses de la zone préfrontale.

Malheureusement, chez le singe, on ne peut pratiquer ce genre d'expériences sur la variation du débit sanguin, car elles impliquent une concentration exclusive qui est d'une durée beaucoup trop longue : 40 secondes. Cependant, on sait depuis longtemps que le cortex préfrontal des singes joue un rôle dans les processus de mémorisation. Par exemple, dans le cas de réaction retardée, l'animal doit garder quelque temps l'image de la boîte contenant l'appât, alors même que l'on détourne son attention pendant la période d'attente (Fuster, 1980, explique l'expérience en détail). Il existe une réaction liée à ce phénomène, c'est la variation contingente négative (VCN) ; cette variation a lieu dans le lobe préfrontal lorsqu'une excitation donne le signal qui annonce un autre stimulus associé à une récompense. Les deux stimuli pouvant être visuels, nous avons ici la preuve qu'une excitation visuelle déclenche, dans le cortex préfrontal du singe, une activité assez largement distribuée. L'enregistrement par unités prises isolément fournit la preuve de l'emplacement et de l'intensité de ces réactions préfrontales (Fuster, 1980). La variation contingente négative a été observée pour la première fois grâce à des enregistrements faits sur le cuir chevelu de sujets humains. L'activité préfrontale révélée par cette variation correspond à l'augmentation de la circulation à des endroits très variés que montrent les figures 6.8 et 6.9. Ainsi, nous pouvons conclure en disant que l'activité préfrontale des singes est semblable, sur le plan de la qualité, sinon sur celui de la quantité, à celle de l'*homo sapiens sapiens*.

Les lésions du cortex préfrontal chez le singe (Fuster, 1980) provoquent des insuffisances dans l'accomplissement des tâches impliquant un apprentissage ou une suite continue d'actions, tâches qui impliquent généralement des réactions visuelles et oculomotrices. Cela est particulièrement évident lorsque les tâches exigent un choix entre plusieurs actions, comme dans les tests où un moment de retard doit précéder la réaction ou la tâche de comparaison. L'animal est incapable de se concentrer sur une tâche, car il est sans cesse distrait. On observe une diminution générale des réactions émotionnelles. Ce syndrome, on l'avait déjà constaté, apparaissait de façon caractéristique chez les humains ayant subi une lobotomie : ils perdaient toute initiative et tombaient dans un état végétatif.

6.7 Conclusion sur l'évolution visuelle

On peut tirer la conclusion générale suivante : en ce qui concerne les lobes occipitaux, temporaux, pariétaux et frontaux soumis à divers types d'activation visuelle, il existe un parallélisme remarquable entre les réponses obtenues chez les singes anthropoïdes, macaques et nyctipithèques, d'une part, et celles fournies par les humains, d'autre part. Néanmoins, il faut rappeler que la surface du cortex cérébral mise en jeu lors de l'accomplissement de tâches visuelles est beaucoup plus vaste chez l'homme que chez le singe. Il semblerait qu'au départ du parcours évolutif qui devait mener à l'*homo sapiens*, la rétine et les voies nerveuses optiques qui aboutissent au cortex en passant par le corps genouillé avaient déjà atteint le stade le plus accompli de leur développement (figure 6.1). Chez le macaque, le cortex visuel primaire (V1) occupe une portion beaucoup (quatre fois) plus importante de l'ensemble du cortex cérébral que chez l'homme (aire V1). Il n'a pas été fait d'études détaillées comparables sur les anthropoïdes, mais on n'a aucune raison de penser que le système visuel du cortex cérébral diffère chez eux de celui des singes inférieurs.

D'après les indices dont nous disposons (voir figure 6.8), il semble que les aires préstriées humaines correspondent à celles décrites chez le macaque (figures 6.4, 6.5 et 6.6), mais elles ont une surface beaucoup plus étendue, occupant même une plus grande portion du cortex cérébral total. Il est intéressant de rappeler les observations de Tobias et Holloway (voir sections 2.2 et 2.3) selon lesquelles le lobule pariétal supérieur présentait un aspect totalement arrondi (sans sillons) chez l'*homo habilis* et peut-être même chez les australopithèques. Cela correspondrait à l'aire corticale étudiée par Mountcastle et ses collaborateurs (aire 7 ou PG) qui est concernée par le mouvement et l'espace visuel. D'un point de vue évolutionniste, un tel développement pourrait conférer à l'espèce un avantage certain une fois qu'elle a adopté le mode d'existence bipède.

Ainsi, dès l'origine de son évolution, l'hominien avait hérité d'un système visuel très efficace. Bien que la surface du cortex visuel — pris dans sa totalité — soit trois fois plus grande chez l'homme que chez le singe anthropoïde, il se peut que la structure et les performances du système n'aient bénéficié d'aucune amélioration essentielle. De même, comme nous l'avons vu au chapitre 3, l'appareil moteur, depuis le système nerveux central jusqu'à la contraction du muscle, avait, dès le début de l'évolution des hominiens, atteint le degré actuel de son développement chez l'homme. Le seul perfectionnement que l'on puisse détecter dans la série des vestiges fossiles est la forme remarquable du pouce qui permet, à partir de l'*homo erectus*, de saisir et de serrer avec une bonne précision (section 3.5, figure 3.18). Mais une préhension précise n'est nécessaire que pour la fabrication des outils les plus sophistiqués de l'époque solutréenne (section 6.8).

Si, dès le début de l'évolution des hominiens, les systèmes visuel et moteur avaient atteint un niveau de développement si proche de celui de l'homme, une question se pose : pourquoi les hominiens n'ont-ils pas très tôt acquis l'habileté technique qui rendit possible l'âge de pierre ? La réponse pourrait résider dans l'insuffisance, chez eux, des lobes préfrontaux, qui jouent un rôle important dans les tâches conceptuelles (figures 6.8, 6.9 et 7.14) et dans la concentration et l'application. L'étude des lésions chez le petit singe et chez l'homme révèle les conséquences tragiques des déficiences préfrontales, qui font disparaître toute motivation. Cela nous permet peut-être de comprendre l'extrême lenteur avec laquelle s'est développée la culture de l'outil au fil du million d'années et plus qui sépare l'*homo habilis* de l'*homo sapiens sapiens* (figure 6.10). Il se peut que les hominiens, dont le cortex préfrontal n'avait pas encore atteint son plein développement, aient manqué de motivation et de concentration. Ils se seraient contentés, même pendant des centaines de milliers d'années, du niveau existant de perfectionnement des outils, comme ce fut le cas pour l'*homo habilis* et la culture de la gorge d'Olduvai (figure 6.10a). Il y a probablement eu une période de stagnation au cours de l'évolution. Puis vinrent quelques innovations qui menèrent à la culture acheuléenne (figure 6.10b), sans doute à la suite d'un progrès génétique qui produisit l'*homo erectus*. La fabrication des outils reçut des améliorations et on en inventa de nouveaux. Ce progrès pouvait désormais être sauvegardé indéfiniment grâce à la transmission du savoir aux jeunes ; ainsi vit le jour un nouvel âge de pierre, riche de potentialités, qui devait durer très longtemps — le nom d'*homo habilis* étant rattaché à la culture d'Olduvai, celui d'*homo erectus* à la culture acheuléenne, celui de l'homme de Neandertal à l'époque moustérienne (figure 6.10c). Le taux d'innovation était si bas que chacun de ces âges se prolongea pendant des centaines de milliers d'années. Pouvons-nous imputer cette lenteur au faible niveau de développement (et d'efficacité) du lobe préfrontal, faiblesse sans doute partagée par le système limbique, en particulier l'amygdale médiane (chapitre 5) ? Nous allons maintenant examiner brièvement le déroulement de cet âge de pierre.

6.8 L'âge de pierre

Le seul témoignage que nous ayons des réalisations culturelles des hominiens sur la plus grande partie de leur évolution est la culture de la pierre, parce que ses outils sont presque indestructibles. Comme nous l'avons déjà mentionné, nous pouvons être presque sûrs que les australopithèques avaient déjà bien développé les techniques du bois, mais celles-ci, normalement, ne lèguent pas de vestiges fossiles ; nous avons en revanche quelques traces de l'emploi de l'os, de la corne et de mâchoires pourvues de dents par les australopithèques d'Afrique du Sud.

Les premiers outils de pierre appartiennent au type d'Olduvai (figure 6.10a), qui est associé à l'*homo habilis*. De tels outils étaient fabriqués selon une méthode grossière consistant à cogner sur de petites pierres de façon à obtenir une arête permettant de fendre, de couper et de racler.

A une époque bien plus tardive, l'*homo erectus* améliora grandement la technique et produisit ce que l'on appelle le style acheuléen (figure 6.10b). Coups-de-poing, grattoirs et autres poinçons constituaient une panoplie d'outils assez satisfaisante ; on pouvait s'en servir efficacement pour débiter les carcasses d'animaux et rendre la viande plus facile à consommer. Le style acheuléen se répandit très largement à mesure que l'*homo erectus*

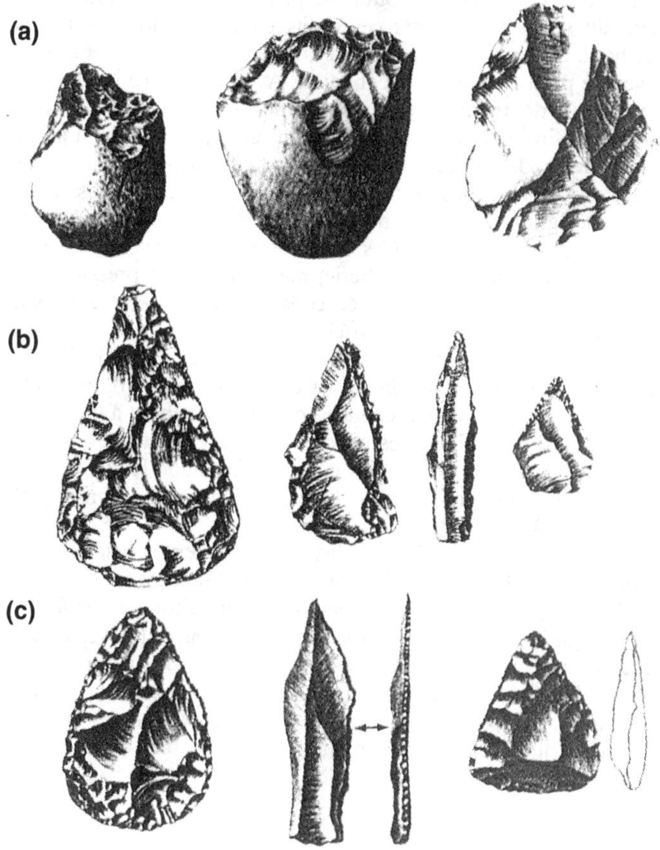

Figure 6.10. (a) Outils de pierre. Deux hachoirs et un coup-de-poing fabriqués par l'*homo habilis* il y a un million d'années ou davantage. **(b)** Outils taillés par éclats : coup-de-poing, grattoirs, des lames et un poinçon fabriqués par l'*homo erectus*, datant de 400 000 à un million d'années et appartenant au style acheuléen. **(c)** Grattoir, poinçon et outils à bord tranchant, qu'on a fabriqués en faisant sauter les morceaux de pierre par lamelles plutôt que par éclats : œuvre de l'homme de Neandertal, il y a 50 000 à 100 000 ans ; faciès moustériens. (Bordes, 1968.)

et l'homme prénéandertalien occupaient des sites de plus en plus nombreux.

De toutes les variétés d'outils de pierre, la plus connue appartient au style moustérien ; ces outils étaient fabriqués selon la méthode qui consiste à faire sauter des éclats de pierre, et qui fut inventée par l'homme de Neandertal. Avec un marteau de pierre, on frappe de manière très précise des pierres soigneusement choisies, afin de faire sauter de très fins éclats, si bien qu'à partir de la pierre choisie on pouvait fabriquer beaucoup d'outils très utiles. En dehors des coups-de-poing adroitement taillés, nous avons des grattoirs, des poinçons et ces éclats à bord tranchant si typiques de cette culture. Ces outils devaient se révéler efficaces non seulement pour la boucherie, mais aussi pour préparer des peaux qui, cousues ensemble, constituaient une vêture bien nécessaire pour affronter le dur climat des époques glaciaires. De tous ces outils, les plus élaborés furent produits par l'*homo sapiens sapiens* il y a 40 000 ans. Ce sont des outils d'une taille très habile et délicatement épaufrés qui appartiennent à la culture des « lames en feuille » des ères de Cro-Magnon et de Solutré. Les plus beaux de tous sont les lames en forme de feuille de laurier, mais on doute qu'elles aient été utilisées, car les hommes les vénéraient pour leur beauté.

De Lumley (1969) a décrit la façon dont étaient construites des habitations en Espagne et dans le sud de la France qui datent d'il y a 400 000 à 300 000 ans. On peut les reconnaître aux cercles de pierres qui leur servent de fondations et on peut supposer l'existence d'une superstructure en bois qui protégeait un espace de travail d'environ 10 mètres sur 5. En Afrique, dans la région d'Olduvai, des preuves de l'existence de fondations en pierres autour de lieux de vie remontent à une date bien antérieure : 2 millions d'années (Stebbins, 1982).

6.9 La gravure sur os

L'évolution de la culture de l'outil en pierre a rendu manifestes une conception et une fabrication de plus en plus élaborées. On peut penser que cela découlait des besoins pratiques de sociétés fondées sur la chasse et la cueillette. Ces êtres humains ont sans doute investi beaucoup d'attention et d'amour dans la conception sans cesse améliorée et dans l'exécution si soignée de leurs outils, qui leur procuraient des avantages décisifs. Puis eut lieu une découverte surprenante : dès le début de l'ère paléolithique de l'*homo sapiens sapiens* (il y a environ 30 000 ans) s'est développé un système cognitif d'observation, d'abstraction et de documentation. La figure 6.11a montre un détail d'une plaque en os gravée par pression, trouvée à Blanchard, en France, qui porte un dessin

(a)

(b)

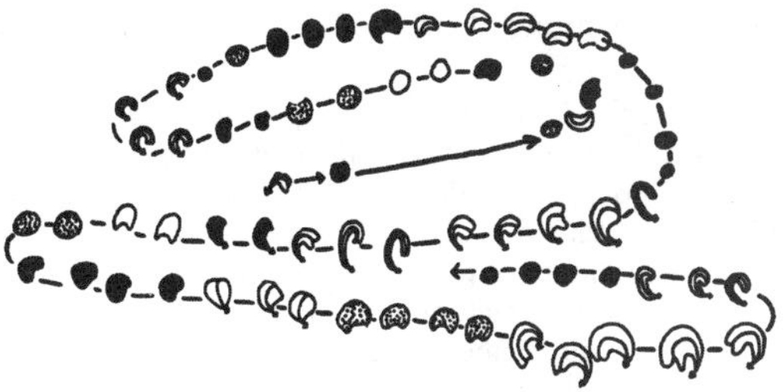

Figure 6.11. **(a)** Plaque d'os gravée trouvée à Blanchard (France). Remarquez que la plaque est gravée avec des outils différents et que les coups ont été donnés selon des méthodes différentes. **(b)** Représentation schématique du type de figure en forme de serpent qui permet d'accumuler sur une surface restreinte une information séquentielle. (Marshack. Copyright : communication personnelle.)

d'un symbolisme complexe (Marshack, 1985). Comme l'indique le détail du dessin (figure 6.11b), les phases successives de la lune pendant deux mois un quart y sont figurées. Le graveur a dû utiliser des outils très fins pour graver ces petites représentations de la lune qui change de forme selon les groupes de figures et les phases. Cette accumulation de groupes de figures constitue un enregistrement d'un peu plus de deux cycles lunaires. Rien de comparable n'a été découvert à ce jour pour les 10 000 années suivantes.

On peut considérer qu'en représentant ainsi graphiquement les phases et la régularité du cycle lunaire, ces chasseurs-cueilleurs devenus observateurs-astronomes ont fait œuvre de grands pionniers. Il est possible que ces inscriptions aient eu une signification pratique pour ces chasseurs-cueilleurs qui suivaient avec attention les changements de saison et le comportement des animaux ; elles ont pu également être utiles à la programmation des rituels et des rassemblements périodiques des groupes. Nous pouvons admettre que ces primitifs avaient compris l'existence d'un ordre céleste et qu'ils avaient aussi essayé d'établir un certain ordre temporel dans leur société.

La gravure de Blanchard est une notation non arithmétique des états de la lune fondée sur l'observation. Les tournants représentent les périodes de transition entre les phases lunaires ; les périodes de lune montante et les périodes sans lune figurent à droite ; les demi-lunes se situent au milieu de chaque ligne. Les documents furent gravés pendant le mois d'observation et non après coup, de mémoire. Comme le note Marshack (1985 : 24-25) :

> « Ce système de notation n'était pas de l'écriture, puisque les éléments et les groupes d'éléments n'étaient pas linguistiques ; il n'était pas non plus arithmétique, puisque les groupes et leurs combinaisons, bien que quantitatifs, n'ont été ni comptés ni additionnés. Néanmoins, le processus impliqué pour résoudre le problème posé par la structuration et l'ordonnancement d'une série d'images était du même ordre que le processus qu'on inventa plus tard en élaborant l'écriture et les systèmes arithmétiques d'archivage, et constituait une ébauche de ceux-ci. Une fois qu'il eut achevé de graver la plaque de Blanchard, le graveur possédait non seulement une image de la croissance et de la décroissance de la lune, mais il avait également créé une image abstraite de la continuité et de la périodicité du temps lui-même. »

Marshack (1985) décrit aussi une plaque de figuration gravée assez semblable, trouvée dans la grotte du Taï, mais datant d'une période beaucoup plus tardive — il y a environ 11 000 ans. Elle présente ce même procédé d'accumulation de signes au long d'une ligne sinueuse, mais elle implique un système de notation plus complexe et plus avancé que la plaque de Blanchard et couvre trois ans et demi d'observation de la lune et du soleil. Marshack développe la thèse selon laquelle les facultés et les processus mentaux de séquencement et d'abstraction, dont ces notations primitives prouvent la présence et qui sont fondés sur une vision et sur un système nerveux latéralisés, seront utilisés par la suite dans d'autres systèmes de symboles : l'arithmétique, l'astronomie et la géométrie.

6.10 Les aires de synthèse de l'image

Les aires de synthèse de l'image du cortex cérébral ne sont pas aussi clairement définies que celles de la parole (figure 4.3), dont le contour a pu être repéré d'abord au moyen de l'étude des lésions, puis, plus tard, par la stimulation électrique telle que l'ont décrite Penfield et Roberts (1959). Toutefois, l'étude des lésions provoquant des désordres du mouvement (apraxie) (section 9.2) et, plus récemment, l'observation des patients ayant subi une commissurotomie (section 9.6) ont révélé que les aires de synthèse de l'image se trouvent essentiellement dans l'hémisphère droit, et plus particulièrement dans l'aire pariétale inférieure (figure 9.1). La localisation principale se situe probablement dans les aires 39 et 40 de Brodmann, qui sont anatomiquement la réplique en miroir de l'aire de la parole, que Wernicke a placée dans l'hémisphère gauche. On peut envisager que les aires de synthèse de l'image se sont développées dans l'autre hémisphère au cours de l'évolution, parallèlement aux aires de la parole dont la fonction est plus analytique. Ce serait une belle démonstration de la façon dont l'asymétrie qui caractérise les activités et les fonctions du néocortex augmente les possibilités du cerveau en évitant les « doublons » (section 9.7).

Tobias (1981a) décrit les circuits physiologiques qui jouent un rôle dans la construction visuelle. La figure 6.12a illustre les activités en va-et-vient qui entrent dans la fabrication et l'utilisation des outils. Le système moteur a été étudié dans ce chapitre-ci. Les flèches à double sens entre le cerveau et les outils symboliseraient les actes mentaux qu'impliquent la conception et l'exécution de l'outil. La figure 6.12b est un schéma plus complexe en ce qu'il met l'accent sur le cerveau, la culture et la parole. Il dépasse de loin une simple civilisation de l'outil, puisqu'il met en jeu les relations personnelles complexes qui constituent une société où se manifeste une civilisation bien avancée, douée de la parole.

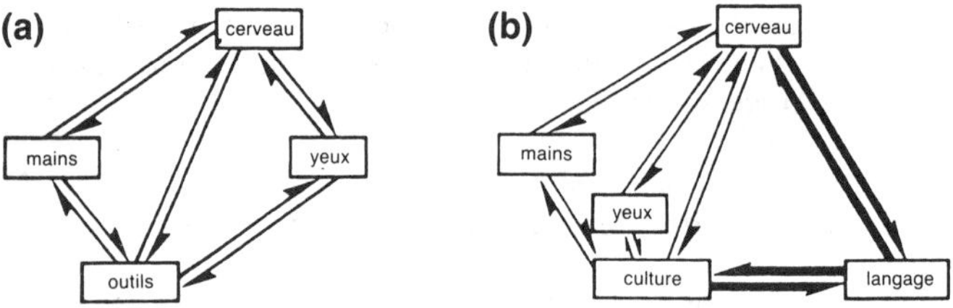

Figure 6.12. **(a)** Système à rétroaction positive qui comporte trois composants biologiques et un composant culturel. Cette version plus ancienne produit, pense-t-on maintenant, un progrès culturel dans une seule génération, mais non pas nécessairement d'une génération à l'autre. **(b)** Système à rétroaction perfectionné, disposant du langage et se transmettant d'une génération à l'autre, car le langage est la faculté biologiquement déterminée qui permet aux croyances et pratiques culturelles qui ont une valeur de survie de se transmettre aux générations futures. Dans ce système à catalyseur interne, on estime actuellement que la parole joue un rôle primordial. (Tobias, 1981a.)

6.11 La créativité dans les arts plastiques

Stebbins (1983 : 363) déclare : « Les sociétés humaines modernes sont différentes de toutes les sociétés animales existantes, tant sur le plan de la qualité que sur celui de la quantité. » Il reconnaît comme humaines trois caractéristiques qui sont des innovations indiscutables : l'artisanat, la relation consciente au temps et la pensée par images. L'artisanat est à la source d'extraordinaires réalisations de l'activité de synthèse de l'image. Dans l'évolution des hominiens, les plaques gravées montrant les phases de la lune sont les premiers témoignages d'un effort conscient pour fixer l'écoulement du temps (figure 6.11 ci-dessus). On peut reconnaître l'existence de la pensée par images dans la culture qui a donné les plus beaux outils de pierre : l'artiste était par exemple capable de concevoir par avance l'image de la lame en feuille de laurier dans le silex à partir duquel il allait la sculpter. En outre, il faut admettre que toute créativité humaine impliquant travail et application dépend non seulement du lobe pariétal droit, mais aussi des lobes préfrontaux, probablement en association avec le système limbique. Ainsi, le « cerveau » de la figure 6.12b opère de manière très complexe.

Les outils de pierre les plus perfectionnés donnent une impressionnante illustration des capacités du système oculomoteur des hominidés avancés. Nous pouvons considérer cette culture de l'outil comme l'aube de la créativité dans les arts plastiques.

Les grandes réalisations humaines dans le domaine des arts plastiques ont requis un usage plus efficace des capacités qui s'étaient déjà développées dans les aires cérébrales des hominiens avant l'évolution des hominidés. Nous pouvons appeler ce premier processus évolutif l'évolution anticipée. Nous en donnerons d'autres exemples par la suite. Voici ce qui semble s'être produit : le développement évolutif du cortex préfrontal et peut-être de certaines portions des lobes pariétal et temporal permit un emploi plus efficace de ce qui avait déjà été acquis dans l'évolution du système oculomoteur des hominidés. C'est un exemple de ce que nous pouvons appeler une évolution disparate. Certaines parties du système oculomoteur avaient atteint leur plein développement, mais les potentialités de l'ensemble ne purent être exploitées à fond avant une évolution plus tardive des aires préfrontales et pariétales.

Nous pouvons considérer le système oculomoteur décrit dans le chapitre 3 et dans ce chapitre-ci comme un système admirable que son évolution a porté au-delà des capacités d'utilisation qui étaient celles des pongidés. En revanche, c'était un instrument biologique merveilleusement adapté aux besoins psychiques croissants des hominiens, besoins qui évoluèrent lentement, comme l'indique le rythme des progrès de l'outil. Ce système devait plus tard s'épanouir pleinement dans les activités créatrices de l'*homo sapiens sapiens*. Ce sont celles que nous admirons dans les peintures rupestres et dans les statuettes magdaléniennes, puis tout au long de l'ère mésolithique et du néolithique, jusqu'à la première grande civilisation : la civilisation sumérienne, ce que Hawkes (1976) illustre fort bien.

Les arts plastiques au sens le plus large — architecture, sculpture, gravure, céramique, peinture, verrerie, mobilier, tapisseries, tapis — sont la base principale qui permet de reconnaître et d'estimer la culture de tous les peuples. Ils ouvrent sur l'imagination créatrice une perspective qu'il est aisé d'apprécier. Certains arts plastiques, en particulier la sculpture et la peinture, figurent un motif, mais le symbolisme y est de la plus grande importance. Même dans les grottes de Lascaux, les animaux sont peints de façon figurative, mais les silhouettes humaines sont représentées de façon stylisée avec des ronds et des « bâtons », comme dans certains dessins d'enfants. Dans son étude sur l'importance capitale de l'expérience esthétique dans la création et dans l'appréciation des œuvres plastiques, Baumgartner (1986) souligne le rôle essentiel de l'activité cérébrale dans la souple adaptation que constitue tout apprentissage. Nous étudierons cette question dans les chapitres 7 et 10, où l'on fera voir que l'évolution culturelle fournit la base de notre humanité, essentiellement évolutive. Ainsi, à ce stade culminant de l'évolution, l'apprentissage est la clé d'une vie culturelle de plus en plus riche. L'esthétique engage des valeurs tant intellectuelles qu'affectives, les valeurs intellectuelles dépendant particulièrement du cortex préfrontal (chapitre 9), les valeurs émotionnelles du système limbique (chapitre 5). Ces deux systèmes sont étroitement liés. Baumgartner conclut :

> « L'organisation du système visuel aboutit à une représentation de ce qui entoure l'individu. Cette représentation prend la forme d'un schéma dynamique d'activité des neurones. Il construit pour nous une réalité qui correspond à nos interactions avec le monde physique. Ce qui nous plaît à voir, ce que nous trouvons beau, est probablement une donnée visuelle qui s'accorde de façon optimale aux règles de fonctionnement du système. Ces règles sont préétablies ; cependant, étant donné la multitude d'expériences visuelles que permet d'accumuler un apprentissage dans le cadre d'un ensemble de conventions, les préférences et les choix peuvent changer. » (1986 : 813)

A ce sujet, Popper déclare plus précisément :

> « Souvent, ce que fait le peintre est étonnamment semblable. Il pose sur une toile une touche de couleur, puis recule de quelques pas pour juger de l'effet, soit pour l'accepter, soit pour le rejeter et repasser sur la touche. Peu importe pour mon étude de savoir s'il compare l'effet avec un objet qu'il veut dépeindre ou avec une image qu'il porte en lui-même, ou même s'il se contente d'approuver ou non l'effet produit. Pour décrire ce qui est important dans le cas présent, Ernst Gombrich (1960) a eu cette excellente formule : "Agir d'abord, assortir ensuite." On peut avoir avantage à appliquer ce précepte chaque fois qu'intervient un problème de choix, en particulier lorsqu'on cherche comment échafauder et tester des hypothèses : c'est ce que l'on fait dans les actes de perception, notamment la perception d'une *Gestalt*. Naturellement, le précepte "Agir d'abord, assortir ensuite" peut également s'appliquer à la sélection darwinienne. Beaucoup de variantes génétiques nouvelles ont été produites avant d'être sélectionnées par l'environnement qui, ainsi, a gardé celles qui s'y assortissaient le mieux, puisque son action doit être précédée par un processus — mené en partie par le hasard — qui offre ou fabrique le matériau sur lequel la sélection ou la comparaison peut se faire. » (1987 : 146)

Il n'entre pas dans notre propos de décrire, dans ce livre sur l'évolution — même s'il s'agit de l'évolution culturelle, les grandes étapes historiques des arts créatifs. Il suffit de s'arrêter au seuil de ce que nous pouvons appeler le « grand art ». Au-delà s'étendent les champs immenses d'une documentation savante sur les arts créatifs des différents groupes humains. Toynbee, par exemple, a dénombré huit grandes époques culturelles dans l'histoire de l'humanité : Sumer, l'Égypte, la Chine, l'Inde, l'Islam, la Grèce, l'Europe, l'Amérique indienne.

CHAPITRE VII

L'évolution de l'apprentissage et de la mémoire

Les sections imprimées en corps plus petit
peuvent être omises lors d'une première lecture.

Apprendre est essentiellement un processus d'emmagasinement cérébral d'informations, et la mémoire en est la recherche dans les « banques de données » du cerveau. Il existe deux formes distinctes d'apprentissage et de mémoire, bien qu'elles puissent être utilisées conjointement en de nombreuses situations. D'une part, il y a apprentissage et mémoire moteurs, qui sont apprentissage de tout mouvement précis — y compris se tenir debout ou marcher, comme nous l'avons vu au chapitre 3. D'autre part, il y a ce que nous pouvons appeler apprentissage et mémoire cognitifs, qui embrassent toute perception, toute idée, toute expression linguistique — en fait, l'intégralité de la culture sous toutes ses manifestations : le Monde 3 tel que la figure 4.2 le présente dans ses lignes générales. Avant même d'essayer de décrire les processus cérébraux impliqués en toute forme de la mémoire humaine et d'émettre des conjectures, il importe de considérer les origines de cette évolution.

7.1 Les singes anthropoïdes comme modèles pour les anciens hominidés

« L'étonnante réussite de l'homme en tant qu'espèce est le résultat d'un développement de son cerveau qui l'a conduit, entre autres choses, à l'utilisation et à la fabrication d'outils, et lui a permis de résoudre des problèmes par le raisonnement logique, la coopération réfléchie et le langage. La ressemblance biologique entre homme et chimpanzé s'observe tout particulièrement au niveau de la structure du cerveau. Le champanzé capable d'un raisonnement primitif présente un type d'intelligence plus proche de celui de l'homme que tout autre animal vivant aujourd'hui. Le cerveau du chimpanzé actuel ressemble probablement assez à celui qui dirigeait le comportement des premiers hommes-singes, il y a des millions d'années. » (Goodall, 1971 : 243)

Dans son admirable livre *In the Shadow of Man* (1971), Jane Goodall rend compte de son travail exemplaire sur un groupe d'environ cinquante chimpanzés vivant en liberté dans leur habitat naturel de la réserve de Gombe Stream, en Tanzanie. La recherche, poursuivie pendant de nombreuses années, a donné lieu à un ensemble d'observations de première main sur tous les individus du groupe, identifié chacun par un nom. Dans ce système strictement matriarcal, des bébés naissent et se développent jusqu'à l'adolescence sous la garde ininterrompue de leur mère. Le paternage est inconnu dans cette société vivant en promiscuité ; de toute manière, les chimpanzés ignorent que l'accouplement provoque gestation et naissance.

Comme l'*homo*, le chimpanzé est très dépendant à la naissance, malgré un cerveau d'environ 60 % du cerveau adulte — à comparer aux quelque 26 % pour un bébé humain (tableau 5.2). La mère chimpanzé assume la tâche difficile de tenir son enfant, de grimper dans les arbres et d'y fabriquer leur niche. Rapidement, le petit apprend à s'accrocher aux poils maternels et à cinq mois, à se tenir sur le dos de sa mère. Entre-temps, vers l'âge de deux mois, il apprend déjà à discerner et à atteindre des objets, ce qui est plutôt en avance par rapport au petit d'homme. A trois mois, une certaine coordination motrice est acquise; à cinq mois, le petit chimpanzé fait ses premiers pas et commence à grimper — ce qui est bien plus tôt que chez l'homme. Une procédure d'apprentissage précoce est la construction d'une niche dans les arbres pour s'y étendre la nuit. A huit mois, le petit chimpanzé s'essaie déjà à apprendre cette technique importante, mais il ne fabriquera pas avant plusieurs années une couche lui permettant d'y passer la nuit. C'est comme l'activité ludique d'un enfant humain. La mère est professeur pour l'ensemble de ces premiers apprentissages, mais quand l'enfant se met à se déplacer, il apprend par mimétisme, tentant même, à l'âge de huit mois, de monter sexuellement une femelle en chaleur. Plus tard, à trois ans, la mère dispense les premières leçons pour l'utilisation des outils, l'introduction de bâtons dans des termitières afin d'en extraire les larves et de les manger. Mais les jeunes restent sous la garde de la mère un ou deux ans après le sevrage, pratiqué vers cinq ans. Pendant ce temps-là, auprès d'autres jeunes ou adultes, ils ont beaucoup élargi leur comportement — souvent avec des attaques physiques venant de vieux mâles par suite d'un comportement inapproprié ; mais la mère est toujours là, prête à aider.

Telle que Jane Goodall nous la raconte, on voit bien que, sous un comportement fruste, l'adolescence du chimpanzé n'est pas si éloignée de celle qu'on rencontre dans d'actuelles sociétés primitives humaines. La grande différence est que, dans ces dernières, les mâles, surtout les pères, participent à la formation des jeunes mâles. Chez le chimpanzé, cela ne commence qu'à la puberté, à sept-huit ans, quand l'adolescent quitte sa mère et essaie d'entrer dans le groupe des mâles, qui, pour sa part, n'accueille pas ces jeunes avec plaisir, et ne fait que les tolérer. Ces derniers doivent se comporter avec soumission, et comptent sur une intervention maternelle lors de réprimandes trop sévères. C'est une société complexe, avec des émotions intenses, mais rarement des blessures graves. Finalement, vers l'âge de quinze ans, les mâles sont tout à fait mûrs et engagés dans la lutte pour la domination. De leur côté, les femelles ont atteint la maturité sexuelle vers huit-neuf ans, ont une activité sexuelle très importante, et, vers onze-douze ans, ont leur premier petit.

L'adolescence du chimpanzé (figure 5.5) ne se prolonge pas aussi longtemps que chez l'homme. Cependant, sa durée surprenante témoigne des longues procédures d'apprentissage de cette société complexe. Les interactions entre individus couvrent une vaste gamme de gestes et au moins 14 appels ou cris identifiables. Au sein de la communauté, la voix seule semble permettre l'identification de chaque individu (Goodall, 1971) ; toutefois, les appels et les cris n'impliquent de communication qu'aux deux niveaux inférieurs de langage (voir figure 4.1) : états émotionnels et transmissions d'information concernant la présence de nourriture, de prédateurs, d'autres groupes d'animaux, etc. Il s'agit là d'une forme de communication très réduite, comparée à celle de l'*homo sapiens* le plus primitif d'aujourd'hui, qui se lance dans des conversations immodérées, triviales et détaillées à propos de chaque événement ou action.

Kummer (Kummer et Goodall, 1985) a émis l'hypothèse que si les hominidés ont évolué à partir des hominiens, c'est dans la mesure où, tout comme les chimpanzés actuels, ils auraient été aussi déficients en comportements instinctifs. La flexibilité mentale et l'apprentissage auraient été de toute première importance, avec l'innovation en prime. Il y aurait eu là une conjonction favorable à une évolution par sélection naturelle.

Evidemment, ces études sur les chimpanzés en milieu naturel ne comportent aucune procédure d'épreuves. Les études de Menzel (1984) sur de jeunes chimpanzés complètent celles de Goodall. Les animaux pouvaient parcourir un assez vaste espace disposant d'un couvert végétal et clôturé. Au cours de certains tests, les expérimentateurs déplaçaient les chimpanzés dans des caisses ; ce qui, de fait, simulait assez bien leur transport à dos maternel. Les jeunes firent preuve d'une très bonne mémoire de l'espace et des objets, remarquant tout objet déplacé depuis leur précédente visite.

> « C'est comme si, dans l'enclos, les animaux avaient appris, et se rappelaient d'un jour à l'autre, les apparences visuelles et la position choisie de presque chaque objet de taille raisonnable, que l'objet ait pu ou non être associé à quelque élément d'attraction indiscutable, telle la nourriture. » (Menzel, 1984 : 513).

La réalité de l'apprentissage fut ainsi mise en évidence : à l'un des animaux, transporté dans l'enclos, furent montrées jusqu'à 18 caches de nourriture. Ainsi initié, cet animal fut remis en cage d'attente avec les autres ; peu après, tous les animaux, libérés, purent se promener à leur guise dans l'enclos. L'initié trouva très efficacement presque toute la nourriture cachée, suivant un itinéraire performant, différent de celui emprunté à l'origine — ce qui démontrait un apprentissage spatial effectif après un seul trajet. Comme on pouvait s'y attendre, les autres animaux ne réussirent qu'en accompagnant l'initié. De telles expériences montrent que l'initié a construit une sorte de carte de la zone dans laquelle était localisé l'emplacement des nourritures cachées. Il serait souhaitable d'effectuer plus de recherches sur la mémoire spatiale du chimpanzé, ce qui permettrait de lui affecter un statut indexé sur les performances humaines. Ce type d'épreuve sur l'apprentissage chez le chimpanzé débouche sur des travaux plus précis en laboratoire et notamment sur l'apprentissage de la communication « linguistique » par quelque système à base de symboles.

Un prélude à de telles investigations consiste à étudier la manière dont les bébés chimpanzés sont susceptibles de s'adapter à une captivité légère. Kellogg et Kellogg (1933) ont décrit en détail leurs procédures mûrement mises au point lorsqu'ils adoptèrent une jeune chimpanzé, Gua. Ils essayèrent d'élever Gua comme un enfant normal vivant au foyer. L'éducation se développa au fur et à mesure, Gua apprenant comme un enfant humain. Ce fut apparemment un étonnant succès. Le même processus fut soigneusement appliqué par Gardner et Gardner (1985). Depuis son arrivée au laboratoire à l'âge d'environ dix mois, après sa capture en Afrique, la vie d'une toute jeune chimpanzé, Washoe, fut d'abord un long processus d'« apprentissage au gré des circonstances ». Washoe avait à se comporter comme un enfant d'homme, la seule différence étant qu'elle vivait dans un environnement où le langage par signes (ASL) était le seul moyen de communiquer. C'est l'ASL qui fut choisi, devant l'échec des tentatives antérieures d'enseigner aux jeunes chimpanzés un langage vocal . Washoe apprit à boire dans une tasse, à s'asseoir à table (cuillère et fourchettes), à s'habiller et se déshabiller elle-même, à utiliser les toilettes. Elle avait des jouets pour s'amuser, et des poupées dont elle s'occupa. On lui montra des livres illustrés, on lui raconta des histoires en ASL. Evidemment, Washoe eut à s'adapter à ce changement révolutionnaire de style de vie par rapport à la vie de brousse telle que Jane Goodall nous la rapporte. La performance de Washoe reflète les capacités d'apprentissage du jeune chimpanzé, si peu influencé par son héritage instinctif. Tout alla bien durant l'adolescence, au cours de laquelle Washoe apprit l'ASL avec 130 signes (chapitre 4). Toutefois, après sa puberté, elle fut confrontée à de graves problèmes psychiques. Se considérant comme une fille d'homme, elle parut déçue par ses deux fillettes chimpanzés, qui vécurent peu.

7.2 L'apprentissage de symboles pour communiquer

Au cours du chapitre 4 ont déjà été examinées les diverses et nombreuses méthodes destinées à apprendre aux chimpanzés à communiquer par signes et symboles. On a déployé là des efforts considérables, avec des techniques conçues spécialement à cet effet. Brown en exprime de façon vivante la motivation :

> « Pourquoi un tel intérêt ? Peut-être pour la même raison que nous nous intéressons à l'exploration de l'espace. Etre l'unique espèce dans l'univers à utiliser le langage nous rend bien seuls. Nous désirons qu'un chimpanzé parle pour pouvoir lui dire : " Hé ! là-bas ! à quoi cela ressemble-t-il d'être chimpanzé ? " » (1980 : 88)

Il est intéressant de comparer humains et chimpanzés sur un même programme d'apprentissage. C'est ce qu'a fait Lenneberg (1975) en utilisant les procédures décrites par Premack (1976) (chapitre 4) et illustrées dans la figure 7.1, où le

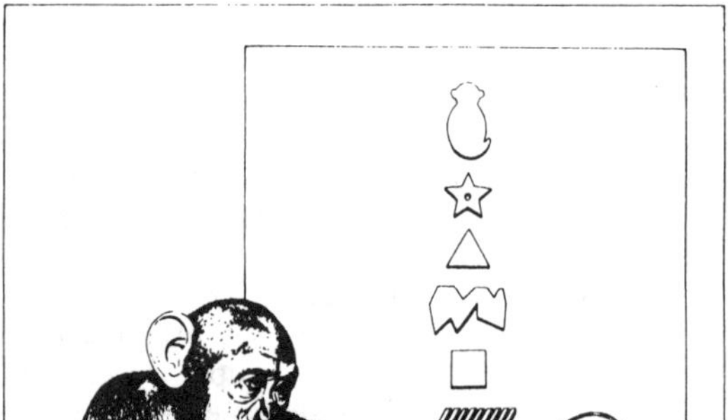

Figure 7.1. Sarah, après avoir lu le message « Sarah, insérer, pomme, seau, banane, plat » au tableau magnétique, exécuta les actions appropriées. Afin de faire l'interprétation correcte « mettre la pomme dans le seau, et la banane dans le plat », et non « mettre pomme, seau et banane dans le plat », Sarah doit entendre la structure d'une phrase, plutôt que l'ordre simple des mots. Pour ces tests mêmes, la plupart des symboles sont colorés. (Premack, 1976.) (D'après *Teaching Language to an Ape*, de A.J. et D. Premack. Copyright octobre 1972, par Scientific American Inc.)

chimpanzé est placé devant un tableau de langage magnétique sur lequel se disposent les fiches en plastique choisies. Sarah, jeune femelle chimpanzé, devint très habile en communication, ainsi qu'on l'a vu au chapitre 4. Lenneberg (1975) forma des lycéens moyens exactement comme Sarah avait été formée. En peu de temps, ils obtinrent des scores bien meilleurs, commettant moins d'erreurs que Sarah. Toutefois, ils se révélèrent incapables de traduire en anglais la moindre phrase du tableau de langage. En fait, ils ne firent pas la moindre relation entre symboles en plastique et langage ; au contraire, ils eurent l'impression que leur tâche consistait à résoudre des énigmes. On peut par là se demander si Sarah, de son côté, ne regarde pas toute cette opération comme un simple moyen d'obtenir des jus de fruits.

Un des propos de ce chapitre consacré à l'apprentissage est de reconnaître que ces divers systèmes, conçus pour prouver l'aptitude des chimpanzés à la communication, ont montré de leur part une habileté bien développée en mémoire cognitive. La mémoire est conservée pendant des années, avec, présume-t-on, des renforcements périodiques. Dès la petite enfance, la mémoire cognitive est essentielle au développement normal du nourrisson vers l'enfant, l'adolescent puis l'adulte ; c'est ainsi qu'il devient membre acceptable de la très conservatrice société des chimpanzés.

7.3 Comparaison entre apprentissages du singe supérieur et de l'homme

Les recherches sur l'apprentissage des singes supérieurs — voir chapitre 4 et *supra* — ont révélé bien des points communs entre cet apprentissage et celui des humains ; par exemple, dans l'apprentissage complexe de toutes les interactions sociales du nourrisson à l'adolescent, où les jeunes chimpanzés captifs arrivent remarquablement à imiter un comportement de jeunes humains. L'apprentissage moteur se fait bien, et quelques communications verbales par langage de signes ou par symboles sont possibles. Les chimpanzés montrent une reconnaissance des objets bien développée. Ils savent ce qu'ils font et s'intéressent au travail — même sans récompense de jus de fruits. Les performances de Kenzi, un chimpanzé pygmé, décrites par Savage-Rumbaugh *et al.* (1985), sont bien supérieures à celles du chimpanzé ordinaire ; ainsi, il comprend de façon remarquable l'anglais parlé, mais il achoppe dans ses efforts pour prononcer des mots anglais.

Ces études linguistiques nous permettent de reconnaître que le langage est la différence clé entre l'enfant et le jeune chimpanzé. L'enfant entre avec passion dans le monde du langage et apprend vite à construire des phrases grammaticalement correctes ; il pose incessamment des questions afin de s'informer sur le monde. Terrace souligne ce rôle clé du langage dans l'apprentissage et la mémoire de l'homme :

> « La plupart des recherches sur la mémoire humaine utilisent des stimulants verbaux. Même lorsqu'on se sert de stimulants non verbaux, la mémorisation peut être facilitée par la mnémonique verbale et des processus de contrôle. En l'absence de ceux-ci, il semble imprudent de présumer que les animaux réitèrent des stimulants verbaux ou que des procédures de codage se chevauchent chez l'homme et l'animal de façon importante. Il semble également clair que les processus cognitifs chez les animaux sont davantage limités par des contraintes biologiques que chez les humains.» (1985 : 126)

Dans l'évolution des hominiens (tel le chimpanzé), un mécanisme cérébral hautement évolué d'apprentissage et de mémoire était prêt à se développer, ainsi que ce chapitre l'expliquera plus loin. Pourtant, la performance de l'homme est d'un tout autre ordre de grandeur. Celle du chimpanzé atteint un niveau guère plus élevé que celui d'un enfant d'environ trois ans. Celle de l'homme adulte est incomparablement supérieure et se développe au cours de la vie, profitant de tout apprentissage de codes appris à caractère permanent, tels que l'écriture, la mémoire informatique ou des symboles mathématiques.

7.4 Tailles des zones cérébrales liées à la mémoire

L'examen des indices de taille des zones cérébrales liées à l'apprentissage cognitif et moteur donne un aperçu des changements évolutifs du cerveau survenus au fil de l'évolution des hominidés. Ainsi que les tableaux 3.1 et 5.1 l'ont déjà montré, Stephan et ses collaborateurs ont, pour une longue série de primates, publié les mesures de taille de diverses unités cérébrales.

Le tableau 7.1 présente les indices de taille liés à des insectivores de première catégorie pour des zones cérébrales dont est supputé le rapport à la mémoire cognitive. Le gibbon a des indices plus élevés que les autres pongidés, mais cela pourrait être imputé au calcul d'indices relatifs à son poids corporel bien moindre (seulement 5 à 8 kilos).

Tableau 7.1. Les *tenrecinae* servant de référence, indices de taille des zones cérébrales impliquées dans la mémoire cognitive

	Schizo-cortex	*Hippocampe*	*Diencéphale*	*Néo-cortex*
Moyenne des *tenrecinae* (N = 4)	1,00	1,00	1,00	1,00
Moyenne des *insectivora* (N = 50)	1,68	1,75	1,56	2,35
Moyenne des prosimiens (N = 18)	2,80	2,91	5,56	20,37
Moyenne des singes de l'Ancien et du Nouveau Monde (N = 23)	2,23	2,64	8,00	48,41
Hylobates (gibbon)	3,89	5,07	10,90	65,58
Gorilla	1,45	1,72	6,43	48,32
Pan (chimpanzé)	1,81	2,18	8,39	71,73
Moyenne des pongidés (N = 3)	2,38	2,99	8,57	61,88
Homo (N = 1)	4,43	4,87	14,76	196,41

N = nombre de sujets dans l'espèce.

Source : Stephan *et al.*, communication personnelle, 1988.

Tableau 7.2. Les *tenrecinae* servant de référence, indices de taille des zones cérébrales impliquées dans la locomotion et l'apprentissage moteur

	Cervelet	*Diencéphale*	*Corps strié*	*Néo-cortex*
Moyenne des *tenrecinae* (N = 4)	1,00	1,00	1,00	1,00
Moyenne des *insectivora* (N = 50)	1,64	1,56	1,80	2,65
Moyenne des prosimiens (N = 18)	4,64	5,56	5,99	20,37
Moyenne des singes de l'Ancien et du Nouveau Monde (N = 23)	6,20	8,00	10,12	48,41
Hylobates (gibbon)	9,76	10,90	15,41	65,58
Gorilla	7,95	6,43	8,41	48,32
Pan (chimpanzé)	8,71	8,39	11,51	71,73
Moyenne des pongidés (N = 3)	8,81	8,57	11,78	61,88
Homo (N = 1)	21,75	14,76	21,98	196,41

N = nombre de sujets dans l'espèce.

Source : Stephan *et al.*, communication personnelle, 1988.

Tableau 7.3. La moyenne des prosimiens servant de référence, indices de taille des zones cérébrales liées au cervelet : afférence et efférence

	IO	*VPO*	*CER*	*MCN*	*ICN*	*LCN*	*DIE*	*NEO*
Moyenne des prosimiens	1,00	1,00	1,00	1,00	1,00	1,00	1,00	1,00
Moyenne des singes de l'Ancien et du Nouveau Monde	1,66	2,55	1,34	1,23	1,61	1,74	1,44	2,38
Hylobates (gibbon)	3,69	5,37	2,10	0,91	1,87	2,80	1,96	3,22
Gorilla	1,97	3,53	1,71	0,34	0,45	1,51	1,16	2,37
Pan (chimpanzé)	2,20	4,53	1,88	0,37	0,61	2,23	1,51	3,52
Moyenne des pongidés	2,62	4,48	1,90	0,54	0,98	2,18	1,54	3,04
Homo	4,14	9,44	4,69	0,79	1,06	4,54	2,65	9,64

IO = olive inférieure
CER = cervelet
ICN = noyau cérébelleux intermédiaire
DIE = diencéphale
VPO = protubérance ventrale
MCN = noyau cérébelleux médian
LCN = noyau cérébelleux latéral (dentatus)
NEO = néo-cortex

Source : Stephan *et al.*, communication personnelle, 1988.

L'hippocampe d'*homo* possède un indice (4,87) étonnamment bas ; cependant, la partie la plus avancée de l'hippocampe (CA 1) a un indice de taille 6,6, tandis que d'autres unités sont nettement inférieures : CA 3, 1, 7 ; gyrus dentatus, 2,8 ; subiculum, 3,3 (Stephan, 1983). Comme on pouvait s'y attendre, les indices de taille pour le schizocortex égalent approximativement ceux de l'hippocampe. On se réfèrera de nouveau au tableau 7.1 dans la section consacrée à la mémoire cognitive (section 7.5.1).

Le tableau 7.2 montre les indices de taille liés aux insectivores de première catégorie pour des zones cérébrales impliquées dans la locomotion et l'apprentissage moteur. Encore une fois, le gibbon a des indices de taille élevés par rapport aux autres pongidés, à l'exception du néocortex de *pan*. Le tableau 7.3 fournit des données concernant les voies d'afférence et d'efférence du cortex cérébelleux, ces indices étant relatifs aux valeurs moyennes pour les pongidés. Au cours de l'évolution, les hémisphères cérébelleux se développèrent en parallèle avec les hémisphères cérébraux, bien qu'à un moindre degré (Matano *et al.*, 1985 a). La zone VPO est très largement engagée dans la voie cérébro-cérébelleuse, ce qui expliquerait son indice de taille important (9,44). L'efférence des hémisphères cérébelleux passe par le noyau cérébelleux latéral (dentatus), d'où l'indice de taille élevé d'*homo*

(4,54) et des pongidés, particulièrement du gibbon (2,80). En revanche, les autres noyaux cérébelleux, MCN et ICN, tendent à régresser par rapport aux prosimiens. Les valeurs élevées d'*Hylobates* pourraient s'expliquer en partie par son poids corporel bien moindre, mais on se plaît à penser que ce superbe animal, doté d'un système branchial exceptionnel, connut au cours de son évolution un développement important du cervelet et de ses voies d'afférence et d'efférence. Nous nous référerons de nouveau aux tableaux 7.2 et 7.3 dans la section consacrée à l'apprentissage moteur (section 7.5.2).

7.5 La neuroscience de l'apprentissage et de la mémoire

Afin d'apprécier le développement évolutif de la mémoire, il convient de donner les grandes lignes de la compréhension neuroscientifique actuelle de l'apprentissage cognitif et moteur ainsi que de la mémoire chez les mammifères. Les derniers progrès ont été tout à fait significatifs ; il reste cependant encore beaucoup à faire. Comme nous l'avons vu aux chapitres 3 et 6, la neuroscience de base était pleinement développée chez les primates et les espèces successives d'hominidés en auraient hérité. Cependant, il dut y avoir d'autres améliorations au cours de l'évolution humaine pour aboutir à cette merveille qu'est *homo sapiens sapiens*. Cette section s'attachera à présenter quelques aperçus des performances cérébrales des hominiens, avec les primates supérieurs comme modèle de l'évolution hominidée.

7.5.1 Apprentissage et mémoire cognitive

Aux chapitres 3 et 6, on s'est référé aux unités biologiques de base du cerveau (les neurones ou les cellules nerveuses) et à la communication entre les cellules nerveuses par impulsions dans les fibres nerveuses. Il faut maintenant affiner la description neuronale en parlant de la synapse, qui est la microstructure par laquelle les cellules nerveuses communiquent entre elles. La figure 7.2a montre une cellule nerveuse dotée d'une multitude de fibres nerveuses qui y convergent et s'y terminent en surface, avec des « protubérances synaptiques » ou « boutons ». La figure 7.2

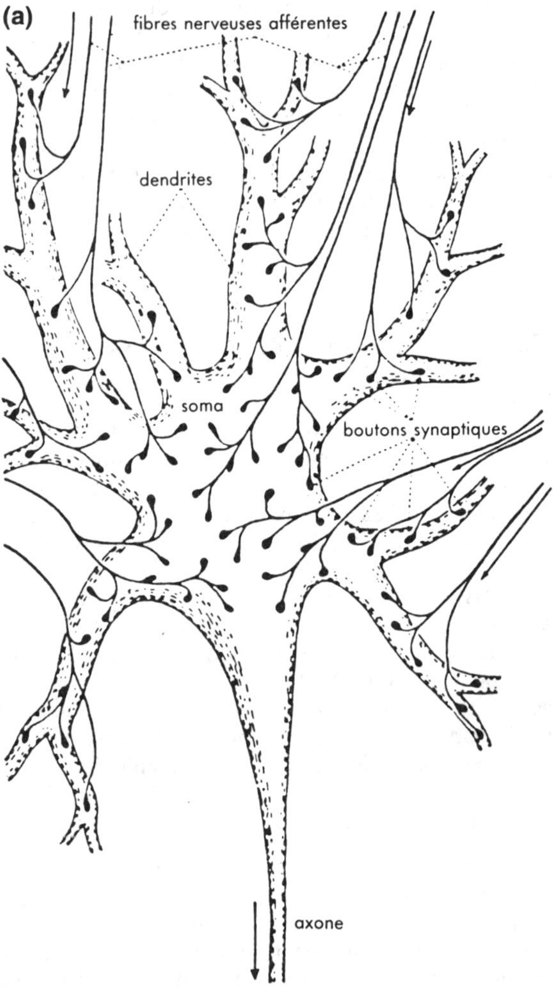

Figure 7.2. Contacts synaptiques avec des neurones. **(a)** Diagramme général ; **(b)** dessin d'une cellule pyramidale de l'hippocampe, illustrant la diversité de contacts synaptiques avec différentes zones de dendrites apicales et basales, et de contacts synaptiques inhibiteurs avec le soma. A droite, diverses sortes de synapses, représentées agrandies. (Hamlyn, 1962.)

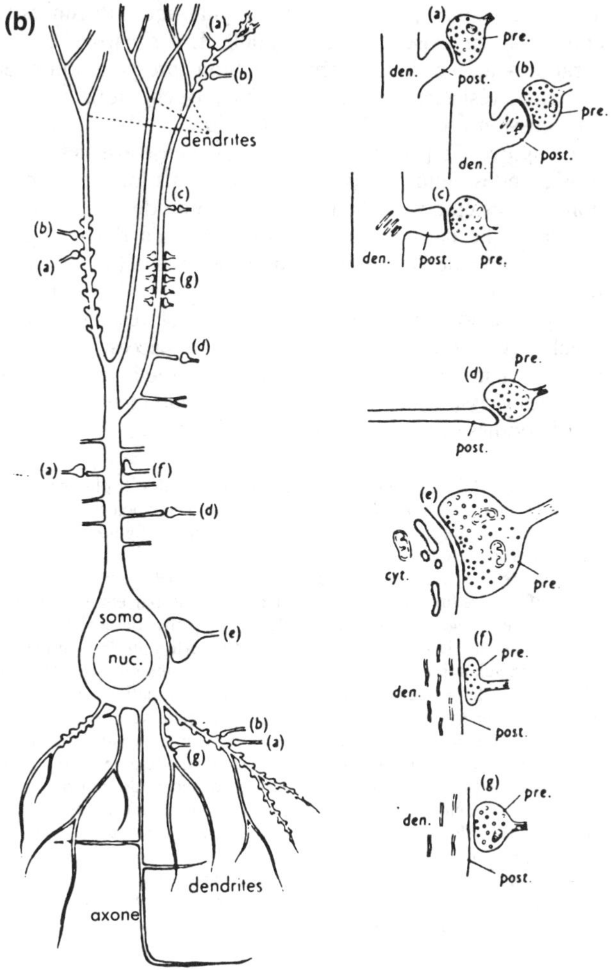
(b)
(a)
(b)
dendrites
(c)
(b)
(a)
(g)
(d)
(a)
(f)
(d)
soma
nuc.
(e)
(b)
(a)
(g)
dendrites
axone
(a)
pre.
den.
post.
(b)
pre.
post.
den.
(c)
den.
post.
pre.
(d)
pre.
post.
(e)
cyt.
pre
(f)
pre.
den.
post.
(g)
pre.
den.
post.

présente le dessin d'une cellule pyramidale du cortex cérébral illustrant en particulier le branchement d'une grande dendrite apicale, avec quelques terminaisons synaptiques dessinées sur les épines ; il en existe environ 10 000. Les synapses excitatrices agrandies, a, b, c, d, montrent les boutons présynaptiques remplis de petites vésicules contenant la substance chimique qui assure la transmission à travers l'espace synaptique.

La figure 7.3b présente une cellule nerveuse avec les pointes de trois grandes dendrites, pointes dont la plus longue est dotée de nombreuses épines portant synapses ; l'une de celles-ci est montrée agrandie dans la figure 7.3a où l'on n'a dessiné que deux vésicules près de l'espace synaptique ; en réalité, il en existe environ 30.

Il y a quelque cent ans, le neuro-atomiste espagnol Ramón y Cajal suggéra que l'apprentissage pouvait s'accomplir grâce à un renforcement des synapses, à la suite d'une activité intense. Après bien des vicissitudes (voir Hebb, 1949), cette idée a débouché sur une hypothèse brièvement décrite ici.

La figure 7.4 illustre les procédures expérimentales appliquées à l'hippocampe du lapin, qui marquèrent le départ des travaux actuels (Bliss et Lomo, 1973). La structure neuronale est représentée dans la figure 7.4a avec les systèmes neuronaux CA 1, CA 3 et gyrus dentarus.

La figure 7.4 nous montre la population EPSP (*excitatory postsynaptic potential*) des cellules granulaires dentées, obtenue par enregistrement extracellulaire, et vue (b) comme une déflexion négative descendante, déflexion évoquée par une seule stimulation de la voie perforante (pp) dirigée vers les cellules granulaires dentées. En (c), après quatre tétanisations (15/sec pour 15 secondes) de la voie (pp), la croissance de la population EPSP montra que la force des synapses avait presque doublé et demeurait ainsi pendant plus de dix heures. La durée prolongée du renforcement synaptique fut immédiatement reconnue comme offrant un excellent modèle synaptique pour la mémoire. Ce fut comme si la synapse se souvenait de son activation. Les synapses du système nerveux périphérique ne présentent pas cette capacité de procurer de la force à long terme : « *long term potentiation* » (LTP), ainsi qu'on l'a dénommée.

D'une importance encore plus grande comme modèle de mémoire fut la découverte que la LTP ne se bornait pas à être une suite de stimulations tétaniques (15/sec pour 15 secondes, figure 7.4). Outre cette LTP homosynaptique se produisit la LTP d'autres synapses sur le neurone qui avait été nettement moins activé pendant la stimulation de conditionnement. Nous pouvons appeler celle-ci LTP hétérosynaptique. En revanche , les synapses non activées pendant la stimulation de conditionnement n'augmentèrent pas leur potentiel. Cette LTP hétérosynaptique revêt une importance toute particulière dans les

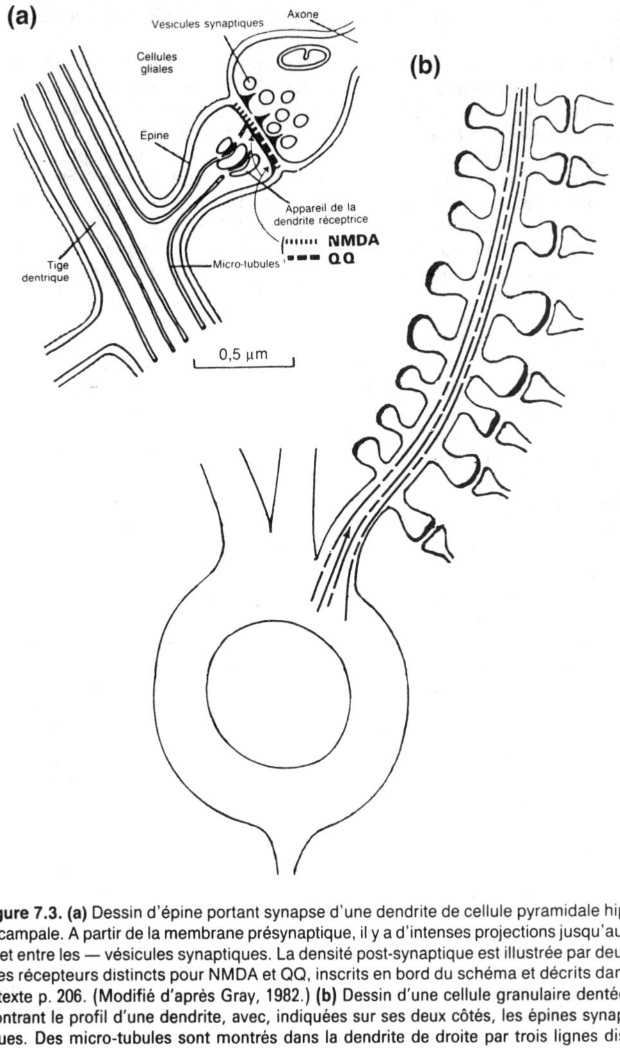

Figure 7.3. (a) Dessin d'épine portant synapse d'une dendrite de cellule pyramidale hippocampale. A partir de la membrane présynaptique, il y a d'intenses projections jusqu'aux — et entre les — vésicules synaptiques. La densité post-synaptique est illustrée par deux sites récepteurs distincts pour NMDA et QQ, inscrits en bord du schéma et décrits dans le texte p. 206. (Modifié d'après Gray, 1982.) **(b)** Dessin d'une cellule granulaire dentée, montrant le profil d'une dendrite, avec, indiquées sur ses deux côtés, les épines synaptiques. Des micro-tubules sont montrés dans la dendrite de droite par trois lignes discontinues.

efforts visant à construire une théorie de l'apprentissage et de la mémorisation pour le cortex cérébral. Apprendre n'est pas seulement se souvenir de quelque stimulation initiale intense ; c'est, plus encore, se souvenir d'expériences associées.

Il existe maintenant des preuves convaincantes que la LTP est à l'origine un renforcement de la réponse postsynaptique (EPSP) d'une synapse ; celui-ci se produit seulement quand il y a eu activation de centaines de synapses sur un neurone, coopérant ainsi à la réalisation d'une forte dépolarisation prolongée du neurone. L'explication de cette action coopérative sera décrite plus loin. En attendant, la nature essentielle de la LTP est d'être principalement postsynaptique, et nous pouvons la considérer comme la plus importante innovation évolutive, jouant un rôle-clé au niveau de la mémoire cognitive. Un développement évolutif alternatif conduit à la LTP pré-synaptique du mollusque *Aplysia*, avec sa performance de mémoire extrêmement limitée (Kandel et Schwarz, 1982).

La figure 7.3a illustre les découvertes récentes relatives à la LTP (Gustafsson et Wigström, 1986 ; McGeer *et al.*, 1987, chapitre 16 ; Eccles, 1988). La membrane postsynaptique est montrée schématiquement avec une structure à récepteur double pour le transmetteur synaptique, le glutamate, lequel est déchargé d'une vésicule synaptique dans l'espace synaptique (voir figure 8.3a). Le glutamate agit sur l'élément de la membrane postsynaptique sensible au quisqualate (QQ) et ouvre des canaux, notamment à des ions Na^+, qui permettent de se déverser dans l'épine synaptique le long d'un fort gradient électrochimique, produisant la dépolarisation (EPSP), que nous voyons figure 7.4b. L'autre récepteur est particulièrement sensible à une substance ayant un rapport au glutamate (N-méthyl-D-aspartate, NMDA), mais cette réponse ne se produit que lorsque la membrane postsynaptique est fortement dépolarisée par l'ensemble des EPSP des nombreuses synapses activées sur les dendrites (voir figure 7.3b). A ce moment-là, le glutamate déchargé par la vésicule synaptique peut ouvrir le canal des ions NMDA et permettre l'entrée, dans l'épine sypnatique, des ions Ca^{2+} le long de ce très fort gradient électrochimique (voir figure 7.3a). Cette action NMDA ne peut se produire que lorsque la dépolarisation importante des EPSP a repoussé les ions Mg^{2+} qui, normalement, bloquent le récepteur NMDA. Il y a discrimination entre récepteurs QQ et NMDA de la figure 7.3a, par une substance (2-amino-5-phosphono-valérate, APV) qui bloque le récepteur NMDA, mais pas le récepteur QQ au glutamate.

Ainsi nous voyons que, dans des conditions propices à d'importants EPSP, les canaux NMDA s'ouvrent et des ions Ca^{2+} se déversent dans l'épine synaptique (Mayer et Westbrook, 1985). Grâce à leur stimulation de protéines kinases, avec l'aide de la « calmoduline », les ions Ca^{2+} de l'épine provoquent une augmentation de la réceptivité de la synapse au glutamate éjecté de la vésicule synaptique vers l'espace synaptique. Les détails neurochimiques de cette action ne sont pas encore tout à fait compris (Lynch et Baudry, 1984), mais nous pouvons considérer celle-ci comme un facteur essentiel produisant la LTP. Il existe là-dessus une vaste recherche fournissant des détails au-delà de ce simple résumé, avec une action ionique du Ca^{2+} propre à l'épine pénétrée

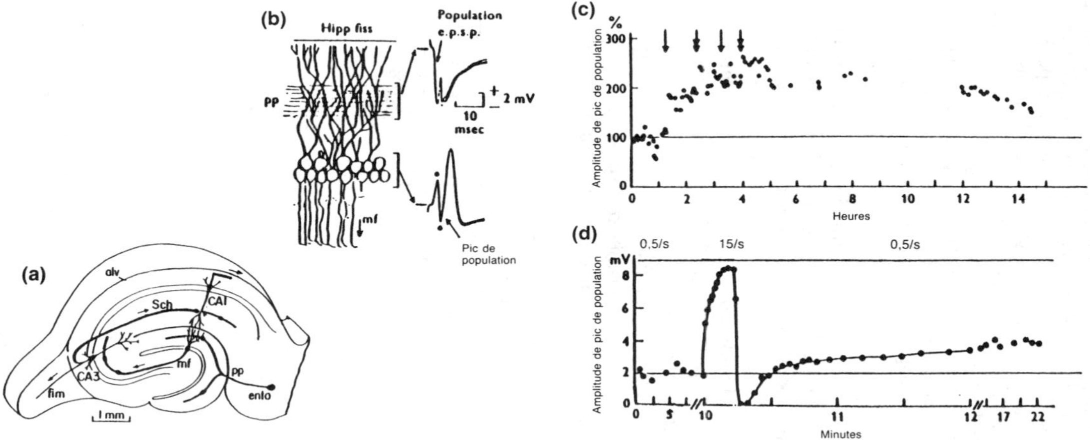

Figure 7.4. **(a)** Coupe sur l'hippocampe, montrant des voies menant du cortex entorhinal (ento), *via* la voie perforante (pp), à une cellule granulaire du gyrus, avec son axone et sa fibre moussue (mf), puis à une cellule pyramidale CA3, et ainsi, par un Schaffer collatéral (Sch), à une cellule CA1. **(b)** Dessin de cellules granulaires avec corps, dendrites et axones formant les fibres moussues (mf). L'illustration des fibres de la voie perforante (pp) montre leur traversée des dendrites sur lesquelles elles créent des synapses excitatoires. Enregistrer les potentiels du champ au niveau des synapses pp donne un potentiel négatif important et prolongé, libellé « population e.p.s.p. ». Quand l'électrode d'enregistrement est avancée au niveau des corps cellulaires, le pic négatif abrupt (pic de population) signale la création des impulsions dans les corps cellulaires. **(c)** Amplitudes relatives à la population e.p.s.p., tracées durant dix heures après le conditionnement des quatre trains de stimulation indiqués par les flèches. Une flèche simple montre une stimulation à 15/s, les flèches doubles à 100/s pour 3 secondes. La ligne 100 % traverse les réponses obtenues à 0,5/s avant stimulation ; après la contracture tétanique de conditionnement, le même taux faible fut repris. **(d)** Courbe temporelle de potentiation de post-stimulation, comme en **(c)**, mais pour un pic de population. Une seule tétanisation de conditionnement de 15/s pour 15 secondes. (Bliss et Lomo, 1973.)

(McGeer *et al.*, 1987, chapitre 16 ; Eccles, 1987). Cependant, le résumé donné ici explique la plupart des découvertes expérimentales concernant la LTP. Certaines complications ont été introduites depuis qu'on s'est aperçu que, pour la LTP, il y a aussi augmentation de la production de glutamate des boutons activés, et que les ions Ca^{2+} dans l'épine ne peuvent rester longtemps propres à celle-ci. Afin de produire une LTP durable pendant des jours et des semaines, il faut une action des ions Ca^{2+} sur le noyau de la cellule avec un circuit de retour sélectif des protéines produites, des récepteurs membranaires, de diverses macromolécules, etc., le long des microtubules montrés par la flèche dans la figure 7.3b.

Le problème est à présent d'utiliser les principes découverts au cours de la recherche sur la LTP de l'hippocampe afin de bâtir une hypothèse expliquant les aspects plus simples de la mémoire cognitive du cortex cérébral. Le rôle clé de l'hippocampe a été révélé, en 1953, par les cas douloureux de H.M. et de deux autres patients qui subirent une hippocampectomie bilatérale afin de soulager une épilepsie temporale invalidante. L'épilepsie fut guérie, mais — conséquence tragique et inattendue, — ces sujets furent totalement incapables d'emmagasiner des souvenirs cognitifs (amnésie antérograde). Cependant, dans leur grande partie,

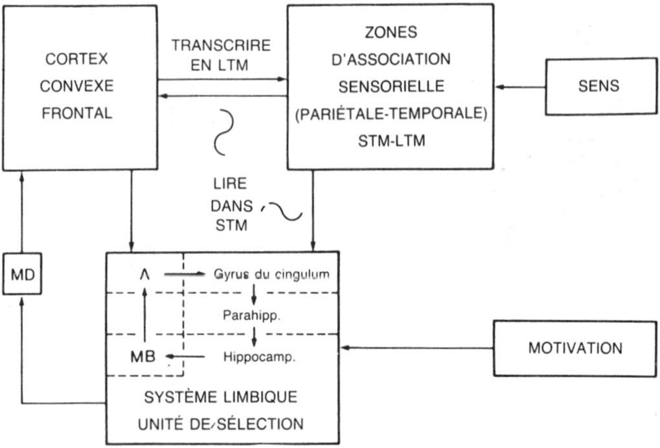

Figure 7.5. Plan des structures anatomiques impliquées dans la sélection d'information entre mémoire à court terme (STM) et mémoire à long terme (LTM). (MB = corps mamellaire ; A = noyau thalamique antérieur ; MD = noyau thalamique médio-dorsal.) (Kornhuber, 1973 ; Plenum Publishing Corp., New York.)

les souvenirs datant d'avant l'opération furent conservés, c'est-à-dire qu'il y eut peu d'amnésie rétrograde. Plus de trente ans après l'intervention, il n'y a toujours pas eu guérison ; H.M. vit avec, par intermittence, sa mémoire à court terme, mais sans se souvenir d'événements ou d'expériences survenus ne fût-ce que quelques secondes auparavant (Milner, 1966). L'hippocampectomie bilatérale des singes a suscité une amnésie comparable.

L'hypothèse proposée ici se développe d'après la théorie de Kornhuber (1973) illustrée par la figure 7.5. Les zones d'association sensorielle des lobes pariétaux et temporaux (voir figures 3.5, 4.3, 4.4 et 6.6) avec leurs afférences du toucher, de l'ouïe et de la vue, jouent un rôle clé. Premièrement, il y a rapport étroit, en va-et-vient, avec le cortex frontal pour l'inscription dans la mémoire à long terme (LTM). Deuxièmement, il y a une voie importante vers les structures sous-jacentes : l'hippocampe et ses structures connexes dans le système limbique. De là, la voie traverse le thalamus médio-dorsal vers le cortex frontal. La particularité de la figure 7.5 est la convergence, sur le cortex frontal, de deux afférences provenant des zones d'association sensorielles, autorisant une conjonction que Marr (1970) considérait comme un facteur clé dans son hypothèse sur la mémoire cognitive.

Dans la figure 7.6, cette conjonction est montrée, d'un côté, pour l'afférence du thalamus MD *via* une cellule étoilée « épineuse » du cortex cérébral avec son axone (Ax) qui monte afin de former des synapses complexes sur les dendrites apicales des trois cellules pyramidales, et, de l'autre côté, par les fibres horizontales provenant des zones d'association sensorielles de la figure 7.5, formant des synapses sur les dendrites apicales des lames 1 et 2. On peut en conjecturer que les synapses complexes des dendrites apicales de la figure 7.5 sont capables de produire d'importantes dépolarisations (EPSP) de ces dendrites. Les fibres horizontales, activées à peu près au même moment (conjonction), auraient leurs canaux NMDA ouverts par une action synaptique due au glutamate, avec pour résultat l'entrée des ions Ca^{2+} ainsi que le montre la figure 7.3a. Comme avec le modèle de l'hippocampe, les Ca^{2+}, grâce à l'activation des protéines kinases, provoqueraient une plus grande sensibilité des sites récepteurs QQ dans la synapse de l'épine, donnant l'effet de la LTP. Donc, la LTP peut être la base de la mémoire à long terme.

Une différence avec le modèle hippocampique devrait être relevée. L'asymétrie synaptique, dans la figure 7.6, suggère que les puissantes terminaisons synaptiques des cellules étoilées « épineuses » de récepteurs QQ serviraient seulement à dépolariser les dendrites apicales des cellules pyramidales. En revanche, la multitude des synapses faibles, se recouvrant partiellement dans les lames 1 et 2, auraient leurs canaux NMDA ouverts par cette dépolarisation, avec influx d'ions Ca^{2+} et LTP subséquente.

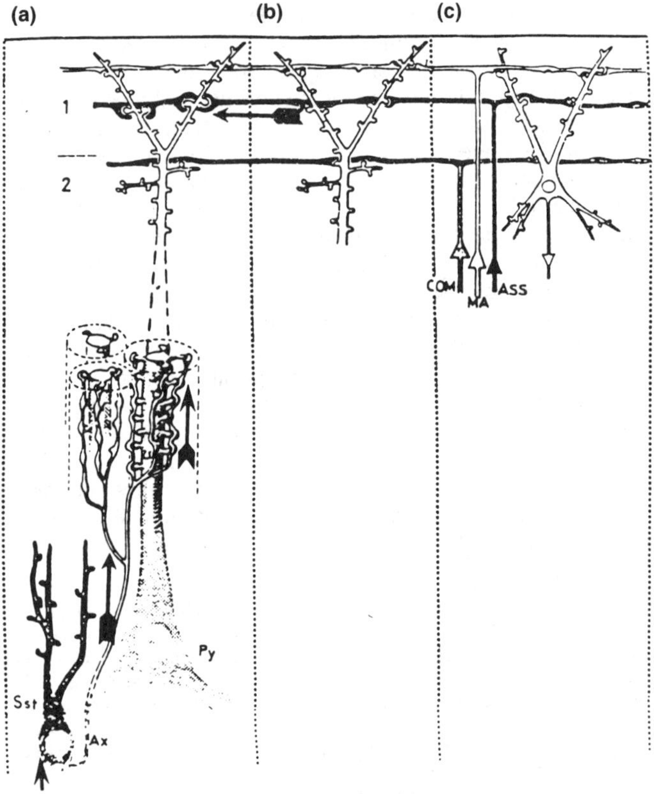

Figure 7.6. Diagramme simplifié des connexions du néo-cortex ; cette présentation permet de voir voies et synapses dans la théorie de l'apprentissage cérébral proposée. Ce diagramme montre trois modules **(a, b, c)** qui sont des éléments fonctionnels verticaux du néo-cortex et qui possèdent chacun environ 4 000 neurones. Dans les lames 1 et 2 paraissent des fibres horizontales : axones de bifurcation des fibres commissurales (COM) et d'association (ASS), ainsi qu'axones de Martinotti (MA), de module **c**. Les fibres horizontales forment des synapses avec les dendrites apicales des cellules pyramidales des modules **a** et **b**. Plus en profondeur, une cellule étoilée avec épines (Sst) est montrée avec l'axone (AX), formant des synapses-cartouches avec les tiges des dendrites apicales des cellules pyramidales (Py). A la suite de l'hypertrophie de la conjonction, la fibre d'association de module **c** possède des synapses plus importantes sur les dendrites apicales de la cellule pyramidale de module **c**. (Modifié d'après Szentágothai, 1970.)

Grâce à l'immunohistochimie, Monaghan *et al.* (1985) ont démontré que des récepteurs NMDA sont concentrés dans les lames 1 et 2 du néocortex, marquées 1 et 2 dans la figure 7.6. Une autre découverte à l'appui de cette hypothèse sur la mémoire cognitive est que de la LTP a été mise en évidence pour les synapses du néo-cortex à peu près de la même manière que pour l'hippocampe (Lee, 1983), mais nombre de recherches seront encore nécessaires. Se posent en effet les difficultés et les défis suivants : généraliser l'hypothèse de la LTP, de sa formulation pour une seule synapse, jusqu'à une formulation pour l'énorme amplification spatiale requise par une action néocorticale effective. Une tentative préliminaire (Eccles, 1981a, figures 7 et 8) a été faite dans ce sens. Un autre problème crucial concerne la mémoire à long terme qui livre des expériences conscientes tout en étant elle-même sujette à évocation consciente. Des questions semblables, esprit/cerveau, seront examinées au chapitre 8.

Ce neurophénomène de la LTP s'est développé tôt au cours de l'évolution des mammifères, ce qui est tout à fait démontrable par l'étude des hippocampes du rat, du cochon d'Inde et du lapin. Il n'a pas été particulièrement étudié chez les primates, bien que le tableau 7.1 donne des indices de taille supérieurs pour l'hippocampe et les structures afférentes aux schizocortex et diencéphale, mais bien inférieurs pour le néocortex, chez tous les pongidés et chez l'*homo.* Lorsqu'on considère l'énorme augmentation des capacités humaines en mémoire cognitive, deux facteurs apparaissent. Le premier est un fort accroissement du cortex d'association, particulièrement du lobe préfrontal. Brodmann (1912) donne les proportions du cortex préfrontal par rapport au néo-cortex total : 29 % pour l'*homo*, 16,9 % pour le chimpanzé et 11,3 % pour le macaque. Compte tenu des tailles relatives des néocortex entiers, le cortex préfrontal humain a une surface cinq fois plus grande que celui du singe supérieur. Le second facteur est le rôle du langage : une grande partie de la mémoire cognitive humaine est codée linguistiquement. Nous pouvons conjecturer que ces deux facteurs de développement évolutif importèrent plus dans la progression cognitive que dans l'augmentation relativement modeste de la contribution de l'hippocampe à la mémoire cognitive. On a suggéré au chapitre 2 que, pendant l'évolution hominidée, l'*homo habilis* fit ses plus grands progrès avec son cerveau élargi, et apporta la preuve d'un développement du domaine linguistique. Dans le même temps, il élabora une culture fondée sur des outils en pierre durables. Nous pouvons présumer que sa culture est liée à une mémoire cognitive améliorée.

7.5.2 Apprentissage et mémoire motrice

On a constaté dans la section 7.1 que les nouveau-nés humains et ceux des singes supérieurs, disposant de peu de mouvements instinctifs, sont extrêmement dépendants. L'apprentissage moteur occupe essentiellement les premières années. A cet égard, le petit du chimpanzé apprend les mouvements de base (tenir debout, saisir des objets, grimper) presque deux fois plus vite que le petit d'homme. Cela pourrait être imputé à la naissance prématurée des hommes (section 5.5).

Le cervelet est une unité importante du cerveau (figure 3.1) impliquée exclusivement dans le contrôle du mouvement. Comme le montre le tableau 7.2, les indices de taille du cervelet de trois espèces de pongidés sont presque le double de ceux des prosimiens moyens, et il existe des augmentations d'un ordre assez similaire pour d'autres structures liées au mouvement (le diencéphale et les corps striés — les ganglions de base). Pour toutes ces structures, les indices de taille sont bien plus élevés que pour l'*homo*, bien que les rapports soient nettement moins importants que pour le néocortex.

Pour l'évolution du cervelet, il est admis depuis longtemps que la croissance des hémisphères cérébelleux fut liée au vermis et aux *pars media* situées plus médialement. Ce changement relatif est reflété dans les trois noyaux cérébelleux correspondant aux trois unités du cortex cérébelleux (tableau 7.3) (Matano *et al.*, 1985b). Quant aux prosimiens, il y a eu, ainsi que pour toutes les espèces du tableau 7.3, un déclin du noyau cérébelleux médian (MCN) correspondant au déclin du vermis, lequel reflète le déclin des mouvements automatiques du corps et des membres qui impliquent le pédoncule cérébral et le cordon médullaire (figures 3.2 et 3.7). Le noyau cérébelleux intermédiaire (ICN) présente une performance évolutive mixte, ce qui correspond au double rôle du lobe intermédiaire du cervelet et de l'ICN. Ils sont partiellement connectés au contrôle moteur du pédoncule cérébral et du cordon médullaire, et partiellement au cortex cérébral controlatéral (figures 3.6 et 3.14). En revanche, chez les singes supérieurs et chez l'*homo*, le noyau cérébelleux latéral (LCN) à orientation cérébrale se montre très avancé, particulièrement chez l'*homo*. De plus, le gibbon (*hylobates*), ce superbe animal à système brachial exceptionnel, obtient le meilleur score de tous les singes supérieurs dans l'olive inférieure (IO), dans les noyaux cérébelleux, ainsi que dans l'ensemble du cervelet. Son extrême agilité motrice se reflète dans l'évolution du cervelet.

Dans le tableau 7.3, les informations relatives à l'olive inférieure (IO) sont d'un intérêt tout particulier en raison de son rôle clé dans le processus d'apprentissage à l'intérieur du cervelet, dont nous parlerons plus loin. Les indices de taille pour IO correspondent étroitement à ceux pour LCN, les deux étant impliqués dans les niveaux supérieurs de contrôle du mouvement. Surprenantes, dans le tableau 7.3, sont les valeurs élevées de protubérances ventrales (VPO). Cette partie ventrolatérale sert principalement de relais d'un hémisphère cérébral à l'hémisphère cérébelleux contralatéral (voir figure 7.7, PN)

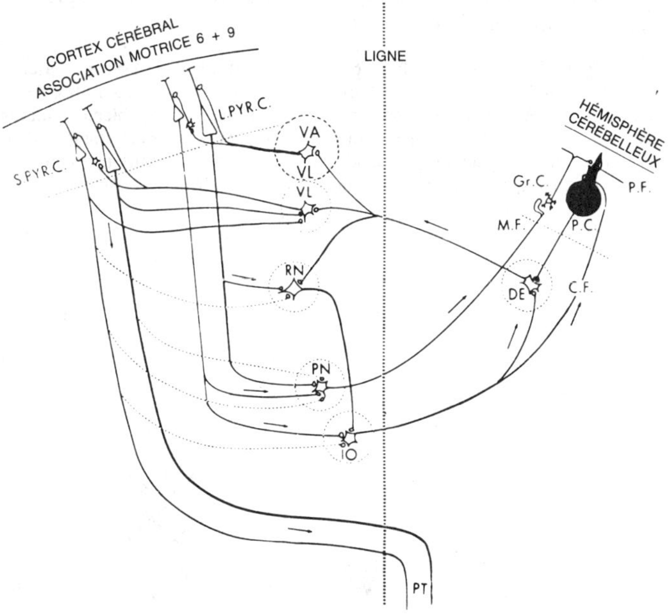

Figure 7.7. Voies cérébro-cérébelleuses reliant les cortex d'association et moteur à l'hémisphère cérébelleux. Une petite cellule seulement est montrée dans le noyau rouge. (C.F. = fibre grimpante ; DE = noyau denté ; Gr.C. = cellule granulaire ; IO = olive inférieure ; L.PYR.C. = grande cellule pyramidale ; M.F. = fibre moussue ; PN = nuclei pontis ; PT = voie pyramidale ; RN = nucleus rouge ; S.PYR.C. = petite cellule pyramidale ; VA = thalamus ventro-antérieur ; VL = thalamus ventrolatéral. (D'après Allen et Tsukahara, 1974.)

Il existe de nombreuses preuves que le contrôle cérébelleux du mouvement peut être soumis à un processus d'apprentissage. Comme l'indique le schéma de la figure 7.7, l'afférence des cellules de Purkinje inhibe les neurones-cibles des noyaux cérébelleux (DE). Découverte par Ito (1984), cette structure est unique. S'alliant à cette structure neurale, il existe un processus unique d'apprentissage, également mis au jour par Ito (1984), où l'excitation des cellules de Purkinje par les fibres parallèles (PF) subit une dépression de longue durée (LTD) exactement inverse de la LTP. L'extraordinaire particularité de cette structure a été révélée à la suite de recherches approfondies, et vient d'être étudiée de façon raffinée par Sakurai (1987).

La figure 7.7 montre une fibre grimpante (CF) allant de l'olive inférieure (IO) à la cellule cérébelleuse de Purkinje. Il n'existe qu'une seule fibre de ce type pour chaque cellule de Purkinje et elle s'enroule considérablement autour des dendrites, y donnant de nombreuses synapses excitatrices (figure 7.10). L'autre afférence majeure aux dendrites de la cellule de Purkinje vient des fibres parallèles, ce qui représente environ 100 000 synapses excitatrices sur

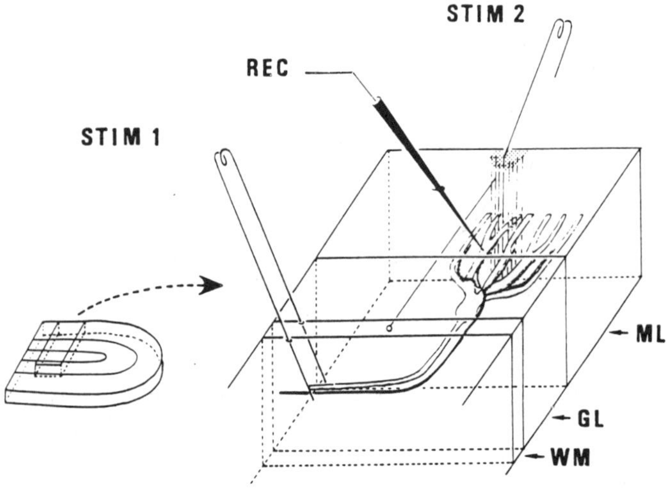

Figure 7.8. Dessin schématique d'une coupe partielle du cortex cérébelleux avec illustration de l'agencement expérimental. A noter qu'une partie de la coupe (à gauche) est agrandie afin d'illustrer les détails (à droite). (ML = couche moléculaire ; GL = couche de cellules granulaires ; WM = matière blanche ; STIM 1 = électrode bipolaire insérée dans la matière blanche pour activer une fibre grimpante ; STIM 2 = électrode monopolaire placée dans la couche moléculaire superficielle pour stimuler un faisceau de fibres parallèles ; REC = micro-électrode en verre insérée dans la dendrite d'une cellule de Purkinje.) (Sakurai, 1987.)

chaque cellule de Purkinje, dont l'une est montrée dans la figure 7.10. Ito (1986) a formulé l'hypothèse que la fibre grimpante agissait comme instructrice de la cellule de Purkinje. Le processus d'apprentissage s'accomplit quand il y a activations conjointes de la fibre grimpante et de la fibre parallèle. Cette hypothèse, expérimentée à plusieurs reprises, débouche sur les recherches de Sakurai.

Comme l'illustre la figure 7.8, une mince coupe du cortex cérébelleux a été maintenue en excellent état, pendant des heures, dans un milieu physiologique

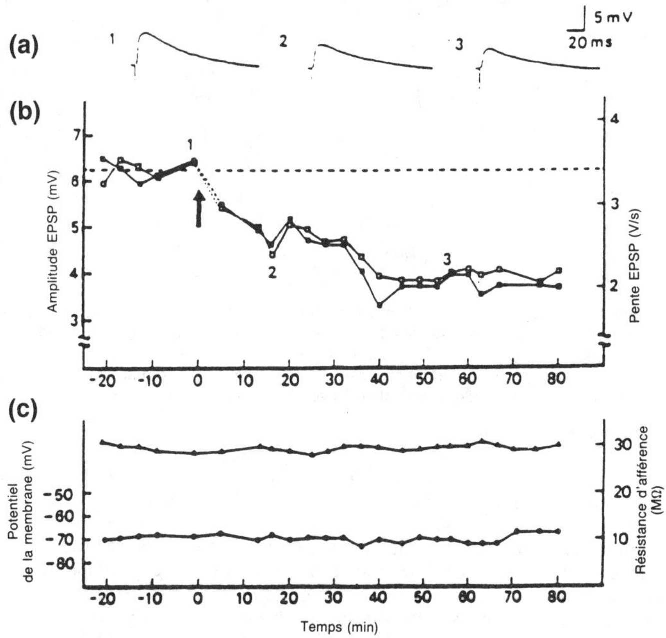

Figure 7.9. Courbe temporelle des dépressions à long terme induites par la stimulation conjointe de fibres grimpantes et de fibres parallèles. **(a)** Moyennes des EPSP — liées par des fibres parallèles — échantillonnées aux moments 1, 2 et 3, indiqués dans (b). **(b)** En ordonnée, amplitude de pointe (■) et vitesse initiale de la montée (□) des moyennes des EPSP liées par des fibres parallèles ; en abscisse, le temps donné en minutes. Moyenne des EPSP établie sur quarante courbes successives. La flèche au moment 0 représente la fin de la stimulation conjointe. La moyenne de la valeur de contrôle des amplitudes EPSP et des taux d'augmentation avant stimulation conjointe est indiquée par le tireté. **(c)** Tracés simultanés du potentiel de la membrane non sollicitée (●) et de la résistance d'afférence (▲). (Sakurai, 1987.)

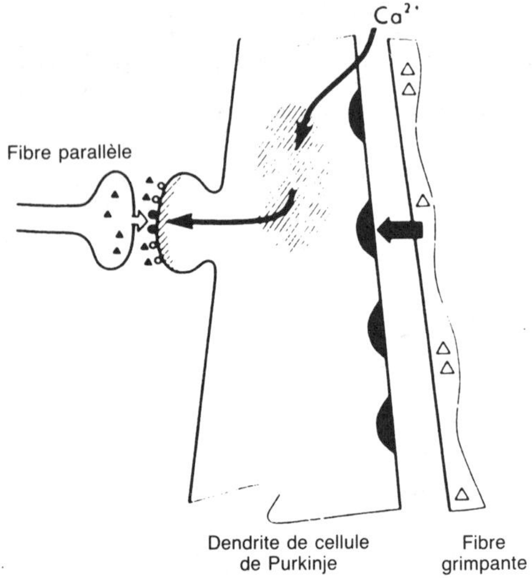

Figure 7.10. Diagramme montrant l'action proposée de l'impulsion de la fibre grimpante dans la dépolarisation des dendrites d'une cellule de Purkinje, ouvrant ainsi des canaux pour un passage de Ca^{2+}. Ce Ca^{2+} active un système de second messager qui abaisse une sensibilité, de l'épine portant synapses, au transmetteur libéré par l'impulsion de la fibre parallèle. (Ito, 1984, autorisation Raven Press, New York.)

oxygéné ; le montage permettait une stimulation de la fibre grimpante (STIM 1) et du faisceau de fibres parallèles (STIM 2) qui innervaient les dendrites de cette même cellule de Purkinje. Puis fut effectué l'enregistrement intracellulaire, par le truchement d'une électrode très fine, de la dendrite d'une cellule de Purkinje (REC). Dans cette expérience, la réponse EPSP fut provoquée par une seule stimulation (STIM 2), appliquée toutes les 3 secondes, et la moyenne de 40 réponses successives donna chaque point tracé dans la figure 7.9b pour les valeurs négatives, ainsi que l'EPSP de la figure 7.9a (1). En (b), la flèche désigne un conditionnement par une stimulation conjointe (STIM 1 + STIM 2) à 4 Hz pendant 25 secondes. STIM 1 fut choisi pour être bien au-dessus du seuil des fibres grimpantes. Cette conjonction fut suivie d'une dépression de la moyenne des EPSP, qui est représentée en (b) pendant 80 minutes après la conjonction. Les enregistrements 7.9a (2 et 3), à partir des réponses chiffrées dans 7.9b, montrent que les moyennes des EPSP furent diminuées à environ 60 % de leur grandeur initiale, mais que leur courbe temporelle resta inchangée. De plus, en 7.9c, le potentiel de la membrane non sollicitée resta constant à environ — 70 mV, et la résistance de l'afférence de la dendrite à environ 30 MΩ. Cette procédure particulièrement exigeante nécessita l'enregistrement intracellulaire continu d'une dendrite allant jusqu'à deux heures. Seulement dix dendrites des cellules de Purkinje se qualifièrent pour l'épreuve, et, pour neuf d'entre elles, il y eut dépression prolongée conjointe (LTD), comme le montre la figure 7.9. Cette dépression a aussi été observée dans les trois expériences effectuées par enregistrement intracellulaire.

Il y a des preuves solides que l'activation intense de la cellule de Purkinje par impulsion d'une fibre grimpante aboutit à l'entrée des ions Ca^{2+} dans les dendrites ; cela provoque ensuite, probablement par l'intermédiaire d'une protéine kinase, une diminution de sensibilité des synapses dendritiques au transmetteur synaptique, le glutamate (Ito, 1984 ; figure 7.10). Ainsi, les ions Ca^{2+} ont un rôle central et pour la LTP de l'apprentissage cognitif et pour la LTD de l'apprentissage moteur.

Il est évident, à partir de la figure 7.7, que la LTD de l'activation de la cellule de Purkinje par les fibres parallèles aboutit à une inhibition diminuée des cellules nucléaires (D, E), l'apprentissage par dépression dans les efférences intensifie l'activité des cellules nucléaires. Construire une théorie de l'apprentissage moteur pour les simples mécanismes synaptiques montrés dans la figure 7.9 constitue une difficulté majeure, mais des observations ont déjà été faites à ce sujet.

Une bonne illustration est fournie par l'étude (Gilbert et Thach, 1977) d'un singe dressé au contrôle d'un levier qu'il saisissait, donnant alternativement à son poignet une force de flexion ou d'extension, de même intensité mais de durée variable : de 1,5 à 4 secondes. Après chaque excitation, le singe apprit à remettre en moins d'une demi-seconde le levier à mi-position. L'expérience fut ensuite modifiée ; la force d'extension fut par exemple doublée, la force de flexion restant inchangée. Le singe apprit à compenser cette modification en 12 à 100 impulsions. Une électrode antérieurement implantée dans la partie appropriée du cortex cérébelleux put enregistrer les réponses d'une seule cellule de Purkinje, l'excitation de la fibre grimpante ainsi que de la fibre parallèle. Comme le montre la figure 7.11b, modifier l'impulsion propre à l'extension aboutit immédiatement à une réponse faiblement retardée de la fibre grimpante, indiquée par des points foncés (les pics complexes), ainsi qu'à quelques réponses plus retardées. Dans le même temps, les pics simples engendrés par la stimulation des fibres parallèles ont été diminués (points plus clairs). La figure 7.11 présente le changement intervenu dans la performance motrice vis-à-vis de la nouvelle tâche, et la réadaptation au bout d'environ 80 impulsions. La figure 7.11b montre la courbe temporelle de la fréquence des pics complexes reliée à la performance motrice en (c). Il y a eu reprise du bas niveau initial quand le singe a appris à s'adapter à la nouvelle situation. Tout comme dans la figure 7.9b, la conjonction de l'afférence accrue de la fibre grimpante avec l'afférence existante de la fibre parallèle entraîne une dépression de cette afférence, ainsi que l'indiquent la cadence continûment réduite des décharges de potentiels (figure 7.11b) et les EPSP diminuées dans la figure 7.9a.

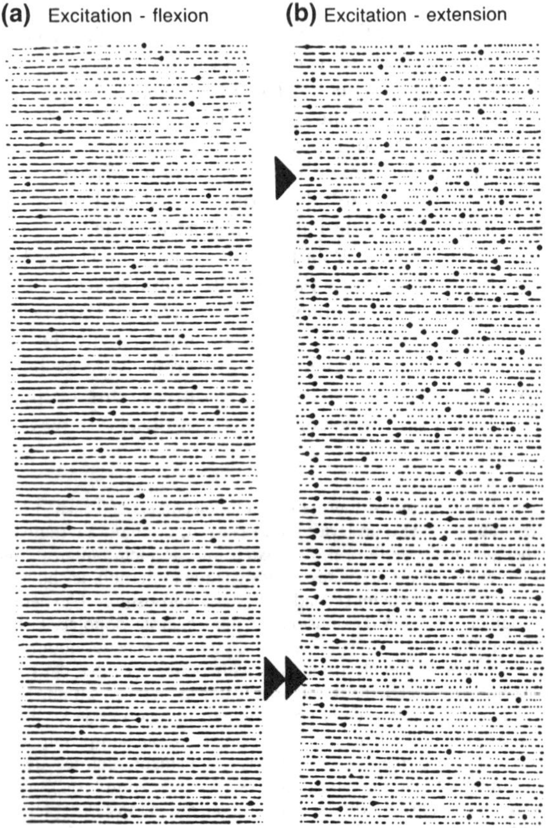

Figure 7.11. Cervelet pendant un contrôle moteur adaptatif. **(a)** et **(b)** Changements des fréquences de pics complexes (CS) et simples (SS) pour la cellule de Purkinje après modification d'excitation (décrite dans le texte). CS est reçu de la fibre grimpante, SS d'une activation de la fibre parallèle. Chaque point représente un potentiel de pic (SS, petits points ; CS, grands points) ; chaque rangée de points représente la décharge durant une

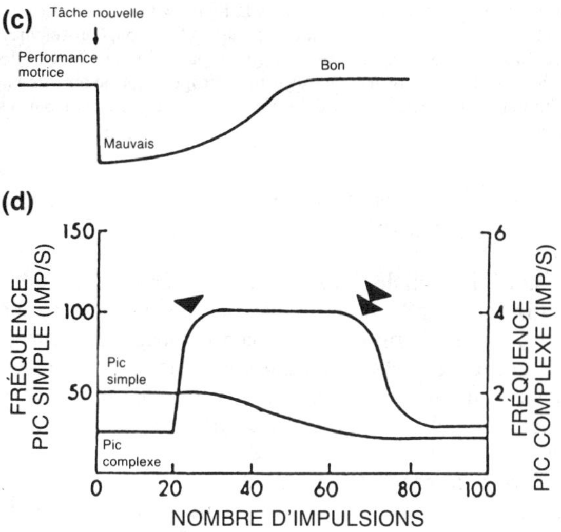

séquence, commençant au changement de direction de l'excitation. Des séquences successives sont représentées de haut en bas ; chaque trace de flexion fut suivie d'une trace d'extension. Les flèches simples (en **b** et **d**) indiquent le changement entre la décharge d'extension fixée à 300 g et une nouvelle à 450 g, tandis que la décharge de flexion fixée à 310 g restait constante. Avant changement d'excitation (au-dessus de la flèche simple), il y eut une faible fréquence d'activité CS connexe, à 100 millisecondes environ après le début des décharges d'extension. Après changement d'excitation (au-dessous de la flèche simple, dans **[b]**), la fréquence CS augmenta considérablement et persista pendant environ 50 impulsions. Elle revint au niveau appris initialement (flèche double en **[b]** et **[d]**) en même temps que l'adaptation nouvellement apprise était maîtrisée. Des baisses de fréquence SS s'associèrent à ces augmentations passagères pendant l'apprentissage de la nouvelle tâche. **(c)** Rapport de la performance motrice au nombre d'impulsions. Par suite d'un changement d'excitation, la performance se détériora après 20 impulsions, puis s'améliora après environ 50 impulsions supplémentaires. **(d)** Changements de fréquences CS et SS au cours de multiples impulsions. La fréquence SS déclina pendant l'apprentissage de la nouvelle tâche, puis se stabilisa. La fréquence CS augmenta pendant une période de 50 impulsions environ (impulsions 20-70) nécessaires à l'apprentissage d'une bonne performance en fonction de la nouvelle excitation. (D'après *Cerebellar Control of Balance and Movement*, de Brooks et Thach, 1981.)

La figure 7.11 illustre une expérience simple d'apprentissage moteur où, provenant d'une fibre grimpante, l'afférence dans une cellule de Purkinje agit comme indicateur d'erreur, ce qui a poussé la cellule de Purkinje à réduire sa cadence de décharge de pics simples. L'efférence ainsi augmentée, résultant des cellules nucléaires, a abouti de façon appropriée à une réponse proche du paradigme modifié, comme indiqué dans la figure 7.11 c. La cessation consécutive du signalement d'erreur est montrée, après 80 impulsions environ, dans la figure 7.11 b-d. Diverses variantes proposées par Gilbert et Thach (1977) ont donné des résultats conformes à l'explication proposée, à savoir que l'apprentissage moteur est effectué sur la base d'un signalement d'erreur par les fibres grimpantes.

7.5.3 La combinaison de l'apprentissage cognitif et moteur

La stratégie initiale impliquant une séparation nette entre apprentissage cognitif et apprentissage moteur s'est justifiée par des mécanismes d'apprentissage bien distincts dans chacune de ces catégories. Toutefois, au cours des tâches habituelles mais complexes auxquelles l'animal est confronté, il est nécessaire d'essayer certaines combinaisons de ces deux procédures d'apprentissage.

Un fort bon exemple en est donné par Sasaki et Gemba (1982). Des électrodes bipolaires d'enregistrement ont d'abord été implantées dans un singe, par exemple aux sites a, b, c, d, e (voir le médaillon de la figure 7.12). Chaque électrode enregistra au site d'implication la différence de potentiel entre surface et profondeur du cortex cérébral. La procédure d'apprentissage fut d'un conditionnement opérant très simple : un stimulus visuel présenté au singe, une petite ampoule électrique verte allumée pendant 900 millisecondes, à intervalles irréguliers de 2,5 à 6,0 secondes. Le singe doit apprendre que, lorsqu'il soulèvera un levier par extension de son poignet durant la stimulation lumineuse, il aura sa petite récompense de jus de fruits. Initialement, le singe soulève le levier au hasard, recevant une récompense aléatoire ; mais, graduellement, après plusieurs semaines d'entraînement, d'environ 1 000 impulsions, il y a apprentissage cognitif et moteur ; finalement, le singe soulève le levier à chaque stimulation lumineuse, et avec un retard qui diminue progressivement pour atteindre un temps court et stable. Une réussite totale persiste alors que le stimulus lumineux a été réduit à 500 millisecondes (colonne IV).

Dans la figure 7.12, les enregistrements bipolaires sont présentés pour les cinq sites des colonnes I-IV après environ 500, 3 000, 4 000 et 9 000 impulsions. Les réponses corticales au stimulus lumineux montrent une augmenta-

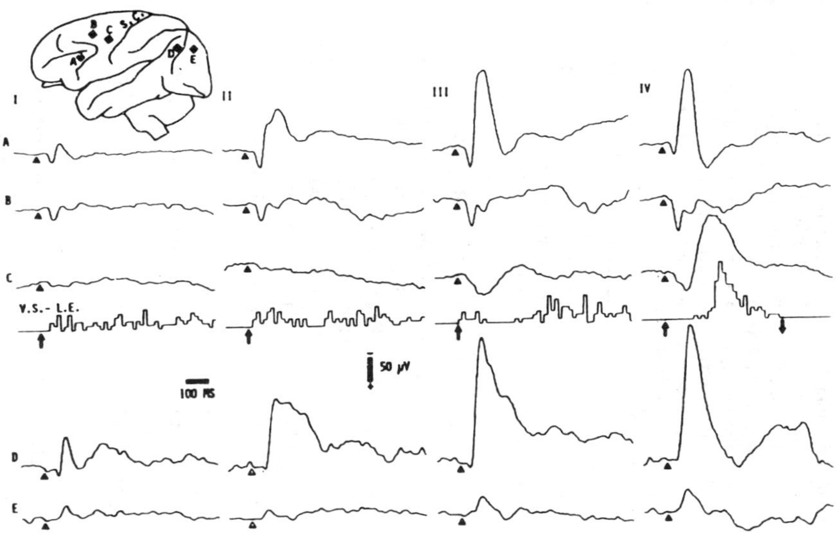

Figure 7.12. Spécimen d'enregistrements des cinq sites (voir encart A-E) du cortex contra-latéral à la main en mouvement du même singe. I-IV = différentes étapes du processus d'apprentissage de mouvements manuels stimulés visuellement, respectivement à 3, 21, 24 et 59 jours après le début de l'entraînement. Seuls les enregistrements S – D, surface moins profondeur (*surface minus depth*), sont présentés sur une moyenne de 100 itérations. L'histogramme de V.S. - L.E. donne les temps de réaction pour ces mêmes 100 itérations, mais certaines parties furent raccourcies dans I-III, parce que le stimulant lumineux était de 900 millisecondes dans I-III, et leurs extrémités se trouvèrent en dehors du tracé présenté. Les calibrages sont de 50 μV pour tous les potentiels et de 100 millisecondes pour tous les tracés. Les sites d'enregistrement dans l'hémisphère gauche sont indiqués dans le dessin du haut à gauche (A-E). (SC = sulcus centralis.) (Sasaki et Gemba, 1982.)

tion progressive, particulièrement dans le cortex préfrontal (A) et dans le cortex périphérique au corps strié (D). Ces augmentations peuvent être perçues comme le résultat d'un apprentissage cognitif, ce qui est illustré dans la figure 7.6. La réponse la plus intéressante réside dans le cortex moteur, dans la mesure où celui-ci doit déclencher la traction du levier. Sur la trace C de la figure 7-12, au cours de l'épreuve III, après 4 000 impulsions, on a noté une petite négativité, suivie d'une petite accélération des enregistrements du levier (VS : temps de réaction) permettant d'obtenir la récompense de jus de fruits.

Le plein succès (C IV) a été obtenu après 9 000 impulsions. Alors, le singe réussit à chaque fois, après un court temps de réaction dans sa réponse (VS), succès marqué par une amplitude importante dans le tracé C issu du cortex moteur, mais dans un délai plus long que les grands potentiels négatifs des tracés A et D. Sasaki et Gemba ont attribué cette négativité tardive à une efférence excitatrice du cervelet. Celle-ci fut annulée par une cérébellectomie, mais avec pour séquelle une grave détérioration des réponses. Ce fait n'a pas été relevé chez des animaux ayant déjà subi une cérébellectomie. Ainsi, au cours de l'apprentissage effectif de cette tâche — signal lumineux et flexion du poignet —, l'activation cérébrale par la lumière associée à un apprentissage cognitif associé, particulièrement dans les zones préfrontales et périphériques du corps strié, a dû être projetée dans le cervelet, avec circuit-retour au cortex moteur, afin d'obtenir, comme dans Vs IV, une réponse bien apprise.

Il est étonnant qu'il faille jusqu'à 4 000 stimulations — 1 000 par semaine —, même chez un singe intelligent, pour qu'il apprennne à associer un signal lumineux à un mouvement aussi simple. En effet, un jeune enfant (d'âge préscolaire) y parvient au bout de quelques essais. Manifestement, la tâche — lumière/mouvement du poignet — est trop ésotérique pour le singe ; la tâche de la figure 7.11, elle, a été apprise en moins de 100 essais, mais c'est qu'elle fait partie de l'expérience normale du singe lors de ses déplacements.

Il apparaît que, malgré un bon développement de tout le mécanisme neural de l'apprentissage cognitif et moteur, les singes et les chimpanzés sont très gênés face à une situation nouvelle, et se montrent incapables de traiter par le langage une difficulté. L'évolution des hominiens met ainsi en relief le rôle énorme du langage dans le processus d'évolution. Nos ancêtres hominiens, dont les pongidés actuels sont les représentants, auraient eu d'excellents cerveaux avec des zones bien développées pour l'apprentissage cognitif (tableau 7.1) et l'apprentissage moteur (tableaux 7.2 et 7.3) ; mais leur évolution fut très lente, comme on l'a vu au chapitre 2. Le grand succès final des hominidés semblerait dériver du processus évolutif du langage décrit au chapitre 4.

Cela devint probablement effectif chez l'*homo habilis*, membre pionnier du genre *homo* (Tobias, 1986).

Au terme de cet examen détaillé du mécanisme cérébral impliqué dans l'apprentissage, la figure 7.13 est utile en ce qu'elle incorpore certains aspects de la mémoire cérébrale cognitive à la mémoire motrice cérébelleuse. Le côté droit du diagramme signale le rôle du cervelet dans l'apprentissage par interaction des afférences de la fibre grimpante (FG) et afférence de la fibre moussue (FM) qui engendre l'afférence de la fibre parallèle. L'apprentissage par la LTD advient par l'afférence (FM) et s'exprime comme une réponse augmentée par les noyaux cérébelleux et transmise au thalamus, donc au cortex moteur, ainsi que l'illustre la figure 7.12, tracé C IV (voir figure 7.7).

A gauche de la figure 7.13 sont indiquées diverses afférences sensorielles, base de la mémoire cognitive lorsque ces afférences sont projetées vers les zones d'association cérébrale (voir la figure 7.5). La conjonction de l'afférence hippocampique et du cortex cérébral (figures 7.5 et 7.6) n'est pas montrée dans la figure 7.13. Au cours du chapitre 8, nous nous référerons encore à la partie supérieure gauche de cette figure 7.13.

7.6 Certaines particularités de la mémoire humaine

Lorsque nous examinons la durée de la mémoire humaine, nous devons prendre en considération des effets de rappel réitérés qui rendent possible son extension indéfinie. Cas exceptionnel, H. M., le patient ayant subi une hippocampectomie bilatérale, fut testé sur des effets rétrogrades depuis son opération en 1953. Pour cela, H.M. fut soumis à des tests de reconnaissance de personnages de la télévision célèbres avant 1953, et l'on constata qu'il y avait amnésie rétrograde pour des événements survenus d'un à trois ans avant l'hippocampectomie. Pendant une durée similaire, il existe aussi une amnésie rétrograde des événements, ressentie par moments, à la suite de thérapies d'électrochocs bilatéraux (Squire, 1982-1983). La durée de sensibilité de ce fait disruptif correspond aux observations faites pour le processus habituel d'oubli. Ainsi, il y aurait une période d'une à trois années impliquées dans le processus de consolidation d'une mémoire de longue durée, pour que cette mémoire ne soit plus susceptible de pertes par processus d'oubli ou par processus de rupture par électrochocs ou hippocampectomie. Nous devons envisager que, pour effectuer une consolidation « permanente » de la mémoire, l'afférence hippocampique au néocortex (figures 7.5 et 7.6) doit, pendant un à trois ans, être réitérée, d'une façon proche de l'expérience initiale, au cours de ce que nous pouvons appeler des « épisodes de rappel ». La non-réitération, elle, aboutit au processus ordinaire de l'oubli. Au bout de trois ans, les codes de mémoire dans le cortex cérébral sont beaucoup mieux établis, et, apparemment, ne nécessitent plus de renforcement par afférence hippocampique ; d'où le fait que ces codes ne sont pas perdus par l'action disruptive d'une hippocampectomie bilatérale ou d'une thérapie électroconvulsive.

Popper (1977) développe l'hypothèse intéressante selon laquelle il y aurait deux formes distinctes de mémoire la mémoire implicite et la mémoire explicite. Dans la première, le sujet n'a pas conscience que cette mémoire constitue un événement particulier. Le meilleur exemple en serait notre connaissance langagière. De manière analogue, pour ce qui est de tous nos mouvements habituels, marcher, courir, faire de la bicyclette, skier, nager, patiner, nous ne nous les rappellerions qu'implicitement, même si un entraînement suscite des améliorations. C'est encore la mémoire implicite que j'utiliserais en écrivant ces lignes. En revanche, la mémoire explicite servirait pour des événements particuliers tels qu'objets, visages, histoires, thèmes musicaux, etc. Habituellement, la mémoire explicite durerait moins longtemps que la mémoire implicite, mais il arriverait qu'elle persiste indéfiniment pourvu qu'elle soit rejouée de façon répétée.

H. M. était frappé d'une amnésie totale, antérograde, pour tout événement postérieur à son opération. Il n'en avait pas de souvenir explicite. Cependant, il était encore capable de développer un apprentissage moteur comme mémoire implicite, mais il l'ignorait. Il était capable d'apprendre une technique motrice complexe en dépit de son handicap extrême pour l'apprentissage cognitif. Par exemple, il apprit au bout d'un temps normal (trois jours) à dessiner une ligne entre les lignes parallèles d'une étoile en double profil, tout ce processus étant acquis dans le reflet d'un miroir. Le lendemain, il ne se souvint aucunement d'avoir accompli cet exercice, mais il en avait retenu la dextérité motrice (Milner, 1966).

Nous devons mentionner les diverses appellations de certains

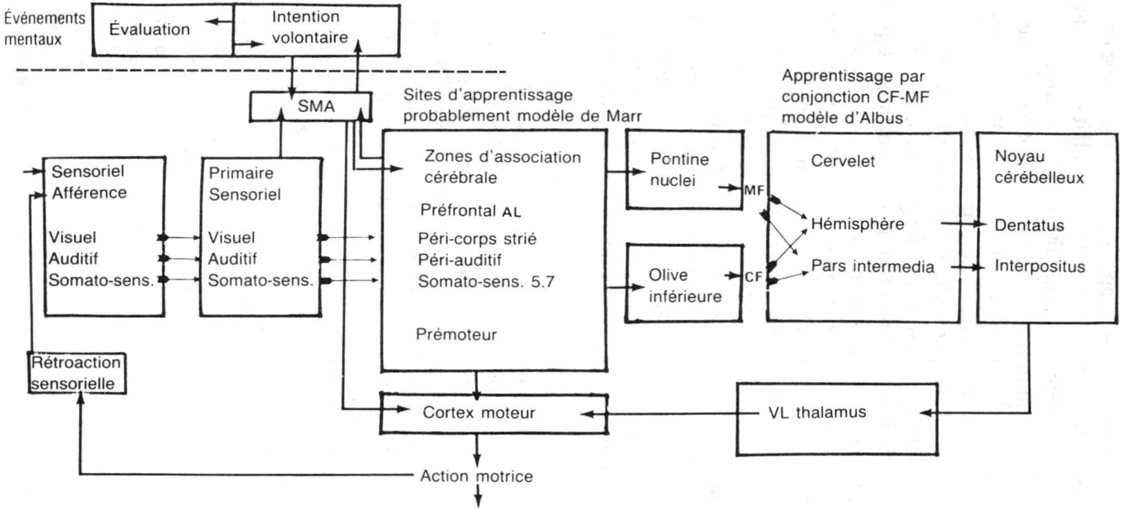

Figure 7.13. Représentation schématique des événements mentaux et neuraux proposés dans l'apprentissage d'un mouvement précis. Les événements mentaux de l'apprentissage moteur humain sont indiqués au-dessus par la ligne en pointillé qui les sépare des événements neuraux. Le rôle des événements dans l'apprentissage moteur des animaux reste indéterminé. Les flèches indiquent les voies principales d'action. Voir le texte pour description complète. Toutes les voies sont excitatoires, sauf l'action du cervelet sur les noyaux cérébelleux.

aspects de la mémoire qui sont apparus en relation avec des procédures de tests. Par exemple, Squire (1983) a fait une distinction importante entre « mémoire déclarative » et « mémoire procédurale ». Les tests-mémoire habituels pour des patients amnésiques explorent les pertes de « mémoire déclarative » par des questions dont le but est de révéler une connaissance défectueuse d'événements passés et de faits particuliers. De son côté, la « mémoire procédurale » implique des savoir-faire appris, des fonctions motrices, et, dans une certaine mesure, des fonctions cognitives. Dans certaines lésions hippocampiques, il y a amnésie de la « mémoire déclarative » et non pas de la « mémoire procédurale » qui dépend probablement de circuits de transmission neuraux tout à fait différents, concernant principalement l'aire motrice supplémentaire, l'aire prémotrice, le cervelet et les ganglions fondamentaux. Cette classification est quasi identique aux mémoires cognitive et motrice décrites ici. D'autres terminologies se rapportent également aux procédures de tests, comme celles-ci : mémoire d'utilisation et mémoire de référence (Olton, 1983), mémoire associative et mémoire de reconnaissance (Gaffan et Weiskrantz, 1980).

Il a été postulé au début de ce chapitre que les mémoires cognitives sont « maintenues » dans des « banques de données » du cortex cérébral. Il est possible de découvrir une cartographie des zones corticales activement engagées dans la récupération des souvenirs, comme le montrent les figures 6.7, 6.8 et 6.9. Des cartographies d'activité cérébrale peuvent être obtenues par la technique du xénon radioactif, qui permet l'enregistrement d'un dégagement radioactif du cerveau après une injection de ^{133}Xe dans l'artère carotide interne. La figure 7.14 présente des cartographies d'activité cérébrale pendant des tâches spécifiques de mémoire (Roland et Friberg, 1985). Dans la figure 7.14, la structure 50 —3 montre que, statistiquement, il y a eu des augmentations importantes quand le sujet effectuait silencieusement des soustractions séquentielles de 3 à partir du chiffre 50, la progression à mémoriser étant 50 — 47 — 44 — 41, etc., continuant en dessous de 2 à — 1, — 4, etc., jusqu'à 45 secondes au-delà du terme d'enregistrement du flux de sang cérébral régional (rCBF). Pendant toute cette période, le sujet ne fut pas dérangé. La première interférence, après la période d'enregistrement rCBF, fut celle du chercheur qui demanda au sujet le dernier chiffre obtenu par soustraction. Il est frappant que les rCBF furent les plus intenses sur les deux côtés du lobe préfrontal, excepté la circonvolution angulaire dans le lobe pariétal, avec des augmentations de 20,3 et 14,7 %. De façon correspondante, une incapacité de calculer (l'état clinique d'« a-calculie ») a été observée lors d'une destruction bilatérale de la circonvolution angulaire.

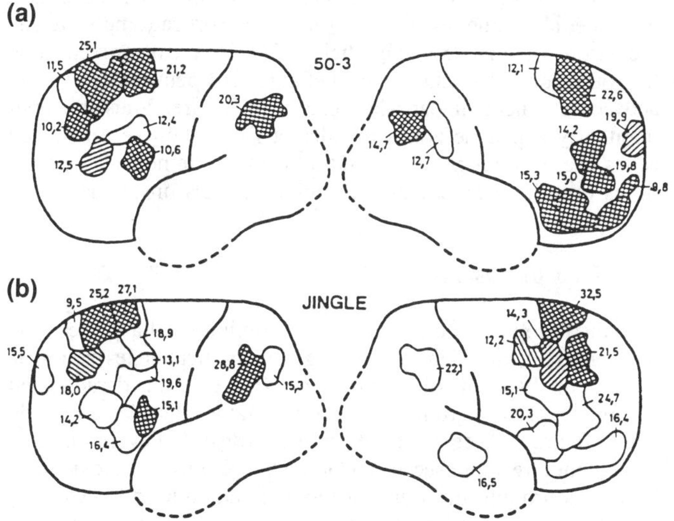

Figure 7.14. Pourcentage moyen des augmentations de rCBF et moyenne de leur distribution dans le cortex cérébral durant deux épisodes différents de réflexion silencieuse, décrits dans le texte. Hémisphère gauche : six sujets ; hémisphère droit : cinq sujets. Les zones croisillées ont des augmentations rCBF significatives au niveau 0,005 ; pour les zones hachurées $P < 0,01$, et pour les zones circonscrites $P < 0,05$. (Roland et Friberg, 1985, autorisation American Physiological Society.)

Dans la figure 7.14b, la structure du *jingle* montre l'augmentation du rCBF lorsque la mémoire silencieuse s'applique à sauter mentalement tous les deux mots d'une séquence de paroles absurdes danoises bien connue — un *jingle* composé en boucle fermée de neuf mots. De nouveau, presque toutes les zones corticales activées se trouvèrent dans le lobe frontal. La zone du lobe temporal droit, avec une augmentation de 16,5 %, fut la seule impliquée dans l'épreuve du *jingle* ; elle avait été précédemment sollicitée dans la discrimination d'afférences auditives (figure 9.3 ; Roland *et al.*, 1981).

On peut donc en déduire que l'appel à la mémoire cognitive provoque une activité cérébrale plutôt élevée, en particulier dans le cortex préfrontal. L'exemple examiné ici est bien trop grossier, le grain de l'appareil de mesure étant d'environ 1 cm^2 de surface corticale, alors que les unités ou modules corticaux ne sont que d'environ 0,1 mm^2 (Szentágothai, 1978). Il faut reconnaître que les zones corticales actives dans la figure 7.14 peuvent ne pas être activées initialement dans la tâche de mémoire. Vraisemblablement, il y a peu de zones initiales et l'excitation se répand de celles-ci aux autres zones. Il faudrait élaborer de nouvelles procédures pour la recherche cartographique de tels processus.

7.7 Conclusions

Dans l'évolution du néocortex des hominidés, il a été reconnu au chapitre 4, que l'aire du langage, en particulier les zones de Brodmann 39 et 40 (figures 4.3 et 4.4), s'est considérablement agrandie à partir de rudiments reconnaissables dans le cerveau du singe (figure 4.5), et que cette origine tardive de l'évolution peut également être supposée en raison de la présence tardive de myéline. Aujourd'hui, on avancera l'idée qu'au cours de l'évolution l'énorme expansion (quintuplement) du cortex préfrontal des hominidés, tel qu'il se présente chez les singes actuels, ne s'accomplit pas par une croissance uniforme. De la même façon que les zones 39 et 40, de nouvelles zones auraient pu être développées avec des propriétés particulières donnant au lobe préfrontal sa prééminence dans la pensée et la mémoire humaines. Certaines de ces zones ont pu fonctionner dans les cartographies préfrontales des figures 7.14a-b. Les figures 4.8 et 4.9 montrent d'importantes zones avec une présence tardive de myéline dans le lobe préfrontal. Ces remarques amènent au chapitre 8 dont le thème est l'interaction de la pensée et du cerveau.

CHAPITRE VIII

Rapports entre le cerveau et l'esprit au cours de l'évolution

Les sections imprimées en corps plus petit peuvent être omises lors d'une première lecture.

8.1 Introduction historique

Dès la naissance de la philosophie, dans la pensée grecque, on s'est beaucoup préoccupé des manifestations de la conscience, auxquelles on a donné des définitions diverses. A l'origine, on concevait l'âme comme matérielle : faite d'air, de feu ou d'une matière très subtile. A l'époque, l'interaction d'un corps matériel avec un esprit matériel ne suscitait guère de difficultés. A un stade plus tardif de la pensée grecque, chez Platon et Aristote, l'âme devint une entité non matérielle censée interagir avec le corps : cette idée non plus ne gênait pas la science grecque, alors primitive. Le premier des grands médecins, Hippocrate, vivant à cette époque, était dualiste et exposa que, dans le mouvement, le cerveau était l'interprète de la conscience et disait aux membres comment agir, et que c'était également lui qui apportait à la conscience les messages qu'elle recevait. Mais, bien entendu, on n'avait qu'une idée extrêmement rudimentaire de la manière dont cela se produisait. Dualisme et interaction résument ce que croyaient là-dessus, en général, les philosophes grecs.

Ainsi, les célèbres formulations de Descartes sur le dualisme et l'interaction ont derrière elles une longue lignée de prédécesseurs. C'est lui qui osa, le premier, proposer une façon dont un esprit non matériel, *res cogitans*, pouvait interagir avec un cerveau matériel, *res extensa*. Il avait raison de remplacer « corps » par « cerveau » dans l'antique expression philosophique du problème des rapports entre l'âme et le corps. Mais il supposa que l'organe que mettaient d'abord en mouvement les impulsions de l'âme humaine était la glande pinéale (l'épiphyse). Cet extraordinaire postulat ne reposait que sur des indices tout à fait insuffisants. Pour Descartes, les animaux n'avaient pas d'âme et se comportaient en automates. Ses contemporains rejetèrent cette théorie insolite. Les « occasionnalistes », qui restaient dualistes, conçurent l'idée fantastique d'un parallélisme, commandé par Dieu, entre le corps et l'esprit. Spinoza et Leibniz, eux aussi, refusèrent l'interaction postulée par Descartes, et s'efforcèrent de résoudre le problème de l'âme et du corps en inventant divers systèmes de fonctionnement, commandés par Dieu, fondés sur un parallélisme ou une harmonie.

On assista ensuite à une sorte de longue trêve au cours de laquelle la question du rapport entre l'esprit et le cerveau ne progressa pas, faute de contributions significatives, sans doute parce que l'étude du cerveau était encore trop primitive pour mériter le nom de science. A titre de curiosité, on peut citer le médecin et philosophe français La Mettrie : « Le cerveau sécrète de la pensée comme le foie sécrète de la bile » ; et cette idée simpliste d'une sécrétion cérébrale fut reprise plus d'un siècle après par le grand évolutionniste Charles Darwin : « Pourquoi l'idée que le cerveau sécrète de la pensée serait-elle plus extraordinaire que celle qui fait de la pesanteur une propriété de la matière ? » (Gruber, 1974 : 451.)

8.2 La conscience chez l'animal

Depuis quelques années, la biologie et la psychologie commencent à émerger de la nuit épaisse qu'a longtemps fait peser sur elles le behaviourisme, doctrine qui exclut du domaine scientifique toutes les questions relatives à la conscience des animaux. Des œuvres comme celles de Thorpe (1974), Lorenz (1977) et Griffin (1976, 1984), par exemple, ont heureusement dissipé ces ténèbres.

Griffin (1976) notamment a permis à l'éthologie d'accomplir un bond en avant en y faisant entrer l'étude des expériences vécues d'ordre mental. Les comportements animaux dans toute leur complexité semblent avoir tant de points communs avec les conduites humaines qu'on est en droit de postuler de façon pertinente la présence, chez l'animal, de tout un vécu mental lié à ces comportements. Griffin le définit ainsi :

> « Tout être humain normal pense à des objets et à des événements qui sont éloignés dans le temps et dans l'espace par rapport à la succession immédiate des sensations : voilà ce que j'entends par "expériences mentales"... La présence d'*images mentales* et leur utilisation par l'animal pour moduler son comportement fournissent à titre d'hypothèse de travail une définition pragmatique de la *conscience.* » (1976 : 5)

Il ajoute cependant cette mise en garde : « Les scientifiques behaviouristes sont en général fermement convaincus que le mot de "conscience" ne peut servir à rien dans une analyse scientifique. » Griffin (1984) propose d'appeler behaviouristes inclusifs ceux qui, tant psychologues que biologistes, étudient les comportements animaux sans se référer à aucune expérience mentale censée exister chez l'animal. Leur postulat implicite est que seuls les *actes* accomplis par l'animal sont susceptibles de favoriser ou non sa survie et sa reproduction, et qu'aucune expérience seulement *ressentie* par lui ne pourrait donc avoir de conséquences sur l'évolution de l'espèce. Griffin rétorque que, si les expériences mentales d'un animal affectent son bien-être et son activité reproductrice, elles pèsent efficacement sur la sélection naturelle. Nous avons décrit dans les chapitres 4, 5 et 7 nombre d'exemples de ce mécanisme relatifs à l'évolution des hominiens.

Nous pouvons dire d'un animal qu'il est conscient lorsqu'il paraît motivé par des émotions et des sautes d'humeur, lorsqu'il sait juger sa situation actuelle à la lumière de ses expériences passées de façon à se donner une conduite appropriée qui soit autre chose — et plus — qu'une réaction instinctive stéréotypée. Ainsi, l'animal présente un comportement structuré qui est original, qui est susceptible d'être appris et qui, en outre, inclut toute une gamme de réactions affectives. On enferme par exemple un singe dans une pièce où se trouvent dans un coin une boîte déplaçable, et dans l'autre un régime de bananes suspendu trop haut, hors d'atteinte : après avoir longtemps réfléchi, le singe prendra la boîte pour la placer au-dessous des bananes, qu'il réussira à attraper. Dans un domaine tout différent, les jeux auxquels s'adonnent spontanément les mammifères, surtout jeunes, démontrent qu'ils ont des expériences conscientes (voir chapitre 7).

8.3 L'évolution de la conscience

Le propos de ce livre n'exige pas une étude détaillée des origines de la conscience dans l'évolution des espèces, mais on peut au moins soulever certaines questions qui méritent d'être abordées. Comment, au cours de l'évolution, la conscience — ou l'esprit — des animaux a-t-elle pu accéder à l'existence dans un monde où, jusque-là, il n'y avait pas d'esprit ? Dans l'évolution des espèces animales, jusqu'où faut-il remonter pour les voir vivre des événements mentaux, des ébauches d'expériences mentales, premières lueurs à émerger de l'obscurité jusque-là totale de l'inconscient ? Ces événements mentaux sont nécessairement liés au continuum des processus neurologiques du cerveau, mais en quoi améliorent-ils le fonctionnement et l'efficacité du cerveau, apportant ainsi à l'espèce des chances supplémentaires de survie dans la lutte pour l'évolution ? Enfin, quel statut ontologique peut-on assigner à des événements mentaux apparus dans un monde qui jusqu'alors répondait à une définition moniste, celle d'un monde purement physique où il n'y avait que de la matière et de l'énergie ?

Si, en tant que neurophysiologistes, nous nous penchons sur le comportement d'organismes simples, tels que même les abeilles, nous savons expliquer leurs comportements, même les plus complexes, de façon plausible en recourant au concept d'un instinct héréditaire auquel se superpose un apprentissage. L'activité instinctive d'un animal se fonde sur la façon dont, au cours de l'ontogenèse, son système nerveux et les appareils qui s'y rattachent ont été construits par l'intermédiaire d'instructions génétiques. Quant à l'apprentissage, on peut le considérer comme une amélioration de l'efficacité des synapses à la suite d'une utilisation répétée (voir chapitre 7). Ainsi, nous n'avons pas à sortir d'un cadre strictement matérialiste. Au-dessous du niveau des oiseaux et des mammifères, le comportement animal qui a été de très loin le plus étudié est celui des abeilles, mais, pour ce qui les concerne, je rejette les postulats mentalistes de Griffin qu'il fonde sur la complexité de leurs danses réglées par tout un code de symboles ordonnés dans l'espace et dans le temps. Je ne vois pas de raisons de supposer que les abeilles savent ce qu'elles font, car leur cerveau est trop petit, d'une organisation trop stéréotypée (Strausfeld, 1976).

Même au niveau des amphibiens, l'extrême efficacité avec laquelle les grenouilles attrapent les mouches s'explique de façon assez simple par un processus de reconnaissance visuelle (ou « détecteur d'insectes ») auquel la grenouille se contente de réagir. Lorenz (1971, 1977), sur la base de sa très longue intimité avec les oiseaux, décrit des comportements structurés qui signalent des états mentaux. Thorpe (1974 : 299) relate des expériences sur la reconnaissance des nombres chez l'oiseau, et en titre la conclusion suivante : « Nous possédons des indices extrêmement convaincants qui montrent que certains animaux savent, à partir des données sensorielles, abstraire mentalement la caractéristique dite "nombre" : cette opération d'abstraction ne peut être accomplie chez l'enfant humain que par une activité cérébrale consciente. »

Notre problème, celui de la phylogenèse de la conscience, semble ne se poser que pour une gamme d'êtres assez réduite, qui ne comprend que les oiseaux et les mammifères. La stratégie la plus simple consisterait à étudier à quel point et selon quel mode les animaux les plus évolués en dehors de l'homme, les primates anthropoïdes, sont conscients dans leurs actions, et c'est ce que nous avons fait dans les chapitres 4, 5, 6 et 7.

On ne saurait douter qu'il y ait des expériences mentales chez les animaux domestiques, surtout ceux qui partagent la vie quotidienne des hommes : chien, chat, cheval. Quant à moi, je pense que les jeux des jeunes animaux sont un critère convaincant qui doit nous les faire ranger parmi les êtres conscients ; de même pour la curiosité, ainsi que pour les manifestations affectives, notamment tous les indices qui nous marquent leur attachement et leur dévouement. Mais la prudence nous interdit d'identifier ces états mentaux supposés à ceux qu'éprouve l'être humain. Nous communiquons avec les animaux par des symboles, comme avec les personnes humaines, mais ce n'est pas du tout au même niveau de subtilité.

Nous pouvons maintenant nous demander quel avantage a conféré à notre espèce l'avènement d'expériences mentales associées à l'activité cérébrale. William James a par exemple suggéré que l'esprit est une propriété que s'est donnée le cerveau lorsqu'il est devenu trop complexe pour gérer son propre fonctionnement. On a également dit que la conscience de soi est utile en ce qu'elle offre à l'animal une expérience de ce qu'est l'ensemble d'une situation. On peut pousser plus loin cette idée en ce qui concerne l'expérience visuelle.

Depuis vingt ans, une énorme quantité de recherches scientifiques a porté sur le traitement de l'information visuelle dans le cerveau du chat et du singe (figures 6.2-6.6 ; section 6.4). Il s'agit d'un traitement séquentiel qui progresse vers l'abstraction à partir des caractéristiques de l'image d'abord projetée sur la rétine (figure 6.1). A aucun stade de ce traitement, on ne peut repérer de neurones qui joueraient un rôle privilégié dans la reconstitution finale de l'image en ce qu'ils porteraient en eux une image donnée, comme s'il y avait par exemple des « cellules à grand-mère » dont le rôle fût de vous avertir que ce que vous voyez là, c'est votre grand-mère. Pourtant, au total, nous percevons effectivement l'image. De l'exclusion ci-dessus, il faut peut-être excepter en partie le petit nombre de neurones « détecteurs de traits » que contient l'aire TE de la figure 6.6. L'activité organisée des neurones, dans son immense diversité, est le support de l'information codée qui pourrait servir à reconstituer l'image, mais les mécanismes du cortex cérébral semblent incapables de l'opération consistant à réassembler un tout (voir Weiskrantz, 1974). Or celle-ci s'accomplit dans l'expérience consciente qui a lieu comme par magie dès que nous ouvrons les yeux et qui évolue d'un moment à l'autre en synchronisme apparent avec ce qui frappe l'œil. Les opérations complexes de traitement qui se déroulent dans les mécanismes nerveux du cortex visuel, et au-delà, véhiculent l'information codée que représentent les schèmes spatio-temporels de l'activité des neurones du cortex cérébral (Creutzfeldt, 1987). On a droit de postuler qu'au cours de l'évolution l'apparition d'expériences mentales conscientes a accompagné le perfectionnement des mécanismes de traitement visuels, et a joué un rôle essentiel en contribuant à guider le comportement de l'animal.

Des données visuelles plus simples qui guident certains comportements animaux n'ont quelquefois pas besoin de s'intégrer à une image visuelle d'ensemble. Par exemple, comme on l'a indiqué ci-dessus, l'appareil visuel de la grenouille fonctionne peut-être sans aucune opération d'intégration. Mais, chez les animaux supérieurs, oiseaux et mammifères, où l'appareil visuel s'est beaucoup perfectionné, on conçoit qu'une image intégrée confère un net avantage dans la sélection naturelle. Cette intégration pourrait en outre embrasser d'autres données sensorielles : auditives, olfactives, tactiles, ce qui aboutirait à une forme d'expérience mentale synthétique semblable à celle dont nous bénéficions (voir chapitres 9 et 10).

Nous avons ainsi formé l'hypothèse que l'apparition d'expériences mentales au cours de l'évolution peut se concevoir comme ayant servi à intégrer les données extrêmement diverses que recueille le cerveau des animaux les plus évolués. Ceux dont le système nerveux est plus rudimentaire, dont la gamme de sensations et de comportements est plus restreinte, n'ont pas besoin d'une intégration plus poussée que celle que leur procure la simple présence d'un système nerveux central. Nous nous rendons bien compte que cette hypothèse n'explique pas comment des expériences mentales sont mystérieusement apparues dans un monde constitué jusqu'alors de réalités purement matérielles ; mais elle a le mérite de suggérer en quoi leur apparition aurait conféré à l'espèce un avantage sur ses rivales.

La théorie darwinienne de l'évolution, sous ses formes modernes, a le défaut de ne pas même voir qu'il y a là un très grand problème : comment des organismes vivants auraient-ils acquis des expériences mentales, non matérielles, situées dans un monde autre que celui qui, fait de matière et d'énergie, contenait jusqu'alors tout ce qui existait ? Tout un chacun n'est pas disposé à accepter la solution proposée par Descartes, à savoir que la présence chez l'être humain d'expériences conscientes vient de ce que Dieu lui a créé une âme, et que les animaux même supérieurs sont de simples automates, pareils à des machines et dénués d'expériences mentales. Le panpsychisme, qui ne fait qu'éluder le problème, ne mérite pas davantage créance (Popper et Eccles, 1977).

Il est gênant que les évolutionnistes se soient si peu préoccupés de la formidable énigme qu'oppose à leur théorie matérialiste l'apparition du mental au cours de l'évolution des espèces. Par exemple, l'évolution du mental n'est nulle part mentionnée dans l'ouvrage classique de Mayr, *Animal Species and Evolution* (1973), ni dans *Le Hasard et la nécessité* de Monod (1971), ni dans le livre de Wilson, *Sociobiology : The New Synthesis* (1975). L'explication de cette carence est sans doute que, chez les biologistes, régnait un climat intellectuel dominé par les dogmes du behaviourisme. Mais il n'est plus possible de nier l'existence d'une conscience de soi chez les animaux, du moins chez les animaux supérieurs, et, de ce fait, un défi est lancé aux évolutionnistes. Le moment est venu où l'on est en droit de dire qu'on ne fait pas disparaître un problème en refusant de le poser.

Popper (1982 : 150) écrit :

> « L'apparition de la conscience dans le règne animal est peut-être un aussi grand mystère que l'origine de la vie même. Cependant, il faut bien supposer, quoique cela pose un problème impénétrable, qu'il y a là un effet de l'évolution, un produit de la sélection naturelle. »

Je pense que l'apparition de la conscience est un peu le « cadavre dans le placard » de l'orthodoxie évolutionniste. Mais il faut bien reconnaître aussi que, même si la conception holiste donne un sens à l'apparition de la conscience, elle n'explique pas cette apparition. Celle-ci reste tout aussi énigmatique qu'elle l'est pour l'orthodoxie évolutionniste, aussi longtemps qu'on la considère comme *un processus exclusivement naturel au sein d'un monde exclusivement matériel.*

8.4 Philosophie du problème esprit/cerveau

Comme nous l'avons déjà exposé au chapitre 4 et illustré par la figure 4.2, Popper (1972) a proposé d'ajouter un Monde 3, le monde de la culture et de la civilisation, aux deux mondes que concevait la tradition : le monde ou cosmos de la matière et de l'énergie (Monde 1), et le monde de l'expérience subjective et des états de conscience (Monde 2). Sur la base de ces Mondes 1 et 2, on peut présenter de façon schématique les diverses théories actuellement admises à propos de l'esprit et du cerveau (figure 8.1).

Ainsi qu'on l'a indiqué dans les sections 8.2 et 8.3 ci-dessus, l'existence de la conscience dans les événements mentaux tels que la pensée rencontre un assentiment unanime, sauf chez un petit noyau de matérialistes intransigeants. Bien sûr, la pensée est vécue de façon subjective et nous ne pouvons l'identifier objectivement de la même manière que nous percevons par nos sens le monde extérieur. C'est en parlant à autrui que nous confirmons sa présence et conférons à cette expérience un statut objectif. Nous disposons d'une contre-épreuve pour ce critère, lorsque nous tentons de vérifier des expériences comme les illusions perceptives ou les hallucinations : celui qui les vit les croit objectives et les situe dans le Monde 1, mais est obligé en fin de compte de reconnaître qu'elles n'appartiennent qu'au Monde 2. Par exemple, le monde apparemment objectif où se déroule un rêve ne se conforme en fait nullement aux règles du Monde 1, et ne relève donc que du Monde 2. Il arrive certes que, pendant le déroulement du rêve, le cerveau et même le corps du rêveur soient le siège d'événements objectifs faisant partie du Monde 1, mais ceux-ci ne fournissent aucun indice quant au contenu du rêve tel qu'il sera relaté au réveil.

Monde 1 : ensemble du monde matériel, y compris les cerveaux.
Monde 2 : ensemble des expériences subjectives ou mentales.
Le Monde 1_P est tout ce qui, dans le monde matériel, est dépourvu d'états mentaux.
Le Monde 1_M est la petite partie du monde matériel qui est associée à des états mentaux.

Matérialisme absolu :
Monde 1 = Monde 1_P; Monde 1_M = 0; Monde 2 = 0.
Panpsychisme :
Tout est Monde 1-2; ni Monde 1 ni Monde 2 n'existent isolément.
Épiphénoménisme :
Monde 1 = Monde 1_P + Monde 1_M.
Monde 1_M → Monde 2.
Théorie de l'identité :
Monde 1 = Monde 1_P + Monde 1_M
Monde 1_M = Monde 2 (l'identité)
Dualisme-interactionnisme :
Monde 1 = Monde 1_P + Monde 1_M
Monde 1_M $\rightleftarrows$ Monde 2; cette interaction a lieu dans le cerveau de liaison, CL = Monde 1_M.
Ainsi, Monde 1 = Monde 1_P + Monde 1_{CL}, et Monde 1_{CL} $\rightleftarrows$ Monde 2.

Figure 8.1. Représentation schématique des diverses théories sur les rapports entre le cerveau et l'esprit. Le texte en contient un exposé plus complet.

Il existe un grand nombre de théories matérialistes de l'esprit que résument les quatre premières rubriques de la figure 8.1. Le matérialisme absolu s'élimine de lui-même. Les trois autres théories matérialistes admettent l'existence d'un esprit ou celle d'événements mentaux, mais ne leur accordent pas de statut indépendant. Elles considèrent les états mentaux comme un simple attribut de la matière ou du monde matériel, qu'il s'agisse de la matière dans son ensemble (panpsychisme) ou de l'espèce particulière de matière qui constitue le système nerveux extrêmement organisé des animaux supérieurs et de l'homme. Nous n'avons guère besoin d'examiner davantage l'une de ces trois théories, l'épiphénoménisme, qui est depuis quelques décennies supplantée par la théorie de l'identité dont Feigl (1967) a fourni le premier exposé complet. Popper écrit :

> « Toutes les quatre affirment que le monde matériel (Monde 1) est contenu tout entier en lui-même, est *fermé*... Ce principe matérialiste du caractère fermé du Monde 1 (matériel)... revêt une importance décisive... en tant qu'il est le principe caractéristique du matérialisme ou "physicalisme".» (1977 : 51)

Nous avons eu quelque peine à trouver chez les philosophes des énoncés portant sur les phénomènes neurologiques précis dont on suppose qu'ils sont identiques aux événements mentaux. L'énoncé le plus clair a été donné par Feigl :

> « La thèse de l'identité, celle que je souhaite exprimer clairement et défendre, affirme que les états de conscience vécus, les expériences immédiates que "vivent" les êtres humains, et celles que nous attribuons en toute confiance à certains animaux supérieurs, sont identiques à certains aspects des processus neurophysiologiques de ces organismes, aspects qui sont sans doute de l'ordre des configurations électroniques... Il s'agit de processus qui se déroulent dans le système nerveux central, peut-être spécialement dans le cortex cérébral... Les concepts neurophysiologiques se réfèrent à des ensembles structurés de décharges neuronales, extrêmement complexes et ramifiés. » (1967 : 67)

A ces théories matérialistes ou théories du parallélisme s'opposent les théories dualistes-interactionnistes évoquées au bas de la figure 8.1. Le point essentiel est que dans celles-ci l'esprit et le cerveau sont des entités séparées, puisque le cerveau appartient au Monde 1 et l'esprit au Monde 2, mais qu'ils ont, d'une façon ou d'une autre, une interaction. Une frontière sépare les Mondes 1 et 2, mais elle est franchie dans les deux sens par une interaction (voir figures 4.2 et 8.5) que l'on peut concevoir comme un flux d'information, et non d'énergie. On aboutit ainsi à cette doctrine extraordinaire selon laquelle le monde de la matière et de l'énergie (Monde 1) ne serait pas hermétiquement fermé, ce qui contredit un des principes fondamentaux de la physique classique : la loi de la conservation de l'énergie. Dans toutes les théories matérialistes de l'esprit, au contraire, on a dépensé, comme nous l'avons vu, des trésors d'ingéniosité pour préserver le caractère fermé du Monde 1.

8.5 Etude expérimentale du problème des rapports cerveau/esprit

Puisqu'on est en droit de tenir pour acquis que les animaux supérieurs, et en particulier les primates, possèdent une conscience, le problème qui nous intéresse spécialement dans ce livre est celui-ci : en quoi l'interaction cerveau/esprit a-t-elle changé au fil des grandes étapes du développement du cerveau dans la phylogenèse des hominiens (chapitres 2 à 7) ? La science n'a pas beaucoup étudié les anthropoïdes, mais les recherches qui portent sur les simiens les plus évolués et sur les babouins nous fournissent un modèle possible de ce qu'étaient vraisemblablement les anthropoïdes des origines.

Il n'est pas possible de soumettre à une investigation rigoureuse les expériences conscientes des primates supérieurs placés dans des conditions expérimentales où l'on contrôle les données — visuelles, auditives, tactiles — qui parviennent à leurs sens, encore que nous disposions d'une masse considérable d'indications d'ordre anecdotique dont les chapitres 4 à 7 décrivent certaines. Il manque à ces animaux la capacité d'exprimer linguistiquement leurs expériences, quoiqu'ils sachent évidemment les manifester en utilisant les deux niveaux inférieurs du langage schématisés dans la figure 4.1. En revanche, il est possible d'étudier le cerveau d'un primate supérieur au moment où l'animal exécute un acte « volontaire » indépendamment de tout stimulus sensoriel qui eût pu le « déclencher », et on peut donc chercher à observer l'action que l'esprit exerce sur le cerveau.

La figure 8.2 illustre le dispositif expérimental (Brinkman et Porter, 1979) dans lequel on avait appris à un macaque à tirer un levier (L) jusqu'à la zone-cible, lorsqu'il désirait obtenir une récompense sous forme de nourriture. La seule restriction à sa liberté de mouvement était l'immobilisation de la tête. Il était

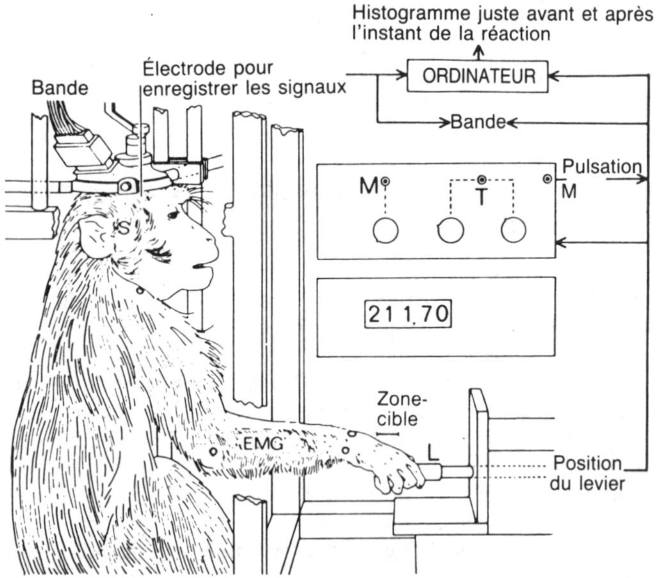

Figure 8.2. Représentation schématisée de l'expérience où l'on a enregistré l'activité des neurones de l'AMS pendant que le sujet exécute des gestes selon la méthode décrite dans le texte. On a dressé le singe à tirer un levier horizontal (L) de façon qu'il atteigne une zone-cible. On enregistre également l'électromyogramme (EMG) du muscle concerné (voir figure 8.3 b). (Brinkman et Porter, 1979, avec l'autorisation de l'American Physiological Society.)

libre de tirer le levier d'une main ou de l'autre à n'importe quel moment : il n'y avait aucun signal pour déclencher l'action. Dans le déclenchement volontaire des gestes, beaucoup d'indices montrent que l'aire motrice supplémentaire (AMS) joue le rôle principal au sein du cerveau (figures 3.3 et 4.3). Ayant l'expérience et sous anesthésie, on avait dénué cette aire cérébrale et fixé au crâne un appareil (figure 8.2) permettant d'insérer dans l'aire motrice supplémentaire, pendant l'expérience, une micro-électrode grâce à laquelle on enregistrerait les réactions de neurones pris isolément.

Si l'AMS joue un rôle dans le déclenchement volontaire du mouvement (Eccles, 1982 b), on peut s'attendre que beaucoup de ses neurones commencent à lancer des signaux bien avant les neurones du cortex moteur qui, finalement, font agir les muscles. On voit dans la figure 8.3a que les neurones de l'AMS se mettent à envoyer des impulsions environ 250 millisecondes avant que ne se manifeste dans le muscle le potentiel électrique qui signale le début du mouvement (figure 8.3b). Ce décalage s'observe également lorsque l'animal utilise l'autre main (figure 8.3c). 94 % des neurones de l'AMS réagissaient de façon bilatérale face à une tâche qui se présentait du même côté que celui de l'aire. Le rythme des gestes ne dépendait que de l'animal et une récompense en nourriture lui était généralement accordée chaque fois qu'il avait bien tiré le levier. Pour donner naissance à un mouvement du membre antérieur, les cellules pyramidales motrices envoient vers l'aval dans l'aire pyramidale (figure 3.6) une impulsion qui démarre en général de 40 à 60 millisecondes avant que l'électromyogramme (EMG) n'enregistre la réaction du muscle ; l'avance la plus considérable qui ait été constatée est de 140-120 millisecondes (Evarts, 1972). Donc, selon une estimation prudente, les neurones de l'aire supplémentaire de la figure 8.3 auraient commencé leurs impulsions environ 100 millisecondes avant les premières impulsions des cellules pyramidales motrices.

Cette avance de la décharge des neurones de l'AMS a été confirmée par de nombreuses expériences. Ainsi, la figure 8.3 indique comment, par un acte mental, par une intention, le singe parvient à activer un grand nombre de neurones de l'AMS situés sur les deux côtés. Comme on le voit dans la figure 3.13, d'autres actions, collatérales, concourent à rendre efficace une intention mentale (ou idée), mais la ligne directe commence par l'activation des neurones de l'AMS qui excitent à leur tour les cellules pyramidales du cortex moteur (CX moteur), peut-être par l'intermédiaire du cortex prémoteur (assn CX) : la décharge descend le long de l'aire pyramidale (figure 3.6) et les muscles que met en

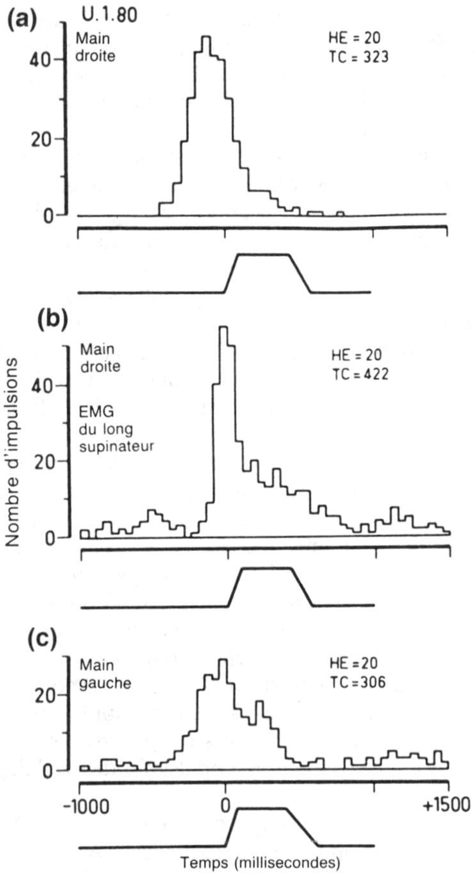

Figure 8.3. Illustration des profils d'excitation d'un neurone associé à la flexion du coude, à la fois par la main droite **(a)** et la gauche **(c)**. Le schéma **(b)** est l'histogramme de la période de réaction ; grâce à l'électromyogramme, il montre l'activité d'un muscle typique de ceux qui font plier le coude, le muscle « long supinateur », pour le bras droit, pendant la même série de vingt tirages du levier que dans le schéma **(a)**, et il permet de constater que le neurone a envoyé une décharge accrue, nettement avant l'augmentation d'activité musculaire signalée par l'électromyogramme. Cette avance vaut pour la majorité des neurones dont le profil de décharge a pu être comparé avec celui de l'EMG (HE = histogramme des événements = nombre de tirages ; TC = nombre d'impulsions pour les vingt tirages). (Brinkman et Porter, 1979, avec l'autorisation de l'American Physiological Society.)

jeu la traction du levier se contractent. Brinkman et Porter (1983) ont décrit comment une intention, un acte de volonté, peut faire naître dans l'AMS et le cortex prémoteur une vaste gamme de réactions neuronales qui aboutissent à l'ensemble complexe de mouvements qu'il faut pour tirer le levier.

Des raisons d'éthique interdisent de pratiquer chez l'homme, sur des neurones isolés de l'AMS, des recherches comme celles que retrace la figure 8.3. Cependant, la technique de repérage radioactif illustrée par les figures 6.7, 6.8, 6.9 et 7.14 permet d'étudier l'activité de plusieurs régions du cortex cérébral chez l'homme, y compris de l'AMS. Le mouvement volontaire consistait ici à toucher le pouce avec l'index selon une séquence apprise assez complexe, exigeant du sujet une attention soutenue tout au long des 40 secondes du test. Il s'agit donc bien de mouvements volontaires et non pas d'automatismes (Roland *et al.* 1980).

La figure 8.4a dessine une carte des régions où l'on a constaté un accroissement significatif du débit sanguin cérébral local (DSCl) pendant la suite de mouvements constituant le test ; elle indique les pourcentages moyens d'accroissement. Du côté gauche de la figure 8.4a se trouve la carte des DSCl de l'hémisphère gauche lorsque le test est exécuté par la main droite ; du côté droit, la carte de l'hémisphère droit quand c'est la main gauche qui travaille. Comme on s'y attendait, un accroissement considérable du DSCl s'est manifesté dans les aires corticales motrices de l'hémisphère opposé à la main active. Dans les zones postérieures, un accroissement moins marqué du DSCl concernait les aires sensorimotrices et sensorielles correspondant à la main. Il est particulièrement intéressant de noter qu'une forte augmentation du DSCl se produisait dans toute l'étendue des aires motrices supplémentaires des deux hémisphères alors même que les mouvements du test n'étaient exécutés que par l'une des mains. Ainsi qu'on le prévoyait, l'hémisphère situé du même côté n'a présenté aucun accroissement du DSCl dans ses aires motrices et sensorimotrices. L'activité bilatérale de l'AMS chez le singe est illustrée par les figures 8.3a et 8.3c.

La figure 8.4b est du plus haut intérêt en ce que le sujet s'est livré à ce qu'on appelle une « programmation intérieure » de la séquence de mouvements — il répétait dans son for intérieur les mouvements successifs, mais sans en exécuter aucun. Dans le même temps avait lieu un fait remarquable, un accroissement considérable du DSCl dans l'ensemble des aires motrices supplémentaires, moins considérable pourtant que pendant l'exécution des mouvements. Aucune augmentation significative ne s'observait dans les autres régions des hémisphères cérébraux. La figure 8.4b mérite qu'on la compare aux figures 6.9 et 7.14 où la pensée silencieuse s'accompagnait déjà d'un accroissement significatif du DSCl ; mais, dans ces dernières, il s'étendait à beaucoup d'autres zones, sans doute parce que le travail de réflexion était nettement plus complexe.

Outre les recherches illustrées par les figures 6.9, 7.14, 8.4 et 10.3, celles de Desmedt et Robertson (1977) comme celles de Roland (1981, figure 10.3) ont démontré que la concentration mentale a pour effet de susciter une activité du cortex cérébral. Le sujet était censé concentrer son attention sur un de ses doigts qui allait subir un contact. On observait en conséquence une modification des réactions électriques du cortex cérébral ou un accroissement du DSCl dans la région du cortex correspondant à ce doigt. La concentration mentale avait donc excité les neurones corticaux.

Les expériences des figures 8.3 et 8.4 se complètent en prouvant, l'une chez le singe, l'autre chez l'homme, que l'intention mentale d'exécuter un geste s'accompagne d'une activation des neurones de l'AMS. Il ne semble pas qu'au cours de l'évolution des hominiens se soit produit de changement qualitatif dans la manière dont sont déclenchés les mouvements « volontaires ». Il faut reconnaître que les techniques expérimentales, encore grossières, demeurent tout à fait inaptes à démontrer que les gestes volontaires de l'homme puissent atteindre un niveau de finesse et d'habileté inaccessible aux primates non humains. Il convient ici de se souvenir de considérations de la section 3.4 sur les mécanismes neuronaux mis en jeu par le réglage fin des mouvements. Un point particulièrement intéressant de l'évolution des hominiens est le développement d'une aire 6 beaucoup plus grande relativement à l'aire 4. La transmission des impulsions de l'AMS à l'aire motrice primaire (M1) passe en grande partie par cette aire prémotrice 6, où peut avoir lieu un affinage des ordres envoyés au cortex moteur. Un affinage plus poussé, incorporant les apports fondamentaux de l'apprentissage-moteur (figure 7.13), perfectionne par l'intermédiaire du thalamus, comme l'indique la figure 3.13, les ordres envoyés au cortex moteur. On comprendra aisément qu'une compétence gestuelle implique un travail cérébral extrêmement compliqué, mais les hominiens en avaient sans doute déjà acquis la capacité. Celle-ci a probablement encore reçu un développement beaucoup plus poussé au cours de l'évolution des hominidés, comme le montrent les figures 6.10 et 6.11.

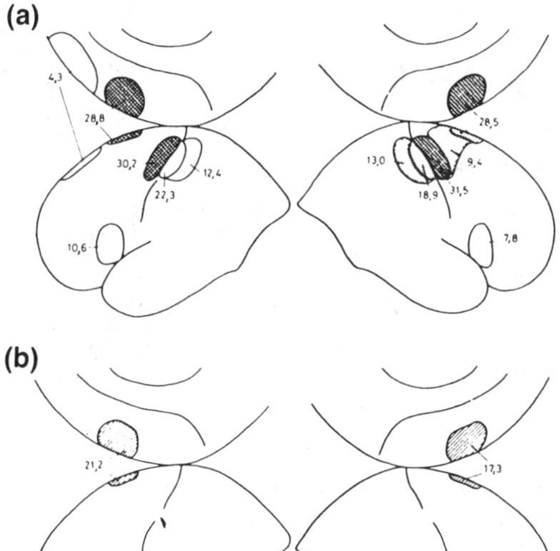

Figure 8.4. (a) Pourcentage moyen d'augmentation du débit sanguin cérébral local (DSCl) pendant la suite de mouvements exécutés avec la main opposée à l'hémisphère cérébral étudié ; une correction a été apportée pour tenir compte de l'accroissement diffus du débit sanguin. Les parties en contre-hachures présentent une augmentation du DSCl significative au niveau 0,0005. Les parties hachurées présentent une augmentation significative au niveau 0,005 ; pour les autres parties figurées, l'augmentation est significative au niveau 0,05. A gauche : hémisphère gauche, cinq sujets. A droite : hémisphère droit, dix sujets. **(b)** Pourcentage moyen d'augmentation du DSCl pendant la programmation intérieure de la suite des mouvements ; les valeurs sont corrigées pour tenir compte de l'augmentation diffuse du débit sanguin. A gauche : hémisphère gauche, trois sujets. A droite : hémisphère droit, cinq sujets. (Roland *et al.*, 1980, avec l'autorisation de l'American Physiological Society.)

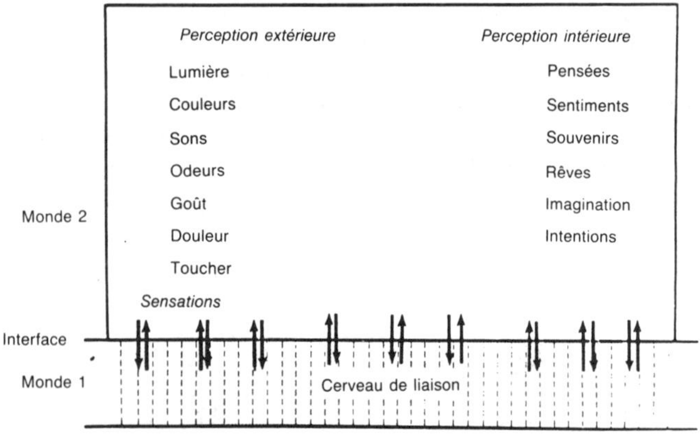

Figure 8.5. Diagramme du flux de l'information dans les interactions entre cerveau et esprit (cas du cerveau des mammifères). Les deux composants du Monde 2, intitulés Perception extérieure et Perception intérieure, sont représentés reliés par des flèches (indiquant la communication) au Cerveau de liaison qui fait partie du Monde 1. On notera que nous attribuons aux mammifères un Monde 2 qui correspond à leur conscience et qui comporte en gros, pour la Perception extérieure et la Perception intérieure, les mêmes caractéristiques que le Monde 2 des humains tel que l'évoque la figure 9.5 ; mais, ici, la catégorie centrale appelée Psyché, Soi conscient ou Ame manque totalement.

Puisque nous avons soutenu dans les sections 8.2, 8.3 et 8.5 ci-dessus que les animaux évolués ont des expériences mentales, et que ces événements qui font partie du Monde 2 ont une action effective sur les événements du cortex cérébral situés dans le Monde 1, il convient d'essayer d'illustrer par un diagramme cet extraordinaire état de choses. La figure 8.5 prend nécessairement pour cadre de référence la théorie dualiste-interactionniste. Elle représente, en haut, le Monde 2 avec ses divers attributs répartis entre Perceptions extérieures et Perceptions intérieures ; en bas, un morceau du cortex cérébral (Monde 1), avec des lignes brisées verticales qui schématisent les modules du cerveau de liaison (voir figures 3.4 et 7.6). Certaines expériences (voir Roland et Friberg, 1985, figure 12) indiquent que les aires sensorielle et motrice primaires ne communiquent pas directement avec l'esprit. Les flèches montrent ici l'interaction franchissant cette interface. Bien que, pour des raisons de commodité, on ait figuré le Monde 2 au-dessus du cerveau de liaison, il faudrait le loger à l'intérieur du cortex si on tenait à le situer dans l'espace, et c'est là que le placent les points de départ et d'arrivée des flèches. D'après la figure 8.5, on s'attendrait qu'un animal évolué perde tout rudiment d'intelligence et devienne un automate quand il a subi l'ablation totale de son cortex cérébral. Or c'est justement ce que Bard (1968) a constaté chez des chats privés de leur cortex.

L'équivalent humain de la figure 8.5 sera donné dans le chapitre 9 (figure 9.5).

8.6 Les structures neuronales intéressées par l'interaction esprit/cerveau

Une compréhension plus poussée du problème esprit/cerveau exige une étude détaillée des neurones (cellules nerveuses) du cortex cérébral, ainsi que des synapses qui sont les points minuscules où un neurone entre en contact intime avec un autre et peut l'exciter (figure 7.2a). Au-delà d'un certain seuil d'excitation, cet autre neurone va lancer le long de son axone une impulsion qui, par d'autres synapses, se communiquera à d'autres neurones, les excitera et contribuera ainsi à rendre possible l'émission d'une impulsion accrue. L'opération essentielle consiste en ce qu'un nombre suffisant (plusieurs centaines) d'impulsions viennent converger sur les synapses d'un neurone, lequel émet à son tour, par le canal des ramifications de son axone, une impulsion qui active des centaines de synapses touchant à d'autres neurones.

La figure 7.2b représente sous forme schématique une cellule nerveuse du cortex cérébral. On y voit le corps de la cellule, avec une longue dendrite dotée de protubérances sur chacune desquelles se trouve une des synapses d'une terminaison nerveuse appartenant à une autre cellule. Chaque cellule pyramidale porte sur ses collatérales environ 10 000 synapses, comme le montre en partie la figure 7.2b. La figure 8.6 illustre schématiquement une de ces synapses. On y voit l'extrémité de la fibre nerveuse s'enfler en un bouton qui entre en contact étroit avec une partie postsynaptique (collatérale) où la membrane s'épaissit d'une manière particulière. Dans le bouton se trouvent de nombreuses vésicules dont chacune contient de 5 à 10 000 molécules de la substance spécifique qui sert de transmetteur synaptique ; pour la grande majorité des boutons excitateurs du cortex cérébral, il s'agit d'un glutamate ou d'un aspartate. Certaines de ces vésicules synaptiques sont en contact intime avec la membrane présynaptique qui fait face à la membrane postsynaptique située de l'autre côté de l'espace synaptique, qui est très étroit. Ces vésicules synaptiques sont, semble-t-il, disposées entre des protubérances bien serrées.

Une analyse structurale plus poussée, notamment par Konrad Akert et ses collaborateurs à Zurich (1975), au moyen de la technique de cryolyse, a permis de dresser le schéma idéal d'une synapse joignant deux dendrites (figure 8.7a), que nous montrons en perspective ; on a dénudé certaines parties pour faire apparaître des structures plus profondes. La disposition relativement lâche des vésicules synaptiques et des protubérances serrées présynaptiques (figure 8.6) est représentée dans la figure 8.7a sous la forme de l'assemblage précis, dessiné en médaillon à gauche, où les vésicules synaptiques sont distribuées en hexagones entre les protubérances serrées présynaptiques disposées en triangles. On appelle cette structure composite le « réseau vésiculaire présynaptique » et on peut considérer qu'elle possède des propriétés proches de celles des cristaux. Les boutons des synapses du cerveau n'ont qu'un seul réseau vésiculaire présynaptique, comme l'indiquent les figures 8.6 et 8.7a.

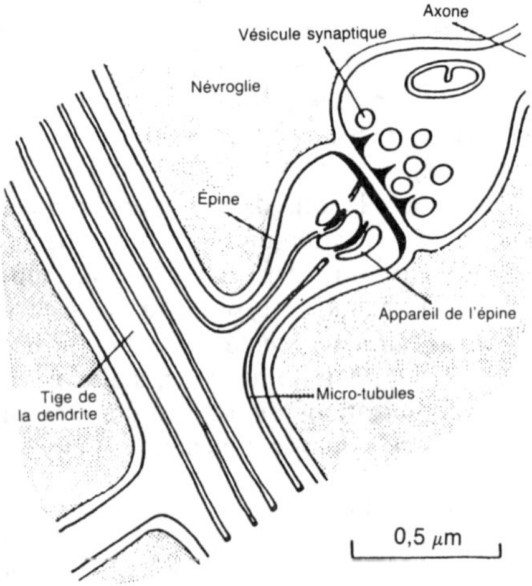

Figure 8.6. Dessin d'une synapse et d'un des collatéraux d'une dendrite. Le bouton contient des vésicules synaptiques, ainsi que des protubérances serrées sur la membrane présynaptique. (Gray, 1982, avec l'autorisation d'Elsevier Science Publishers.)

On ne connaît qu'approximativement le nombre de vésicules synaptiques que contient un réseau vésiculaire présynaptique. Il semble qu'il varie entre 30 et 50. Ainsi, la « zone de tir » du réseau vésiculaire présynaptique ne comprend qu'une toute petite fraction de l'ensemble des vésicules synaptiques d'un bouton (environ 2 000). Les autres sont disposées de façon assez lâche à l'intérieur du bouton, comme le montrent en partie les figures 8.6 et 8.7a.

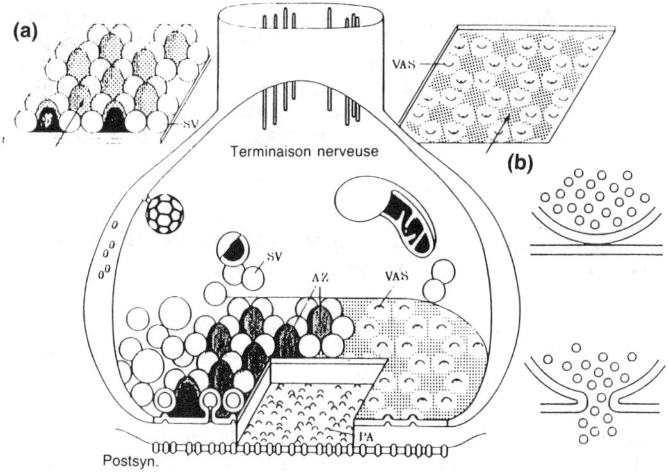

Figure 8.7. (a) Schéma d'une synapse du système nerveux central des mammifères. La zone active (AZ) est constituée par des protubérances serrées situées dans l'extrémité présynaptique. Dans l'autre, l'agglomération de corpuscules intra-membraneux est cantonnée dans la partie qui fait face à la zone active. (SV = vésicules synaptiques ; PA = agglomérations de particules sur la membrane postsynaptique [postsyn.].) Remarquez la disposition en hexagone des vésicules synaptiques, qui se voit très bien dans le cartouche en haut à gauche ; et notez, dans celui de droite, les sites de fixation des vésicules (VAS). Le texte contient une description plus détaillée. (Akert *et al.*, 1975 ; avec l'autorisation de Raven Press, New York.) **(b)** Les étapes de l'exocytose, avec le passage des molécules transmetteuses dans l'espace synaptique. (Kelly *et al.*, reproduit avec l'autorisation de l'*Annual Review of Neuroscience*, vol. 2, © 1979 Annual Reviews, Inc.)

La figure 8.7b représente, avec un fort grossissement, une partie d'une vésicule synaptique ; les molécules de transmission qu'elle contient sont en contact avec la membrane présynaptique, comme le sont deux des vésicules dans la partie gauche de la figure 8.7a. Le processus d'exocytose est illustré au-dessous : les molécules de transmission sont libérées dans l'espace synaptique, ainsi qu'on le voit aussi pour l'une des vésicules de la figure 8.7a. A la droite de celle-ci, on a enlevé les vésicules et les protubérances serrées pour laisser apparaître les sites d'implantation des vésicules (SIV), disposés en hexagones, comme dans le médaillon de droite.

On a analysé avec précision les fluctuations du potentiel (électrique) postsynaptique qui se produisent lorsqu'une impulsion présynaptique excite un bouton isolé ; une micro-électrode intra-cellulaire assure l'enregistrement. On a montré que l'exocytose (émission produite par une des vésicules d'un bouton) en réaction à une impulsion n'est pas certaine, mais probable ; sa probabilité est inférieure à l'unité et varie en général entre 0,5 et des valeurs plus petites (Jack *et al.*, 1981a-b ; Korn et Faber, 1987). Cette probabilité peut croître ou diminuer selon les circonstances. Le réseau vésiculaire présynaptique possède sans doute une fonction consistant à régler l'exocytose des vésicules qu'il contient, et son organisation répond de façon subtile à cette fonction.

8.7 Comparaison par diagramme entre les théories sur l'esprit et le cerveau

On peut se demander s'il est possible de soumettre à l'épreuve de l'expérience les prédictions fondées sur l'hypothèse dualiste-interactionniste (figure 8.1), d'une part, et celles fondées sur l'hypothèse de l'identité, d'autre part. Un simple diagramme (figure 8.8a) incorpore les traits essentiels de l'hypothèse de l'identité. Selon Feigl (1967), l'identité entre le neural et le mental n'existe que dans le cas de neurones ou de systèmes neuronaux situés à un certain niveau du cerveau, en particulier dans le cortex cérébral. On peut appeler ces derniers « neurones à phénomènes mentaux-neuraux » (à PMN), et donner aux autres neurones du cerveau, notamment à ceux qui constituent les voies afférentes et efférentes, le nom plus simple de « neurones à phénomènes neuraux » (à PN), comme dans le diagramme. L'hypothèse de l'identité amènerait à prédire que les neurones à PMN se distinguent des autres par le fait qu'en certaines circonstances leur émission a lieu à l'unisson (c'est la fameuse identité) d'un événement mental. Mais, bien entendu, cette émission répondrait à des impulsions venues d'autres neurones, à PMN ou à PN, et ne serait en aucune manière ni *déterminée* ni *modifiée* par les événements mentaux. Cette restriction obéit au principe du caractère *fermé* du monde matériel que nous avons évoqué plus haut (Popper et Eccles, 1977).

Cependant, le diagramme de la figure 8.8a se trouve mis en question par les preuves indiquant que des pensées strictement endogènes excitent vivement les neurones de certaines aires particulières du cortex cérébral, comme l'illustrent les figures 6.9, 7.14, 8.3a-c, 8.4b, 9.3 et 10.3. Ces preuves exigent qu'on intègre au diagramme la représentation d'un rapport provenant d'événements mentaux (EM) et d'eux seuls ; d'où les flèches qui ont été

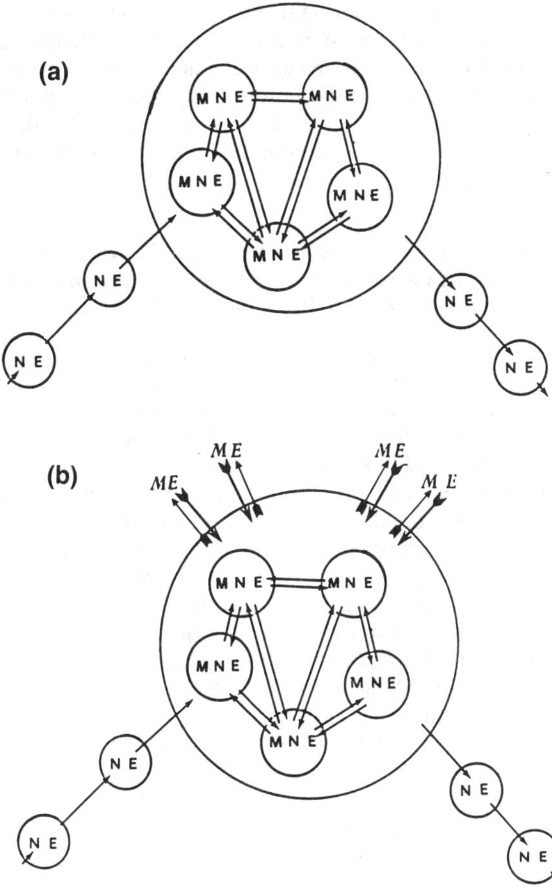

Figure 8.8. Diagramme figurant les théories sur le rapport entre esprit et cerveau : **(a)** théorie de l'identité ; **(b)** dualisme-interactionnisme. Les cercles représentent des ensembles de neurones. NE désigne les neurones classiques, qui ne réagissent qu'à des événements neuraux. On appellera MNE les neurones qui interviennent dans des événements neuraux *et* dans des événements mentaux ; ils sont groupés dans un cercle plus grand qui symbolise le système nerveux dans ses fonctions les plus évoluées. En **(b)**, les flèches ME représentent les influences d'ordre mental qui agissent sur l'ensemble de neurones que mobilisent tant les événements mentaux que les événements neuraux. Dans les deux moitiés du diagramme, toutes les autres flèches représentent les voies de communication neurale ordinaire, et sont à double sens pour les MNE.

ajoutées au diagramme dans la figure 8.8b. Les neurones à PMN, par leur excitation, manifesteraient une réaction différente de ce qu'elle serait en l'absence de ces événements mentaux que sont l'attention, la pensée silencieuse ou la volition, comme le montrent les figures 6.10, 7.14, 8.3, 8.4, 9.3 et 10.3. La figure 8.8b constitue une représentation schématique du dualisme-interactionnisme.

8.8 Une nouvelle hypothèse sur l'interaction esprit/cerveau à partir de la physique quantique : l'hypothèse des micro-sites (Eccles, 1986)

Les critiques matérialistes avancent que des difficultés insurmontables s'opposent à l'hypothèse selon laquelle des événements immatériels tels que la pensée pourraient exercer la moindre action sur des organes matériels tels que les neurones du cortex cérébral, ainsi que le schématisent les figures 8.5 et 9.5. Ils considèrent qu'une telle action présumée serait incompatible avec les lois physiques de la conservation de l'énergie, notamment la première loi de la thermodynamique. Cette objection aurait sûrement bénéficié du soutien des physiciens du XIXe siècle et bénéficierait de celui des neurologues et des philosophes qui restent idéologiquement prisonniers de la physique du XIXe siècle parce qu'ils n'ont pas intégré la révolution opérée au XXe par la physique des quanta. Malheureusement, les physiciens des quanta s'aventurent rarement sur le terrain des rapports entre l'esprit et le cerveau. Pourtant, dans un livre récent, l'un d'eux, Margenau, a apporté à ce sujet une contribution fondamentale (1984). Par rapport à la physique du XIXe siècle, tout semble changé lorsqu'on lit sous sa plume, p. 22, que « certains champs, tels que le champ de probabilité en mécanique quantique, ne portent ni énergie ni matière ». Il ajoute :

> « Dans les systèmes physiques très complexes tels que le cerveau, les neurones, les organes des sens, dont les composants sont assez petits pour être régis par les lois de la probabilité quantique, l'organe matériel est dans un état indéterminé qui le laisse accessible à un grand nombre de changements possibles dont chacun possède une probabilité assignable ; s'il se produit un changement qui requiert de l'énergie, ou plus ou moins d'énergie qu'un autre, l'organisme complexe fournit celle-ci auto-

> matiquement. Il ne serait pas vraisemblable qu'il recourût à l'esprit pour fournir de l'énergie. » (p. 96)

En résumé, Margenau affirme :

> « On peut considérer l'esprit comme un champ au sens que revêt ce mot en physique. Mais, en tant que champ non matériel, ce avec quoi il présente l'analogie la plus proche, c'est peut-être un champ de probabilité. » (p. 97)

Lorsqu'on donne une formulation plus précise de l'hypothèse dualiste de l'interaction entre cerveau et esprit, on commence par dire que le monde des événements mentaux tout entier (Monde 2) a une existence tout aussi autonome que celle du monde de la matière et de l'énergie (Monde 1) (figure 4.2). L'hypothèse interactionniste que nous proposons ici ne porte pas sur ces problèmes ontologiques, mais seulement sur la façon dont les événements mentaux agissent sur les événements neuraux ; autrement dit, elle donne un contenu aux flèches qui, dans les figures 8.5 et 9.5, traversent la ligne de démarcation vers le bas. Si nous suivons Margenau (1984), l'hypothèse est que l'interaction esprit/cerveau est *analogue* à un champ de probabilité décrit par la mécanique quantique, champ qui ne possède ni masse ni énergie et peut cependant, dans un micro-site, causer une action qui a des effets. Plus spécifiquement, nous proposons d'admettre que la concentration mentale qu'accompagne une intention, ou une pensée méthodique, peut produire des événements neuraux par l'intermédiaire d'un processus qui est analogue aux champs de probabilité de la mécanique quantique.

Nous pouvons nous demander quels événements neuraux seraient propres à recevoir les effets d'événements mentaux analogues à des champs de probabilité quantiques. Peut-être une réponse s'esquisse-t-elle déjà grâce aux récentes découvertes qui définissent le mécanisme synaptique par lequel une cellule nerveuse communique avec une autre (figures 8.6 et 8.7), réponse qui concerne en particulier les *micro-sites* impliqués dans ce mécanisme.

La *première question* qu'on peut poser porte sur l'ordre de grandeur des effets qu'un champ de probabilité de mécanique quantique serait capable de produire. La vésicule synaptique possède-t-elle une masse assez grande pour l'exclure du domaine où s'applique le principe d'incertitude de Heisenberg ?

On voit dans la figure 8.7b que, pour provoquer une exocytose, il suffit de déplacer un petit pan de la membrane double, qui parfois n'a que 10 nanomètres d'épaisseur. Si ce pan a une surface de 10 nanomètres sur 10, il constitue une particule d'une masse de 10^{-18} gramme seulement, ce qui le situe aisément dans l'ordre de grandeurs où s'appliquent la mécanique quantique et le principe d'incertitude de Heisenberg (voir Eccles, 1986) ; d'autant que les vésicules se trouvent déjà en position sur le réseau vésiculaire présynaptique, si bien que l'exocytose n'exige pas un déplacement à travers un milieu visqueux. L'influence mentale que nous postulons ne ferait que *sélectionner* pour l'exocytose une vésicule déjà accolée à la membrane. La probabilité d'une exocytose est largement inférieure à l'unité pour l'ensemble des vésicules situées dans le réseau vésiculaire présynaptique (Jack *et al.*, 1981a ; Korn et Faber, 1987). On peut en conclure qu'un calcul fondé sur le principe d'incertitude de Heisenberg démontre la possibilité qu'une des vésicules du réseau présynaptique (figure 8.7a) soit sélectionnée, pour l'exocytose, par une intention mentale agissant de façon analogue à l'action d'un champ de probabilité quantique. Comme l'indique la figure 8.7b, le travail (au sens physique) que requiert l'exocytose pourrait être compensé au même instant et au même endroit par le passage des molécules de transmission qui vont d'un site où leur concentration est élevée à un site où elle est faible. Car, en physique quantique, sur un micro-site, il peut y avoir emprunt d'énergie à condition que cet emprunt soit immédiatement « remboursé ». Ainsi, l'opération d'exocytose n'enfreindrait pas les lois physiques de conservation de l'énergie.

La *seconde question* porte sur l'ordre de grandeur de l'effet, qui se limite à l'émission de molécules à partir d'une seule vésicule (figure 8.7a-b). Cette émission est inférieure de plusieurs ordres de grandeur à la dimension qui la rendrait capable de modifier les schèmes de l'activité neuronale, ne fût-ce que dans une petite partie du cerveau. Cependant, chacune des cellules pyramidales du cortex cérébral porte plusieurs milliers de boutons semblables (figures 7.2b, 7.3 b, 7.6). Selon l'hypothèse des micro-sites, le réseau vésiculaire présynaptique donne l'occasion — offre à l'intention mentale une *chance* — de sélectionner, de *choisir* qu'une des vésicules d'un bouton libère une exocytose. Le même phénomène se produirait pour tout l'ensemble des synapses dendritiques qui sont activées en cet instant et dont le nombre atteint probablement plusieurs milliers, puisqu'une seule des cellules pyramidales du cortex porte environ 10 000 de ces synapses (Szentágothai, 1978, 1983).

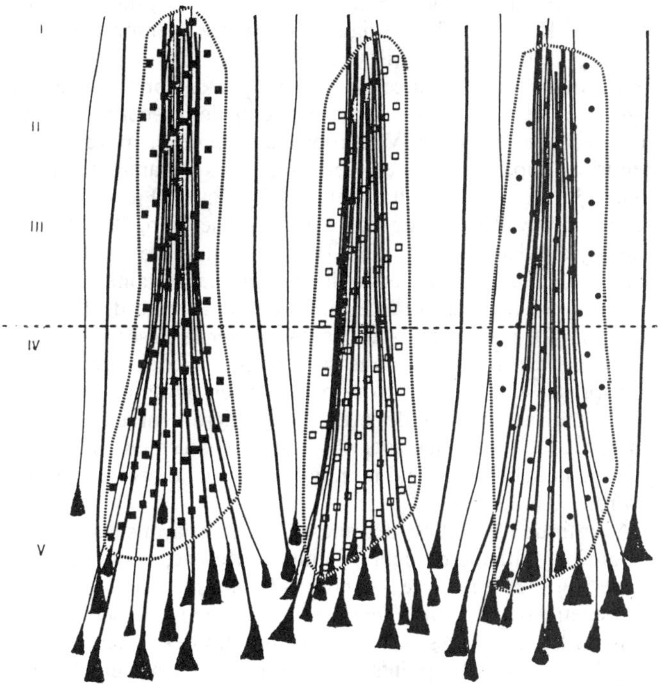

Figure 8.9. Dessin de trois dendrons, montrant comment les dendrites apicales des cellules pyramidales de grande et moyenne dimension se groupent dans la couche IV et à un niveau plus superficiel, de façon à former des dendrons. Certaines dendrites apicales, en petit nombre, ne rejoignent pas ces groupes. D'après ce dessin, les dendrites se terminent dans la couche I ; en fait, elles s'y terminent en touffes ramifiées, mais ce serait trop compliqué à reproduire ici. L'autre trait important de ce diagramme est qu'à chaque dendron se superpose un psychon ; on a distingué ceux-ci en les représentant au moyen de symboles différents (carrés pleins, carrés blancs, cercles pleins). On aura une idée de l'ensemble si l'on sait que le néocortex possède environ 40 millions de dendrons et que chacun d'entre eux, en association avec son psychon, transmet un vécu unique et caractéristique qui n'appartient qu'à lui.

Essayons à présent de déterminer la forme de l'événement micro-neural que nous avons postulé. Le cortex cérébral des mammifères présente un trait structurel remarquable : l'agencement en fagots ou faisceaux des dendrites extrêmes des cellules pyramidales des couches V, III et II, à mesure que ces dendrites montent vers la couche I (Fleischhauer, 1974 ; Feldman, 1984 ; Peters et Kara, 1987). La figure 7.6 montre ce rapprochement intime pour les trois dendrites extrêmes qui y sont en partie dessinées. Toutes les aires du cortex cérébral présentent ces faisceaux, comme on le voit dans les coupes tangentielles du cortex cérébral au niveau de la couche IV. Un faisceau réunit en moyenne des dendrites appartenant à environ 30 cellules pyramidales de la couche V, d'un diamètre transversal de quelque 50 μ, et séparées par des intervalles à peu près de même dimension. Pour les cellules pyramidales des couches III et II, le nombre de dendrites par faisceau va croissant et atteint presque la centaine à mesure qu'on approche de la surface du cortex. A la suite de Peters et Kara (1987), nous proposons de considérer le faisceau de dendrites comme une micro-unité structurelle du cortex cérébral et de l'appeler « dendron ». Nous postulons en outre qu'il s'agit du siège, au niveau cortical, des événements micro-neuraux qui interagissent avec les événements mentaux pris isolément. Le cortex cérébral humain comprend un nombre énorme de ces dendrons : environ 40 millions.

A partir de l'hypothèse des micro-sites, nous avons élaboré une hypothèse qui tente de définir l'unité concernée, et qu'illustre la figure 8.9. Elle représente 3 dendrons (unités neurales), et chacun est pénétré par une *unité mentale* ou *psychon* que symbolisent dans un cas des carrés pleins, dans un autre des carrés vides, et dans le troisième des points. Nombre d'indices suggèrent l'existence d'une telle relation d'unité à unité (Eccles, 1989), et l'hypothèse possède à la fois une grande simplicité et une grande puissance d'explication. Elle diffère de la théorie de l'identité (figure 8.1) en ce qu'elle accorde une entière autonomie au Monde 2. Une intention mentale agissant par l'intermédiaire d'un psychon, par exemple celui des carrés pleins, dispose sur son dendron de dizaines de milliers de réseaux vésiculaires présynaptiques déjà activés, dont les vésicules n'attendent plus que d'être choisies.

En sens inverse, pour les opérations qui vont du cerveau vers l'esprit, il est nécessaire de prolonger l'hypothèse comme suit. Chaque fois qu'un psychon choisit une vésicule et que celle-ci procède effectivement à l'exocytose (figure 8.7) (conformément au champ de probabilité quantique), ce « micro-succès » s'enregistre dans le psychon, qui le diffuse d'un bout à l'autre du monde mental (le Monde 2 de la figure 9.5). La perception exige une *attention dirigée* qui active une aire corticale spécifique, comme le démontre l'expérience de la figure 10.3 où le sujet s'attend à ce qu'on lui touche le doigt. Bien entendu, le phénomène s'amplifiera énormément si le psychon réussit, à peu près au même instant, à choisir un grand nombre de vésicules parmi les dizaines de milliers que lui offrent les réseaux vésiculaires présynaptiques de son dendron. Et le signal de « succès » envoyé par le psychon porterait évidemment avec lui et diffuserait dans le Monde 2 la marque du genre particulier d'expérience vécue dont cette unité a la spécialité.

Lorsqu'un stimulus sensoriel excite fortement les réseaux vésiculaires présynaptiques d'un dendron, le psychon associé à celui-ci (figure 8.9) se voit offrir davantage de chances favorables quant à la sélection de vésicules en vue d'une exocytose, sélection qui obéit aux probabilités du champ quantique. Ce « succès », enregistré par le psychon, pourra être transmis, toujours avec la marque du genre d'expérience vécue qui est la spécialité de cette unité-là, à l'ensemble du Monde 2 (figure 9.5). L'interface entre esprit et cerveau semble ainsi franchie.

On peut, à titre de suggestion, avancer une explication du fait, couramment observé, qu'une excitation du système nerveux sensoriel est capable de donner naissance à une expérience sensorielle. Par exemple, l'un des dendrons de l'aire V 4 (figures 6.4 et 6.6) agirait, au travers de l'interface, sur son psychon (ligne pointillée de la figure 8.9) de façon à produire la sensation de la couleur rouge conformément à l'association stable entre les unités. Grâce à l'attention, il se produit constamment, à chaque instant , une intégration qui assemble les millions d'unités mentales perceptives (psychons) pour en faire les expériences globales que nous vivons.

8.9 Réexamen du problème esprit/cerveau

Revenons aux figures 4.2, 8.5 et 9.5 où sont juxtaposés le Monde 1 et le Monde 2, chacun avec sa prééminence fondamentale. Nous sommes obligés d'accepter comme donnée de base cette situation, ces deux ordres d'existence bien distincts. Dans ce contexte, on aura compris que le présent chapitre s'efforce de montrer comment il serait possible que certains micro-sites du cerveau possèdent la propriété transcendantale de permettre la communication entre ces deux réalités totalement disparates. Si l'on admettait que les événements mentaux peuvent avoir une action réelle sur le cerveau, comme l'indiquent les figures 8.3, 8.4 et 10.3, les implications philosophiques iraient très loin. Tous, nous pensons et agissons comme si nous étions, au moins en partie, maîtres et responsables de nos actes, notamment de nos actes linguistiques ; mais des critiques réductionnistes ont soutenu qu'il ne peut forcément s'agir que d'une illusion, puisque c'est contraire aux lois physiques de conservation de l'énergie. Nous sommes maintenant libres de rejeter l'opinion de ces critiques.

Selon l'hypothèse des micro-sites, l'interaction entre esprit et cerveau dépend étroitement de deux caractéristiques remarquables des synapses qui transmettent les excitations dans le cerveau. La première est la structure du réseau vésiculaire présynaptique (figures 8.6 et 8.7a) et le dispositif qui fait qu'il n'y a en général qu'un seul réseau par bouton (Akert *et al.*, 1975). La seconde est le taux de probabilité de l'émission de molécules par les vésicules synaptiques du réseau, taux qui est inférieur à l'unité, souvent même largement inférieur, et susceptible de s'élever ou de baisser (Jack *et al.*, 1981b ; Korn et Faber, 1987).

Il est surprenant que des synapses possédant ces mêmes propriétés aient été identifiées dans des cas où elles ne pouvaient exercer aucune fonction relative à une interaction esprit/cerveau. Par exemple, les synapses inhibitrices des cellules de Mauthner du cordon médullaire d'un poisson rouge sont l'un des sites principaux sur lesquels ont porté les recherches visant à établir la probabilité des émissions vésiculaires, dont Korn et Faber (1987) ont publié un compte rendu détaillé. Sur le plan histologique (Triller et Korn, 1982), il y a là un réseau vésiculaire présynaptique assez semblable à celui qu'ont décrit Akert et ses collaborateurs (1975). L'autre site principal pour les recherches sur ces probabilités, ce sont les synapses où les impulsions afférentes venues de la couche corticale Ia se transmettent aux neurones moteurs (figure 3.7 : Jack *et al.*, 1981a) : là encore, il ne saurait y avoir aucun rapport fonctionnel avec le passage d'événements mentaux à des événements neuraux. Il est encore plus surprenant qu'on ait découvert des réseaux vésiculaires présynaptiques dans les synapses d'un mollusque, l'aplysie (Kandel *et al.*, 1987).

Nous avons évidemment ici un autre exemple d'évolution anticipée, concept que nous avons présenté dans le chapitre 6. Au cours de l'évolution du système de transmission chimique passant par les synapses, un mécanisme de commande des émissions vésiculaires s'est développé. La mission fonctionnelle du réseau vésiculaire présynaptique serait d'économiser les vésicules synaptiques en limitant le nombre d'exocytoses à beaucoup moins d'une par impulsion, sans quoi une activation trop fréquente des synapses risquerait d'épuiser toutes les réserves que contiennent les vésicules d'un bouton. Dans ce contexte, il est intéressant de noter que, dans la grosse et puissante synapse neuromusculaire, le dispositif permet (Akert *et al.*, 1975) l'exocytose de plus de 100 vésicules synaptiques à chaque impulsion (Hubbard, 1973). Là, il faut que les molécules du transmetteur (l'acétylcholine) se déversent en assez grande quantité pour bien dépolariser la plaque motrice qui déclenche la contraction.

Revenons maintenant à la question des événements qui, au cours de l'évolution, ont provoqué l'apparition de la conscience chez les animaux supérieurs (voir section 8.2 ci-dessus). Comme le dit Popper :

> « L'apparition d'une conscience de soi à part entière... est effectivement un des plus grands miracles qui soient. » (1977 : 129)

Cependant, on peut désigner au moins une des conditions qui favorisaient cet avènement : l'existence du réseau vésiculaire présynaptique qui ne laisse aux émissions vésiculaires qu'une probabilité restreinte et commandée. Ce réseau allait pouvoir servir de support, de micro-site pour des événements mentaux qui agiraient de façon analogue à celle des champs de probabilité de la mécanique quantique (voir section 8.8 ci-dessus), et mérite donc d'être mis au nombre des exemples d'évolution anticipée. Il était apparu au cours de l'évolution pour rendre plus efficace la transmission chimique par les synapses ; puis, après un temps extraordinairement long où les espèces ont continué à évoluer, il a été utilisé, selon l'hypothèse des micro-sites, pour l'interaction entre esprit et cerveau, et c'est ainsi que des animaux devinrent conscients.

Les phases suivantes de l'évolution des hominidés, grâce auxquelles ils ont acquis une véritable conscience de soi, vont être abordées aux chapitres 9 et 10. La manière dont les événements mentaux commandent les événements neuraux n'a plus, d'après nous, subi de changement fondamental. Les micro-sites évoqués par l'hypothèse qu'expose le présent chapitre seraient utilisés par l'esprit conscient de soi que l'évolution des hominiens a développé. Ainsi, ce chapitre 8 aura servi à décrire la situation de base à partir de laquelle l'évolution des hominidés a pris son essor en donnant naissance à des aires cérébrales spécialisées qui sont associées à la conscience de l'individu (Creutzfeldt, 1979, 1987).

CHAPITRE IX

La création du moi et son cerveau

Dans le cours de ce chapitre, il apparaîtra qu'une particularité extrêmement significative de l'encéphale humain est son asymétrie, et que celle-ci existe pour des zones intimement reliées au moi conscient. Nous commencerons donc par décrire certaines des asymétries qui se sont développées dans l'évolution des hominiens.

9.1 Asymétries anatomiques observées

On a procédé à de nombreuses observations sur l'asymétrie du cerveau, mais la liste des faits significatifs est relativement brève. Le poids et la taille du cortex cérébral ne révèlent aucune asymétrie importante, ce qui ne laisse pas d'étonner, étant donné la dissymétrie existant entre les propriétés fonctionnelles des deux hémisphères.

Aucune asymétrie n'a été observée chez les singes inférieurs et chez les babouins (Wada *et al.*, 1975). Chez les singes supérieurs, il y a probablement une asymétrie de la scissure de Sylvius (voir figures 4.3 et 9.1), qui a tendance à être plus élevée à droite (LeMay et Geschwind, 1975), et plus longue en moyenne à gauche (45,7 mm contre 43,7) (Yeni-Komshian et Benson, 1976).

En ce qui concerne le cerveau humain, Rubens (1977) a effectué une étude extrêmement précise de la scissure de Sylvius et a trouvé que, dans 69 % des cas, le coude qu'elle fait se trouve plus en avant à droite qu'à gauche. Cette asymétrie est reliée à celle de la zone temporale (figure 4.7) (Geschwind et Levitky, 1968), qui est juste en dessous de la scissure de Sylvius. Celle-ci est plus large à gauche dans 65 % des cas, dissymétrie moins forte que celle du langage qui repose sur l'hémisphère gauche dans 95 % des cas (section 4.5).

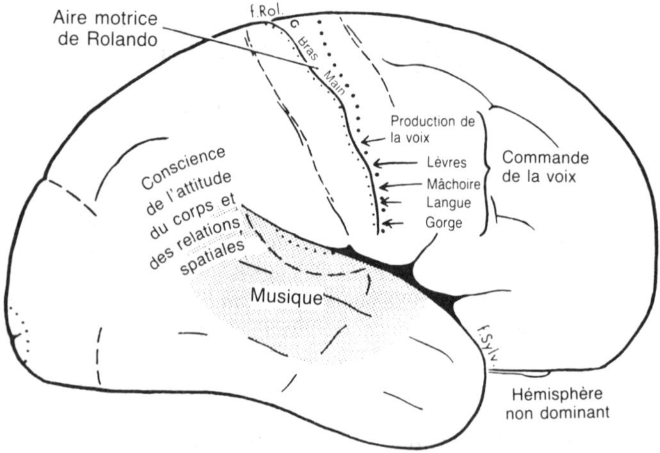

Figure 9.1. Carte de localisation de certaines fonctions de l'hémisphère droit (« mineur »). L'aire motrice (pré-centrale) de Rolando correspond bien à celle de l'hémisphère gauche (figure 4.3). On propose de situer dans le lobe temporal droit l'aire où sont traitées les informations d'ordre musical. (f. Sylv. = fissure de Sylvius ; f. Rol. = sillon de Rolando.) (D'après Penfield et Roberts, 1959.)

Wada *et al.* (1975) ont confirmé ces asymétries pour les cerveaux adultes et les ont retrouvées dans une centaine de cerveaux de bébés et de fœtus n'ayant pour certains que 29 semaines.

On n'a pas de preuves de l'existence d'une asymétrie anatomique pour les aires corticales du langage (figure 4.3). Les aires 39 et 40 de Brodmann (le gyrus angulaire et supramarginal) sont aisément identifiables sur le lobe pariétal inférieur et semblent parfaitement symétriques. Ils ont pourtant, à gauche, une fonction sémantique permettant la lecture et la compréhension du langage, alors qu'on ne leur connaît encore aucune fonction définie à droite. Nous allons considérer de plus près cette énigme.

9.2 Asymétrie fonctionnelle

Une des indications les plus simples de l'existence d'une asymétrie cérébrale chez les singes serait fournie par l'emploi préférentiel d'une main par rapport à l'autre. En fait, des études très poussées (Hamilton, 1977a-b) ont montré que l'usage des deux mains est symétrique chez les singes. Des recherches sur l'apprentissage, après diverses interventions chirurgicales, n'ont pas révélé la moindre asymétrie, et Hamilton résume ainsi ses travaux : « Aucune mémorisation unilatérale, ni aucune différence d'aptitude, ni dans la performance, ni dans l'apprentissage, n'a pu être trouvée entre les deux hémisphères. » En 1977, il conclut ainsi : « Tous les faits que nous avons rassemblés confirment la théorie qu'il n'y a pas spécialisation d'un hémisphère chez les singes rhésus. »

Il ne semble malheureusement pas exister d'étude rigoureuse de l'éventuelle chiralité chez les chimpanzés. D'après les observations détaillées de leur toilette par Goodall (1986), on peut penser qu'en règle générale ils sont ambidextres : aucune préférence manuelle n'a été notée ni n'apparaît dans l'abondante illustration photographique contenue dans ce travail.

Par contraste avec les primates non humains, il y a eu dans l'évolution de l'homme un développement considérable des asymétries fonctionnelles dans des zones anatomiquement symétriques des deux hémisphères. L'examen des malades traités par section du corps calleux, que nous décrirons ci-après (section 9.6), rend ces différences encore plus manifestes. Il vaut mieux cependant examiner les preuves fournies par des lésions localisées. Dans les premiers temps, ces lésions provenaient de maladies, actuellement elles ont le plus souvent été provoquées par l'excision chirurgicale de zones parfaitement déterminées dans des cerveaux par ailleurs intacts. L'asymétrie la plus frappante est celle des zones du langage que nous avons décrite dans la section 4.5. On voit sur les figures 3.5 et 4.3 que de larges parties des lobes pariétal et temporal gauches sont spécialisées dans la production et la compréhension du langage. C'est l'aire de Wernicke. Cependant, les parties correspondantes de l'hémisphère droit (figure 9.1) n'ont que peu de relation fonctionnelle avec le langage. De la même manière, ce qui correspond à l'aire de Broca mais se trouve dans la partie inférieure droite du lobe frontal, ne semble pas jouer de rôle dans la production de la parole. Il est donc légitime de se demander quelles sont les fonctions de ces parties de l'hémisphère droit.

Y a-t-il une autre asymétrie fonctionnelle qui compense la précédente ? Pour répondre à ces questions, nous invoquerons les mêmes résultats cliniques dérivés d'excisions locales à droite et à gauche, le cas du lobe pariétal étant particulièrement intéressant.

Concentrons-nous sur les aires 39 et 40 de Brodmann (figures 4.3 et 4.4), qui, à gauche, sont en rapport avec certaines fonctions spécifiques de la parole. L'aire 39 intervient dans l'interprétation des stimuli visuels (écrits ou imprimés), cependant que l'aire 40 traite probablement les stimuli auditifs. Plusieurs désordres fonctionnels ont été constatés par les cliniciens chez des malades ayant des lésions à droite. Il s'agit d'apraxies et de troubles de la somatognosie ou de la compréhension des relations spatiales.

Quand le lobe pariétal droit est endommagé, les malades adoptent des comportements extrêmement bizarres. Hécaen (1967) les décrit fort bien comme des « pantomimes de négligence massive ». Le malade peut négliger ou même refuser d'admettre l'existence des membres du côté opposé, au point parfois de ne pas les habiller ! Souvent, il n'arrive pas à percevoir les objets dans le demi-champ gauche du domaine visuel. Il ne remue que très peu ses membres gauches, bien qu'il n'y ait pas de paralysie ; il cherche à s'abstraire de son demi-champ visuel gauche et à éviter tout ce qui y a trait. Malgré cela, le patient refusera d'admettre qu'il ait le moindre trouble ! Un cas remarquable de négligence du côté gauche a été décrit par Jung (1974) : il s'agissait d'un peintre dont les autoportraits, après la lésion subie, étaient presque entièrement réduits au côté droit du visage, et qui enregistra progressivement une autoguérison complète.

Quand il y a lésion importante de l'hémisphère droit, le patient a des difficultés à s'orienter dans l'espace environnant, ce qui le gêne pour lire des cartes ou pour trouver son chemin. En effet, ces activités impliquent la coordination d'indications visuelles qui relèvent spécifiquement de l'hémisphère droit. Il ne réussit pas non plus à copier un dessin ni à réaliser des constructions en assemblant des blocs.

On peut résumer tout cela en disant qu'il y a un déficit de l'organisation spatiale du sujet, et que le lobe pariétal droit est donc spécialement impliqué dans le traitement des données spatiales et dans les relations à forme non verbale entre le corps et l'espace. Les pertes de compétences constatées dépendent de l'organisation fine du mouvement : c'est ce qu'on appelle l'apraxie. Cette incapacité à utiliser les données spatiales se manifeste aussi dans l'écriture, où les lignes sont sinueuses, les mots espacés de façon irrégulière et souvent déformés par des répétitions de lettres — « lettre » étant par exemple écrit « letttre ».

Il semble qu'on assiste aussi à des troubles plus subtils de la parole avec une diminution de sa fluidité et un déficit en vocabulaire. Les malades souffrent d'un niveau anormal de « fatigue linguistique ». Le neuro-anatomiste bien connu A. Brodal fut victime d'une lésion du lobe pariétal droit en avril 1972. A peu près un an plus tard, il écrivit un compte rendu très intéressant sur les difficultés qu'il avait éprouvées et sur sa guérison graduelle (Brodal, 1973). Il mentionna diverses altérations des fonctions mentales supérieures : diminution de sa faculté de concentration, réduction de sa capacité à retenir des phrases, perte de la mémoire à court terme pour des symboles abstraits tels que les nombres. Il est clair qu'il y a beaucoup plus d'activité concernant le langage dans l'hémisphère droit qu'on ne l'avait cru jusqu'ici.

Mais c'est dans l'hémisphère gauche que se fait l'intégration des données sensorielles et du langage ; en témoigne le fait que des lésions provoquent des troubles de la gestuelle, de l'écriture, du calcul et de la connaissance verbale. En conséquence, il y a perte des capacités motrices (apraxie), de l'aptitude à effectuer des constructions ou des calculs.

Hécaen résume ainsi la différence entre les deux lobes pariétaux :

> « Les dommages dans le cerveau droit désorganisent les références spatiales des diverses activités, cependant qu'à gauche ils perturbent le système des signes, des codes et la catégorisation. Ainsi nous pensons qu'un rôle de médiation verbale doit être postulé pour les activités de l'hémisphère gauche. » (1967 : 159)

Un travail très intéressant a été réalisé par Milner et ses collaborateurs (1972, 1974). Pour 95 % des sujets, le lobe gauche a une fonction linguistique spéciale, du fait qu'il est centré sur l'aire de Wernicke (voir figure 4.3). De façon complémentaire, le lobe temporal droit est en relation avec l'appréciation de la musique et avec la reconnaissance des formes dans l'espace. Ces études ont été rendues possibles par l'existence de malades dont le lobe temporal a été enlevé d'un seul côté pour traiter des épilepsies. L'étude des effets des lésions du lobe temporal droit sur les perceptions musicales montre qu'il n'y a pas de différences quant à la discrimination de la hauteur des sons ou du rythme. Cependant, on trouve des différences concernant le timbre et la mémoire mélodique quand ces malades subissent le test de Seashore (Milner, 1972). Dans ce test, une séquence brève de quatre ou cinq notes est jouée deux fois de suite, et l'on demande au sujet de dire quelle est la note dont la hauteur a été changée lors du deuxième passage. Après une lobectomie temporale droite, on enregistre beaucoup plus d'erreurs qu'auparavant, alors qu'une lobectomie temporale gauche est sans effet.

Des preuves supplémentaires de l'association entre la musique et le lobe temporal droit ont été fournies par Shankweiler (1966) au moyen de mélodies bien connues. Après en avoir entendu quelques mesures, le patient est prié de continuer l'air en le fredonnant, ou de donner son titre. Les sujets opérés à droite réussissent très mal cette épreuve, tandis que les opérés à gauche parviennent bien à fredonner les mélodies, mais ont du mal à les nommer en raison de leurs troubles verbaux. L'importance de l'hémisphère droit pour les activités musicales est démontrée de façon frappante par le résultat tragique de l'enlèvement de cet hémisphère chez une jeune femme très douée pour la musique (Gott, 1973). Celle-ci avait fait des études de musique et était une pianiste accomplie. Après l'opération, elle perdit toutes ses capacités musicales. Elle ne pouvait plus interpréter un air dans sa totalité, bien qu'elle fût capable de répéter correctement les paroles de chansons qu'elle connaissait.

Milner et ses collaborateurs ont également montré que les lésions du lobe temporal droit produisent une détérioration systématique dans la perception des formes irrégulières, en particulier de celles qui n'admettent pas d'identification verbale. Les trois tests utilisés à cette fin sont celui de la reconnaissance des visages, celui de Kimura fondé sur la mémorisation de formes inhabituelles rectilignes ou non, ou celui de Milner (1974). Dans ce dernier, le sujet doit désigner un petit cercle situé à une place spécifique sur une ligne ; on lui demande ensuite de montrer où était le cercle sur une ligne de même longueur et de même orientation. Si l'on enlève de sa vue la première ligne, il ne peut plus placer le cercle équivalent sur la deuxième. Toutes ces recherches indiquent que le lobe temporal droit intervient spécialement dans la détection des formes visuelles.

En résumé, ces tests montrent l'importance de ce lobe pour la reconnaissance des formes à la fois musicales et spatiales. Nous ne prétendons pas qu'il soit le seul à intervenir dans ces fonctions, mais seulement qu'il semble être l'aire du cerveau qui leur est la plus liée. La thèse principale de notre étude des localisations cérébrales est que les grandes fonctions sont largement réparties sur l'ensemble des hémisphères cérébraux. Les fonctions du lobe temporal droit que nous venons d'indiquer sont la contrepartie du rôle primordial des lobes temporaux et pariétaux gauches dans les activités de langage.

Les preuves tirées de l'étude des lésions pour la représentation de l'appréciation musicale dans le cerveau droit ont été corroborées par celles que fournissent les tests de Kimura sur les sujets normaux. Dans ces derniers, un casque pourvu de deux écouteurs permet de faire écouter simultanément deux brèves mélodies, une dans chaque oreille. Le sujet doit alors reconnaître ces mélodies parmi quatre qu'on lui fait entendre de façon normale. Il se trouve que les mélodies jouées dans l'oreille gauche sont mieux retenues, ce qui indique une supériorité pour la reconnaissance de l'hémisphère droit sur le gauche (les signaux reçus par chaque oreille se dirigent de façon prédominante vers le lobe temporal du côté opposé — voir figure 4.6). En employant la même méthode pour des séquences de mots ou de chiffres, on met en évidence, comme prévu, une meilleure reconnaissance de ce qui a été entendu par l'oreille droite qui envoie ses signaux de façon prépondérante vers le lobe temporal gauche. La même chose a été observée pour des syllabes dépourvues de signification ou des phrases normales déroulées à l'envers. Par conséquent, l'hémisphère gauche effectue un traitement de l'information acoustique qui précède sa reconnaissance sémantique. La figure 9.2 nous montre les résultats obtenus après leur conversion en rapports, afin de faciliter leur comparaison. Ainsi, le coefficient de dominance gauche pour la reconnaissance des mots parlés est de 1,88/1, alors que le coefficient de dominance droit pour celle des mélodies est de 1,18/1. La figure 9.2 illustre de façon frappante cette asymétrie.

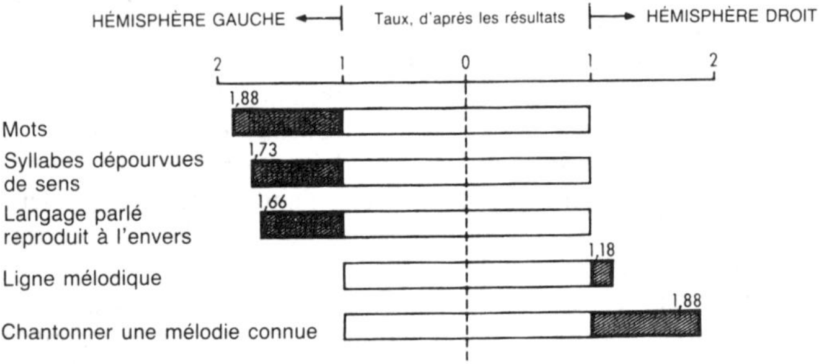

Figure 9.2. Asymétries fonctionnelles des hémisphères cérébraux chez des sujets normaux, droitiers, telles qu'on les constate pour diverses fonctions auditives. Pour permettre la comparaison, on a exprimé sous forme de taux les résultats obtenus pour le côté gauche et le côté droit. Le taux de dominance de l'hémisphère gauche pour la perception du langage parlé est de 1,88 contre 1, alors que le taux de dominance de l'hémisphère droit pour les mélodies est de 1,18 contre 1. Ces taux ne sont pas des valeurs fixes, puisqu'ils varient selon le type de stimulus, le type de réaction demandée au sujet, et la difficulté de la tâche. (Kimura, 1967, 1973.)

Bever et Chiarello (1974) ont apporté une contribution importante à l'étude du rôle des hémisphères dans la pratique de la musique. En utilisant une musique perçue par l'une ou l'autre oreille (et donc par l'hémisphère opposé), ils ont découvert que les sujets familiers avec la musique reconnaissaient mieux les mélodies avec l'oreille droite, alors que c'était le contraire pour les sujets dépourvus d'éducation musicale. Cependant, en ce qui concerne l'appréciation de la qualité de la musique, c'est l'oreille gauche qui donne les meilleurs résultats. J'y vois un argument en faveur de l'hypothèse selon laquelle l'hémisphère gauche est dominant pour les processus analytiques, et le droit pour les processus holistiques.

La localisation cérébrale la plus directe de l'interprétation musicale se fait au moyen du test au xénon radioactif qui permet la mesure des flux sanguins locaux. Celui-ci est illustré dans les figures 6.7, 6.8, 6.9, 7.14 et 8.4. La technique consiste à présenter au sujet deux brèves séquences rythmiques et à lui demander si elles étaient ou non différentes. Le sujet est prié de ne fournir sa réponse qu'après la fin de la mesure des flux sanguins. La figure 9.3 montre que les circonvolutions temporales et pariétales inférieures et moyennes sont particulièrement activées dans l'hémisphère droit, ce qui correspond à une zone équivalente à l'aire de Wernicke dans l'hémisphère gauche, qui, elle, comme l'indique cette même figure, est beaucoup moins activée (Roland, Skinhøj et Lassen, 1981).

Ce sont ces observations qui permettent de baptiser « musique » l'aire représentée sur la figure 9.1, et qui nous confortent dans l'idée que l'asymétrie fonctionnelle du cortex cérébral humain est un trait très important de l'évolution des hominidés. Ce que nous savons des singes et des singes supérieurs suggère des cerveaux symétriques ; l'asymétrie est le propre de l'homme.

9.3 La structure modulaire du néocortex

Avant de nous embarquer dans des considérations plus « holistiques » sur le cortex cérébral, il nous faut étudier son association avec le reste du cerveau. La figure 9.4, due à Szentágothai (1978), est une représentation graphique de la découverte extraordinaire de Goldman et Nauta (1977), effectuée au moyen de traceurs radioactifs et qui montre que cette immense « feuille » qu'est le cortex humain (qui contient 10^{10} neurones sur 2 000 cm^2) est subdivisée en une mosaïque d'unités quasiment isolées. Les connexions neuronales à l'intérieur de l'une de ces unités ont été illustrées dans la figure 3.4. On pense que ces unités sont les modules formant les éléments de base de la structure fonctionnelle du néocortex. Douze cellules pyramidales étroitement serrées les unes contre les autres se voient sur l'un de ces modules (à gauche sur la figure 9.4). Celui-ci a une largeur d'environ 3 mm. Les axones issus de ces cellules se projettent sur trois autres modules du même hémisphère.

Il faut noter quelques particularités de la figure 9.4 : plusieurs cellules pyramidales d'un module se projettent simultanément sur d'autres modules qui ont un diamètre de 0,3 mm. En outre, les fibres qui traversent le corps calleux vont le plus souvent — mais pas toujours — à un module symétrique dans l'hémisphère opposé. Enfin, il y a une réciprocité des connexions à travers le corps calleux entre deux modules symétriques. On remarquera que les unités fonctionnant dans les processus de réception sont beaucoup plus petites.

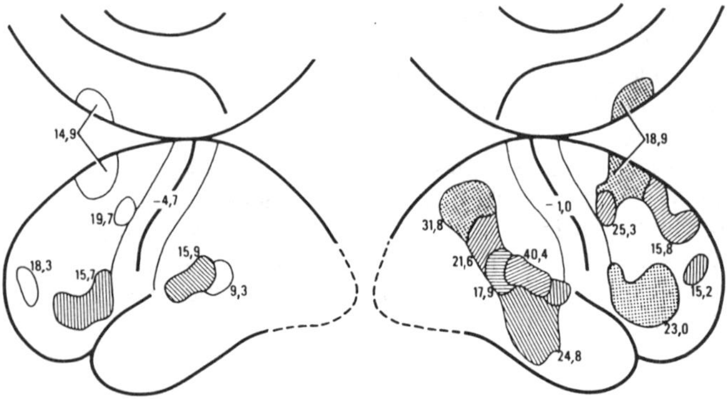

Figure 9.3. Augmentations moyennes du débit sanguin cérébral local, en pourcentage, et leur répartition moyenne pendant que le sujet distingue, par l'ouïe, entre des suites de sons structurées dans le temps, sons reçus par l'oreille opposée à l'hémisphère. Les régions contre-hachurées présentent des augmentations du DSCI qui sont significatives au niveau 0,0005 (test *t* de Student, niveau de confiance sur un seul côté). Régions hachurées : P < 0,005. Autres régions : P < 0,05. A gauche : hémisphère gauche, six sujets. A droite : hémisphère droit, six sujets. (Roland, Skinhøj et Lassen, 1981, avec l'autorisation de l'American Physiological Society.)

9.4 Le sommet de l'évolution : l'aube de la conscience de soi

Je propose d'employer pour l'expérience mentale la plus élevée les termes de « conscience de soi ». Cette faculté implique de savoir que l'on sait, ce qui est bien évidemment, au départ, un critère subjectif ou introspectif. Toutefois, nous pouvons vérifier, d'après leurs déclarations, que les autres humains ont la même faculté. Dobzhansky (1967) exprime remarquablement bien le caractère extraordinaire de cette émergence d'une conscience de soi :

« La conscience de soi est peut-être bien la caractéristique la plus fondamentale de l'espèce humaine. Elle représente une nou-

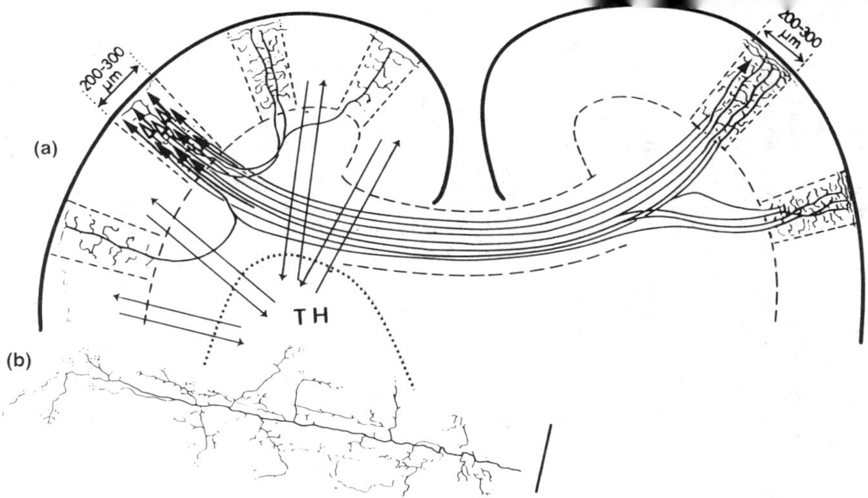

Figure 9.4. (a) Diagramme illustrant le principe général de la connectivité cortico-corticale ; on n'a pas figuré les circonvolutions cérébrales. Les connexions, selon des schémas extrêmement spécifiques, relient entre elles des colonnes verticales (perpendiculaires à la surface du crâne). d'un diamètre de 200-300 μm, situées dans les deux hémisphères. Les connexions intérieures à un hémisphère sont surtout le fait de cellules situées dans la couche III (celles figurées en silhouette à gauche), tandis que les connexions d'un hémisphère à l'autre (cellules figurées par des triangles noirs pleins) concernent les couches II-VI. (TH = thalamus.) Le diagramme ne cherche pas à figurer la convergence de voies afférentes parties de différents points du cortex et arrivant sur la même colonne. **(b)** Ramifications, colorées au nitrate d'argent, d'une voie afférente cortico-corticale orientée comme celle qui, en **(a)**, reçoit une seule afférente tout entière, mais, en **(b)**, le grossissement est plusieurs fois supérieur : on voit bien comment des ramifications complexes partent dans chacune des couches. Le trait en **(b)** figure une longueur de 100 μm. (D'après Szentágothai, 1978.)

veauté, car les espèces dont descend l'humanité n'avaient que des rudiments de conscience de soi, ou bien même en étaient totalement dépourvues. Et pourtant, la conscience de soi apporte avec elle de sinistres compagnons : peur, anxiété, conscience de la mort. L'homme porte le fardeau de la présence de la mort. Ainsi, un être qui sait qu'il va mourir un jour est né d'ancêtres qui ne le savaient point. » (1967)

Ce niveau d'implication ultime résultant de la conscience de soi peut être identifié par les rites d'enterrement qui débutèrent il y a quelque 80 000 ans parmi les hommes de Neandertal (sections 2.5 et 5.7). Lorenz (1977 : 169) fait ainsi allusion à

« cette barrière la plus mystérieuse, totalement impénétrable à la compréhension humaine, qui passe au milieu de ce qui constitue l'indiscutable unité de notre personnalité, je veux dire la barrière qui sépare les événements physiologiques objectifs qui se produisent dans notre corps et l'expérience subjective que nous en avons ».

Le développement progressif de la conscience chez le bébé, jusqu'à l'apparition de la conscience de soi chez l'enfant, est un bon modèle de l'émergence de cette caractéristique chez les hominiens. Il y a même des preuves d'une forme primitive de conscience de soi chez les chimpanzés (mais non chez les primates inférieurs), qui se reconnaissent dans une glace, comme le montre leur emploi d'un miroir pour nettoyer une tache de couleur sur leur figure (Gallup, 1977). La même reconnaissance dans la glace est accomplie par l'enfant à l'âge d'un an et demi (Amsterdam, 1972). On peut penser qu'au cours de l'évolution il y a eu une conscience de soi qui a précédé la prise de conscience traumatisante de la mort dont l'expression se traduit par les rites funéraires. De la même manière, la conscience de soi chez l'enfant précède de plusieurs années la première expérience de la mort. Il peut être utile de fournir une représentation de l'émergence de la conscience de soi qui développe la figure 8.5. Dans la figure 9.5, on voit qu'il y a désormais trois composants majeurs dans le « Monde 2 », c'est-à-dire le monde de l'expérience consciente : les compartiments « Sens extérieur » et « Sens intérieur » sont reliés à un compartiment central auquel on peut donner le nom de psyché, de moi ou d'âme, selon qu'on s'exprime en termes psychologiques, philosophiques ou religieux.

Dans l'émergence de la conscience de soi, Lack (1961 : 128) et

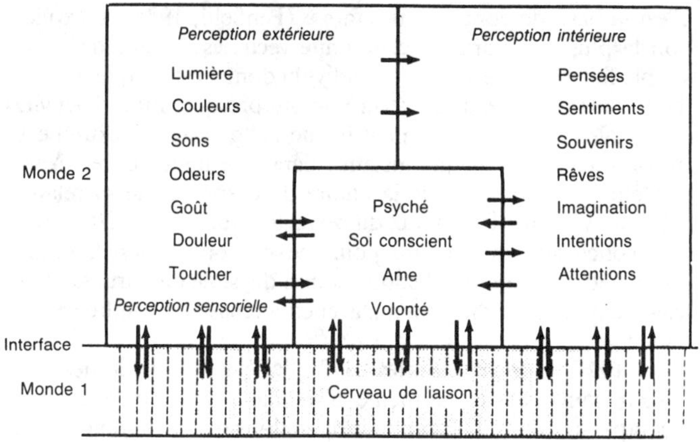

Figure 9.5. Diagramme montrant comment l'information circule dans l'interaction entre esprit et cerveau. Les trois composants du Monde 2 : Perception extérieure, Perception intérieure, et Psyché ou Ame, y sont figurés avec leurs connexions. Des flèches à double sens représentent les voies de communication qui traversent la frontière entre Monde 1 et Monde 2, c'est-à-dire qui relient le Cerveau de liaison à ces composants du Monde 2. Le Cerveau de liaison présente effectivement la disposition en colonnes ici indiquée. Il faut bien se rendre compte que la surface du Cerveau de liaison est énorme, puisqu'il possède sans doute plus de 10 millions de dendrons au lieu des 40 qui sont figurés ici. Remarquez que les souvenirs sont situés dans la partie Perception intérieure du Monde 2 et non point seulement dans les banques de données du Cerveau de liaison.

Lorenz (1977 : 170) parlent l'un et l'autre d'un fossé infranchissable entre l'âme et le corps. Cependant, il nous faut bien envisager que ce noyau central ait été créé et développé afin de faire enfin émerger la psyché ou l'âme. On peut conjecturer que, dans le processus de l'évolution des hominiens, on a rencontré toutes les transitions entre les situations illustrées par les figures 8.5 et 9.5, de la même manière qu'elles se manifestent depuis le bébé humain jusqu'à l'adulte, en passant par l'enfant. Mais tout cela demeure au-delà de notre compréhension.

9.5 L'unité du moi

C'est une expérience absolument universelle chez l'homme que l'appréhension subjective de son unité mentale telle qu'elle se reconnaît dans la continuité de ses souvenirs les plus reculés.

C'est la base du concept du « moi » (Penfield, 1975). L'explication la plus sommaire de cette unité vécue est qu'elle dérive du simple fait que le cerveau d'un individu donné est unique. Cependant, dans ce cerveau, il y a un nombre presque infini d'activités neuronales. Comment se peut-il que cette diversité extrême se trouve intégrée, à chaque instant , dans une unité vécue ? Après une étude approfondie de la nature de l'esprit et de sa relation avec les événements neuraux du cerveau, Uttal (1978 : 208) arrive à la conclusion que « d'un point de vue opérationnel, l'esprit semble être de nature holistique et non divisible en parties. Manifestement, la psychologie n'a pas encore réussi à résoudre ce problème. »

En 1977 (Popper et Eccles : 472), j'ai élaboré l'hypothèse que l'esprit conscient de lui-même n'est pas seulement engagé de façon passive dans la lecture des opérations qui se déroulent dans ses nerfs, mais qu'il a une activité propre de recherche, comme dans l'analogie du phare du Jung (1978). L'ensemble des processus neuronaux complexes se trouve à tout instant déployé ou représenté devant l'esprit. Selon l'attention, le choix, l'intérêt ou la pulsion, il peut choisir, parmi cette infinité d'activités du cerveau, examinant tantôt ceci, tantôt cela, voire mêlant ensemble les résultats de la lecture de nombreuses zones différentes du cerveau. De cette manière, l'esprit conscient de lui-même unifie le vécu. Cette interaction est un processus qui va dans les deux sens, ainsi que nous l'avons postulé dans la section 8.8.

De plus, ceux des systèmes neuronaux qui sont fréquemment activés peuvent produire une potentialisation à long terme des synapses (voir section 7.5.1) qui stabilise les circuits neuronaux. Il en résulterait la formation progressive de l'accumulation des souvenirs dans le cortex cérébral, fournissant ainsi une base durable pour l'unité du moi, car en l'absence de mémoire une telle unicité ne pourrait exister.

9.6 Commissurotomie

Le célèbre psychologue Fechner était persuadé que si les deux hémisphères étaient séparés, on assisterait à quelque chose comme un dédoublement de l'être humain (Zangwill, 1974). A l'opposé, McDougall ne croyait pas que l'unité de la conscience dépendît des conditions anatomiques. Dans une lettre citée par

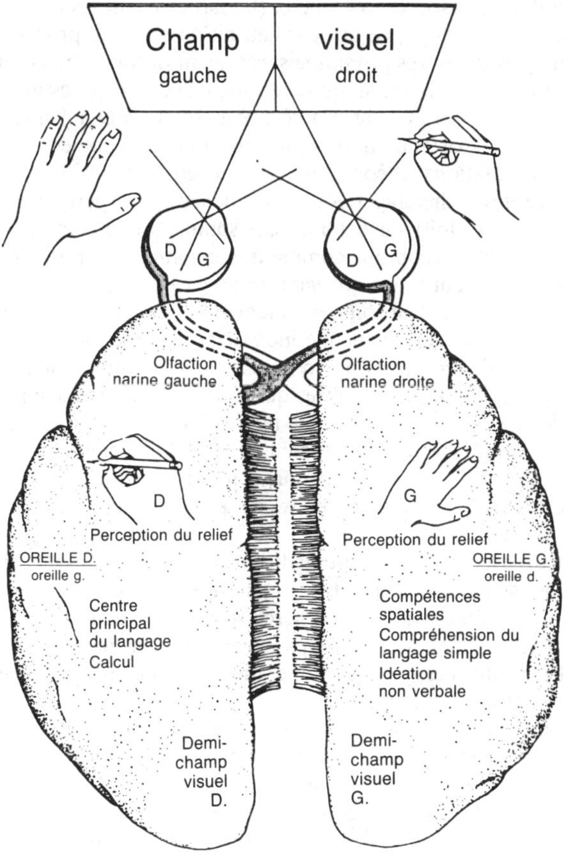

Figure 9.6. Schéma montrant comment les champs visuels gauche et droit se projettent respectivement sur le cortex visuel droit et le cortex visuel gauche, par suite de la décussation partielle du chiasma optique. Ce schéma montre aussi des afférences sensorielles non visuelles envoyées à l'hémisphère gauche par les membres situés du côté droit, et à l'hémisphère droit par les membres du côté gauche. De même, les voies afférentes auditives sont (pour l'essentiel) croisées, alors que l'olfaction intéresse narine et hémisphère situés du même côté. On a ici coupé le corps calleux. (D'après Sperry, 1974, *The Neurosciences*, 3e programme d'études, M.I.T. Press.)

Zangwill, il proposait même, s'il était atteint d'une maladie incurable, que son corps calleux (la partie reliant les deux hémisphères) soit coupé, ce qui permettrait de régler le problème ! Si Fechner et les autres physiologistes avaient raison, sa personnalité aurait été dédoublée ; si, au contraire, c'était lui qui avait raison, sa conscience serait restée unifiée, ce en quoi McDougall voyait la preuve de l'existence de ce que l'on pourrait appeler une âme. Ces spéculations théoriques doivent être reconsidérées à la lumière des recherches rigoureuses menées par Sperry et ses collaborateurs (1969) sur des malades soumis à une commissurotomie complète, accomplie comme traitement d'une épilepsie grave et rebelle. Il faut noter qu'avant de tenter une telle opération sur l'homme, on en avait soigneusement étudié les effets sur le chat et qu'on n'y avait relevé aucune incapacité majeure (Myers, 1961).

Cette opération consiste en une section du corps calleux et des quelque 200 millions de fibres qui le constituent. On sépare ainsi les deux hémisphères (voir les figures 5.1, 6.1 et 9.6). Précisons cependant que les connexions entre les hémisphères et les parties inférieures du cerveau demeuraient intactes et que chaque hémisphère possédait une mémoire de plusieurs années d'activités communes.

Heureusement, la coupure du corps calleux a suscité chez le patient si peu d'incapacités apparentes que pratiquement rien n'avait été noté avant les recherches très minutieuses de Sperry. Les activités générales du corps (nager, plonger, marcher, etc.) ne sont pas affectées, puisque l'opération ne concerne pas les étages inférieurs du cerveau.

Sperry a développé des procédures de test dans lesquelles l'information peut être fournie sélectivement à l'un ou l'autre hémisphère, et la réponse de chacun observée indépendamment. L'information est projetée soit dans le champ visuel gauche, soit dans le droit, le sujet fixant un point central. La projection dure un dixième de seconde pour éviter toute modification du champ visuel due au mouvement des yeux. Les sept sujets examinés présentaient tous leur zone de la parole dans l'hémisphère gauche (voir figure 4.3), qui était donc l'hémisphère dominant. La découverte la plus remarquable faite au cours de ces expériences est que toute l'activité neurale accomplie dans l'hémisphère droit restait inconnue du sujet parlant, puisque celui-ci ne se trouvait relié qu'à l'hémisphère gauche. Le sujet ne communique donc par le langage qu'à travers l'hémisphère dominant. Bien plus, le moi conscient n'est en relation qu'avec cet hémisphère.

Certes, comme le dit Sperry, les activités spécifiques sont séparées :

> « Chacun des hémisphères se conduit comme s'il n'était pas conscient des événements cognitifs produits dans l'autre hémisphère. En d'autres termes, chaque moitié du cerveau semble avoir son domaine cognitif propre, très différent de l'autre, avec ses expériences perceptuelles et d'apprentissage, et ceci dans l'oubli apparent des événements correspondants qui se déroulent dans l'autre hémisphère. » (1982 : 1224)

La figure 9.6 est un schéma dessiné par Sperry il y a quelques années et qui reste toujours valable comme base de discussion pour la théorie du cerveau séparé. Ce schéma montre les champs visuels gauche et droit avec leurs projections sur les cortex visuels du côté opposé. Ce même diagramme illustre la projection strictement unilatérale de l'odorat et celle, en majorité croisée, de l'ouïe. Les représentations croisées des innervations sensorielles et motrices des mains sont aussi indiquées, ainsi que l'observation supplémentaire selon laquelle le calcul arithmétique est surtout l'affaire du cerveau gauche. Le cerveau droit ne semble pas pouvoir effectuer autre chose que des additions très simples.

On peut dire que l'hémisphère droit est un cerveau hautement développé, sauf qu'il n'a pas la possibilité d'employer le langage et qu'il ne peut donc pas donner des signes de conscience que nous sachions reconnaître. Sperry (1982 : 1224) postule que « chacun des hémisphères, et pas seulement le gauche, a ses propres fonctions *gnosiques*. Il semble ainsi que, dans les tests de latéralité, il utilise ses propres perceptions, images mentales ou associations d'idées. »

La conscience du cerveau droit est voilée par défaut d'un langage pour s'exprimer, alors que le cerveau gauche, doté de ces capacités langagières, peut être identifié comme étant associé à l'esprit conscient et avec l'ensemble des souvenirs antérieurs à la section du corps calleux. De ce point de vue, on a séparé de l'esprit qui parle un autre esprit, muet et aphasique, qui ne peut communiquer par le langage.

En général, l'hémisphère dominant est spécialisé dans tout ce qui concerne le détail des descriptions et des réactions ; il est analytique et séquentiel. En outre, il peut additionner, soustraire et effectuer toutes les opérations de calcul. Mais, bien sûr, sa dominance résulte de ses capacités verbales et conceptuelles ainsi que de son lien avec la conscience de soi. L'autre hémisphère est déficitaire sur tous ces plans, bien qu'il soit prééminent pour d'autres capacités telles que l'appréhension des formes. Par exemple, l'hémisphère non dominant, qui contrôle la main gauche, a une grande supériorité en ce qui concerne le dessin géométrique et en perspective. Cette supériorité se révèle dans l'aptitude à assembler des blocs de couleur pour reproduire une mosaïque. L'hémisphère dominant est incapable d'accomplir les tâches les plus simples de ce type, et se montre pratiquement stupide en matière de perception des figures et des formes, comme l'illustre son incapacité à effectuer des copies. Il est arithmétique et non pas géométrique.

HÉMISPHÈRE DOMINANT	HÉMISPHÈRE MINEUR
Liaison vers la conscience individuelle	Liaison vers la conscience d'exister
Verbal	Presque non verbal
Désignation linguistique	Musical
Idéation	Sens de l'image et de la forme
Ressemblances conceptuelles	Ressemblances visuelles
Analyse à long terme	Synthèse à long terme
Analyse du détail	Holiste ; images
Opérations arithmétiques ; computs	Opérations spatiales et géométriques

Figure 9.7. Diverses fonctions spécifiques de l'hémisphère dominant et de l'hémisphère mineur, selon la répartition proposée par les nouvelles recherches conceptuelles de Levy-Agresti et Sperry (1968), et celles de Levy (1978). Il y a quelques ajouts par rapport à la liste qu'ils ont d'abord présentée.

Tout ce travail fondé sur des présentations très rapides d'informations au sujet s'est trouvé encore amélioré grâce à une autre technique (Sperry *et al.*, 1979) dans laquelle une lentille de contact est posée sur l'œil droit avec un dispositif optique limitant la perception au champ visuel gauche, quelle que soit la manière dont l'œil peut bouger. Il est ainsi possible de poursuivre les expériences pendant des heures, tout en sachant à quel hémisphère on envoie l'information, ce qui permet des tests plus subtils. Ces derniers ont été pratiqués pour évaluer l'aptitude de l'hémisphère droit à comprendre des images visuelles complexes en commandant des réactions appropriées de la main gauche. L'œil gauche étant masqué, les informations sont perçues (à cause de la lentille) dans le seul champ visuel gauche de l'œil droit. L'hémisphère gauche est donc parfaitement aveugle.

Des exemples de compréhension de figures par l'hémisphère droit sont fournis par des tests dans lesquels on montre le dessin d'un chat et les mots « chat » et « chien ». Le sujet peut désigner le mot approprié avec sa main gauche. Corrélativement, si l'on montre le dessin d'une tasse et d'un couteau ainsi que le seul mot « tasse », le sujet désignera le dessin de la tasse avec sa main gauche. Mis en présence d'un paysage et des mots « été » et « hiver », le sujet est là aussi capable de désigner le mot correct. Mais, en dépit de ces réactions intelligentes quand des images et des mots sont soumis à son hémisphère non dominant, le sujet se trouve totalement incapable d'achever les phrases les plus simples. La plupart des résultats obtenus en testant les chimpanzés (voir section 4,4) indiquent que ceux-ci sont incapables de compléter des phrases, bien que l'on ait prétendu à tort le contraire. Cela résulte à l'évidence du fait que ni l'hémisphère droit de l'homme ni le cerveau du chimpanzé ne possèdent une aire de Wernicke qui fournisse la base nécessaire à l'aptitude sémantique.

Ces tests rigoureux ont montré qu'après section du corps calleux l'hémisphère droit a accès à un vocabulaire auditif considérable, et qu'il est capable de relier des mots présentés par l'ouïe ou par la vue à des représentations graphiques. Il témoigne d'une efficacité particulière pour reconnaître les images qui se présentent dans des situations vécues courantes, et répond aussi bien au nom d'une action qu'au verbe correspondant. Mais, en dépit de cette efficacité dans la compréhension du langage, le cerveau droit est extrêmement déficitaire en matière d'expression verbale ou d'écriture, où ses capacités sont nulles. Il est tout aussi incapable de comprendre des instructions formées de plusieurs parties devant être retenues dans un ordre correct. Cette découverte d'une différence considérable entre compréhension et expression dans les performances de l'hémisphère droit est très significative pour notre théorie.

Sperry rapporte deux études destinées à tester certaines capacités de l'hémisphère droit dans le domaine de la conscience de soi et de l'attention à l'environnement social. Un large éventail de scènes sociales est montré dans le champ visuel gauche des sujets, donc à leur hémisphère droit. Les sujets se révèlent toujours capables d'identifier les photographies familières — y compris la leur — dans l'ensemble présenté, mais éprouvent de grandes difficultés à décrire ce qu'elles représentent, à tel point que l'expérimentateur a dû aider le sujet pour qu'il puisse exprimer verbalement la réponse, probablement grâce à son hémisphère gauche. La conclusion déroutante de ces études, selon laquelle il y aurait quasi-égalité des deux hémisphères pour ce qui est de l'identification peut être critiquée comme relevant d'une interprétation trop favorable des réponses des sujets, du moins si l'on regarde de près les protocoles utilisés. Quoi qu'il en soit, ces tests constituent une remarquable démonstration du caractère limité de la conscience de soi de l'hémisphère droit.

Mais ces tests en restent à un niveau relativement simple, et l'on peut douter que l'hémisphère droit possède une pleine conscience de soi. Qu'en est-il par exemple de ses facultés de prévision du futur ? Forme-t-il des jugements et des décisions fondés sur un système de valeurs ? Ce sont là des critères essentiels de l'existence d'une personnalité telle qu'on l'entend d'ordinaire (Strawson, 1959 ; Popper et Eccles, 1977). Considérons maintenant l'apport de ces découvertes pour l'unité du moi conscient.

Il existe une certaine conscience de soi dans l'hémisphère droit, mais celle-ci est étroitement limitée et ne permet pas de lui attribuer une personnalité d'après les critères que nous venons d'évoquer. Ainsi, la coupure du corps calleux a détaché un fragment de l'esprit conscient, mais la personne elle-même et son unité mentale sont pour l'essentiel restées intactes, dans leur association spécifique avec l'hémisphère gauche — constatation qui aurait ravi McDougall ! Nous reconnaîtrons néanmoins que les émotions induites par l'hémisphère droit peuvent impliquer le gauche à travers le système limbique qui, lui, n'a pas été sectionné ; sur le plan émotionnel la personne reste donc bien attachée à l'hémisphère droit.

9.7 La signification évolutive de l'asymétrie cérébrale

L'importance que nous avons accordée à l'asymétrie cérébrale peut paraître excessive. Il n'en est rien quand on examine sa signification du point de vue de l'évolution. Nous avons déjà étudié dans les chapitres précédents un grand nombre de changements intervenus dans le système nerveux central au cours de l'évolution des hominiens. Dans le chapitre 4, nous avons vu que le langage dépendait fortement de l'asymétrie cérébrale. Mais cette dernière ne semblait pas jouer de rôle dans ce que nous avons étudié aux chapitres 5 à 8, et, pour ces domaines, il n'est pas facile de préciser quels sont les changements fondamentaux du cerveau qui rendent compte du succès évolutif de la lignée humaine. Mais nous voici maintenant devant l'intéressante perspective que ce soit l'évolution de l'asymétrie cérébrale qui constitue le processus évolutif essentiel de l'évolution des hominiens. Cette thèse est exprimée par Jerre Levy en relation avec les fonctions des deux hémisphères :

> « Les hémisphères cérébraux humains entretiennent une relation symbiotique dans laquelle à la fois les aptitudes et les motivations à agir sont complémentaires. Chaque côté du cerveau peut et préfère accomplir un certain ensemble de tâches cognitives que l'autre côté trouve difficiles ou déplaisantes. Si l'on considère la nature de ces deux ensembles de fonctions, on voit qu'ils sont logiquement incompatibles. L'hémisphère droit effectue une synthèse dans l'espace, le gauche une analyse dans le temps. L'hémisphère droit remarque les similitudes visuelles sans s'occuper des similitudes conceptuelles, le gauche fait le contraire. L'hémisphère droit code les perceptions sensorielles en termes d'image, l'autre en termes de description verbale. Il manque à l'hémisphère droit un analyseur du langage et à l'hémisphère gauche un synthétiseur de formes. » (1974 : 167)

Speery (1982) se concentre sur les performances supérieures de l'hémisphère droit que l'on avait considéré jusque-là comme plutôt « retardé » :

> « Les capacités de l'hémisphère droit sont non séquentielles, non verbales, non mathématiques par nature. Elles sont largement spatiales et picturales, comme par exemple reconnaître des visages, retrouver un dessin dans un tableau plus vaste,

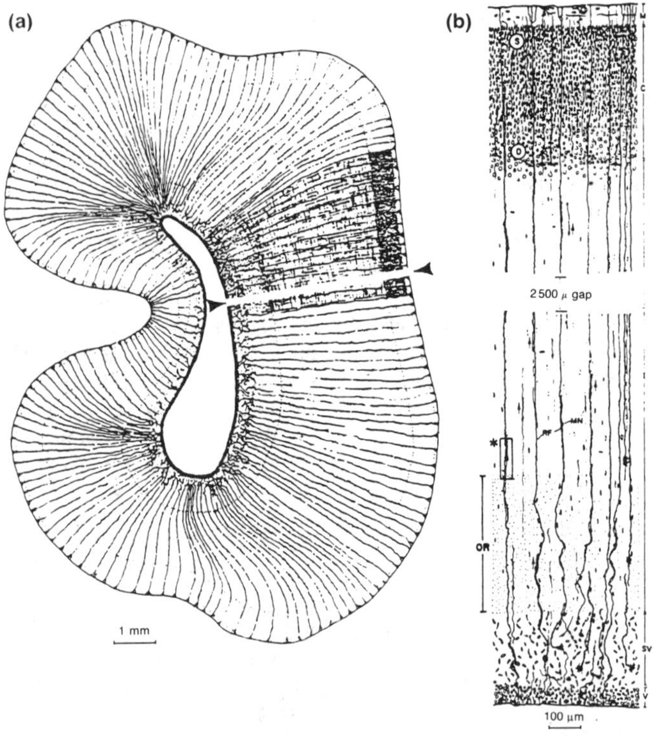

Figure 9.8. **(a)** Dessin obtenu par le procédé de la « chambre claire », après imprégnation au nitrate d'argent selon Golgi, et représentant une coupe pratiquée selon la suture coronale, au niveau pariéto-occipital, sur le cerveau d'un fœtus de singe de 97 jours. On a dessiné les fibres radiales en traits un peu plus épais qu'ils n'apparaissent sur le spécimen, afin de bien montrer comment elles sont disposées, car le grossissement est assez faible (le trait en bas à gauche correspond à 1 mm). La partie indiquée par une bande blanche entre deux pointes de flèches est reproduite à droite en **(b)** à un grossissement plus élevé. **(b)** Dessin composite, à la chambre claire, représentant la paroi cérébrale à l'endroit indiqué en **(a)** par la bande blanche. On a combiné une section de Golgi (profils dessinés en noir) et une section adjacente colorée en bleu à la toluidine (profils esquissés). On a omis de représenter le milieu de la zone intermédiaire sur une longueur de 2 500 μm, car sa structure est semblable à celle des parties représentées. C = plaque corticale ; D = cellules du cortex profond ; I = zone intermédiaire ; M = couche marginale ; MN = cellule en cours de migration ; OR = zone de ramification optique ; RF = fibre radiale ; S = cellules du cortex superficiel ; SV = couche sous-ventriculaire ; V (juste au-dessous) = zone ventriculaire. (Rakic, 1972.)

reconstruire un cercle complet à partir d'un fragment d'arc, reconnaître et discriminer des formes complexes sans nom , effectuer mentalement des transformations dans l'espace, différencier des accords musicaux, classer les tailles et les formes, percevoir le tout à partir des parties et avoir la perception intuitive des principes géométriques. » (1982 : 1225)

La figure 9.7 présente un résumé très simple de ces spécialisations des hémisphères. Dans la ligne du haut, on a indiqué que l'hémisphère droit est en rapport avec la conscience, mais non pas avec la conscience de soi. Cela signifie l'unicité du rapport du moi avec l'hémisphère gauche, comme nous l'avons souligné dans la section 9.6

9.8 Indications selon lesquelles le néo-néocortex a une origine tardive du point de vue de l'évolution et du développement

9.8.1 Le néo-néocortex

Nous suivrons Flechsig (1920) en regardant le moment de la myélinisation du néocortex (figures 4.8 et 4.9) comme indiquant son âge du point de vue de l'évolution. De plus, le retard de cette myélinisation correspond à un retard dans le développement des neurones et des dendrites, et probablement aussi des excitations des synapses (Geschwind, 1965 : 273).

Les aires 39 et 40 sont particulièrement intéressantes. La comparaison des cartes de Brodmann du cerveau du singe (figure 4.5) et de celui de l'homme (figure 4.4) montre que ces aires sont rudimentaires chez le singe. Leur développement tardif, du point de vue de l'évolution, s'accorde bien avec le retard de leur myélinisation.

La figure 4.8 indique que de grands domaines préfrontaux et temporaux inférieurs connaissent une myélinisation tardive. Si ces zones apparaissent toutes relativement tard dans l'évolution, on peut penser que l'augmentation du cortex résulte de cette apparition. Nous les désignerons donc sous le nom de néo-néocortex. Le revers de la médaille, c'est que la taille des aires primaires sensorielles et motrices est quasiment invariante au cours de l'évolution (par exemple, l'aire 17 dans les figures 4.4 et 4.5).

9.8.2 Fonctions gnosiques

Nous proposerons que les aires néo-néocorticales se soient développées au fil de l'évolution pour les besoins des fonctions gnosiques qui constituent un trait unique de l'évolution des hominiens. On avait cru jusqu'ici que les facultés gnosiques du cerveau humain étaient dues à sa taille. C'est une croyance grossière qu'il n'est pas même nécessaire d'analyser. Ce que l'on avance maintenant, c'est que les capacités exceptionnelles du cerveau humain dérivent de sa possession d'un néo-néocortex qui aurait été d'une taille négligeable chez les hominoïdés les plus évolués, en raisonnant par analogie avec le singe (figure 4.5). Les aires 39 et 40 sont les parties les mieux définies du néo-néocortex, mais les lobes préfrontaux moyens et temporaux inférieurs en relèvent aussi. On peut supposer qu'il y a des particularités micro-structurelles subtiles dans les mini-modules des aires néo-néocorticales. Leur identification reste un grand défi pour les neuro-anatomistes. Ces aires néo-néocorticales sont sans aucun doute la base structurelle d'un grand nombre d'asymétries, comme celle qui situe le langage à gauche et la musique ainsi que les configurations spatiales à droite.

9.8.3 Ontogenèse du néo-néocortex

Les traits propres au développement ontogénique des aires corticales et gnosiques peuvent être examinés en relation avec la figure 9.8, qui représente le tube neural d'un fœtus de singe de 97 jours (Rakic, 1972) dans lequel le néocortex est en train de se former. Le tube neural du fœtus humain est similaire, sauf qu'en addition au néocortex il y a des zones spéciales où s'accomplit la neurogenèse du néo-néocortex. Dans celles-ci, les cellules neuro-épithéliales tardent probablement à se subdiviser pour donner naissance à des cellules nerveuses toutes nouvelles. Ces dernières ont une large gamme de particularités génétiques qui les rendent capables de construire les aires spécifiques néo-néocorticales. Il est bien possible qu'il y ait une production par clonage des cellules nerveuses promises à des fonctions si hautement spécialisées (Meller et Tetzleff, 1975). Ces cellules nerveuses sont probablement aménagées par clonages verticaux en micro-colonnes, ainsi que le suggère Mountcastle (1978).

Ainsi, au cours de l'évolution, le tube nerveux des hominiens chargé de produire le néocortex en serait venu à posséder des zones destinées à fabriquer le néo-néocortex. On peut supposer que ces zones étaient petites chez les australopithèques, mais beaucoup plus grandes chez l'*homo habilis*, en fonction de ce que l'on sait de son cerveau. Au fil des étapes ultérieures de l'évolution, ces zones seraient même devenues plus vastes que celles concernant le néocortex. Finalement, chez l'*homo sapiens*, l'essentiel du tube neural serait consacré au néo-néocortex.

Mais la taille relative n'est pas la seule caractéristique des zones engendrant le néo-néocortex. La plus importante est la diversité des spécialisations pour assurer les fonctions gnosiques les plus variées, et le retard de myélinisation correspondant n'a encore jamais été étudié. Nous pouvons prévoir que pendant très longtemps il se posera des problèmes fondamentaux de neurogenèse en ce qui concerne les connexions internes particulières qui caractérisent les fonctions gnosiques et l'asymétrie de leur distribution.

9.8.4 Développement trophique du néo-néocortex

On sait qu'un transfert limité des fonctions gnosiques peut se produire à un âge très précoce, ainsi qu'on le voit après la destruction de l'aire de Wernicke chez les nourrissons et le transfert à l'hémisphère droit du contrôle de la parole (Milner, 1974). Nous avons formulé dans la section 8.8 l'hypothèse d'une relation fixe entre les dendrons et les psychons unitaires. Il y aurait une certaine flexibilité avant la puberté, proportionnelle à la jeunesse du sujet.

Ogden (1988) donne des exemples de cette compensation trophique. Il s'agit de deux malades qui auraient souffert dans leurs années de pré-puberté d'importantes lésions de l'hémisphère gauche, à tel point que celui-ci n'était pratiquement plus en état de fonctionner et qu'il provoquait de graves crises épileptiques plusieurs fois par jour. Une ablation presque complète de l'hémisphère gauche fut réalisée à l'âge de 17 et 18 ans. L'état des malades s'améliora et maintenant, à l'âge de 46 et 34 ans, leur hémisphère droit fonctionne à près de 80 % du quotient intellectuel normal dans les tâches verbales et dans les visualisations spatiales. Les deux malades travaillent à plein temps depuis des années et sont socialement bien adaptés. Il est remarquable que l'hémisphère droit soit devenu l'hémisphère linguistique, en raison des dommages subis par le gauche durant l'enfance. On notait cependant des déficits dans les fonctions normales de l'hémisphère droit comme dans les compétences linguistiques qu'il avait acquises (Milner, 1974).

9.8.5 L'asymétrie des fonctions néo-néocorticales.

Dans la symétrie fonctionnelle du système des hominoïdés, toutes les fonctions néocorticales étaient doublées. On peut supposer que, lors de leur évolution, il a été nécessaire d'augmenter les circuits neuronaux les plus raffinés afin de répondre aux besoins suscités par les progrès réalisés (particulièrement ceux du langage). Ainsi a pris naissance la stratégie évolutive consistant à ne pas construire plus de néocortex avec des activités symétriques, mais, au contraire, à développer dès la naissance une tendance gauche ou droite pour chacune des fonctions gnosiques. Il faut maintenir clairement la distinction entre, d'une part, les contrôles trophiques qui s'expriment par le transfert de fonctions dans les premiers stades de la vie, et, d'autre part, les changements plastiques qui se produisent à tous les âges et qui sont les bases de l'apprentissage tel que nous l'avons décrit aux sections 7.5 et 7.6.

Mozart donne le meilleur exemple de développement trophique du néo-néocortex dans les années pré-pubertaires. Sa biographie montre que, dès l'âge le plus tendre, son cerveau faisait preuve de dons extraordinaires pour la musique (comme l'avait remarqué son père). Soumis à une éducation musicale intense, il a dû se produire une organisation poussée des aires néo-néocorticales relatives à la musique dans la phase pré-pubertaire. Et ainsi fut créé le plus merveilleux cerveau musical de tous les temps. Prenons garde, cependant, au danger d'un surentraînement, par les parents ou les professeurs, de cerveaux non pourvus du néo-néocortex nécessaire. Le message que je veux ici transmettre est que parents et enseignants doivent s'efforcer de reconnaître la période pré-pubertaire cruciale pour la réalisation des capacités potentielles du néo-néocortex, que ce soit dans les langues, la musique, les mathématiques, la poésie, les arts plastiques ou la philosophie.

9.8.6 Hypothèse du développement trophique du néo-néocortex

On peut développer l'hypothèse d'une transformation progressive des dendrons du néo-néocortex. Ils ont une ontogenèse orientée en faveur des fonctions gnostiques caractérisées par l'asymétrie, et qui est lente et tardive.

Normalement, avant la puberté, ces tendances se développent par l'usage en donnant des réponses de plus en plus subtiles et raffinées. Nous suggérons que l'extrême diversité des fonctions gnosiques se développe en relation avec le monde extérieur dont l'interaction avec le néo-néocortex est un processus trophique d'autocréation et d'auto-organisation. Dans la section 8.8, on a formulé l'hypothèse d'une relation fixe entre les psychons élémentaires et les dendrons élémentaires qui leur sont associés dans les mêmes modules cérébraux. Cette relation permanente s'établit par l'interaction trophique dans les étapes pré-pubertaires du développement. L'asymétrie que l'on observe en principe résulte alors du développement trophique de tendances données pour l'un ou l'autre des côtés (Lenneberg, 1967).

Cette hypothèse permet de rendre compte des différences présentées avec le modèle asymétrique adulte, quand il y a eu des lésions graves de l'un des hémisphères à un très jeune âge. Au moment de la puberté, les asymétries fonctionnelles sont définitivement fixées.

9.8.7 Résumé des fonctions du néocortex

Le grand succès de l'évolution des hominidés a été assuré par l'organisation asymétrique qui a potentiellement doublé la capacité du cortex (Levy, 1977). C'est cette asymétrie corticale qui a été le facteur décisif de cette évolution. Le néocortex ancien, ainsi que ses fonctions sensorielles et motrices, est resté sans modification et a gardé son fonctionnement symétrique. On peut évaluer l'avantage procuré par l'asymétrie. Le néocortex de l'homme est égal à 3,2 fois celui du chimpanzé : si les parties nouvelles sont doublées, il y a un accroissement de 3,2 ; si elles sont asymétriques, l'accroissement en potentialités cérébrales sera de 5,4 (1 + 2, 2 + 2, 2). Ainsi, le stratagème de l'asymétrie a permis un grand accroissement du néo-néocortex sans trop d'augmentation des risques dus à la naissance d'enfants à la tête de plus en plus grosse (tableau 5.2).

Il y a cinq particularités du néo-néocortex :

1° Du point de vue phylogénique, il est le dernier à apparaître, car il est spécifique au développement des hominiens ;

2° Ontogéniquement, il est le dernier à parvenir à maturation, comme le montrent la myélinisation retardée (figures 4.8 et 4.9) et les retards de développement des dendrites et des synapses ;

3° Il présente une asymétrie fonctionnelle (figure 9.7), ainsi qu'en témoignent les exemples du langage, les aptitudes visio-spatiales et musicales ;

4° Chez les sujets jeunes , il est caractérisé par une plasticité de la maturation, comme l'indique la possibilité que des lésions soient compensées ;

5° L'entrée en action du néo-néocortex est associée à une large variété de fonctions gnosiques : la conscience et la conscience de soi, la réflexion, la mémoire, les sentiments, l'imagination, les facultés créatrices.

CHAPITRE X

La personne humaine

J'ai essayé, dans les neuf chapitres précédents, de décrire les traits essentiels de l'évolution des hominidés en mettant l'accent sur celle du cerveau. C'est une histoire strictement darwinienne où les principaux rôles sont joués par la mutation génétique aléatoire d'une part, par un tri des phénotypes effectué par la sélection naturelle d'autre part. Il a été possible, de cette manière, de présenter des explications plausibles du développement du cerveau humain jusqu'à son accomplissement chez l'*homo sapiens sapiens*. Nécessairement, bien des détails nous restent inconnus, nos connaissances scientifiques demeurant encore à un niveau bien primitif, mais il est en principe possible de décrire la façon dont l'évolution a produit dans le cerveau les changements anatomiques et fonctionnels qui ont permis le cours merveilleux, voire transcendant, de l'évolution des hominidés.

Poser la question de savoir s'il y aura dans l'avenir une autre évolution biologique comparable à celle des hominidés n'a guère de sens. La morale de ce livre est que l'évolution des hominidés a dépendu de façon unique du superbe système nerveux développé par nos ancêtres primates. Cette évolution ne se répétera jamais.

La sélection naturelle est essentiellement opportuniste : pour elle ne comptent que la survie et la propagation d'une génération particulière, puis de la suivante, et ainsi de suite. Dans sa formulation habituelle, la sélection naturelle dépend de la capacité de l'organisme à survivre et à se reproduire dans un environnement hostile. Popper (1981, 1989) appelle cela le darwinisme passif, par opposition au darwinisme actif ou exploratoire selon lequel les organismes vivants explorent activement leur environnement pour trouver des niches écologiques et des modes de vie plus favorables : « une pression exercée par la sélection pour modifier l'organisme de manière à mieux l'intégrer dans son nouvel habitat, c'est-à-dire dans sa nouvelle façon de vivre, laquelle a été activement choisie et préférée » (Popper, 1981 : 42). L'évolution biologique depuis l'origine de la vie il y a environ 3,5 milliards d'années — jusqu'à récemment serait entièrement dominée par le darwinisme passif. Le darwinisme actif ne serait intervenu qu'il y a peu, mettons depuis 200 millions d'années, dans les organismes les plus développés capables d'explorer leur environnement, et la pression de la sélection aurait favorisé ceux qui savaient exploiter le plus efficacement leurs découvertes. Popper suggère que ce comportement d'apparence raisonnable est précurseur du comportement conscient des animaux les plus évolués, les mammifères et les oiseaux. Il ne fait pas de doute qu'un tel comportement conscient est déterminant dans la sélection naturelle.

Dans les sections 9.2, 9.4 et 9.5, on a établi qu'un phénomène tout à fait nouveau est apparu au cours de l'évolution des hominidés. Au-delà de la conscience, qu'on peut reconnaître dans l'ensemble des comportements des animaux évolués, mammifères et oiseaux (sections 8.2 et 8.3), il existe chez les humains une conscience de soi, laquelle se manifeste sûrement déjà chez l'*homo sapiens neandertalis* (section 9.4).

Dans le cadre d'un darwinisme strictement matérialiste, l'existence de la conscience animale est déjà une anomalie inexplicable, ainsi qu'on l'a noté dans la section 8.3. Dans la figure 9.5, on a montré comment les expériences subjectives du Monde 2 atteignent à l'objectivité par la communication interpersonnelle, qu'on peut utiliser pour tester la validité des rubriques mentionnées dans la figure 9.5 sous « Sens extérieur » et « Sens intérieur ». De très nombreuses études sur les états associés du cerveau emploient des enregistrements électriques ; d'autres sur le travail accompli par le cerveau recourent aux méthodes de scanning rCBF et PET. Mais il n'existe pas de méthodes analogues pour tester le noyau central du Monde 2 dans la figure 9.5. Ce fait est à l'origine de bien des disputes philosophiques.

10.1 La personne humaine

Popper postule :

> « Le moi n'est pas "l'ego à l'état pur", rien que sujet. Comme un pilote, il observe et passe à l'action en même temps. Il agit et il souffre ; il se remémore le passé et prévoit, prépare le futur ; il attend et il dispose. Il contient, en succession rapide ou bien dans le même temps, des désirs, des projets, des espoirs, des décisions d'agir, et une conscience vive d'être un moi agissant, un centre d'action. Et il doit en grande mesure cette qualité d'auto-conscience de soi-même à la réciprocité de ses rapports avec d'autres personnes, d'autres "soi", et avec le Monde 3. Tout cela est en rapport avec l'activité du cerveau. » (1977 : 120)

Chacun de nous fait en permanence l'expérience d'être une personne douée de conscience de soi — pas seulement consciente, mais sachant qu'elle l'est. Pour définir la « personne », je me bornerai à citer deux formules (admirables) d'Emmanuel Kant :

« Une personne est un sujet responsable de ses actes. »

et

« Une personne est consciente à différents moments de l'identité numérique de son moi. »

Ces formules constituent une base minimale, et peuvent être amplement développées.

Nous pouvons aller plus loin que Kant en précisant les rapports entre la personne et son cerveau. On a l'habitude de considérer la personne comme s'identifiant à l'ensemble de ses parties : visage, corps, membres, etc. On n'a aucune peine à montrer qu'il s'agit là d'une erreur. En effet, l'amputation des membres ou la perte des yeux, bien que mutilantes, laissent intacte l'identité de la personne. Cela vaut également pour l'ablation d'organes internes. Un grand nombre d'entre eux peuvent être enlevés totalement ou en partie. La personne humaine survit inchangée après une transplantation des reins, voire du cœur. Et le cerveau ? Heureusement, la transplantation du cerveau n'est pas réalisable sur le plan chirurgical, mais la transplantation de la tête l'est déjà. Qui peut douter que c'est la personne « propriétaire » de la tête transplantée qui serait désormais « en possession » d'un nouveau corps, et non pas l'inverse ? On veut espérer que, pour ce qui est des humains, cela restera une « expérience en pensée », mais, pour ce qui est des mammifères, l'expérience a déjà été tentée et réussie. Il est clair qu'en dehors du cerveau les autres parties de la tête — yeux, nez, mâchoires, etc. — ne sont pas plus concernées par un changement de propriétaire que les autres parties du corps. On peut donc conclure que c'est le cerveau et le cerveau seul qui contient la base matérielle de l'identité de la personne.

Même si l'on admet que le cerveau est le siège de la personnalité consciente, il est clair que bien des parties du cerveau n'y sont pour rien. En effet, l'ablation du cervelet détériore gravement les capacités de mouvement, mais la personne n'en est pas affectée par ailleurs. Il en va tout à fait différemment de la partie principale du cerveau : les hémisphères cérébraux. Ceux-ci sont intimement liés à la conscience de la personne, même si ce n'est pas dans la même mesure (chapitre 9 ; figures 9.6 et 9.7). Chez 95 % des gens, il y a dominance de l'hémisphère gauche, qui est l'hémisphère de la parole, spécifiquement associé à la communication linguistique (chapitre 4). Sauf chez les jeunes enfants, son ablation a pour résultat une dégradation grave (mais pas la destruction) de la personne humaine. En revanche, l'ablation de l'hémisphère mineur (normalement le droit) débouche sur la perte de mouvement du côté gauche (l'hémiplégie), mais la personne n'est pas gravement affectée par ailleurs. Des dommages causés à d'autres parties du cerveau peuvent également perturber sérieusement la conscience de la personne humaine, peut-être par suite de la suppression des influx neuraux qui déclenchent en temps normal les indispensables activités d'arrière-plan des hémisphères cérébraux.

10.2 L'évolution culturelle

Déjà, au chapitre 4, dans la figure 4.2, on a introduit le monde de la culture, le Monde 3 de Popper (1972). Il comprend tous les aspect de la civilisation humaine, et, à quelques exceptions possibles près, il s'agit entièrement d'une création des hominidés. Au surplus, on n'a trouvé que quelques faibles lueurs du Monde 3 dans les fouilles de cultures à outils antérieures (figure 6.10) à l'avènement de l'*homo sapiens sapiens*. Dans la figure 4.2, la liste établie sous la rubrique « Monde 3 » n'est que très partielle. Chacune des entrées peut être considérablement développée. Par exemple, le mot « artistique » recouvre tous les arts plastiques et objets d'artisanat, ainsi que l'architecture et la musique.

Popper pense que le Monde 3 est bâti par des individualités humaines créatives désireuses de résoudre des problèmes posés par elles-mêmes. Pour ce qui est des mathématiques, il note :

> « Nous pouvons *saisir* ou *comprendre* ou *découvrir* ces problèmes, et en résoudre quelques-uns. Ainsi notre pensée, qui fait partie du Monde 2, dépend en partie des problèmes autonomes et de la vérité objective des théorèmes appartenant au Monde 3 : le Monde 2 crée le Monde 3, mais il est aussi partiellement créé par le Monde 3, dans une espèce de processus de *feed-back*. »

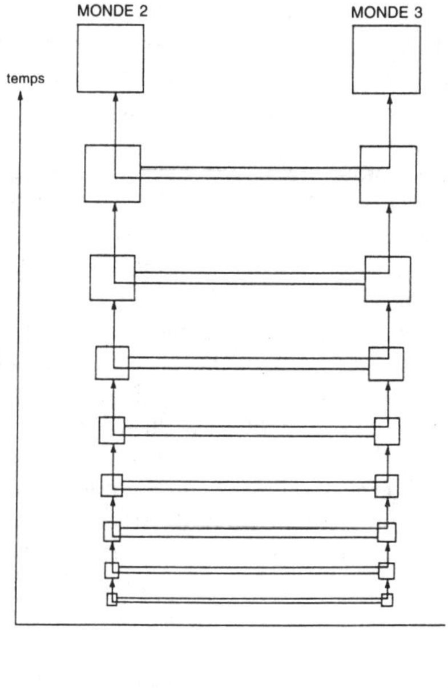

Figure 10.1. Représentation schématique des relations figurées par des flèches qui unissent, a-t-on postulé, le développement de la conscience de soi (Monde 2) et celui de la culture (Monde 3), au fil du temps, chez un même individu. Le texte donne une description complète de ces relations. Nous pourrions parler ici d'une « échelle » personnelle dont, d'un bout à l'autre de notre vie, nous pouvons gravir les barreaux.

Il est surprenant de constater combien le développement du Monde 3 a été lent pendant les premières dizaines de milliers d'années d'*homo sapiens sapiens*. Et, encore aujourd'hui, il existe des races humaines dont la créativité est négligeable. C'est seulement quand la société a pu pourvoir aux besoins primordiaux de l'homme — l'abri, la nourriture, les vêtements et la sécurité — qu'il a été possible à ses membres de participer efficacement à la créativité culturelle, et d'enrichir ainsi le Monde 3. Il est également probable qu'il a fallu atteindre un nombre minimal de membres au sein d'une communauté avant que les individus créatifs aient pu avoir entre eux des réactions fertiles ; c'est toujours le cas de nos jours. Au début, le Monde 3 de la littérature et de l'histoire était conservé dans la mémoire humaine : par exemple, avant l'invention de l'écriture par les Sumériens, il y a 5 000 ans, dans la mémoire des récitants. On a d'ailleurs continué dans les sociétés illettrées, presque jusqu'aujourd'hui à propager le Monde 3 par la récitation, ce dont Lord (1960) a donné une description vivante dans *The Singer of Tales*.

Il faut souligner que le Monde 3 est codé sur des supports matériels comme le papier et l'encre, mais que lui-même est non matériel, essentiellement constitué par les idées créatives des artistes, des penseurs, des raconteurs, éventuellement des philosophes et des scientifiques. La découverte par les Sumériens de la possibilité de coder que le langage sur un support matériel durable — l'écriture cunéiforme sur des tablettes d'argile — peut être considérée comme le début embryonnaire du monde moderne, celui qu'ont engendré les grandes avancées technologiques dans la codification de toutes les variétés d'idées du Monde 3. Là gît au demeurant l'un des plus graves dangers pour notre société, laquelle est à présent submergée par les médias.

A sa naissance, le bébé humain est doté d'un cerveau humain, mais ses expériences du Monde 2 sont rudimentaires, et le Monde 3 lui est inconnu. Le bébé, et même l'embryon humain, doit être considéré comme un être humain, mais ce n'est pas une personne humaine. L'émergence et le développement de l'autoconscience (Monde 2) par les rapports réciproques entretenus avec le Monde 3, le monde de la culture, constituent un processus bien mystérieux. On peut le comparer à une double structure (figure 10.1) qui monte et croît par un système de raccords réciproques. La flèche verticale montre le passage du temps depuis les premières expériences de l'enfant jusqu'à son plein développement humain. Depuis chaque position du Monde 2, une flèche traverse le Monde 3 du même niveau pour atteindre un niveau plus élevé et plus riche, ce qui illustre symboliquement la croissance de la culture de l'individu. Réciproquement, les ressources « Monde 3 » du moi réagissent pour donner un niveau plus élevé et plus étendu de la conscience de ce moi (Monde 2). On peut voir dans la figure 10.1 la représentation symbolique de l'échelle de la réalisation de la personne. Ainsi, chacun de nous se développe et se crée progressivement, et cela peut continuer tout au long de notre vie. Plus les ressources « Monde 3 » de la personne sont grandes, plus elle peut gagner, par l'enrichissement réciproque, en l'autoconscience dans le Monde 2. Ce que nous sommes dépend du Monde 3 qui nous entoure et de la manière dont nous avons su exploiter les occasions de développer les potentialités cérébrales à notre disposition.

Un cas récent et douloureux illustre bien la figure 10.1. Une enfant nommée Genie était privée par un père psychotique de tout contact avec le Monde 3. Elle restait enfermée et isolée dans le petit grenier de sa maison à Los Angeles. Personne ne lui parlait, et elle n'avait reçu que des soins minimaux depuis l'âge de vingt mois jusqu'à treize ans et huit mois. A sa libération de cet état de privation absolue, elle était, bien entendu, un être humain, mais non une personne humaine. Elle se trouvait à la traverse la plus basse de l'échelle de la figure 10.1. Depuis, avec l'aide dévouée du docteur Susan Curtiss (1977), elle remonte lentement l'échelle de la personnalité. La privation linguistique a sérieusement endommagé son hémisphère gauche, mais le droit a pris le relais pour atteindre un niveau linguistique plutôt faible. Pourtant, malgré le retard tragique de son entrée dans le Monde 3, Genie est devenue une personne humaine ayant une autoconscience, des émotions et d'excellentes performances de dextérité manuelle et de reconnaissance visuelle. Il est donc clair que le Monde 3 est nécessaire au développement de la personne humaine. Comme indiqué dans la figure 10.1, la construction du cerveau dépend certes des instructions génétiques (c'est-à-dire de la nature), mais le développement de la personne humaine dépend du Monde 3 environnant (c'est-à-dire de la culture). Chez Genie, il y a eu un abîme de treize ans entre la nature et la culture.

On a mentionné brièvement (dans la section 6.11) le concept dû à Stebbins (1982) selon lequel il existe des caractéristiques propres à l'homme : la capacité de fabriquer des objets d'artisanat, une conscience des rapports temporels et la pensée imaginative. Ces caractéristiques peuvent former la base d'un Monde 3 spécifiquement humain qui rend les *homo sapiens sapiens* qualitativement différents de tous les autres animaux, et même des primates en dépit de la similarité génétique. Le Monde 3 a transformé le développement de l'*homo*. Comparons maintenant de plus près les évolutions culturelle et biologique.

10.3 Evolution biologique et évolution culturelle

Stebbins a montré pourquoi l'évolution culturelle se révèle bien plus rapide et efficace que l'évolution biologique. Des traits culturels peuvent s'étendre en moins d'une décennie à des populations très larges, alors que les adaptations des gènes humains sous la pression de la sélection exigeraient des centaines d'années.

> « Dans le domaine de l'évolution culturelle, les humains sont uniques pour ce qui est de la proportion élevée des différences — tant adaptatives que neutres — fondées principalement sur la tradition, l'imitation et l'apprentissage. » (1982 : 392)

Stebbins (1982) a introduit la notion de « patrons », qui sont des instruments de reproduction. Dans le domaine de l'évolution biologique, l'ADN est un *patron génétique* pour la transmission des capacités biologiques héréditaires. Dans l'évolution culturelle, les *patrons culturels* sont partout, par exemple dans les instructions et les plans utilisés pour les constructions en tous genres, dans les descriptions de procédés technologiques de la science et de la technique, dans les dessins des tissus, des vêtements, des céramiques, des réclames, etc. La liste est infinie, et nous sommes conditionnés par les patrons culturels à un niveau que nous ne parvenons même pas à imaginer.

Toutes ces manipulations culturelles existent dans le Monde 3 de Popper (1972), lequel était apparemment inconnu de Dawkins (1976) quand celui-ci inventa le terme bien moins large de *« memes »* pour désigner les éléments culturels. D'après Stebbins,

> « on peut dire sans crainte de se tromper que les patrons génétiques transmettent des *potentialités* ou *capacités* plutôt que des traits de comportement adultes, lesquels sont transmis par les patrons culturels ».

Les évolutions culturelle et biologique présentent plusieurs traits en commun, par exemple les réponses aux défis posés par l'environnement. Les réponses réussies dépendent de choix effectués parmi un stock d'éléments variables. Pour l'évolution biologique, le stock de variabilité est le *réservoir de gènes*. Pour l'évolution culturelle, le stock est le Monde 3, avec sa diversité culturelle : c'est le *réservoir culturel* (Stebbins, 1982).

Évolution biologique des génotypes	*Évolution culturelle, humaine exclusivement*
Phénotypes construits par les génotypes	
Cerveau animal ayant des comportements qui paraissent altruistes	
Cerveau humain enclin à la parole	Apprentissage d'une ou plusieurs langues naturelles
Cerveau humain enclin aux conduites altruistes	Apprentissage des conduites altruistes
Cerveau humain enclin à toutes les actions culturelles	Apprentissage de la culture

Figure 10.2. Schéma général de l'évolution. La ligne verticale sépare nettement l'évolution biologique de l'évolution culturelle. A gauche ne se trouvent que des objets appartenant au Monde 1 : phénotypes, génotypes, cerveaux d'animaux, cerveaux humains. A droite, au contraire, ne se trouvent que des « objets » appartenant au Monde 3 : la parole, les valeurs, et l'ensemble de la culture comme indiqué dans la figure 4.2.

Le développement de la société s'est effectué par une évolution culturelle à partir d'une association irrationnelle et instinctive d'hominidés pour atteindre une structure hautement organisée et gouvernée par des valeurs. Comme l'indique la figure 10.2, l'évolution biologique a créé les génotypes humains qui forment le cerveau humain avec ses capacités pour l'apprentissage des langues, pour l'action altruiste et pour toutes les activités culturelles, ce qui englobe les systèmes de valeurs qui modèlent et régissent la société. La figure 10.2 souligne la *distinction absolue* entre les évolutions biologique et culturelle. L'évolution biologique a créé les structures (c'est-à-dire les gènes) et dépend du rôle qu'elles jouent dans la transmission génétique. L'évolution culturelle dépend des réussites culturelles des hominidés ; elle n'est pas codée génétiquement (ce serait verser dans le lamarckisme). Elle fonctionne entièrement par transmission d'instructions et par apprentissage. Il n'y a pas de gènes du langage (Dobzhansky, 1967) : il n'en existe que pour les aires linguistiques (chapitre 4) qui rendent possible l'apprentissage de n'importe quelle langue humaine (Chomsky, 1978). Il manque dans la figure 10.2 le rôle essentiel joué par le Monde 2, qui sert de médiateur entre les structures cérébrales du Monde 1 et l'apprentissage du Monde 3 de la culture. Des traits relevant du « Sens intérieur » du Monde 2 (figure 9.5), tels que la pensée, les sentiments, la mémoire, l'imagination et l'attention, en constituent des éléments indispensables.

Les valeurs sont des composantes importantes du Monde 3 ; elles sont comprises dans la rubrique « philosophie » de la figure 4.2. Le réservoir culturel reflète notre système de valeurs. On peut considérer les valeurs comme étant tout bonnement ce à quoi nous tenons. Elles sont à la base de nos jugements et de nos choix — ce qu'il faut faire et ce qu'il ne faut pas faire. Chacun de nous a une échelle de valeurs ou un système de valeurs, peut-être non conscients mais qui établissent néanmoins un cadre pour nos décisions ; ce cadre les rend possibles, mais, bien entendu, ne les déclenche pas. De telles règles de conduite sont apprises tout autant que le langage. Comme on l'a dit au chapitre 4, le cerveau est construit avec une disposition innée pour le langage. Des aires linguistiques importantes du néocortex ont été développées au cours de l'évolution biologique et sont présentes à la naissance bien avant d'être utilisées pour l'apprentissage d'une langue particulière. Le cerveau a également une disposition innée pour accomplir des actions selon un système de valeurs, et le système de valeurs initialement retenu est celui de la culture ambiante.

Tout comme il existe une communication rudimentaire entre animaux (chapitre 4), il existe des organisations sociales primitives où les comportements sont fondés sur l'instinct aussi bien que sur l'apprentissage. On peut supposer que c'est une telle « société » de primates qui jeta les bases sur lesquelles s'est développée la « culture » des hominidés primitifs. On peut conjecturer que la motivation en était le besoin de cohésion sociale pour la chasse organisée, pour la guerre, pour le partage de la nourriture et pour le développement de la fabrication des outils. Un exemple en est donné par les traces du développement très graduel, au fil de centaines de milliers d'années, des haches à main (figure 6.10). Mais le fait le plus important réside sans doute dans l'amélioration progressive de la communication linguistique, qui aurait permis, à travers une compréhension accrue, une plus grande cohésion sociale (Tobias, 1981b).

Malheureusement, les penseurs « avancés » sont obsédés par le désir de discréditer les systèmes de valeurs traditionnels qu'ils considèrent comme obsolètes parce que fondés sur une base religieuse. Ainsi, le défi consiste à remplacer les valeurs traditionnelles par une éthique s'appuyant sur le rationalisme scientifique (Monod, 1971 ; Sperry, 1983 ; Changeux, 1985) ou bien sur une base évolutionniste (Pugh, 1978 ; Wilson, 1975, 1978). Le trait caractéristique de tous ces systèmes est leur fondement matérialiste (parfois caché). Les valeurs traditionnelles sont défendues par Popper (1972), Langer (1951), Thorpe (1974), Hayek (1978) et Eccles (1980, chapitre 9). Il est déplorable que des préjugés matérialistes aient ébranlé notre système de valeurs traditionnel pour lui substituer des assertions matérialistes dogmatiques, comme c'est le cas chez Monod (1971).

L'évolution biologique des hominidés a atteint son sommet. Bien entendu, des mutations du génome humain continueront à avoir lieu, et deviendront bien plus fréquentes parmi une population humaine de plus en plus énorme. En effet, la transformation génétique la plus significative pour le lancement de l'*homo sapiens sapiens* est censée avoir eu lieu dans une population hominidée de peut-être 2 millions d'individus dans le monde entier. Actuellement, elle est plus de 2 000 fois supérieure. En revanche, il n'est désormais plus possible pour une mutation de se préserver d'une dilution dans l'immense réservoir génétique ambiant (chapitre 1). L'incroyable développement des communications dans le monde actuel rend désormais inimaginable la perpétuation d'un petit isolat périphérique pendant de nombreuses générations successives, c'est-à-dire pendant des centaines ou des milliers d'années, comme c'était le cas pour l'évolution des hominidés.

Au surplus, le but de toutes les sociétés est d'assurer par l'entraide et par les soins de santé la survie de tous les individus qui les composent. Revenir à une politique de sélection naturelle par la survie du plus apte est impensable. En fait, la situation actuelle tend même à l'inverse, et les taux de reproduction les plus élevés se retrouvent parmi les couches les plus humbles de la société. On peut à la limite avoir recours à des mesures extrêmes, comme un programme de reproduction sélective tel que Hitler l'avait imaginé pour sa société aryenne idéale. De tels programmes ont connu beaucoup de succès en ce qui concerne l'élevage des animaux domestiques, mais, chez les humains, il faudrait pour l'appliquer une dictature fonctionnant pendant des centaines d'années. Il est ainsi à espérer qu'aucune évolution future des hominidés n'aura plus lieu. Voilà un point qui devrait être reconnu publiquement par les évolutionnistes, sous peine de céder la place aux adeptes de la science-fiction.

En revanche , dans le domaine de l'évolution culturelle, on ne rencontre pas les limites existant dans le domaine biologique. Une étude historique révélerait qu'il n'y a pas eu évolution continue et globale de toutes les composantes du Monde 3 (voir figure 4.2). On pourrait au demeurant débattre longuement sur ce thème ! Les potentialités de créativité des cerveaux humains dans de nouveaux domaines technologiques avancés pourraient engendrer bien des inquiétudes. Mais ce qui est vraiment étonnant, c'est que le processus très ordinaire de l'évolution a produit chez les hominidés des cerveaux dotés d'une capacité d'un genre et d'un ordre nouveaux par rapport à ceux que les *homo sapiens sapiens* primitifs trouvaient tout à fait suffisants pour assurer leur survie. Songeons aux merveilles des mathématiques et de la musique ! Nous voilà devant le problème déjà soulevé par Wallace (voir plus loin, section 10.6).

Notre siècle est surdoué pour la conservation des produits culturels. Musées et bibliothèques pullulent comme jamais auparavant et constituent des centres d'excellence pour l'évaluation critique. De plus, avec les moyens actuels d'enregistrement et de reproduction sonores et visuels, il n'y a plus de limites aux possibilités de conservation des produits artistiques. On peut certes nourrir des inquiétudes sur la masse brute du matériau conservé quand on songe à l'avenir de la planète qui tournera autour du Soleil pendant 1500 millions d'années encore, profitant de ses rayons de la même manière qu'aujourd'hui ! Par exemple, il est impossible d'imaginer la situation dans laquelle se trouveront les publications scientifiques d'ici seulement quelques centaines d'années.

10.4 Le concept d'esprit

Avant d'aborder les thèmes de la création et de l'évolution de la conscience, je vais donner un aperçu rapide des opinions de quelques philosophes contemporains. (Le titre de cette section est volontairement ironique !)

Il semble exister chez les philosophes un remarquable consensus en faveur d'une philosophie moniste-matérialiste de l'esprit. Cependant, en y regardant de plus près, on discerne une gamme assez étendue de croyances. Les croyances des philosophes ont en effet évolué depuis le long et sombre règne du behaviourisme (Beloff, 1965). L'usage linguistique en fournit une preuve évidente. Ainsi, au point le plus haut (ou le plus bas !) de l'influence exercée par le livre important de Ryle, *The Concept of Mind*, des mots comme « mental », « conscience », « pensée », « intention », « croyance » étaient prohibés. Dans un effort visant à bannir l'idée cartésienne d'un fantôme habitant une machine corps-cerveau, tous les termes pouvant rappeler le dualisme cartésien étaient honnis par le discours philosophique « convenable ». Les obscénités philosophiques les plus choquantes étaient : l'esprit, le moi, l'âme, la volonté.

Les philosophes qui se disent monistes-matérialistes ou physicalistes ont une gamme très large de croyances. Cette diversité n'est peut-être qu'une fonction du temps — une espèce d'évolution culturelle, en somme. Il est intéressant de constater qu'Armstrong a modifié ses idées de manière significative entre son livre de 1968 et celui de 1981. Cela semble également vrai pour Dennett (1969 et 1981) et pour Hebb (1949 et 1980). On peut sentir l'amenuisement, au fil de ces dernières décennies, de l'influence de Ryle à travers les changements intervenus dans le vocabulaire utilisé par ces philosophes.

Les philosophes sont obsédés par le désir de se débarrasser du « petit homme dans la tête », l'homoncule — une relique du dualisme cartésien qui survit dans la philosophie populaire (voir Dennett, 1969 : 190). Dennett pense qu'il faut considérer ce qu'une personne fait, et non pas sa pensée — cela ramènerait à l'esprit selon Descartes — ni son corps, qui est également dépourvu d'intérêt. Mais que signifie ici personne ? Si nous désirons soumettre le problème esprit/cerveau à une analyse scientifique, il nous faudra aller au-delà de la personne en tant qu'ensemble de comportements et étudier les événements neuraux qui se déroulent à l'intérieur du cerveau jusqu'aux ultimes micro-sites opérationnels (chapitre 8).

Une description satisfaisante du vécu de la conscience est fournie par Armstrong au chapitre 4 de son livre *The Nature of Mind* (1981). Il peut paraître étrange de s'entendre dire qu'une personne totalement inconsciente peut encore avoir un esprit habité de connaissances et de croyances, lesquelles ne sont pas perdues mais tenues en état de latence. Il arrive cependant que, dans ces mêmes conditions, on trouve la solution d'un problème ou une formulation heureuse qui restent dans la conscience éveillée. Armstrong considère qu'il s'agit là d'une activité de *conscience minimale*, puisqu'il se passe effectivement quelque chose de mental.

Une catégorie spécifique d'activités mentales associée à la perception s'observe au sortir d'un rêve, quand on reprend conscience de son environnement. La conscience minimale a été transmuée en *conscience perceptuelle*, ce qui paraît caractériser un état de semi-éveil ou, mieux, un état non attentif.

Cependant, la personne n'a pas encore atteint la conscience totale, laquelle est perception du mental :

> « Cette perception intérieure s'appelle traditionnellement l'introspection. On peut donc appeler cette troisième sorte de conscience *conscience introspective*. C'est une conscience qui ressemble à une perception des états et des activités ordinaires de notre esprit... Puisque l'introspection est elle-même une activité mentale, elle aussi peut devenir l'objet de la conscience introspective. » (Armstrong, 1981 : 61)

Ces formulations d'Armstrong sont si proches de mes propres convictions qu'on pourra avoir l'impression que je ne fais que gloser à l'excès sur ses observations personnelles !

La conscience introspective peut être appelée conscience de soi (voir Popper et Eccles, 1977). Quand on considère de près une expérience conceptuelle quelconque, la conscience introspective joue un rôle dans la conscience intensifiée. Cela survient également dans d'autres états mentaux, par exemple ceux mentionnés sous la rubrique « Sens intérieur » dans la figure 9.5 : sentiments, souvenirs, pensées, intentions. Nous avons le sentiment que tous ces états et toutes ces activités dont nous sommes conscients introspectivement ont leur base dans le moi, lequel est une entité continue dans la durée. Cette unification des diverses consciences introspectives est importante en ce qu'elle permet d'expliquer de façon cohérente comment notre système de valeurs s'intègre dans nos décisions. Ainsi, comme le dit Armstrong, une « conscience introspective totalement en éveil est provoquée par des situations problématiques où les conduites routinières ne suffisent plus ». Après tous ces arguments mentalistes, on sera pour le moins surpris de lire sous la plume d'Armstrong que « le physicaliste considérera que les états et activités ainsi introspectés sont tous des états physiques du cerveau » !

La conscience introspective impliquant une attention soutenue portée aux activités mentales considérées, Armstrong a suggéré qu'elle joue un rôle important dans la mémoire des événements. En général, on s'accorde pour dire qu'on ne se souvient pas des événements auxquels on n'a pas prêté attention. La mémoire des événements nous permet donc d'établir l'histoire du moi. Cela conduit Armstrong à formuler cette conclusion très forte :

> « Sans la conscience introspective, nous ne serions pas conscients que nous existons : notre moi ne serait pas un moi pour lui-même. Nous pouvons donc comprendre pourquoi la conscience introspective semble être la condition même de l'existence de quoi que ce soit de mental, voire de l'existence de quoi que ce soit en général. »

On peut alors poser la question de savoir à quels signes on serait à même de reconnaître que tel ou tel animal évolué possède une conscience consciente (section 8.2 ; Griffin, 1976, 1984 ; Eccles, 1982, 1982a). La conscience minimale et la conscience perceptuelle seraient-elles des conditions suffisantes ? On n'a quasiment aucune preuve que les animaux évolués ont une conscience de soi introspective, bien qu'ils soient doués d'attributs mentaux tels que la perception, le sentiment, la mémoire, les intentions, et même la pensée (voir figure 8.5). Nombre d'espèces sont dotées d'une mémoire des événements bien développée. Il me semble qu'elles possèdent une conscience perceptuelle plus évoluée qu'Armstrong n'a l'air de le croire, et que c'est une conscience transitionnelle sur le chemin de la conscience introspective.

Dennett est encore sous la coupe de Ryle, mais il s'en éloigne quelque peu quand il dit :

> « Le trait mental central, le "phénomène" qui semble être plus que tout autre essentiellement d'ordre "mental" et non physique, est la conscience. » (1969 : 99)

Il n'en soumet pas moins la conscience à une analyse tendant à montrer qu'elle n'est pas un attribut mental, mais plutôt un ramassis de traits incompatibles. Dennett donne la chasse au « petit homme dans le cerveau », lequel n'est autre que l'entité indépendante à l'intérieur du moi postulé de la tradition dualiste-interactionniste (figure 9.5), entité apparemment ressuscitée après que Ryle l'eut exorcisée de la machine. Dennett critique l'approche introspective en disant qu'elle souffre du défaut cartésien de poser l'existence d'un témoin infaillible. Il sépare la conscience en deux parties : la conscience au sens intentionnel, qui s'occupe en particulier des perceptions, et une conscience liée à je ne sais quel résidu obscur qui n'a même pas de rapports avec la pensée (Dennett, 1969).

Hebb traite de manière intéressante certains aspects du mental. Son but est d'élaborer une théorie physiologique, une théorie fondée sur un montage de cellules. Pour lui, la pensée est un assemblage de processus représentatifs à différents niveaux d'abstraction :

> « La pensée non verbale peut exister à un niveau élevé, et peut même éventuellement déboucher sur un acte de langage. Mais quiconque écrit sait que la nécessité de mettre sa pensée en paroles aiguise la pensée et rend les concepts plus clairs. Le langage est la principale marque distinctive du comportement humain, et il semblerait que cela soit également vrai pour la pensée humaine. » (1980 : 116)

Ces constatations n'ont rien de matérialiste.

Searle aussi s'exprime de façon mentaliste et non matérialiste. Il déclare à la fin de son livre :

> « Comme il me semble que je suis conscient, je suis donc conscient. Nous pourrions encore découvrir toutes sortes de choses extraordinaires sur nous-mêmes et sur notre comportement, mais nous ne découvrirons jamais que nous ne possédons pas un appareil mental, ou qu'il n'existe pas d'états mentaux conscients, subjectifs, intentionnels, ou que nous ne passons pas

notre temps à essayer d'engager des actions volontaires, libres et intentionnelles... Mon propos général a été de montrer qu'à quelques importantes exceptions près la conception mentaliste que nous avons de nous-mêmes, qui est de bon sens, est parfaitement conciliable avec notre conception de la nature comme système physique. » (1984 : 99)

Tout cela est juste, même si cela ne va pas bien loin, et s'accorde avec le diagramme de la figure 9.5 représentant l'interactionnisme dualiste. La difficulté, pour les philosophes tels qu'Armstrong, Dennett, Hebb et Searle, réside dans le fait que des événements mentaux non matériels puissent agir sur les synapses du cerveau. Alors ils s'expriment de façon dualiste, tout en prétendant être des matérialistes monistes (c'est également le cas de Sperry [1982]). Une échappatoire leur est néanmoins proposée dans la section 8.8.

Pour conclure cette section, je voudrais répondre à ce que Ryle appelle par dérision « le fantôme dans la machine » en notant (ironiquement) qu'il a pu involontairement exprimer par là une vérité précieuse. Pour les besoins de la recherche, on peut par analogie dire que le dualisme mental/cérébral est que le fantôme de la tradition est le mental non matériel, qui agit comme s'il était le programmateur de la machine cérébrale, laquelle serait alors l'équivalent des composantes *hardware* et *software* d'un ordinateur. Cette analogie sera développée plus loin à la fin de la section 10.7.

10.5 Les caractéristiques spécifiquement humaines

Sous cette rubrique, nous allons évoquer des développements liés à l'évolution qui ne sont pas d'ordre quantitatif, mais incontestablement d'ordre qualitatif (section 10.2).

10.5.1 L'organisation temporelle

D'après Stebbins,

« le concept d'organisation temporelle exprime l'extraordinaire capacité des hommes à faire des projets pour l'avenir tout en profitant des souvenirs de leurs expériences passées. Chez les primates et les autres animaux, ce processus est au mieux rudimentaire... Des analyses très poussées de leur comportement ont montré que celui ci est automatique, stéréotypé, sans souplesse. Ces animaux ne peuvent modifier que fort peu leur comportement quand ils affrontent des changements inattendus dans leur environnement, contrairement aux humains intelligents qui exécutent un comportement structuré, programmé par eux-mêmes. » (1982 : 364)

Ingvar (1985) a fait preuve de beaucoup de pénétration dans ses analyses de l'organisation temporelle de la conscience humaine. Nous vivons dans un temps que nous organisons selon les catégories passé/présent/futur. Quand les humains sont conscients du temps *présent*, leur expérience contient non seulement le souvenir des événements passés, mais aussi des événements anticipés dans l'avenir. Cette anticipation forme un ensemble de processus mentaux impliquant des souvenirs d'anticipations. Nous repassons en imagination toutes les issues possibles des diverses actions que nous projetons en permanence. Ingvar désigne cette opération mentale par une expression plutôt paradoxale : *mémoire de l'avenir*. C'est une mémoire non pas de ce qui est advenu, mais des complexes d'anticipations que nous opérons chaque fois que nous pensons aux actions futures projetées et à leurs conséquences possibles. Un excellent modèle en serait le jeu d'échecs ! On pourrait aussi l'appeler : *souvenirs d'anticipations*.

Dès lors qu'on a proposé et examiné ce concept, il devient évident qu'une bonne partie du flot de notre expérience autoconsciente est composée de souvenirs d'anticipations, lesquels sont soumis à une évaluation critique, ce qui conduit à modifier les actions projetées. Ainsi le « présent » de notre expérience présente est-il, dans une large mesure, projeté dans le futur. Ingvar (1985) donne des preuves cliniques que le néocortex frontal-préfrontal en est le principal responsable, en raison de sa capacité à traiter une information sérielle (Fuster, 1980).

La figure 10.3 illustre la remarquable découverte de Roland (1981) : quand un sujet humain se concentrait sur un doigt auquel on allait appliquer des stimuli tactiles à peine décelables, le flux (rCBF) de sang dans la région cérébrale sur l'aire du toucher du doigt située dans le gyrus postcentral du cortex cérébral était augmenté, tout comme celui de l'aire préfrontale centrale. Ces augmentations sont certainement dues à la concentration mentale, aucun stimulus n'étant appliqué au cours de l'enregistrement. Ainsi, la figure 10.3 démontre clairement que l'acte mental de la concentration peut activer les régions appropriées du cortex cérébral. Un résultat similaire a été obtenu pour la concentration axée sur les lèvres dans l'attente d'un stimulus, sauf que, dans ce cas, l'aire somato-sensorielle activée était celle des lèvres ; une grande aire préfrontale était également activée pendant l'anticipation.

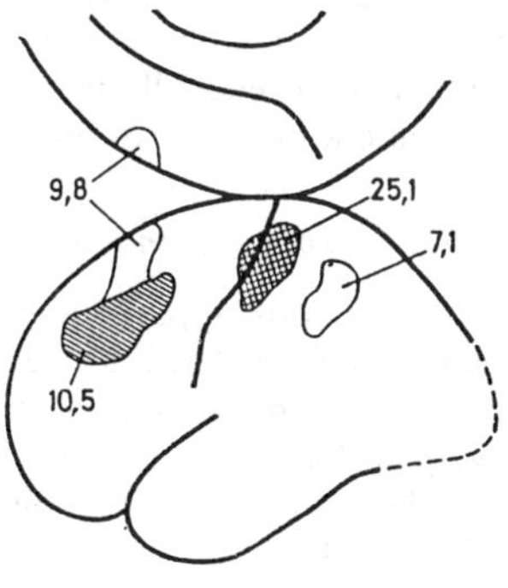

Figure 10.3. Accroissement moyen en pourcentage du débit sanguin cérébral régional pendant un moment d'attention somato-sensorielle pure sélective : la détection somato-sensorielle d'un phénomène en l'absence de stimulus périphérique. L'emplacement et la taille de chaque foyer correspondent à la moyenne géométrique de chaque foyer. Chaque foyer a été reporté sur une carte du cerveau aux dimensions classiques, grâce à un système de classement des reliefs selon les proportions. On a totalisé les données fournies par l'hémisphère droit et par le gauche. L'aire contre-hachurée présente une élévation du débit qui est significative au niveau 0,0005 (test de *t* selon Student, niveau de confiance calculé sur un seul côté). Pour les autres aires, l'élévation du débit est significative au niveau 0,05. Nombre de sujets : huit. (Roland, 1981, reproduction autorisée par l'American Physiological Society.)

Au repos et durant les rêves éveillés, l'activité testée au rCBF du cortex préfrontal montre des niveaux d'activité cérébral de 10 à 30 % plus élevés que le niveau au repos dans le reste du néocortex (Ingvar, 1983). Les lésions bilatérales du cortex préfrontal ont pour résultat un syndrome dit de la « perte de l'avenir », caractérisé par l'indifférence, le manque d'ambition et l'imprévoyance. Ingvar va plus loin :

> « Sans l'accès aux projets d'action séquencés pour l'articulation des mots et la production des phrases, nous serions incapables de percevoir le sens des messages sériels en paroles. Il est possible que cette notion recèle une validité générale : que c'est seulement par l'accès aux projets sériels pour le comportement et la cognition futurs, c'est-à-dire par l'accès à notre "mémoire du

> futur", que nous sommes capables de sélectionner et de percevoir des messages signifiants dans le tir de barrage sensoriel massif auquel nos cerveaux sont constamment exposés. » (1985 : 134)

Le rôle que joue l'organisation temporelle dans la vie consciente ne saurait être sous-estimé, comme le montre la réflexion, laquelle est elle-même une pensée portée sur les événements et les problèmes ressentis dans le passé mais projetés dans le futur à travers leurs conséquences anticipées. C'est ce qui fait l'intérêt de la vie et c'est ce qui constitue le substrat de toute la grande littérature universelle : la poésie, le théâtre, les romans sont tous des composantes du Monde 3. L'organisation temporelle est à la base des pièces de Shakespeare comme des romans policiers. Elle met en lumière à quel point la personne humaine a dépassé ses ancêtres hominoïdés.

10.5.2 L'imagination créatrice

Quand notre appareil mental n'est pas submergé par les expériences sensorielles, il arrive souvent que quelque image surgisse et se fixe dans notre imagination. De surcroît, cette image peut évoquer d'autres images, et ainsi de suite, comme c'est le cas pendant l'expérience très commune du rêve éveillé. Si notre vie mentale est riche et variée, ces images peuvent être très harmonieuses, belles et subtiles. Si nous exprimons cette imagerie dans un langage quelconque — verbal, musical ou pictural —, une création artistique peut en être le résultat. Une telle *imagination créatrice* fournit aux autres matière à comprendre et à analyser, et constitue l'une des activités humaines les plus profondes.

Une imagination d'un niveau inférieur se retrouve dans les jeux d'enfants ou dans les fantasmes des adultes, peut-être même dans les jeux des jeunes mammifères d'un grand nombre d'espèces.

On peut se demander quel est le siège de l'imagination dans le cerveau. Par la technique du repérage radioactif, on a pu établir que les régions du cortex cérébral concernées par les différents types d'imagination se situent en général dans les lobes préfrontaux. On en donne une illustration dans les figures 6.9 et 7.14 pour trois types d'imagination : la soustraction successive en arithmétique, les séquences de mots dépourvues de signification, et une suite de scènes urbaines. D'autres aires du cortex cérébral, par exemple les aires de la parole et de la vision, sont liées à l'imagination de tâches spécifiques. On n'a pas encore effectué d'études sur l'imagination abstraite, laquelle est d'un intérêt particulier pour l'imagination scientifique, mais on peut supposer que le cortex préfrontal y joue un rôle encore plus dominant.

Monod (1975) dit que l'imagination dans le jeu de la recherche scientifique est très différente de celle qui se manifeste dans les jeux d'enfants, dans la mesure où le jeu scientifique obéit à des règles très strictes et austères. Il s'agit là d'un type très spécial de créativité qui ne peut être poursuivie sans une idée très précise d'un certain nombre de postulats de base. Ces postulats doivent être respectés ; autrement, ce n'est pas de la création scientifique. Une bonne partie des articles sur le cerveau qu'on m'envoie couramment tombent dans ce travers : il ne s'agit que de pseudoscience.

L'imagination créatrice sera mieux comprise si l'on considère ses rapports avec la créativité scientifique. Nous suivons Popper (1972, 1975) en disant que toute découverte scientifique découle d'une situation problématique résultant soit d'une croyance scientifique existante, soit d'une appréhension nouvelle de la réalité. La situation problématique provoque chez nous un sentiment d'insatisfaction. C'est ainsi qu'un problème particulier est identifié, puis étudié. Il lance un défi au scientifique parce qu'il surgit dans un domaine que le scientifique connaît bien. Comme je ne le sais que trop, un tel problème peut vous obséder complètement. Comme le note Popper, il faut avoir de la sympathie pour son problème, ou bien de l'intuition. On entre dans son problème, on en fait quasiment partie. L'expérience peut être agréable, mais on en est hanté, même pendant le sommeil.

Normalement, après avoir identifié le problème, on étudie tout ce qui a été dit sur la question pour en connaître le contexte et les tentatives de solution. Souvent, on pratique ce qu'on appelle la *simulation subjective*, par quoi on s'identifie avec l'objet du problème — électron, ion, atome, molécule, organite, épine synaptique, cellule, etc. Pareille attitude assure cette pénétration imaginative aiguë qui mène aux idées, lesquelles sont alors soumises à une évaluation critique par la rationalité scientifique. Bien des suites d'idées créatives sont rejetées au cours de ces expériences mentales. C'est le côté amusant du jeu scientifique. Ainsi, on apprend de plus en plus de choses sur le problème, et cette compétence permet de critiquer plus efficacement d'autres tentatives antérieures esquissées par d'autres ou par soi-même. Il semblerait cependant que, pour arriver finalement à une idée qui résiste à la critique scientifique et mène à des prédictions vérifiables, il faille aussi avoir de la chance.

En anglais, il existe un mot pour désigner la chance qui surgit inopinément : *serendipity*. Inventé par Horace Walpole (le correspondant de Madame du Deffand) en 1754, il est inspiré par un conte de fées intitulé *Les Trois Princes de Serendip* (ancien nom de Ceylan). On y trouve cette phrase :

> « En voyageant, leurs Altesses découvraient constamment, par accident ou par sagacité, des choses qu'elles ne cherchaient pas. »

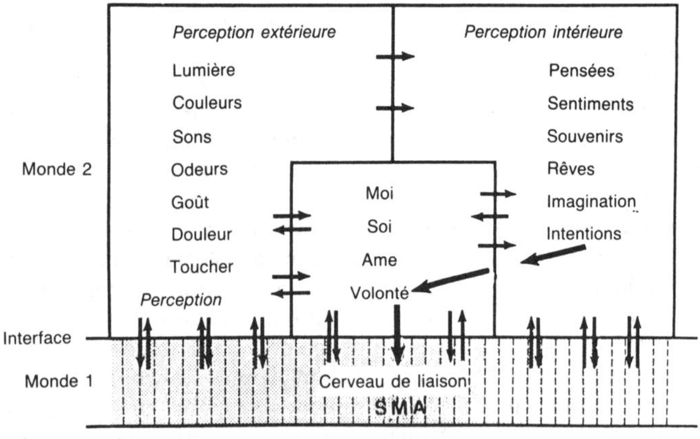

Figure 10.4. Schéma des flux d'information dans les interactions entre esprit et cerveau, chez l'homme, comme dans la figure 9.5. Les trois composants du Monde 2 (Perception extérieure, Perception intérieure, et l'entité appelée le Moi, le Soi ou l'âme) sont représentés reliés par des flèches qui figurent les communications entre eux. On a indiqué aussi les voies de communication qui franchissent l'interface entre Monde 1 et Monde 2, c'est-à-dire entre le Cerveau de liaison et ces composants du Monde 2. Le Cerveau de liaison présente la disposition en colonnes qu'indiquent les lignes brisées verticales. Il faut bien se rendre compte que la surface du Cerveau de liaison est énorme, puisque les modules ouverts ou actifs y sont au nombre de plus d'un million, au lieu des 40 indiqués ici. L'aire motrice associée (SMA) entretient, selon la figure, des rapports spéciaux avec les intentions appartenant au Monde 2. Les trois flèches suggèrent que l'action exercée par l'intention sur les modules de la SMA peut être spécifique, comme indiqué dans notre texte. Le Monde 2 se trouve figuré au-dessus du Monde 1, mais ce n'est là qu'un procédé de schématisation dont il ne faut tirer aucune conclusion quant à la façon dont les choses sont réellement disposées dans l'espace. Si l'on tient à situer dans l'espace le Monde 2, il faut se le figurer placé là où il exerce son action : dans les modules du Cerveau de liaison, comme l'indiquent les flèches.

Une question importante est de savoir comment on tombe sur une bonne idée scientifique. Popper (1975) suggère que c'est en considérant toutes les idées qui vous arrivent et en rejetant celles qui ne soutiennent pas la critique. Il s'agit d'une espèce de sélection naturelle, comme en biologie. Une bonne idée qui survit est rare.

Ma propre expérience, quand je cherche une idée, consiste à me remplir la tête de connaissances sur le problème ainsi que des évaluations critiques que je fais porter sur ses tentatives de solution. Puis j'attends le résultat de la tension mentale ainsi créée. Tantôt je me promène, comme le faisait Einstein, tantôt j'écoute de la musique. On appelle ce processus la période d'incubation. Je ne lutte pas contre mon appareil mental sous tension, espérant simplement qu'une bonne idée en jaillira toute seule, comme c'est souvent le cas. Il est parfois utile de formuler le problème et les idées par écrit. Il est clair qu'une bonne partie du processus créatif est subconsciente. Mais, dès que surgit une bonne idée, on entre dans une concentration mentale intense, laquelle peut durer longtemps — comme dans le cas d'Isaac Newton dont on rapporte qu'il restait en état de transe dans son appartement de Trinity College.

Il est important de faire la différence entre deux attributs mentaux essentiels : l'intelligence et l'imagination. Nous connaissons tous notre façon de juger l'intelligence d'autrui, fondée sur la rapidité et la profondeur de la compréhension, la clarté d'expression, l'étendue des intérêts intellectuels et, surtout, la pénétration. On peut la mesurer avec des tests, en supposant (sans doute abusivement) qu'il s'agit d'une qualité unidimensionnelle : on lui attribue alors une valeur chiffrée, le QI. L'imagination est un phénomène mental bien plus subtil, et je ne connais pas de test qui puisse la mesurer. Pourtant, l'imagination créatrice est une propriété on ne peut plus importante du cerveau. Or, on ne peut pas l'apprendre. C'est un don qu'il faut accepter avec reconnaissance. Telle est du moins mon attitude personnelle envers mes propres dons, lesquels m'ont permis de réaliser le peu que j'ai pu faire.

Popper rejette ainsi le déterminisme laplacien :

> « Pour lui, la créativité humaine est affaire de pur hasard. Sans doute y a-t-il bien un élément dû au hasard. Mais la théorie selon laquelle les œuvres d'art ou les œuvres musicales pourraient au

bout du compte être expliquées en termes de chimie ou de physique me semble absurde. Dans la mesure où la création musicale peut être expliquée, elle ne le peut être qu'en termes d'influence exercée par d'autres musiques (lesquelles stimulent de surcroît la créativité du musicien) et, plus encore, en termes de structure intrinsèque, de lois et de restrictions internes, qui jouent un rôle primordial dans tous les phénomènes du Monde 3. La soumission à ces lois et à ces restrictions (mais aussi parfois leur mise en question) est d'une immense importance pour la créativité du musicien.

« Ainsi notre liberté — notamment notre liberté de créer — est-elle soumise aux restrictions imposées par les trois mondes. Si Beethoven avait été, par malheur, sourd dès sa naissance, il ne serait jamais devenu compositeur. En tant que compositeur, il soumit librement sa liberté aux restrictions structurelles du Monde 3. Le Monde 3 autonome est celui dans lequel il a fait ses grandes et authentiques découvertes, choisissant librement son chemin comme un explorateur dans l'Himalaya, mais contraint par le chemin suivi jusque-là et par les contraintes du monde qu'il était en train de découvrir. » (1982 : 128)

10.5.3 Libre arbitre et responsabilité morale

Dans le chapitre 8, on a illustré par un singe (figure 8.3) et par un homme (figure 8.4) l'activation initiale de l'aire motrice supplémentaire (AMS) en train de provoquer un mouvement volontaire. La figure 8.5 présente la manière dont une *intention* mentale volontaire agit sur les modules du cerveau de liaison, le SMA (Eccles, 1982b). Deecke et Kornhuber (1978) ont démontré l'existence d'une telle réponse grâce au potentiel latent qu'ils ont enregistré sur le cuir chevelu, au-dessus du SMA, en réaction à la volition d'une action simple.

La figure 10.4 est un diagramme relatif à un sujet humain, mais elle diffère de la figure 8.4 par la présence d'un noyau central constitué d'un moi et de la volonté. On a pris pour habitude de considérer la volonté comme étant à l'œuvre dans un mouvement volontaire dont les conséquences morales sont évaluées par le moi. Ainsi, l'action volontaire implique une responsabilité morale. Pour illustrer ce qui précède, les flèches au départ de la case « intentions », dans la figure 10.4, devraient passer par la volonté pour arriver au cerveau de liaison, et non y aller directement comme pour une simple action volontaire dénuée de toute connotation morale (ce qui est le cas chez les animaux non humains).

Searle (1984 : 92) définit le libre arbitre comme :

> « la croyance qu'on aurait pu faire les choses différemment de la manière dont on les a effectivement faites. Et cette croyance se rapporte à son tour aux croyances en la responsabilité morale et en notre nature en tant que personne humaine ».

Cependant, il ajoute :

> « Pour atteindre une liberté absolue, il semble qu'il nous faudrait postuler qu'il existe à l'intérieur de chacun un moi capable de déranger avec l'ordre causal de la nature. » (1984 : 92)

Searle rejette donc la « liberté absolue » en ce qu'elle est contraire à la physique. Mais, dans la section 8.8, j'ai suggéré que le moi intervient par une action sur les micro-sites synaptiques du cerveau analogue aux champs de probabilité de la mécanique quantique. De la sorte, on n'est nullement obligé d'abandonner sa croyance dans un libre arbitre parce qu'il serait contraire à la physique.

La conclusion de Searle est la suivante :

> « Pour des raisons que je ne comprends pas vraiment, l'évolution nous a donné une forme d'expérience de l'action volontaire où l'expérience de la liberté... est déjà présente dans les structures mêmes du comportement intentionnel volontaire conscient. C'est pour cette raison qu'aucun argument ne nous convaincra que notre comportement n'est pas libre. » (1984 : 98)

Il faut reconnaître que, dès l'enfance, nous cherchons continuellement à tester notre liberté de comportement. Si nous découvrons que notre liberté s'est détériorée, nous en venons à croire que nous souffrons de quelque lésion du cerveau et que nous devrions consulter un neurologue !

Les animaux non humains, quant à eux, n'ont rien à faire de la responsabilité morale. Bien qu'ils exécutent des mouvements volontaires (voir la figure 8.3), ils ne les accomplissent pas par un effort de volonté, c'est-à-dire qu'ils n'évaluent pas leurs conséquences pour le bien ou pour le mal avant d'agir sur la base d'une décision morale ou immorale.

10.6 L'évolution de la nature humaine

L'éminent éthologue David Lack a publié en 1961 un livre intitulé *Evolutionary Theory and Christian Belief.* Dans cet ouvrage, il épouse un darwinisme orthodoxe, comme j'ai moi-même essayé de le faire dans ce livre, et il critique ceux (chrétiens et agnostiques) qui tentent d'expliquer l'évolution de structures complexes telles que l'œil par les concepts de « force vitale » ou de « pulsions holistiques ». Il affirme ainsi :

> « Le fait que l'évolution se soit déroulée par sélection naturelle signifie qu'elle n'a pas été aléatoire, mais qu'elle a obéi aux lois de la nature. Que ces lois aient dicté rigidement le cours de l'évolution ou non, que ce cours ait été déterminé par la providence ou non, ce sont là des questions métaphysiques qui sortent du champ de la biologie. » (1961 : 71)

Plus loin, il souligne les trois points suivants :

> « Les humanistes profanes peuvent soutenir que la foi chrétienne est à rejeter, mais eux-mêmes se trouvent dans un dilemme non moins grand, puisqu'il paraît impossible de justifier une haute moralité ou l'existence de vérités abstraites en faisant appel au processus évolutionniste.
>
> « Si la moralité, la vérité et la responsabilité individuelle ont une valeur réelle, mais échappent au domaine de la science, alors le darwinisme ne pourra jamais expliquer de façon pertinente la nature de l'homme.
>
> « La science n'a pas pu expliquer la moralité, la vérité, la beauté, la responsabilité individuelle ou la conscience de soi... Autrement dit, une partie centrale de l'expérience humaine échappe à la science. » (1961 : 114)

De fait, l'éthique de la science et la philosophie de la science ne font pas partie de la science, mais relèvent de la philosophie.

Dans ce débat sur l'évolution de la nature humaine, il convient de mentionner A. R. Wallace, co-découvreur avec Darwin de la théorie de la sélection naturelle. Contrairement à celui-ci, Wallace pensa que l'intelligence humaine ne pouvait être expliquée que par l'intervention directe d'une Intelligence cosmique. Il indigna Darwin en publiant dans le *Quarterly Review* (1869) un article sur les peuplades primitives (au milieu desquelles il avait vécu pendant la plus grande partie de sa vie) où il écrivait :

> « La sélection naturelle n'aura par elle-même donné au sauvage qu'un cerveau légèrement supérieur à celui d'un primate, alors qu'en fait il en possède un à peine inférieur à celui d'un membre moyen de nos sociétés scientifiques. »

C'est là un thème auquel il revint de façon répétée au cours de sa longue vie.

> « Un chrétien qui accepte l'évolution de l'homme par la sélection naturelle doit ajouter que l'homme a des attributs spirituels, le bien et le mal, qui ne résultent pas de l'évolution, mais sont d'origine surnaturelle. » (Lack, 1961 : 115)

10.7 La création du moi ou de l'âme

Je maintiens que deux propositions sont indispensables pour toute tentative de nous comprendre nous-mêmes et de comprendre nos rapports avec le monde et avec les autres « moi ». On peut dire que ce sont là des vérités premières.

En premier lieu, la certitude que chacun existe en tant qu'être autoconscient unique. En second lieu, la certitude que le monde matériel existe, y compris le corps et le cerveau.

Les problèmes liés à l'unicité ressentie par chaque « moi » ont été négligés par la philosophie contemporaine. On peut supposer que cela est dû au matérialisme ambiant qui ne veut pas voir les problèmes fondamentaux que pose l'expérience spirituelle. Je me concentrerai sur l'événement le plus extraordinaire dans le champ de notre expérience, à savoir l'avènement de chacun de nous en tant qu'être autoconscient unique. C'est un miracle à tout jamais au-delà des possibilités d'explication de la science.

Il ne fait pas de doute que chaque personne humaine reconnaît sa propre unicité, et cela est accepté partout comme la base de la vie sociale et de la loi. Si nous demandons sur quoi se fonde cette croyance, la neuroscience moderne élimine toute explication en termes corporels. Restent alors deux possibilités : le cerveau et la psyché. Les matérialistes souscrivent au premier, mais les dualistes-interactionnistes sont conduits à considérer le moi du Monde 2 (voir la figure 9.5) comme l'entité ayant l'expérience de l'unicité. Il est important de rejeter toute solution solipsiste de l'unicité du moi. Nos expériences directes sont bien entendu subjectives, puisqu'elles proviennent entièrement de notre cerveau et de notre moi. C'est la communication intersubjective qui établit l'existence des autres moi.

Si l'unicité ressentie du moi procède directement de l'unicité du cerveau, alors il conviendrait d'étudier les différents niveaux d'unicité du cerveau humain. Cette unicité ne réside certainement pas dans l'infinité de connexions des 10 000 millions de cellules du cortex cérébral humain. Ces connexions changent constamment, sont remodelées et dégénèrent. L'énoncé matérialiste le plus courant est que l'expérience d'unicité dérive de l'unicité génétique. Mais on ne tente jamais d'examiner de manière critique les implications de cet énoncé. D'abord, en suivant Jennings (1930), Eccles (1970, 1979) et Thorpe (1966, 1978), le génome unique qu'on prétend être à la base de l'unicité ressentie est la conséquence d'une loterie génétique infiniment improbable (quelque chose comme $10^{15\,000}$ contre 1) si l'on estime très modestement le nombre de gènes humains à environ 50 000. De plus, comme l'a remarqué Stent (1981), le développement phénotypique du cerveau est très éloigné des instructions génotypiques, en raison de ce que Waddington appelle le « bruit de développement ». Par exemple, le génotype est concerné par la construction du cerveau, mais agit dans un environnement qui influence profondément le processus de construction du phénotype. Chez les jumeaux identiques, les génomes contribueraient à la construction de cerveaux différents à cause de la diversité du bruit de développement. Waddington (1969) a introduit le concept de chréodes pour pouvoir faire place au paysage épigénétique, comme il l'appelle. C'est dans ce paysage épigénétique que les instructions génotypiques initiales construisent le phénotype, y compris le cerveau. Il est important de savoir que les connectivités de base du cerveau humain sont construites avant la naissance afin de préparer les changements subtils des connexions synaptiques qui se déroulent au long de la vie durant les processus d'apprentissage (section 7.5.1). Ainsi, il y a une énorme distance, dans le développement, entre les instructions génétiques transmises par le zygote et le cerveau du nouveau-né. Il faut comprendre que le bruit de développement rend incohérente toute tentative de faire dériver notre expérience d'unicité de notre unicité génétique. Nous avons déjà vu qu'une telle tentative se heurterait à la loterie génétique infiniment improbable qui détermine la réalisation existentielle du génome unique.

Une réponse fréquente et superficiellement plausible à cette énigme consiste à affirmer que le facteur déterminant est l'unicité des expériences accumulées par un « moi » au cours de sa vie. Il est bien vrai que notre comportement, nos souvenirs, en fait l'ensemble de notre vie intérieure consciente, dépendent des expériences accumulées pendant notre existence. Mais, si extrêmes qu'aient été les changements exigés par les circonstances à un moment donné, on sera toujours le même « moi », capable de retrouver dans sa mémoire sa propre continuité en remontant jusqu'aux souvenirs les plus reculés, vers l'âge d'un an — le même « moi » sous des déguisements différents. Il ne peut y avoir élimination du moi et son remplacement par un nouveau moi !

Puisque les solutions matérialistes sont incapables d'expliquer notre expérience d'unicité, je me sens contraint d'attribuer l'unicité du moi (ou de l'âme) à une création spirituelle d'ordre surnaturel. Pour m'exprimer en termes théologiques : chaque âme est une création divine nouvelle implantée dans le fœtus à un moment compris entre la conception et la naissance. C'est la certitude de l'existence d'un noyau intérieur d'individualité unique (figure 9.5) qui rend nécessaire l'idée de cette « création divine ». Je prétends qu'aucune autre explication ne tient. Ni l'unicité génétique avec sa loterie fantastiquement impossible, ni les différentiations dues à l'environnement, lesquelles ne *déterminent* pas l'unicité du moi, mais ne font que la modifier.

Cette conclusion est d'une importance théologique inestimable. Elle renforce notre foi en l'âme humaine et en son origine miraculeuse par création divine. Ainsi, il existe non seulement un Dieu transcendant, créateur de l'Univers, le Dieu d'Einstein, mais aussi un Dieu aimant à qui nous devons notre être.

Voici comment Lack a exprimé de façon succincte, sa foi de darwiniste chrétien (qui est proche de la mienne, sauf que je l'étendrais personnellement à toutes les religions évoluées) :

> « L'âme est considérée par les chrétiens comme la partie spirituelle de l'homme... Elle est liée à la personnalité essentielle de chaque individu, et chaque âme est unique. Elle est responsable des décisions morales aussi bien que des conclusions rationnelles, et elle est immortelle. Puisque l'âme relève du spirituel, la question de savoir si elle existe échappe au champ de la recherche scientifique et ne soulève pas de problèmes par rapport

au darwinisme... Soit l'homme, à l'instar des autres animaux, n'a pas de partie spirituelle dans sa nature ; soit, comme le prétend le christianisme, un événement surnaturel a eu lieu à sa naissance, événement avant lequel nos ancêtres n'étaient que des mammifères proto-humains et après lequel, ayant reçu le don divin de l'âme, ils sont devenus véritablement humains. » (1961 : 88-89)

Une analogie séduisante — mais ce n'est qu'une analogie — consisterait à considérer le corps et le cerveau comme un superbe ordinateur construit selon le codage génétique, et qui a été créé par le merveilleux processus de l'évolution biologique. Dans cette analogie, l'âme ou le moi serait le programmateur de l'ordinateur. Chacun de nous est né en tant que programmateur avec un ordinateur à l'état embryonnaire. Nous le développons tout au long de notre vie. C'est notre compagnon intime pour la vie dans tous nos échanges. Il reçoit beaucoup du monde extérieur, et il lui rend beaucoup, et ce monde inclut les autres « moi ». Les grands mystères résident dans notre création en tant que programmateurs ou « moi conscients », et dans l'association de chacun, tout au long de sa vie, avec son propre « ordinateur », comme on peut le voir dans le diagramme de la figure 9.5 où est franchie la frontière entre Monde 2 et Monde 1.

Postface

On peut estimer que le chapitre 10 a considérablement compliqué l'élégance du schéma darwinien de l'évolution. La justification en est que la théorie classique de l'évolution a écarté de son champ de réflexion la conscience de soi qui est apparue dans les derniers stades de l'évolution des hominidés, et que j'ai essayé de réparer cette grave omission.

Le grand intérêt de l'évolution biologique réside dans l'éclairage qu'elle jette sur les origines de l'homme. Après *L'Origine des espèces*, Darwin écrivit *La Provenance de l'homme*. Toute ma vie a été une préparation de près de soixante ans à la rédaction du livre que vous lisez en ce moment. J'ai été fasciné par le problème des origines de notre espèce depuis l'âge de dix-sept ans. Je ressens intensément le fait que l'évolution des hominidés est l'histoire de ce qui m'a fait exister, et je me représente la voie étroite, parsemée d'embûches, qu'ont suivie des ancêtres éloignés au cours des millions d'années de cette évolution. En considérant ce passé, j'y vois la seule chance que j'avais d'exister un jour . Mais est-ce que cette route n'est que le résultat d'un processus naturel fait de hasard et de nécessité, ou bien y a-t-il eu là, de façon mystérieuse, quelque influence surnaturelle ? Comme l'a noté Lack (1962), tous les aspects spirituels de la nature humaine échapperont toujours aux explications scientifiques darwiniennes (voir section 10.6).

Pour cette raison, j'ai dû superposer un concept finaliste aux explications matérialistes darwiniennes auxquelles j'ai strictement adhéré pendant les neuf premiers chapitres. Il nous faut postuler l'existence d'une finalité dans toutes les vicissitudes de l'évolution biologique, comme je l'écrivais en 1979 : « Il y a bien une entité opérant au-dessus et au-delà des événements matériels de l'évolution. » Cette influence a donné le génotype de l'homme. Nous sommes là en présence d'une variante biologique du célèbre principe anthropique qui n'est pas sans liens avec le finalisme de Teilhard et son idée de « point oméga » (Teilhard, 1959), thèse qui est d'ailleurs discutée avec sympathie dans le dernier chapitre du livre de Dobzhansky, *The Biology of Ultimate Concern* (1967).

Au demeurant, il est particulièrement approprié de méditer sur le « projet évolutif », car nous avons de bonnes raisons de penser que nous sommes à la fin de la période créative de l'évolution décrite dans le présent ouvrage. *Homo sapiens sapiens* est vraiment un sommet, car, désormais, la sélection naturelle, au sens où l'entend la théorie darwinienne, n'aura plus de prise sur lui. On peut donc prévoir, en accord avec les règles générales de l'évolution, qu'il ne peut plus rien se produire d'autre qu'un lent déclin depuis ce sommet.

J'aime à rêver que je suis un esprit désincarné observant la planète Terre à la période prébiotique où elle n'était régie que par les lois de la physique et de la chimie minérale. Mystérieusement, il y a 3,6 milliards d'années, la vie apparaît de façon discrète. Alors commencent le lent processus de création des protéines et des nucléotides, le développement du code génétique et l'apparition des mutations et de la sélection naturelle.

La créativité biologique qui fut ainsi libérée est inimaginable : c'est la génération de millions d'espèces, leur développement et leur extinction, comme le montrent Mayr (1963) et Simpson (1961). On peut se demander s'il aurait été possible à un observateur doué d'assez de connaissances de prévoir le cours futur de l'évolution jusqu'à l'apparition des hominiens. A cette question, Dobzhansky (1967) a répondu par un non retentissant. Et cependant, après des centaines de millions d'années, l'observateur désincarné de l'évolution aura été le témoin, il y a au moins 10 millions d'années, du surgissement de la lignée hominidienne à partir de celle des pongidés, ce qui nous ramène au scénario de notre livre. En tant que biologiste, nous pourrons conjecturer que cet événement, même dans ses très grandes lignes, était imprévisible.

Pendant une phase très brève de l'évolution biologique, une fenêtre a été entrouverte qui a permis l'apparition de la lignée qui a conduit à l'*homo* en passant par l'*australopithecus*, comme nous l'avons décrit au chapitre 2. Il ne fait aucun doute que, lors de cette ouverture créative, il aurait pu se produire beaucoup d'interactions entre les hominoïdés de l'*aegyptopithecus, du ramapithecus* et du *dryopithecus*. Tout ce que nous pouvons dire, c'est que cette fenêtre ne s'est ouverte qu'une fois. Il n'y a aucune chance que, maintenant ou dans le futur, quelques pongidés inaugurent une nouvelle lignée évolutive rivalisant avec celle des hominidés ou la surpassant. Ainsi, sans l'événement stupéfiant qu'a constitué l'apparition des hominidés, la planète Terre aurait continué indéfiniment à être « infestée » par la vie, comme l'ont dit certains. Elle serait alors restée privée des éclats de l'illumination transcendante et de la signification que lui a conférée l'évolution culturelle de la conscience de soi, à l'origine de l'*homo sapiens sapiens*.

Ne peut-on pas se demander s'il n'existe pas une certaine propension des mutations à atteindre un but global au-delà des mutations ponctuelles qu'envisage le gradualisme phylétique ? On peut nommer cette question « problème de Wallace » (section 10.6). L'existence d'un tel processus, d'une dynamique génétique entraînant le cerveau de l'homme à se développer bien au-delà de ce qu'exige la sélection naturelle dans le cadre strictement utilitaire de la survie peut être soutenue dans la mesure où le phénomène s'est produit dans plusieurs régions du globe apparemment indépendantes : chez l'homme de Pékin avec une capacité crânienne de 1 200 cm^3 il y a 500 000 ans ; chez celui de Java (Solo) avec 1 200 cm^3 aussi il y a 300 000 ans ; dans l 'évolution des hominiens en Afrique, depuis les prénéandertaliens jusqu'à l'*homo sapiens sapiens*, il y a 90 000 ans (section 2.6) ; et en Eurasie depuis l'*homo preneandertalis* (figure 2.12) jusqu'à l'homme de Neandertal et son éventuelle évolution en *homo sapiens sapiens* à Qafzeh, il y a 70 000 ans. En Chine et à Java, il semble que ces lignées se soient éteintes et qu'il y ait eu plus tard colonisation par l'*homo sapiens sapiens* venu d'Eurasie, mais il est possible que ce point de vue doive être révisé à la suite de nouvelles découvertes archéologiques. Il se peut même qu'il y ait plusieurs origines évolutives à la population d'*homo sapiens sapiens* qui occupe aujourd'hui le globe (sections 2.6 et 2.7.)

L'histoire de l'évolution des hominidés que nous avons narrée dans les chapitres 2 à 9 est la plus merveilleuse histoire que connut la Terre, voire peut-être l'Univers entier. C'est là le thème du principe anthropique sous sa forme initiale (Wheeler, 1974), tel que l'a esquissé Polkinghorne (1986). Il a été présenté — avec quelque excès, je crois — dans le livre récent de Barrow et Tipler (1986). Cependant, comme nous l'avons dit dans les chapitres 9 et 10, le principe anthropique reçoit une dimension supplémentaire dans la venue au monde de chacun de nous en tant qu'être conscient de soi. C'est cette transcendance qui a donné un but à tous mes travaux, lesquels s'achèvent ici sur un effort visant à comprendre le cerveau afin de présenter le problème des rapports entre cerveau et esprit en termes scientifiques (section 8.8). Je maintiens que le mystère de l'homme est incroyablement diminué (à tort) par le réductionnisme scientifique et sa prétention matérialiste à rendre compte du monde de l'esprit en termes de simple activité neuronale. Une telle croyance ne peut être considérée que comme une superstition. Ainsi que le schématisent les diagrammes des figures 9.5 et 10.4, nous sommes forcés de reconnaître que nous sommes des êtres qui possédons une dimension que l'on peut appeler âme et qui existe dans un monde spirituel (section 10.7), tout en possédant des corps et des cerveaux qui existent dans le monde matériel.

Comment pouvons-nous nous fonder sur la philosophie de la personne humaine, telle qu'elle a été exposée dans les sections 10.1, 5, 6 et 7, pour délivrer un message à l'humanité ? Beaucoup d'humilité est ici nécessaire, et nous ne devons pas nous imaginer que nous sommes les dépositaires de toute la sagesse possible, si peu de temps après notre apparition. En 1940, Sherrington parlait déjà métaphoriquement de l'homme « fraîchement éclos » !

La réalité, c'est que nous nous trouvons tous embarqués à bord de ce merveilleux vaisseau spatial qu'est la Terre, qui tourne autour du Soleil en compagnie de huit autres planètes dont les conditions climatiques et atmosphériques sont extrêmement hostiles à la vie humaine. Cependant, des hommes ont déjà visité la Lune et visiteront Mars demain. Mais de telles visites ne peuvent être que brèves et immensément coûteuses. Une connaissance élémentaire de la physiologie humaine élimine pour toujours la possibilité de voyages vers d'autres étoiles ou de colonisation de l'espace. Il faut donc répéter que l'humanité est pour toujours liée à la Terre. Il n'en irait pas de même si l'âme survivait à la mort du corps et échappait ainsi aux chaînes de la physique et de la physiologie. Mais la survie éventuelle de l'âme après la mort constitue un mystère que nous ne pourrons jamais éclaircir, et qui fait partie de la « fatalité » humaine. Voilà qui fournit un terrain de choix aux auteurs de science-fiction ainsi qu'aux charlatans en sciences psychiques et aux médiums avec leurs transes et leurs tables tournantes. Il est fâcheux que, dans ce domaine, d'éminents savants aient pu perdre leur esprit critique au point de céder à des thèses relevant de la pure science-fiction.

Il est raisonnable de croire que l'*homo sapiens sapiens* continuera de vivre pendant d'innombrables générations dans sa patrie, la Terre, qui, comme Harlow Shapley aimait à le dire, n'est qu'une petite planète rocheuse bien ordinaire au plan cosmologique : son orbite n'a rien de particulier, son soleil n'est qu'une étoile de taille moyenne, située loin du centre de la galaxie, sur l'un de ses bras, parmi 100 milliards d'étoiles, au milieu de 100 milliards d'autres galaxies éparpillées depuis le *Big Bang* il y a 17 milliards d'années. Et cependant, d'après le principe anthropique, notre patrie est le centre d'un grand projet. Chacun de nous a accédé à la conscience de soi avec un corps et un cerveau humains depuis les quelque 100 000 ans qui marquent l'origine de l'*homo sapiens sapiens*. Notre existence en tant qu'êtres conscients de nous-mêmes tient d'un véritable miracle.

L'improbabilité que la vie ait pu apparaître ailleurs dans le cosmos, ajoutée à l'improbabilité qu'elle ait pu y évoluer pour produire des êtres intelligents tels que nous, est si grande que les biologistes ont tendance à penser que la vie humaine est un phénomène unique. On ne sera pas surpris que seuls des astronomes peu versés en biologie suggèrent que la vie puisse surgir çà et là dans le cosmos dès que l'environnement le permet.

Au demeurant, à supposer que la vie puisse exister et évoluer ailleurs, elle ne saurait avoir aucun sens profond si elle ne finit pas par déboucher sur quelque chose d'équivalent à cette évolution des hominidés que nous avons décrite, avec la venue au monde d'êtres intelligents et créatifs. Comme les voyages intersidéraux nous sont pour toujours interdits, Sagan et Drake ont insisté pour que soit mis en place un système d'écoute destiné à capter des messages codés situés sur la longueur d'onde de l'hydrogène. Mais, jusqu'ici, nous n'avons rien entendu d'autre que le silence cosmique.

Ma thèse est que nous devons chérir la planète Terre, parce que, pour un nombre incommensurable de générations, c'est là que sera notre demeure. Nous resterons toujours liés à cette Terre tant que nous existerons sous une forme corporelle. De ce point de vue, comme je l'ai dit plus haut, nous pouvons regarder la mort du corps comme la dissolution de notre existence *duale* (figure 9.5). L'âme libérée trouvera, nous l'espérons, un autre avenir doté d'un sens encore plus profond et d'une vie encore plus riche, peut-être bien dans une nouvelle existence corporelle, ainsi que l'a suggéré Polkinghorne (1986) en accord avec les enseignements chrétiens traditionnels. La vision eschatologique est le propre des grandes religions, mais, en attendant, nous avons l'ardente obligation d'œuvrer à la préservation de notre planète.

Il y a deux concepts religieux fondamentaux. Le premier est Dieu, le créateur du cosmos et de ses lois fondamentales, avec ses constantes si précisément réglées qu'elles ont permis le *Big Bang* et toutes ses conséquences, jusqu'à l'apparition de la vie et de l'homme (Lovell, 1978 ; Polkinghorne, 1986). C'est le Dieu transcendant auquel croyait Einstein. L'autre est le Dieu immanent à qui nous devons notre propre existence. D'une façon mystérieuse, Dieu, dans une telle vision, est le créateur de tous les êtres vivants qui sont apparus au cours de l'évolution, mais aussi de chaque personne humaine avec sa conscience de soi et son âme immortelle.

Ainsi, l'évolution biologique s'est transcendée elle-même en fournissant la base matérielle — le cerveau humain — à des êtres conscients d'eux-mêmes dont la vraie nature est de chercher espoir et sens dans leur quête d'amour, de vérité et de beauté.

Références bibliographiques

Les chiffres entre crochets renvoient aux pages du présent ouvrage

Akert, K., Peper, K., and Sandri, C. (1975) 'Structural organization of motor end plate and central synapses', in P.G. Waser (ed.) *Cholinergic Mechanisms,* New York : Raven Press, pp. 43-57. [248, 258, 259]

Allen, G. and Tsukahara, N. (1974) 'Cerebrocerebellar communication systems', *Physiol Rev* 54:957-1006. [79, 213]

Amsterdam, B. (1972) 'Mirror self image reactions before the age of two', *Dev Psychobiol* 5:297-305. [273]

Andy, O.J. and Stephan, H. (1968) 'The septum in the human brain', *J Comp Neurol* 133:383-409. [134]

Armstrong, D.M. (1968) *A Materialist Theory of the Mind,* London : Routledge & Kegan Paul. [301]

Armstrong, D.M. (1981) *The Nature of Mind,* Ithaca, NY : Cornell University Press. [301, 302]

Ashton, E.H. (1981) 'Primate locomotion : some problems in analysis and interpretation', *Phil Trans R Soc Lond* [Biol] 292:77-87. [73]

Bailey, P., and von Bonin, G. (1951) *The Isocortex of Man,* Urbana, Ill. : University of Illinois Press. [123]

Bailey, P., von Bonin, G. and McCulloch, W.S. (1950) *The Isocortex of the Chimpanzee,* Urbana : the University of Illinois Press. [117]

Baker, J.F., Petersen, S.E., Newsome, W.T. and Allman, J.M. (1981) 'Visual response properties of neurons in four extrastriate visual areas of the owl monkey (Aotus trivirgatus) : a quantitative comparison of medial, dorsomedial, dorsolateral and middle temporal areas', *J Neurophysiol* 45:397-416. [168]

Bard, P. (1968) 'Postural coordination and locomotion and their central control', in V.B. Mountcastle (ed.) *Medical Physiology,* Saint Louis, Mo, Mosby CV, pp. 1750-70. [247]

Barlow, H.B., Blakemore, C. and Pettigrew, J.D. (1967) 'The neural mechanism of binocular depth discrimination', *J Physiol* (London) 193:327-42. [165]

Barrow, J.D. and Tipler, F.J. (1986) *The Anthropic Cosmological Principle,* Oxford : Clarendon Press. [322]

Basser, L.S. (1962) 'Hemiplegia of early onset and the faculty of speech with special reference to the effects of hemispherectomy', *Brain* 85:427-60. [112]

Baumgartner, G. (1986) 'Psychophysics and central processing', in A. Asbury, G.M. McKhann and W.I. McDonald (eds) *Diseases of the Nervous System : Clinical Neurobiology,* Vol. 2, London : Heinemann Medical Books, pp. 804-15. [188]

Beloff, J. (1965) 'The identity hypothesis : a critique', in J.R. Smythies (ed.) *Brain and Minal,* New York : Humanities Press, pp. 35-61. [301]

Bever T.G. and Chiarello, R.J. (1974) 'Cerebral dominance in musicians and non-musicians', *Science* 185:537-9. [268]

Bishop, P.O. (1970) 'Cortical beginning of visual form and binocular depth perception', in F.O. Schmitt (ed.) *Neurosciences Research Study Program,* New York : Rockefeller University Press, pp. 471-85. [165]

Bliss, T.V.P., and Lomø, T. (1973) 'Long-lasting potentiation of synaptic transmission in the dentate area of the anaesthetized rabbit following stimulation of the perforant path', *J Physiol* (London) 232:331-56. [205, 207]

Bordes, F. (1968) *The Old Stone Age,* London : Weidenfeld & Nicolson. [181]

Brauer, G. (1984) 'A craniological approach to the origin of anatomically modern Homo sapiens in Africa and implications for the appearance of modern Europeans', in F.H. Smith and F. Spencer (eds) *The Origins of Modern Humans,* New York : Alan R. Liss, pp. 327-410. [52, 53]

Brinkman, C. and Porter, R. (1979) 'Supplementary motor area in the monkey : activity of neurons during performance of learned motor task', *J Neurophysiol* 42:681-709. [59, 240]

Brinkman, C. and Porter, R. (1983) 'Supplementary motor and premotor areas of the cerebral cortex in the monkey : activity of neurons during performance of a learned movement task', in J.E. Desmedt (ed.) *Motor Control Mechanisms in Man,* New York : Raven Press, pp. 393-420. [243]

Brodal, A. (1973) ' Self-observations and neuro-anatomical considerations after a stroke', *Brains* 96:675-94. [265]

Brodal, A. (1981) *Neurological Anatomy,* 3rd edn, New York/Oxford : Oxford University Press. [63, 120, 131, 142, 143]

Brodmann, K. (1909) *Vergleichende Lokalisationslehre der Grosshirn-*

rinde in der Prinzipien dargestellt auf Grund des Zellenbaues, Leipzig : J.A. Barth. [115]

Brodmann, K. (1912) 'Neue Ergebnisse über die vergleichende histologische Lokalisation der Grosshirnrinde', *Anat Anz* 41:157-216. [115]

Bronowski, J. and Bellugi, U. (1970) 'Language name and concept', *Science* 168:669-73. [109]

Bronowski, J. and Bellugi, U. (1970) 'Language, name and concept', in T.A. Sebeok and D.J. Umiker-Sebeok (eds) *Speaking of Apes,* New York : Plenum Press, pp. 103-11. [109]

Brooks, V.B. (1986) *The Neural Basis of Motor Control,* New York Oxford : Oxford University Press. [62]

Brooks, V.B. and Thach, W.T. (1981) 'Cerebellar control of posture and movement', in *Handbook of Physiology, The Nervous System,* vol. 2, Bethesda, MD : American Physiological Society, Chapter 18, pp. 877-946. [219]

Brown, R. (1980) 'The first sentences of child and chimpanzee', in T.A. Sebeok and D.J. Umiker-Sebeok (eds) *Speaking of Apes,* New York : Plenum Press, pp. 85-101. [109, 196]

Bucy, P.C. (1935) 'A comparative cytoarchitectonic study of the motor and premotor areas of the primate cortex', *J Comp Neurol* 62:293-311. [92]

Bühler, K. (1934) *Sprachtheorie : die Darstellungsfunktion der Sprache,* Jena : Gustav Fischer. [97]

Bush, G.L., Case, S.M., Wilson, A.C. and Patton, J.L. (1977) 'Rapid speciation and chromosomal evolution in mammals', *Proc Natl Acad Sci* (USA) 72:5061-5. [19]

Cann, R.L., Stoneking, M. and Wilson, A.C. (1987) 'Mitochondrial DNA and human evolution', *Nature* 325:31-6. [53]

Carson, H.L. (1975) 'The genetics of speciation at the diploid level', *Amer Nat* 109:83-92. [20]

Celesia, G.G. (1976) 'Organization of auditory cortisal areas in man', *Brain* 99:403-14. [120]

Celesia, G.G., Broughton, R.J., Rasmussen, T. and Branch, C. (1968) 'Auditory evoked potentials from the exposed human cortex', *Electroencephalogr Clin Neurophysiol* 24:458-66. [120]

Chan, C.W.Y. (1983) 'Segmental versus suprasegmental contributions to long-latency stretch responses in man', *Adv Neurol* 39:467-87. [87]

Chan, C.W.Y., Melvill Jones, G., Kearney, R.E. and Watt, D.G.D. (1979a) 'The "late" electromyographic response to limb displacement in man. I. Evidence for supraspinal contribution', *Electroencephalogr Clin Neurophysiol* 46:173-81. [82, 87, 88]

Chan, C.W.Y., Melvill Jones, G. and Catchlove, R.F.H. (1979b) 'The "late" electromyographic response to limb displacement in man. II. Sensory origin', *Electroencephalogr Clin Neurophysiol* 46:182-8. [88]

Changeux, J.-P. (1985) *L'homme neuronal,* Paris, Fayard, 1983. [299]

Chiarelli, B. (1985) 'Chromosomes and the origin of man', in P.V. Tobias (ed.) *Hominid Evolution. Past, Present and Future,* New York : Alan R. Liss, pp. 397-400.

Chomsky, N. (1962) *Syntactic Structures* S'Gravenhage, Mouton & Co. [101]

Chomsky, N. (1967) 'The formal nature of language'. Appendix A of E.H. Lenneberg (ed.), *Biological Foundations of Language,* New York : Wiley, pp. 397-412. [118]

Chomsky, N. (1968) *Language and the Mind,* New York : Harcourt Brace & World. [104, 118]

Chomsky, N. (1978) 'On the biological basis of language capacities', in G.A. Miller and E. Lenneberg (eds) *Psychology and Biology of Language and Thought,* New York : Academic Press, pp. 109-220. [118, 298]

Chomsky, N. (1980) 'Human Language and other semiotic systems', in T.A. Sebeok and D.J. Umiker-Sebeok (eds) *Speaking of Apes,* New York : Plenum Press, pp. 429-40. [109]

Clemente, D.C. and Chase, M.H. (1973) 'Neurological substrates of aggresive behaviour', *Annu Rev Physiol* 35:329-56. [137]

Coppens, Y. (1983) 'Les plus anciens fossiles d'hominidés', in C. Chagas (ed.) *Recent Advances in the Evolution of Primates,* Vatican City : Pontificiae Academiae Scientiarum Scripta Varia 50, 1-9. [25, 27]

Cowey, A. (1981) 'Why are there so many visuel areas ?' in F.O. Schmitt, F.G. Worden, G. Adelman and S.G. Dennis (eds) *The Organization of the Cerebral Cortex,* Cambridge, Mass. : MIT Press, pp. 395-413. [171]

Cowey, A. (1982) 'Sensory and non-sensory visual disorders in man and monkey', *Phil Trans R Soc Lond* [Biol] 298:3-13. [166, 168, 171, 172]

Cowey, A.L. and Weiskrantz, L. (1975) 'Demonstration of cross-modal matching in Rhesus monkeys, Macaca mulatta', *Neuropsychologia* 13:117-20. [118]

Creutzfeldt, O.D. (1979) 'Neurophysiological mechanisms and consciousness', *Ciba Found Symp* 69:217-33. [260]

Creutzfeldt, O.D. (1987) 'Inevitable deadlocks of the brain-mind discussion', in B. Guylas (ed.) *The Brain-Mind Problem,* Assen/Maastricht : Leuven University Press, van Gorcum, pp. 3-27. [234, 260]

Curtiss, S. (1977) *Genie : A Psycholinguistic Study of a Modern-day 'Wild Child',* New York : Academic Press. [112, 295]

Damasio, A.R. and Geschwind, N. (1984) 'The neural basis of language', *Annu Rev Neurosci* 7:127-47. [110, 120, 125]

Dart, R.A. (1925) 'Australopithecus Africanus, the man-ape of South Africa', *Nature* 115:195.

Davenport, R.K. (1976) 'Cross-modal perception in apes', in Conference 'On Origins and Evolution of Language and Speech', *Ann NY Acad Sci* 280:143-9. [118]

Dawkins, R. (1976) *The Selfish Gene,* Oxford : Oxford University Press. [155, 296]

Day, M.H. (1985) 'Hominid locomotion - from Taung to the Laetoli footprints', in P.V. Tobias (ed.) *Hominid Evolution. Past, Present and Future,* New York : Alan R. Liss, pp. 115-27. [74, 76]

Day, M.H. and Napier, J.R. (1964) 'Fossil foot bones', *Nature* 201:969-70. [70]

Deecke, L. and Kornhuber, H.H. (1978) 'An electrical sign of participation of the mesial "supplementary" motor cortex in human voluntary finger movement', *Brain Res* 159:473-6. [312]

Deevy, E.S. (1960) 'The human population', *Scientific American* 203(3):194-206. [56]

Delgado, J.M.R. (1969) *Physical Control of the Mind,* New York : Harper & Row. [138]

DeLong, M.R. and Georgopoulos, A.P. (1983) 'Motor functions of the basal ganglia', *Amer Physiol Soc Handbook* 21:1017-61. [80]

Dennett, D.C. (1969) *Content and Consciousness,* London : Routledge & Kegan Paul. [301, 304]

Dennett, D.C. (1981) *Brainstorms,* Cambridge, Mass. : MIT Press. [301]

Denny-Brown, D. (1966) *The Cerebral Control of Movement,* Liverpool : Liverpool University Press. [84]

Desmedt, J.E. and Robertson, D. (1977) 'Differential enhancement of early and late components of the cerebral somatosensory evoked potentials during forced-paced cognitive tasks in man', *J Physiol* (London) 271:761-82. [244]

Dobzhansky, T. (1960) 'The present evolution of man', *Scientific American* 203(3):206-17. [22]

Dobzhansky, T. (1967) *The Biology of Ultimate Concern,* New York : The New American Library. [102, 270, 298, 320]

Drake, R.E., Curtis, G.H., Cerling, T.E. Cerling, B.W. and Hampel, J. (1980) 'Tuff dating and geochronology of tuffaceous sediments in the Koobi-fora and Shungura formations, East Africa', *Nature* 283:368-72. [73]

Eccles, J.C. (1970) *Facing Reality : Philosophical Adventures by a Brain Scientist,* New York : Springer-Verlag. [316]

Eccles, J.C. (1979) *The Human Mystery,* Berlin/Heidelberg/New York : Springer. [316, 320]

Eccles, J.C. (1980) *The Human Psyche,* Berlin/Heidelberg/New York : Springer. [140, 155, 299]
Eccles, J.C. (1981a) 'The modular operation of the cerebral neocortex considered as the material basis of mental events', *Neuroscience* 6:1839-56. [211]
Eccles, J.C. (1981b) 'Language, thought and brain', *Epistemologia* [Special Issue] 4:97-126.
Eccles, J.C. (1982a) 'Animal consciousness and human self-consciousness', *Experientia* 38:1384-91. [303]
Eccles, J.C. (1982b) 'The initiation of voluntary movements by the supplementary motor area', *Arch Psychiatr Nervenkr* 231:423-41. [241, 312]
Eccles, J.C. (1984) 'Physiological and pharmacological investigations on pain control', *Schweiz Mschr Zahnmed* 94:1004-13. [141]
Eccles, J.C. (1986) 'Do mental events cause neural events analogously to the probability fields of quantum mechanics?' *Proc R Soc Lond* [Biol] 227:411-28. [100, 254]
Eccles, J.C. (1987) 'Mammalian systems for storing and retrieving information', in C.D. Woody (ed.) *Cellular Mechanisms of Conditioning and Behavioral Plasticity,* New York : Plenum Press, pp. 289-302. [206]
Eccles, J.C. (1989) 'The mind-brain problem revisited : the microsite hypothesis', in J.C. Eccles and O.D. Creutzfeldt (eds) *The Principles of Design and Operation of the Brain,* Vatican City : Pontificiae Academiae Scientiarum Scripta Varia. [256]
Eldredge, N. and Gould, S.J. (1972) 'Punctuated equilibria : an alternative to phyletic gradualism', in T.J.M. Schopf (ed.) *Models of Paleobiology,* San Francisco : Freeman, Cooper, pp. 82-115. [17, 19, 26, 56]
Ettlinger, G. and Blakemore, C.B. (1969) 'Cross-modal transfer set in the monkey', *Neuropsychologia* 7:41-7. [118]
Evarts, E.V. (1972) 'Constrasts between activity of precentral and postcentral neurons of cerebral cortex during movement in the monkey', *Brain Res* 40:25-41.
Evarts, E.V. (1981) 'Role of motor cortex in voluntary movements in primates', in *Handbook of Physiology. The Nervous System,* vol. 2. Bethesda, MD : American Physiological Society, pp. 1083-120. [62]
Facchini, F. (1984) *Cammino dell' Evoluzione Umana,* Milan : Jaca Book. [47]
Feigl, H. (1967) *The 'Mental' and the 'Physical',* Minneapolis : University of Minnesota Press. [238, 250]
Feldman, M.L. (1984) 'Morphology of the neocortical pyramidal neuron', in A. Peters and E.G. Jones (eds) *Cerebral Cortex,* Vol. 1, New York : Plenum Press, pp. 123-200.

Flechsig, P. (1920) *Anatomie des Menschlichen Gehirns und Rückenmarks auf Myelogenetischen Grundlage,* Leipzig : Thienne. [121, 285]

Fleischhauer, K. (1974) 'On different patterns of dendritic bundling in the cerebral cortex of the cat', *J Anat Entwickl-Gesch* 143:115-26.

Fouts, R.S. and Rigby, R.L. (1980) 'Man-chimpanzee communication', in T.A. Sebeok and D.J. Umiker-Sebeok (eds) *Speaking of Apes,* New York : Plenum Press, pp. 261-85. [106, 108]

Frahm, H.D., Stephan, H. and Stephan, M. (1982) 'Comparison of brain structure volumes in insectivora and primates. I. Neocortex', *J Hirnforsch* 23:375-89. [122]

Freund, H.J. and Hummelsheim, H. (1985) 'Lesions of premotor cortex in man', *Brain* 108:697-733. [80, 81, 92]

Friedman, D.P. and Jones, E.G. (1981) 'Thalamic input to areas 3a and 2 in monkeys', *J Neurophysiol* 45:59-85. [87]

Fulton, J.F. (1949) *The Physiology of the Nervous System,* New York : Oxford University Press.

Fuster, J.M. (1980) *The Prefontal Cortex,* New York : Raven Press. [177, 306]

Gaffan, D. and Weiskrantz, L. (1980) 'Recency effects and lesion effects in delayed non-matching to randomly baited samples by monkeys', *Brain Res* 196:373-86. [226]

Gajdusek, D.C. (1973) 'Kuru in the New Guinea Highlands', in J.D. Spillane (ed.) *Tropical Neurology,* New York : Oxford University Press, pp. 376-83. [51]

Gallup, G.G. (1977) 'Self-recognition in primates', *Amer Psychol* 32:329-38. [109, 273]

Gardner, R.A. and Gardner, B.T. (1980) 'Comparative psychology and language acquisition', in T.A. Sebeok and D.J. Umiker-Sebeok (eds) *Speaking of Apes,* New York : Plenum Press, pp. 287-330. [106]

Gardner, B.T. and Gardner, R.A. (1985) 'Signs of intelligence in cross fostered chimpanzees', *Phil Trans R Soc Lond* [Biol] 308:159-76. [195]

Geschwind, N. (1965) 'Disconnection syndromes in animal and man. Part I', *Brain* 88:237-94. [117, 121, 124, 283.

Geschwind, N. (1972) 'Language and the brain', *Scientific American* 226(4) : 76-83. [110]

Geschwind, N. and Levitsky, W. (1968) 'Human brain : left-right asymmetries in temporal speech region', *Science* 161:186-7. [120, 262]

Gilbert, P.F.C. and Thach, W.T. (1977) 'Purkinje cell activity during motor learning', *Brain Res* 128:309-28. [217, 220]

Gingerich, P.D. (1985) 'Nonlinear molecular clocks and ape-human

divergence times', in P.V. Tobias (ed.) *Hominid Evolution. Past, Present and Future,* New York : Alan R. Liss, pp. 411-16. [29]
Goldman, P.S. and Nauta, W.J.H. (1977) 'Columnar distribution of cortico-cortical fibres in the frontal association, limbic and motor cortex of the developing rhesus monkey', *Brain Res* 122:393-413. [269]
Goldschmidt, R. (1940) *The Material Basis of Evolution,* New Haven, Conn. : Yale University Press. [23]
Gombrich, E.H. (1960) *Art and Illusion,* London : Phaidon Press.
Goodall, J. (1971) *In the Shadow of Man,* Boston, Mass. : Houghton Mifflin. [104, 105, 156, 192, 193]
Goodall, J. (1986) *The Chimpanzees of Gombe. Patterns of Behavior,* Cambridge, Mass. : Belknap Press, Harvard University Press. [104, 105, 148, 263]
Gott, P.S. (1973) 'Cognitive abilities following right and left hemispherectomy', *Cortex* 9:266-74. [266]
Gould, S.J. (1977) *Ontogeny and Phylogeny,* Cambridge, Mass. : Belknap Press, Harvard University Press. [143, 145]
Gould, S.J. (1982) 'Is a new and general theory of evolution emerging?' in J.M. Smith (ed.) *Evolution Now, A Century After Darwin,* San Francisco : W.H. Freeman, pp. 129-45. [18, 20, 23, 51]
Granit, R. (1970) *The Basis of Motor Control,* New York : Academic Press. [86]
Gray, E.G. (1982) 'Rehabilitating the dendritic spine', *TINS* 5:5-6. [248]
Griffin, D.R. (1976) *The Question of Animal Awareness,* New York : Rockefeller University Press. [104, 203, 303]
Griffin, D.R. (1984) *Animal Thinking,* Cambridge, Mass. : Harvard University Press. [230, 231, 303]
Grillner, S. (1981) 'Control of locomotion in bipeds, tetrapods and fish', in V.B. Brooks (ed.) *Handbook of Physiology, Section 1, The Nervous System. Motor Control,* Part 2, Bethesda, MD : American Physiological Society. [79]
Gross, C.G. (1973) 'Visual functions of inferotemporal cortex', in R. Jung (ed.) *Handbook of Sensory Physiology,* Vol. VII/3B, Berlin/ Heidelberg/ New York : Springer-Verlag, pp. 451-82. [170]
Gross, C.G., Desimone, R., Albright, T.D. and Schwartz, E.L. (1985) 'Inferior temporal cortex and pattern recognition', in C. Chagas, R. Gattass and C. Gross (eds) *Pattern Recognition Mechanisms,* Vatican City : Pontificiae Academiae Scientiarum Scripta Varia 54, pp. 179-201. [170]
Gruber, H.E. (1974) *Darwin on Man,* London : Wildwood House. [230]
Gustafsson, B. and Wigström, H. (1986) 'Hippocampal long-lasting

potentiation produced by pairing single volleys and brief conditioning tetani evoked in separate afferents', *J Neurosci* 6:1575-82. [206]

Halliday, M.A.K. (1975) *Learning How to Mean,* New York : Elsevier. [102]

Hamilton, C.R. (1977a) 'Investigations of perceptual and mnemonic lateralization in monkey's, in S. Harnad, R.W. Doty, L. Goldstein, J. Jaynes and G. Krauthamer (eds) *Lateralization in the Nervous System,* New York : Academic Press, pp. 45-62. [263]

Hamilton, C.R. (1977b) 'An assessment of hemispheric Specialization in monkeys', *Ann NY Acad Sci* 299:222-32. [263]

Hamlyn, L.H. (1962) 'A, electron microscope study of pyramidal neurons in the Ammon's horn of the rabbit', *J Anat* 97:189-201. [202]

Handler, P. (ed.) (1968) *Biology and the Future of Man,* New York : Oxford University Press, pp. 134-6. [16]

Hawkes, J. (1965) *Prehistory in History of Mankind. Cultural and Scientific Development,* Vol. 1, Part 1, London : UNESCO, New English Library. [156]

Hawkes, J. (1976) *The Atlas of Early Man,* London : Macmillan London. [188]

Hayek, F.A. (1978) *The Three Sources of Human Values,* London : London School of Economics and Political Science. [299]

Heath, R.G. (1954) *Studies in Schizophrenia. A Multidisciplinary Approach to Mind-Brain Relationship,* Cambridge, Mass. : Harvard University Press. [138]

Heath, R.G. (1963) 'Electrical self-stimulation of the brain in man', *American Journal of Psychiatry* 120:571-7. [138].

Hebb, D.O. (1949) *The Organization of Behavior,* New York : Wiley. [205, 301]

Hebb, D.O. (1980) *Essay on Mind,* Hillsdale, NJ : Lawrence Erlbaum. [301, 304]

Hécaen, H. (1967) 'Brain mechanisms suggested by studies of parietal lobes', in C.H. Millikan and F.L. Darley (eds) *Brain Mechanisms Underlying Speech and Language,* New York/London : Grune & Stratton, pp. 146-66. [264, 265].

Hess, W.R. (1932) *Beiträge zur Physiologie des Hirnstammes. I. Die Methodik der Lokalisierten Reizung und Ausschaltung subkortikaler Hirnabschnitte,* Leipzig : Georg Thieme. [135]

Hill, J.H. (1980) 'Apes and language', in T.A. Sebeok and D.J. Umiker-Sebeok (eds) *Speaking of Apes,* New York : Plenum, pp. 331-52. [102, 107, 109]

Hökfelt, T., Ljungdahl, A., Terenius, L., Elde, R. and Nilsson, G. (1977) 'Immunohistochemical analysis of peptide pathways possibly related to pain and analgesia : enkephalin and substance P', *Proc Natl Acad Sci* (USA) 74:3081-5. [141]

Holloway, R.L. (1968) 'The evolution of the primate brain : some aspects of quantitative relations', *Brain Res* 7:121-72. [125]
Holloway, R.L. (1974) 'The casts of fossil hominid brains', *Scientific American* 231(1):106-15. [34, 38]
Holloway, R.L. (1983) 'Human paleontological evidence relevant to language behavior', *Hum Neurobiol* 2:105-14. [32, 34, 37, 122, 128]
Howells, W.W. (1966) 'Homo erectus', *Scientific American* 215(5): 46-53. [40]
Hubbard, J.I. (1973) 'Microphysiology of vertebrate neuromuscular transmission', *Physiol Rev* 53:674-723. [259]
Hubel, D.H. (1982) 'Evolution of ideas on the primary visual cortex, 1955-1978; A biassed historical account' (Nobel Lecture), *Biosci Rep* 2(7):435-69. [161]
Hubel, D.H. and Wiesel, T.N. (1962) 'Receptive fields, binocular interaction and functional architecture in the cat's visual cortex', *J Physiol* (London) 160:106-54. [161]
Hubel, D.H. and Wiesel, T.N. (1963) 'Shape and arrangement of columns in the cat's striate cortex', *J Physiol* (London) 165:559-68. [163]
Hubel, D.H. and Wiesel, T.N. (1965) 'Receptive fields and functional architecture in two nonstriate visual areas (18 and 19) of the cat', *J Neurophysiol* 28:229-89. [164]
Hubel, D.H. and Wiesel, T.N. (1970) 'Stereoscopic vision in macaque monkey : cells sensitive to binocular depth in area 18 of the macaque monkey cortex', *Nature* 225:41-2. [165]
Hubel, D.H. and Wiesel, T.N. (1974) 'Sequence regularity and geometry of orientation columns in the monkey striate cortex', *J Comp Neurol* 158:267-94. [164]
Hubel, D.H. and Wiesel, T.N. (1977) 'Functional architecture of the macaque monkey visual cortex', *Proc R Soc Lond* [Biol] 198:1-59. [164]
Iles, J.F. (1977) 'Responses in human pretibial muscles to sudden stretch and to nerve stimulation', *Exp Brain Res* 30:541-70. [88]
Imig, T.J. and Morel, A. (1983) 'Organization of the thalamocortical auditory system in the cat', *Annu Rev Neurosci* 6:90-120, [87]
Ingvar, D.H. (1983) 'Serial aspects of language and speech related to prefrontal cortical activity. A selective review', *Hum Neurobiol* 2:177-89. [120, 307]
Ingvar, D.H. (1985) 'Memory of the future : an essay on the temporal organization of conscious awareness', *Hum Neurobiol* 4:127-36. [306]
Isaac, C. (1978) 'Food-sharing behavior of protohuman hominids', *Scientific American* 238(4):90-108. [149, 156]
Isaacson, R.L. (1974) *The Limbic System,* New York : Plenum Press. [131, 136]

Ito, M. (1984) *The Cerebellum and Neural Control,* New York : Raven Press. [214, 217]

Ito, M. (1986) 'Long-term depression as a memory process in the cerebellum', *Neurosci Res* 3:531-9. [215]

Ito, M. and Kano, M. (1982) 'Long-lasting depression of parallel fibre -Purkinje cell transmission induced by conjunctive stimulation of parallel fibres and climbing in the cerebellar cortex', *Neurosci Lett* 33:253-8.

Jack, J.J.B., Redman, S.J. and Wong, K. (1981a) 'The components of synaptic potentials evoked in cat spinal motoneurones by impulses in single group Ia afferents', *J Physiol* (London) 321:65-96. [250, 254]

Jack, J.J.B., Redman, S.J. and Wong, K. (1981b) 'Modifications to synaptic transmision at Group Ia synapses on cat spinal motoneurones by 4-aminopyridine', *J Physiol* (London) 321:111-26. [250, 258]

Jarvis, M.J. and Ettlinger, G. (1977) 'Cross-modal recognition in chimpanzees and monkeys', *Neuropsychologia* 15:499-506. [118]

Jelinék, A.J. (1982) 'The Tabun cave and Paleolithic man in the Levant', *Science* 216:1369-75.

Jelinék, J. (1985) 'The European, Near East and North African finds after Australopithecus and the principal consequences for the picture of human evolution', in P.V. Tobias (ed.) *Hominid Evolution. Past, Present and Future,* New York : Alan R. Liss, pp. 341-54. [43, 50]

Jennings, H.S. (1930) *The Biological Basis of Human Nature,* New York : W.W. Norton. [316]

Jerison, H.J. (1973) *Evolution of the Brain and Intelligence,* New York : Academic Press. [60]

Jerison, H.J. (1985) 'Animal intelligence and encephalization', *Phil Trans R Soc Lond* [Biol] 308:21-35. [60]

Johanson, D.C. (1985) 'The most primitive Australopithecus', in P.V. Tobias (ed.) *Hominid Evolution. Past, Present and Future,* New York : Alan R. Liss, pp. 203-12. [33]

Johanson, D.C. and White, T.D. (1979) 'A systematic assessment of early African hominids', *Science* 202:321-30. [33]

Jones, E.G. (1983) 'The nature of the afferent pathways conveying short-latency inputs to primate motor cortex', *Adv Neurol* 39:263-85. [91]

Jones, E.G. and Powell, T.P.S. (1970) 'An anatomical study of converging sensory pathways within the cerebral cortex of the monkey', *Brain* 93:793-820. [117, 120]

Jung, R. (1974) 'Neuropsychologie und neurophysiologie des Kontur- und Formschem in Zeichung und Malerei', in H.H. Wieck (ed.) *Psychopathologie Mimischer Gestalstungen,* Stuttgart : F.K. Schattauer, pp. 29-88. [264]

Jung, R. (1978) 'Perception, consciousness and visual attention', in P. Buser and A. Rougeul-Buser (eds) *Cerebral Correlates of Conscious Experience,* Amsterdam : North Holland, pp. 15-36. [274]

Kandel, E.K. and Schwartz, J.H. (1982) 'Molecular biology of learning : modulation of transmitter release', *Science* 218:433-43. [206]

Kandel, E.R., Klein, M., Hochner, B., Shuster, M. Siegelbaum, S.A., Hawkins, R.D., Glanzum, D.L., Castellucci, V.F. and Abrams, T.W. (1987) 'Synaptic modulation and learning : new insights into synaptic transmission from the study of behavior', in G.M. Edelman, W.E. Gall and W.M. Cowan (eds) *Synaptic Function,* New York : Wiley, A Neuroscience Institute Publication, pp. 471-518. [259]

Kellog, W.N. and Kellogg, L.A. (1933) *The Ape and the Child,* New York : McGraw-Hill. [195]

Kelly, R.B., Deutsch, J.W., Carlson, S.S. and Wagner, J.A. (1979) 'Biochemistry of neurotransmitter release', *Annu Rev Neurosci* 2:399-446. [249]

Kety, S.S. (1970) 'The biogenic amines in the central nervous system : their posible roles in arousal, emotion and learning', in F.O. Schmitt (ed.) *The Neurosciences,* New York : Rockefeller University Press, pp. 324-36. [139]

Kety, S.S. (1972) 'Norepinephrine in the central nervous system and its correlations with behavior', in A.G. Karczmar and J.C. Eccles (eds) *Brain and Behavior,* New York : Springer-Verlag, pp. 115-28. [139]

Kimura, D. (1967) 'Functional asymmetry of the brain in dichotic listening', *Cortex* 3:167-78. [112, 268]

Kimura, D. (1973) 'The asymmetry of the human brain', *Scientific American* 228(3) : 70-8. [268]

Klopper, A. (1974) 'The hormones of the placenta and their role in the onset of labour', in R.O. Greep (ed.) *MTP Intl Rev Sci Physiol (Series one), Vol. 8, Reproductive Physiology,* London : Butterworths, pp. 180-201. [146]

Korn, H. and Faber, D.S. (1987) 'Regulation and significance of probabilistic release mechanims at central synapses', in G.M. Edelman, W.E. Gall and W.M. Cowan (eds) *Synaptic Function,* New York : Wiley, A Neurosciences Institute Publication, pp. 57-108 [250, 254, 258]

Kornhuber, H.H. (1973) 'Neural control of input into long-term memory. Limbic system and amnestic syndrome in man', in H.P. Zippel (ed.) *Memory and Transfer of Information,* New York : Plenum Press, pp. 1-22. [208, 209]

Kummer, H. and Goodball, J. (1985) 'Condition of immovative behavior in primates', *Phil Trans R Soc Lond* [Biol] 308:203-14. [194]

Lack, D. (1961) *Evolutionary Theory and Christian Belief. The Unresolved Conflict,* London : Methuen. [273, 314, 315, 318, 319]

Landgren, S., Silfvenius, H. and Olsson, K.Å. (1984) 'The sensorimotor integration in area 3a of the cat', *Exp Brain Res* [Suppl] 9:359-75. [91]

Langer, S.K. (1951) *Philosophy in a New Key,* Cambridge, Mass. : Harvard University Press. [299]

Leakey, M.D. (1981) 'Tracks and tools', *Phil Trans R Soc Lond* [Biol] 292:95-102. [73, 92]

Leakey, M.D. and Hay, R.L. (1979) 'Pliocene footprints in the Laetolil beds of Laetoli, Northern Tanzania', *Nature* 278:317-23. [73]

Leakey, R.E. and Lewin, R. (1977) *Origins,* New York : E.P. Dutton. [41, 84, 93, 94, 128]

Lee, K.S. (1983) 'Sustained modification of neuronal activity in the hippocampus and cerebral cortex', in W. Seifert (ed.) *Molecular, Cellular and Behavioral Neurobiology of the Hippocampus,* New York : Academic Press, pp. 265-72. [211]

Lee, R.G., Murphy, J.T. and Tatton, W.G. (1983) 'Long-latency myotatic reflexes in man : mechanisms, fonctional significance and changes in patients with Parkinson's disease or hemiplegia', *Adv Neurol* 39:489-508. [89]

Le Gros Clark, F. (1964) *The Fossil Evidence for Human Evolution,* Chicago : University of Chicago Press. [32]

LeMay, M. and Geschwind, N. (1975) 'Hemisphere differences in the brain of great apes', *Brain Behav Evol* 11:48-52. [261]

Lenneberg, E.H. (1967) *Biological Foundations of Language,* New York : Wiley. [112, 287]

Lenneberg, E.H. (1969) 'On explaining language', *Science* 164:635-43. [101, 103, 127]

Lenneberg, E.H. (1975) 'A neuropsychological comparison between man, chimpanzee and monkey', *Neuropsychologica* 13:125. [108, 196]

Lenneberg, E.H. (1980) 'A word between us', in T.A. Sebeok and D.J. Umiker-Sebeok (eds) *Speaking of Apes,* New York : Plenum Press, pp. 71-81. [109].

Levy, J. (1974) 'Psychological implications of bilateral asymmetry', in S.J. Dimond and J.G. Beaumont (eds) *Hemisphere Function in the Human Brain,* New York : Wiley, pp. 121-83. [281].

Levy, J. (1977) 'The mammalian brain and the adaptive advantage of cerebral asymmetry', *Ann NY Acad Sci* 299:264-72. [287]

Levy, J. (1978) 'Lateral differences in the human brain in cognition and behavioural control', in P. Buser and A. Rougeul-Buser (eds) *Cerebral Correlates of Conscious Experience,* Amsterdam : North Holland, pp. 285-98. [278]

Levy-Agresti, J. and Sperry, R.W. (1968) 'Differential perceptual capacities in major and minor hemispheres', *Proc Natl Acad Sci* (USA) 61:1151. [278]

Lieberman, P. (1975) *On the Origins of Language,* New York : Macmillan. [104, 125]

Liggins, G.C., Forster, C.S., Grieves, S.A. and Schwartz, A.L. (1977) 'Control of parturition in man', *Biol Reprod* 16:39-56. [146]

Liggins, G.C., Kennedy, P.C. and Holm, L.W. (1967) 'Failure of initiation of parturition after electrocoagulation of the pituitary of the fetal lamb', *Amer J Obst Gynecol* 98:1080-6. [144]

Limber, J. (1980) 'Language in child and chimp', in T.A. Sebeok and D.J. Umiker-Sebeok (eds) *Speaking of Apes,* New York : Plenum Press, pp. 197-220. [104, 109]

Lord, A.B. (1960) *The Singer of Tales,* Cambridge, Mass. : Harvard University Press. [294]

Lorenz, K. (1971) *Studies in Animal and Human Behavior,* vol. 2, London : Methuen. [233]

Lorenz, K. (1977) *Behind the Mirror,* London : Methuen. [230, 233, 272]

Lovejoy, C.O. (1981) 'The origin of man', *Science* 211:341-50. [146, 147, 148, 153]

Lovell, B (1978) *In the Center of Immensities,* New York : Harper & Row. [324]

Lumley, H. de (1969) 'A paleolithic camp at Nice', *Scientific American* 220(5):42-50. [149, 182]

Lynch, G. and Baudry, M. (1984) 'The biochemical intermediates in memory formation : a new and specific hypothesis', *Science* 224:1057-63.

McDougall, W. (1911) *Body and Mind,* London : Methuen.

McGeer, P.L. Eccles, J.C. and McGeer, E. (1987) *The Molecular Neurobiology of the Mammalian Brain,* 2nd edn, New York : Plenum Press. [66, 140, 206]

MacLean, P.D. (1966) 'Studies on the cortical representation of certain basic sexual functions', in R.A. Gorski and R.E. Whalen (eds) *Brain and Behavior,* vol. 3, Berkeley, CA : University of California Press, pp. 35-79. [138]

MacLean, P.D. (1970) 'The triune brain, emotion, and scientific bias', in F.O. Schmitt (ed.) *The Neurosciences, Second Study Program,* New York : The Rockefeller University Press, pp. 336-49. [139]

MacLean, P.D. (1982) 'Evolution of the psychoencephalon', *Zygon* 17:187-211. [102]

McNeill, D. (1980) 'Sentence structure in chimpanzee communication', in T.A. Sebeok and D.J. Umiker-Sebeok (eds) *Speaking of Apes,* New York : Plenum Press, pp. 145-60. [109]

Maendly, R., Ruegg, D. Wiesendanger, M., Wiesendanger, R., Lagouska, J. and Hess, B. (1981) 'Thalamic relay for group 1 muscle afferents of forelimb nerves in the monkey', *J Neurophysiol* 46:901-17. [86]

Margenau, H. (1984) *The Miracle of Existence,* Woodbridge, Conn. : Ox Bow Press. [252]

Mark, V.H. and Ervin, F.R. (1970) *Violence and the Brain,* New York : Harper & Row. [138]

Marr, D. (1970) 'A theory for cerebral neocortex', *Proc R Soc Lond* [Biol] 176:161-234. [209]

Marsden, C.D., Merton, P.A., Morton, H.B., Adam, J.E.R. and Hallett, M. (1978a) 'Automatic and voluntary responses to muscle stretch in man', *Prog Clin Neurophysiol* 4:167-77. [88]

Marsden C.D., Merton, P.A., Morton, H.B. and Adam, J. (1978b) 'The effect of lesions of the central nervous system on long-latency stretch reflexes in the human thumb', *Prog Clin Neurophysiol* 4:344-41. [88]

Marsden, C.D., Rothwell, J.C. and Day, B.L. (1983) 'Long-latency automatic responses to muscle stretch in man : origin and function', *Adv neurol* 39:509-39. [88]

Marshack A. (1985) *Hierarchical Evolution of the Human Capacity : The paleolithic evidence. 54th James Arthur Lecture on The Evolution of the Human Brain, 1984,* New York : American Museum of Natural History. [184]

Matano, S., Baron, G., Stephan, H. and Frahm, H.D. (1985a) 'Volume comparisons in the cerebellar complex of primates. II. Cerebellar nuclei', *Folia Primatolog* 44:182-203. [200]

Matano, S., Stephan, H. and Baron, G. (1985b) 'Volume comparisons in the cerebellar complex of primates. I. Ventral pons', *Folia Primatolog* 44:171-81. [212]

Matthews, P.B.C. (1981) 'Evolving views on the internal operation and functional role of the muscle spindle', *J Physiol* (Lond) 320:1-30. [84]

Mauss, T. (1911) 'Die Faserarchitektonische Gliederung des Cortex cerebri der anthropomorphen Affen', *J Psych Neurol* 18:410-67. [114, 116, 166]

Mayer, M.L. and Westbrook, G.L. (1985) 'Divalent cation permeability of N-methyl-D-aspartate channels', *Soc Neurosci Abstr* 11:785. [206]

Mayr, E. (1963) *Animal Species and Evolution,* Boston, Mass. : Belknap Press, Harvard University Press. [17, 18, 320]

Mayr, E. (1973) 'Descent of man and sexual selection', in *L'Origine dell' Uomo,* Rome : Accademia Nazionale dei Lincei, pp. 33-61. [37, 151, 235]

Mayr, E. (1982) *The Growth of Biological Thought, Diversity, Evolution and Intelligence,* Cambridge, Mass. : Belknap Press, Harvard University Press. [320]

Meller, K. and Tezlaff W. (1975) 'Neuronal migration during the early development of the cerebral cortex : A scanning electron microscopic study', *Cell Tissue Res* 163:313-25.

Melvill Jones, G. and Watt, D.G.D. (1971a) 'Observations on the control of stepping and hopping movements in man', *J Physiol* (London) 219:709-27 [82]

Melvill Jones, G. and Watt, D.G.D. (1971b) 'Muscular control of landing from unexpected falls in man's, *J Physiol* (London) 219:729-37. [82]

Menzel, W.W. (1984) 'Spatial organization and memory in captive chimpanzees', in P. Marler and H.S. Terrace (eds) *The Biology of Learning,* Berlin/Heidelberg/New York : Springer-Verlag, pp. 509-31. [194].

Merzenich, M.M. and Brugge, J.F. (1973) 'Representation of the cochlear partition on the superior temporal plane of the macaque monkey', *Brain Res* 50:275-96. [120]

Milner, B. (1966) 'Amnesia following operation on the temporal lobes', in C.W.N. Whitty and O.L. Zangwill (eds) *Amnesia,* London : Butterworths, pp. 109-33. [209, 224]

Milner, B. (1968) 'Visual recognition and recall after right temporal-lobe excision in man', *Neuropsychologia* 6:191-209. [155]

Milner, B. (1972) 'Disorders of learning and memory after temporal-lobe lesions in man', *Clin Neurosurg* 19:421-46. [266]

Milner, B. (1974) 'Hemispheric specialization : its scope and limits', in F.O. Schmitt and Worden, F.G. (eds) *The Neurosciences. 3 rd Study Program,* Cambridge, Mass. : MIT Press, pp. 75-89. [112, 266, 267, 285]

Milner, B. and Taylor, L. (1972) 'Right hemisphere superiority in tactile pattern recognition after cerebral commissurotomy : evidence for nonverbal memory', *Neuropsychologia* 10:1-15. [266]

Monaghan, D.T. and Cotman, C.W. (1985) 'Distribution of N-methyl-D-aspartate-sensitive L[^{3}H]glutamate binding sites in rat brain', *J Neurosci* 5:2909-19. [211]

Monod, J. *Le Hasard et la Nécessité,* Paris, Le Seuil, 1970. [235, 299]

Monod, J. (1975) 'The analysis of scientific method and the logic of scientific discovery', in H.A. Krebs and J.H. Shelley (eds) *The Creative Process in Science and Medicine,* Amsterdam : Excerpta Medica, pp. 3-7, 52. [309]

Mountcastle, V.B. (1978) 'An organizing principle for cerebral function. The unit module and the distributed system', in F.O. Schmitt (ed.) *The Mindful Brain,* Cambridge, Mass. : MIT Press, pp. 7-50 [284]

Mountcastle, V.B., Lynch, J.C., Georgopoulos, A., Sakata, H. and Acuna, C. (1975) 'Posterior parietal association cortex of the monkey : command functions for operation within extrapersonal space', *J Neurophysiol* 38:871-908. [167, 172, 175]

Mountcastle, V.B., Motter, B.C., Steinmetz, M.A. and Duffy, C.J. (1984) 'Looking and seeing : the visual functions of the parietal lobe', in G.M. Edelman, W.E. Gall and W.M. Cowan (eds) *Dynamic Aspects of Neocortical Function*, New York : Wiley, pp. 159-93. [167, 172, 175]

Myers, R.E. (1961) 'Corpus callosum and visual gnosis', in J.F. Delafresnaye (ed.) *Brain Mechanisms and Learning*, Oxford : Blackwell Scientific Publications, pp. 481-505. [276]

Napier, J. (1962a) 'Fossil and bones from Olduvai Gorge', *Nature* 196:409-11. [92]

Napier, J. (1962b) 'The evolution of the hand', *Scientific American* 207 (6):56-62. [92]

Napier, J. (1967) 'The antiquity of human walking, *Scientific American* 216(4):56-66. [71, 76]

Nashner, L.M. (1981) 'Analysis of stance posture in humans', in A.L. Towe and E.S. Luschei (eds) *Handbook of Behavioral Neurobiology*, vol. 5, New York : Plenum Press, pp. 527-65. [78]

Nashner, L.M. (1985) 'Strategies for organization of human posture', in M. Igarashi and F.O. Black (eds) *Vestibular and Visual Control on Posture and Locomotor Equilibrium*, New York and Basel : Karger, pp. 1-8. [77]

Nathan, P.W. and Smith, M.C. (1955) 'Long descending tracts in man. Review of present knowledge', *Brain* 78:248-303. [63]

Nathanielsz, P.W. (1978) 'Endocrine mechanisms of parturition', *Annu Rev Physiol* 46:411-45. [146]

Ogden, J.A. (1988) 'Language and memory functions after long recovery periods in left-hemispherectomized subjects', *Neuropsychologia* 26:645-59. [285]

Ojemann, G.E. and Creutzfeldt, O.D. (1987) 'Language in humans and animals : contribution of brain stimulation and recording', in V.B. Mountcastle, F. Blum and S.R. Geiger (eds) *Handbook of Physiology, 1. The Nervous System, Vol. 5, Part 2, The Higher Functions of the Brain*, Bethesda, MD : American Physiological Society, pp. 675-99. [113]

Olds, J. and Milner, P. (1954) 'Positive reinforcement produced by electrical stimulation of septal area and other regions of rat brain', *Journal of Comparative and Physiological Psychology* 47:419-27. [136]

Olton, D.S. (1983) 'Memory functions and the hippocampus', in W. Seifert (ed.) *Molecular, Cellular and Behavioral Neurobiology of the Hippocampus*, New York : Academic Press, pp. 335-73. [226]

Papoušek M., Papoušek, H. and Bornstein, M. (1985) 'The naturalistic vocal environment of young infants : on the significance of significance of homogeneity and variability in parental speech', in T.M. Field and N. Fox (eds) *Social Perception in Infants,* Norwood, NJ : Allen Publishing Corp, pp. 269-97 [102, 127]

Passingham, R.E. and Ettlinger, G. (1974) 'A comparison of cortical functions in man and other primates, *Int Rev Neurobiol* 16:233-99 [74, 125]

Penfield, W. (1975) *The Mystery of the Mind,* Princeton NJ : Princeton University Press [274].

Penfield, W. and Jasper, H. (1954) *Epillepsy and the Functional Anatomy of the Human Brain,* Boston, Mass. : Little, Brown. [92, 112]

Penfield, W. and Roberts, L. (1959) *Speech and Brain-Mechanisms,* Princeton, NJ : Princeton University Press. [110, 113, 114, 185, 262]

Peters, A. and Kara, D.A. (1987) 'The neuronal composition of area 17 of rat visual cortex, iv. The Organization of pyramidal cells. *J Comp Neurol* 260:573-90. [256]

Pfaff, D.W. (1980) *Estrogens and Brain Function,* New York : Springer-Verlag. [150]

Phillips, C.G. (1969) 'Motor apparatus of the baboon hand', *Proc R Soc Lond* [Biol] 173:141-74. [86, 88]

Phillips, C.G. (1971) 'Evolution of the corticospinal tract in primates with special reference to the hand', *Proc 3rd Intl Congr Primates, Zurich 1970* vol. 2, Basel : Karger, pp. 2-23. [62]

Phillips, C.G. and Porter, R. (1977) *Corticospinal Neurones. Their Role in Movement,* London/New York : Academic Press. [81]

Phillips, C.G., Powell, T.P.S. and Wiesendanger, M. (1971) 'Projection from low threshold muscle afferents of hand and forearm to area 3a of baboon's cortex', *J Physiol* (London) 217:419-46. [86, 91]

Pickford, M. (1985) 'Kenyapithecus : a review of its status based on newly discovered fossils from Kenya', in P.V. Tobias (ed.) *Hominid Evolution. Past, Present and Future,* New York : Alan R. Liss, pp. 107-12. [26]

Pilbeam, D. (1972) *The Ascent of Man,* New York : Macmillan. [25, 40, 70]

Pilbeam, D. (1983) 'Hominoid evolution and hominid origins', in C. Chagas (ed.) *Recent Advances in the Evolution of Primates,* Vatican City : Pontificiae Academiae Scientiarum Scripta Varia 50, pp. 43-61. [25]

Poggio, G.F. (1984) 'Processing of stereoscopic information in primate visual cortex', in G.M. Edelman, W.E. Gall and W.M. Cowan (eds) *Dynamic Aspects of Neocortical Function,* New York : Wiley, pp; 613-35. [165]

Poggio, G.F. and Fischer, B. (1977) 'Binocular interaction and depth sensitivity of striate and prestriate cortical neurons of the behaving rhesus monkey', *J Neurophysiol* 40:1392-405. [165]

Poggio, G.F. and Poggio, T. (1984) 'The analysis of stereopsis', *Annu Rev Neurosci* 7:379-412. [165]

Polkinghorne, J. (1986) *One World : The Interaction of Science and Theology*, London : SPCK. [322, 324]

Popper, K.R. (1972) *Objective Knowledge. An Evolutionary Approach*, Oxford : Clarendon Press. [97, 98, 236, 292, 296, 299, 309]

Popper, K.R. (1975) 'The analysis of scientific method and the logic of scientific discovery', in H.A. Krebs, and J.H. Shelley (eds) *The Creative Process in Science and Medicine*, Amsterdam : Excerpta Medica, pp. 17-19. [309, 311]

Popper, K.R. (1977) Part I of K.R. Popper and J.C. Eccles, *The Self and its Brain*, Berlin/Heidelberg/London/New York : Springer-Verlag. [224, 238, 291]

Popper, K.R. (1981) 'The Place of Mind in Nature', Nobel Conference, St Peter, Minn. : Gustafus Adolphus College. [289, 290]

Popper, K.R. (1982) *The Open Universe : An Argument for Indeterminism*, London : Hutchinson. [236, 312]

Popper, K.R. (1987) 'Natural selection and the emergence of mind', in : G. Radnitzky and W.W. Bartley (eds) *Evolutionary Epistemology. Theory of Rationality and the Sociology of Knowledge*, La Salle : Open Court, pp. 139-55 [139]

Popper, K.R. (1988) 'A new interpretation of Darwinism. The First Medawar Lecture', *Proc R Soc Lond* [Biol] (in press). [289]

Popper K.R. and Eccles, J.C. (1977) *The Self and Its Brain* Berlin/Heidelberg/London/New York : Springer-Verlag International. [97, 99, 235, 250, 274, 280, 302]

Powell, T.P.S. and Mountcastle, V.B. (1959) 'Some aspects of the functional organization of the cortex of the postcentral gyrus of the monkey : a correlation of findings obtained in a single unit analysis with cytoarchitecture', *Bull Johns Hopkins Hosp* 105:133-62. [91]

Premack, A.J. and Premack, D. (1972) 'Teaching language to an ape', *Scientific American* 227(4):92-9. [196]

Premack, D. (1976) *Intelligence in Ape and Man*, Hillsdale, NJ : Lawrence Erlbaum. [107, 196]

Pugh, G.E. (1978) *The Biological Origin of Human Values*, London : Routledge & Kegan Paul. [299]

Rakic, P. (1972) 'Mode of cell migration to the superficial layers of fetal monkey neocortex', *J Comp Neurol* 145:61-84. [282]

Rightmire, G.P. (1984) 'Homo sapiens in sub-Sahara, Africa', in F.H. Smith and F. Spencer (eds) *The Origins of Modern Humans*, New York : Alan R. Liss, pp. 295-325. [52, 53]

Roberts, G.W., Woodhams, P.L., Polak, J.M. and Crow, T.J. (1982)

'Distribution of neuropeptides in the limbic system of the rat : the amygdaloid complex', *Neuroscience* 7:99-131. [140]

Roland, P.E. (1981) 'Somatotopical tuning of postcentral gyrus during focal attention in man', *J Neurophysiol* 46:744-54. [244, 306]

Roland, P.E. (1985) 'Cortical activity in man during discrimination of extrinsic patterns and retrieval of intrinsic patterns', in C. Chagas, R. Gattass and C. Gross (eds) *Pattern Recognition Mechanisms,* Vatican City : Pontificiae Academiae Scientiarum Scripta Varia 54, pp. 215-46. [172, 175]

Roland, P.E. and Friberg, L. (1985) 'Localization of cortical areas by thinking', *J. Neurophysiol* 53:1219-43. [172, 176, 226, 246]

Roland, P.E. and Larsen, B. (1976) 'Focal increase of cerebral blood flow during stereognostic testing in man', *Arch Neurol* 33:551-8. [172]

Roland, P.E. and Skinhøj, E. (1981) 'Extrastriate cortical areas activated during visual stimulation in man', *Brain Res* 222:166-71 [172, 176]

Roland, P.E., Larsen, B., Lassen, N.A. and Skinhøj, E. (1980) 'Supplementary motor area and other cortical areas in organization of voluntary movements in man', *J Neurophysiol* 43:118-36. [243, 245]

Roland, P.E., Skinhøj, E. and Lassen, N.A. (1981) 'Focal activation of human cerebral cortex during auditory discrimination', *J Neurophysiol* 45:1139-51. [228, 269]

Rubens, A.B. (1977) 'Anatomical asymmetries of the human cerebral cortex', in S. Harnad, R.W. Doty, L. Goldstein, J. Jaynes and G. Krauthamer (eds) *Lateralization in the Nervous System,* New York : Academic Press, pp. 503-16. [261]

Rumbaugh, D.M. (1980) 'Language behavior of apes', in T.A. Sebeok and D.J. Umiker-Sebeok (eds) *Speaking of Apes,* New York : Plenum Press, pp. 231-59. [106, 108]

Ryle, G. (1949) *The Concept of Mind,* London : Hutchinson's University Library. [301]

Sakurai, M. (1987) 'Synaptic modifiability of parallel fibre-Purkinje cell transmission in vitro guinea-pig cerebellar slices', *J Physiol* (London) 349:463-80. [214]

Sarich, V.M. and Cronin, J.E (1977) 'Molecular systematics of the primates', in M. Goodman and R.E. Tashan (eds) *Molecular Anthropology,* New York : Plenum Press, pp. 141-70. [21]

Sasaki, K. and Gemba, H. (1982) 'Development and change of cortical field potentials during learning processes of visually initiated hand movements in the monkey', *Ex Brain Res* 48:429-37. [220, 221]

Savage-Rumbaugh, E.S., Sevcik, R.A., Rumbaugh, D.M. and Rubert, E. (1985) 'The capacity of animals to acquire language : do species differences have anything to say to us?' *Phil Trans R Soc Lond* [Biol] 308:177-85. [197]

Schultz, A.H. (1968) 'The recent hominoid primates', in S.L. Washburn and P.C. Jay (eds) *Perspectives on Human Evolution,* vol. 1, New York:Holt, Rinehart & Winston. [68, 69]

Searle, J. (1984) *Minds, Brains and Science,* London : British Broadcasting Corporation. [304, 313]

Sebeok, T.A. and Umiker-Sebeok, D.J. (1980) *Speaking of Apes,* New York : Plenum Press. [106]

Shankweiler, D.P. (1966) 'Effects of temporal-lobe damage on perception of dichotically presented melodies', *J Comp and Physiol Psychol* 62:115-19. [266]

Sherrington, C.S. (1940) *Man on His Nature,* Cambridge : Cambridge University Press. [153, 158]

Simons, E.L. (1972) *Primate Evolution,* New York : Macmillan. [26]

Simons, E.L. (1977) 'Ramapithecus', *Scientific American* 236(5):28-35. [26]

Simons, E.L. (1981) 'Man's immediate prerunners', *Phil Trans R Soc Lond* [Biol] 292:21-41. [252, 729]

Simons, E.L. (1983) 'Recent advances in knowledge of the earliest of the Egyptian oligocene, including the most recent known presumed ancestors of man', in C. Chagas (ed.) *Recent Advances in the Evolution of Primates,* Vatican City : Pontificiae Academiae Scientiarum Scripta Varia 50, pp. 11-27. [25]

Simons, E.L. (1985) 'African origin, characteristics and context of earliest higher primates', in P.V. Tobias (ed.) *Hominid Evolution. Past, Present and Future,* New York : Alan R. Liss, pp. 101-6. [25]

Simpson, G.G. (1964) *This View of Life : the World of an Evolutionist,* New York : Harcourt, Brace & World; [320]

Smith, F.H. (1984) 'Fossil hominids from the Upper Pleistocene of central Europe and the origin of modern Europeans', in F.H. Smith and F. Spencer (eds) *The Origin of Modern Humans,* New York : Alan R. Liss, pp; 137-209 [47]

Solecki, R.S. (1971) *Shanidar,* New York : Knopf. [55, 56, 151, 156]

Solecki, R.S. (1977) 'The implications of the Shanidar Cave Neanderthal flower burial' *Ann NY Acad Sci* 293 : 114-24. [55]

Sperry, R.W. (1974) 'Lateral specialization in the surgically separated hemispheres', in F.O. Schmitt and F.G. Worden (eds) *The Neurosciences. 3rd Study Program,* Cambridge, Mass.:MIT Press, pp. 5-19. [275]

Sperry, R. (1982) 'Some effects of disconnecting the cerebral hemispheres', *Science* 217:1223-6. [277, 281, 305]

Sperry, R. (1983) *Science and Moral Priority,* New York : Columbia University Press. [299]

Sperry, R.W., Gazzaniga, M.S. and Bogen, J.E. (1969) 'Interhemispheric relationships : the neocortical commissures; syndromes of hemisphere disconnection', in P.J. Vinken and G.W. Bruyn (eds) *Handbook of Clinical Neurology,* New York : Wiley, pp. 273-90. [276]

Sperry, R.W., Zaidel, E. and Zaidel, D. (1979) 'Self-recognition and social awareness in the deconnected minor hemisphere Neuropsychologia 17 : 153-66. [278]

Squire, L.R. (1982) 'The neuropsychology of human memory', *Annu Rev Neurosci* 5:241-73. [223]

Squire, L.R. (1983) 'The hippocampus and the neuropsychology of memory', in W. Seifert (ed.) *Molecular, Cellular, and Behavioral Neurobiology of the Hippocampus,* New York : Academic Press, pp. 491-507. [223. 226]

Stebbins, G.L. (1982) *Darwin to DNA, Molecules to Humanity,* New York : Freeman. [21, 25, 41, 55, 182, 186, 295, 296, 306]

Stent, G.S. (1981) 'Strength and weakness of the genetic approach to the development of the nervous system', *Annu Rev Neurosci* 4:163-94. [316]

Stephan, H. (1975) 'Allocortex', in *Handbook der mikroscopische Anatomie des Menschen.* 4 : 119. Heidelberg : Bergams, Springer. [131]

Stephan, H. (1983) 'Evolutionary trends in limbic structures' *Neurosci Biobehav Rev* 7:367-74. [143, 199]

Stephan, H. and Andy, O.J. (1969) 'Quantitative comparative neuroanatomy of primates : an attempt at phylogenetic interpretation', *Ann NY Acad Sci* 167:370-87. [58]

Stephan, H. and Andy, O.J. (1977) 'Quantitative comparison of the amygdala in insectivores and primates', *Acta Anat* 98:130-53.

Stephan H., Baron, G. and Frahm, H.D. (1987, 1988) personal communications. [58, 60, 61, 122, 141]

Strausfeld, N.J. (1976) *Atlas of an Insect Brain,* Berlin/Heidelberg/New York : Springer-Verlag. [233]

Strawson, P. (1959) *Individuals,* London : Methuen. [280]

Stringer, C.B., Hablow, J.S. and Vandermeersch, B. (1984) 'Origin of anatomically modern humans in Western Eruopre', in F.H. Smith and F. Spencer (eds) *The Origins of Modern Humans,* New York : Alan R. Liss, pp. 57-135. [50, 52]

Szentágothai, J. (1970) 'Les circuits neuronaux de l'écorce cérébrale', *Bull Acad Roy Med Belg VII,* X:475-92. [210]

Szentágothai, J. (1978) 'The neuron network of the cerebral cortex : A functional interpretation', *Proc R Soc Lond* [Biol] 201:219-48. [228, 255, 269]

Szentágothai, J. (1983) 'The modular architectonic principle of neural centers', *Rev Physiol Biochem Pharmacol* 98:11-61. [255]

Teilhard de Chardin, P. (1959) *Le Phénomène humain,* Paris, Le Seuil, 1955. [320]

Terrace, H.S. (1985) 'Animal cognition : thinking without language', *Phil Trans R Soc Lond* [Biol] 308:113-28. [198]

Terrace, H.S. and Bever, T.G. (1980) 'What might be learned from studying language in the chimpanzee? The importance of symbolizing oneself', in T.A. Sebeok and D.J. Umiker-Sebeok (eds) *Speaking of Apes,* New York : Plenum Press, pp. 179-89. [102, 109]

Teuber, H.L. (1967) 'Lacunae and research approaches to them', in C.H. Millikan and F.L. Darley (eds) *Brain Mechanisms Underlying Speech and Language,* New York/London : Grune & Stratton, pp. 204-16. [118]

Thorburn, G.D., Nicol, D.H., Bassett, J.M. Schutt, J.M. and Co, R.I. (1972) 'Parturition in the goat and sheep. Changes in corticosteroids, progesterone, œstrogens and prostaglandins', *J Reprod Fert* [Suppl] 16:61-84. [144]

Thorpe, H.W. (1966) 'Ethology and Consciousness', in J.C. Eccles (ed.) *Brain and Conscious Experience,* New York : Springer-Verlag, pp. 470-505 [316]

Thorpe, W.H. (1974) *Animal Nature and Human Nature,* London : Methuen. [230, 233, 299]

Thorpe, W.H. (1978) Purpose in a World of Chance, Oxford : Oxford University Press. [316]

Tobias, P.V. (1971) *The Brain in Hominid Evolution,* New York : Columbia University Press. [29, 32, 94]

Tobias, P.V. (1975a) 'Brain evolution in the Hominoidea', in R.H. Tuttle (ed.) *Primate Functional Morphology and Evolution,* The Hague : Mouton, pp. 353-92. [25, 27, 28, 29]

Tobias, P.V. (1975b) 'Long or shot hominid phylogenies? Paleontological and molecular evidences', in F.M. Salzano (ed.) *The Role of Natural Selection in Human Evolution,* Amsterdam : North Holland, pp. 89-118. [29]

Tobias, P.V. (1981a) 'The emergence of man in Africa and beyond', *Phil Trans R Soc Lond* [Biol] 292:43-56. [29, 33, 185]

Tobias, P.V. (1981b) 'Evolution of Human Brain, Intellect and Sprint', Andrew Abbie Memorial Lecture, Adelaide University Press, Adelaide. [144, 145, 299]

Tobias, P.V. (1983) 'Recent advances in the evolution of the hominids with special reference to brain and speech', in C. Chagas (ed.) *Recent Advances in the Evolution of Primates,* Vatican City : Pontificiae Academiae Scientiarum Scripta Varia 50, pp. 85-140. [29, 32, 33, 34, 37, 68, 71, 84, 121, 122, 126, 128]

Tobias, P.V. (1986) *The Revolution in Human Evolution,* Geneva : Dudley Wright Colloquia. [37, 126, 223]

Tobias, P.V. (1987) 'The brain of Homo habilis : a new level of organization in cerebral evolution', *J Hum Evol* 16:741-61. [122, 125, 128]

Tower, S.S. (1940) 'Pyramidal lesion in the monkey', *Brain* 63:36-90 [82]

Triller, A. and Korn, H. (1982) 'Transmission at a central inhibitory synapse. III. Ultrastructure of physiologically identified and stained terminals', *J Neurophysiol* 48:708-36. [258]

Trinkaus, E. (1983) *The Shanidar Neanderthals,* New York : Academic Press. [46, 47, 50, 52]

Trinkaus E. (1984) 'Western Asia', in F.H. Smith and F. Spencer (eds) *The Origins of Humans,* New York : Alan R. Liss, pp. 251-93. [43, 47, 52]

Trinkaus, E. and Howells, W.W. (1979) 'The Neanderthals', *Scientific American* 241(6):95-105. [41, 43, 44, 45, 48, 50, 52]

Tuttle, R.H. (1985) 'Ape footprints and Laetoli impressions : A response to SUNY claims', in P.V. Tobias (ed.) *Hominid Evolution. Past, Present and Future,* New York : Alan R. Liss, pp. 129-33. [73, 76]

Ungerleider, L.G. (1985) 'The corticocortical pathways for object recognition and spatial perception', in C. Chagas, R. Gattass, and C. Gross (eds) *Pattern Recognition Mechanisms,* Vatican City : Pontificiae Academiae Scientiarum Scripta Varia 54, pp. 21-37. [167, 168]

Uttal, W.R. (1978) *The Psychobiology of Mind,* Hillsdale, NJ : Lawrence Erlbaum. [135, 274]

Van Essen, D.C. (1985) 'Functional organization of primate visual cortex', in A. Peters and E.G. Jones (eds) *Cerebral Cortex, Vol. 3, Visual Cortex,* New York : Plenum Press, pp. 259-329. [160, 168, 172]

Wada, J.A., Clarke, R. and Hamm. A. (1975) 'Cerebral hemispheric asymmetry in humans', *Arch Neurol* 32:239-46. [118, 261]

Waddington, C.H. (1969) 'The theory of evolution today', in A. Koestler and J.R. Smythies (eds) *Beyond Reductionism,* London : Hutchinson, pp. 357-95. [316]

Walker, A. and leakey, R.E.F. (1978) 'The hominids of East Turkana', *Scientific American* 239(2):54-66. [39, 40]

Warrington, E.K. (1985) 'Visual deficits associated with occipital lobe lesions in man', in C. Chagas, R. Gattass, and C. Gross (eds) *Pattern Recognition Mechanisms,* Vatican City : Pontificiae Academia Scientiarum Scripta Varia 54, pp. 247-61. [171]

Washburn, S.L. (1960) 'Tools and human evolution', *Scientific American* 203(3):63-75. [95]

Washburn, S.L.(1969) 'The evolution of human behaviour', in *The Uni-*

queness of Man, Amsterdam London : North-Holland, pp. 167-89. [155]

Washburn, S.L. (1978) 'The evolution of man', *Scientific American* 239 (3):194-204. [68]

Weiskrantz, L. (1974) 'The interaction between occipital and temporal cortex in vision : an overview', in F.O. Schmitt and F.G. Worden (eds) *The Neurosciences. 3rd Study Program,* Cambridge, Mass. : MIT Press, pp; 189-204. [234]

Weiskrantz, L. (1985) 'Introduction : categorization, cleverness and consciousness', *Phil Trans R Soc Lond* [Biol] 308:3-19.

Wheeler, J.A. (1974) 'The Universe as a home for man', *Amer Scientist* 62:683-91. [322]

White, M.J.D. (1978) *Modes of Speciation,* San Francisco : Freeman. [21]

Wiesendanger, M. (1981a) 'Organization of secondary motor areas of the cerebral cortex', in V.B. Brooks (ed.) *Handbook of Physiology, 7 Cerebral Control Mechanisms; Neurophysiology,* Bethesda, MD : American Physiological Society, pp. 1121-47. [91]

Wiesendanger, M. (1988b) 'The pyramidal tract. Its structure and function', in A.L. Towe and E.S. Luschei (eds) *Handbook of Behavioral Neurology, Vol 5. Motor Coordination,* New York : Plenum press, pp; 401-91. [81, 82, 91]

Wiesendager, M. and J.S. Miles (1982) 'Ascending pathways of low threshold muscle afferents to the cerebral cortex and its possible role in muscle control', *Physiol Rev* 62:1234-70. Wilson, E.O. (1975) *Sociobiology. The New Synthesis,* Cambridge, Mass. : The Belknap Press, Harvard University Press. [155, 236, 299]

Wilson, V.J. (1983) 'Obolith-spinal reflexes', in M. Igarashi and F. Owen Black (eds) *Vestibular and Visual Control on Posture and Locomotor Equilibrium,* Basel : Karger, pp. 177-85. [82]

Wu, R. (1984) 'The crania of Ramapithecus and Silvapithecus from Lugeng, China', *Cour Forsch Inst Senckenberg* 67:41-8. [27]

Yeni-Komshian, G. and D. Benson, (1976) [Anatomical study of cerebral asymmetry in the temporal lobes of humans, chimpanzees and rhesus monkeys', *Science* 192:387-9. [261]

Zangwill, O.L. (1974) 'Consciousness and the cerebral hemispheres', in S.J. Dimond and J.G. Beaumont (eds) *Hemisphere Function in the Human Brain,* New York : Halsted Press, Wiley, pp. 264-78. [274]

Zeki, S.M. (1969) [Representation of central visual fields in prestriate cortex of monkey', *Brain Res* 14:271-91. [166]

Zeki, S.M. (1973) 'Colour coding in rhesus monkey prestriate cortex', *Brain Res* 53:422-7. [166]

Zeki, S.M. (1978) 'Uniformity and diversity of structure and function in rhesus monkey prestriate visual cortex', *J Physiol* (London) 277:273-90. [166]

Zeki, S.M. (1980) 'The representation of colours in the cerebral cortex', *Nature* 284:412-18 [166]

Index thématique

Remerciements

Je veux exprimer mes remerciements à l'Institut des neurosciences de New York, au professeur Edelman et au docteur Einar Gall ainsi qu'à leurs collaborateurs pour l'aide inestimable qu'ils m'ont apportée dans l'écriture de cet ouvrage.

Ma femme et moi-même avons passé deux fois trois mois dans cet Institut.

Les professeurs W. Singer et M. Klee ont apporté une aide précieuse à la préparation des illustrations qui ont été faites par Mlle Hedwig Thomas et ses assistantes. Les docteurs Patrick et Eddie McGeer et leur Institut de Vancouver. Le professeur Tobias et les professeurs Freund et Baumgartner.

Je dois un tribut tout particulier à ma femme, le docteur Helena Eccles qui s'est profondément impliquée dans tous les aspects de la création de cet ouvrage.

Les illustrations contenues dans l'ouvrage ont été publiées avec l'autorisation des éditeurs suivants : Academic Press, Alan R. Liss, Elsevier Science Publishers, Annual Review, Pontificiae Academiae Scientiarum, John Wiley & Sons, MIT Press, Raven Press, Plenum Press, The Royal Society, S. Karger, A.G., Springer-Verlag, Oxford University Press, J. Physiology, Weidenfeld & Nicolson Ltd, Science, et des auteurs suivants :

H. Stephan, A. Marshack, S.L. Washburn, C.D. Lovejoy, M.H. Day, C. Brinkman, R. Porter, L.G. Ungeleider, E.G. Jones, P.V. Tobias, G. Ledyard Stebbins, R.L. Holloway, V.B. Brooks, P. Roland, R. Sperry, D. Premack, S.J. Gould,

J.F. Iles, D.W. Pfaff, E. Mayr, D.H. Hubel, K. Sasaki, K. Akert, M. Ito, J. Szentagothai, M. Sakurai, H. Freund, D. Marsden, L.M. Nahner, M.D. Leakey, D. Kimura, H.H. Kornhuber, R.B. Kelly, A. Walker, P. Rakic, E. Trinkaus, E.L. Simons, P. Handler, G.G. Simpson.

Table

CHAMPS-FLAMMARION

SCIENCES

BARROW
La Grande Théorie.

BROGLIE
La Physique nouvelle et les quanta.
Nouvelles perspectives en microphysique.

BRUNHES
La Dégradation de l'énergie.

CAVALLI-SFORZA
Qui sommes-nous ?

COUTEAU
Le Grand Escalier. Des quarks aux galaxies.

DAVIES
Les Forces de la nature.

DELSEMME
Les Origines cosmiques de la vie.

DELSEMME, PECKER, REEVES
Pour comprendre l'univers.

DELUMEAU (PRÉSENTÉ PAR)
Le Savant et la foi.

DENTON
Évolution. Une théorie en crise.

DINER, LOCHAK, FARGUE
L'Objet quantique.

DROUIN
L'Écologie et son histoire.

ECCLES
Évolution du cerveau et création de la conscience.

EINSTEIN
Comment je vois le monde.
Conceptions scientifiques.

EINSTEIN, INFELD
L'Évolution des idées en physique.

FRANCK
Einstein. Sa vie, son temps.

GELL-MANN
Le Quark et le jaguar.

GLEICK
La Théorie du chaos.

GRIBBIN
À la poursuite du Big Bang.
Le Chat de Schrödinger.

HAWKING
Une brève histoire du temps.
Commencement du temps et fin de la physique ?

HEISENBERG
La Partie et le tout.

JACQUARD
Idées vécues.

KLEIN, SPIRO (DIR)
Le Temps et sa flèche.

KUHN
La Structure des révolutions scientifiques.

LEAKEY, LEWIN
Les Origines de l'homme.

LLOYD
Les Origines de la science grecque.

LOCHAK
Louis de Broglie. Un prince de la science.
La Géométrisation de la physique.

LOVELOCK
La Terre est un être vivant.

MANDELBROT
Les Objets fractals.

MERLEAU-PONTY
Einstein.

VON NEUMANN
L'Ordinateur et le cerveau.

PERRIN
Les Atomes.

PLANCK
Initiations à la physique.
Autobiographie scientifique et derniers écrits.

POINCARÉ
La Science et l'hypothèse.
La Valeur de la science.

PRIGOGINE
Les Lois du chaos.

PRIGOGINE, STENGERS
Entre le temps et l'éternité.

REICHHOLF
L'Émancipation de la vie.

ROBERT
Les Horloges biologiques.

RUFFIÉ
De la biologie à la culture.
Traité du vivant.

RUFFIÉ, SOURNIA
Les Épidémies dans l'histoire de l'homme.

SELLERI
Le Grand Débat de la théorie quantique.

SHAPIRO
L'Origine de la vie.

SMOOT
Les Rides du temps.

STENGERS
L'Invention des sciences modernes.

STEWART
Dieu joue-t-il aux dés ?

TESTART
Le Désir du gène.
L'Œuf transparent.

THOM
Paraboles et catastrophes.
Prédire n'est pas expliquer.

TRINH XUAN
Un astrophysicien.

ULLMO
La Pensée scientifique moderne.

WEYL
Symétrie et mathématique moderne.

WILLS
La Sagesse des gènes.

HISTOIRE

ARASSE
La Guillotine et l'imaginaire de la Terreur.

AYMARD, BRAUDEL, DUBY
La Méditerranée. Les hommes et l'héritage.

BARNAVI
Une histoire moderne d'Israël.

BERTIER DE SAUVIGNY
La Restauration.

BIARDEAU
L'Hindouisme.

BOIS
Paysans de l'Ouest.

BOUREAU
La Papesse Jeanne.

BRAUDEL
Écrits sur l'histoire.
Écrits sur l'histoire II.
Grammaire des civilisations.
L'Identité de la France.
La Méditerranée. L'espace et l'histoire.
La Dynamique du capitalisme.

BRUNSCHWIG
Le Partage de l'Afrique noire.

CARRÈRE D'ENCAUSSE
Lénine. La révolution et le pouvoir.
Staline. L'ordre par la terreur.

CHAUNU
La Civilisation de l'Europe des Lumières.

CHOURAQUI
Moïse.

CORBIN
Les Filles de noce. Misère sexuelle et prostitution au XIXe siècle.
Le Miasme et la jonquille. L'odorat et l'imaginaire social, XVIIIe-XIXe siècle.
Le Territoire du vide. L'Occident et le désir du rivage, 1750-1840.
Le Village des cannibales.

DAUMARD
Les Bourgeois et la bourgeoisie en France depuis 1815.

DIEHL
La République de Venise.

DUBY
Saint Bernard. L'art cistercien.
L'Europe au Moyen Âge.
L'Économie rurale et la vie des campagnes dans l'Occident médiéval.
La Société chevaleresque. Hommes et structures du Moyen Âge I
Seigneurs et paysans. Hommes et structures du Moyen Âge II.
Mâle Moyen Âge. De l'amour et autres essais.

ELIAS
La Société de cour.

FEBVRE
Philippe II et la Franche-Comté. Étude d'histoire politique, religieuse et sociale.

FERRO
La Révolution russe de 1917.

FINLEY
L'Invention de la politique.
Les Premiers Temps de la Grèce.

FOISIL
Le Sire de Gouberville.

FURET
L'Atelier de l'histoire.

FURET, OZOUF
Dictionnaire critique de la Révolution française (4 vol.).

FUSTEL DE COULANGES
La Cité antique.

GEARY
Naissance de la France. Le monde mérovingien.

GEREMEK
Les Marginaux parisiens aux XIVe et XVe siècles.

GERNET
Anthropologie de la Grèce antique.
Droit et institutions en Grèce antique.

GOUBERT
100 000 provinviaux au XVIIe siècle.

GRIMAL
Virgile ou la seconde naissance de Rome.
La Civilisation romaine.

GROSSER
Affaires extérieures. La politique de la France, 1944-1989.
Le Crime et la mémoire.

HELL
Le Sang noir.

KRAMER
L'histoire commence à Sumer.

LALOUETTE
Au royaume d'Égypte. Histoire de l'Égypte pharaonique I.
Thèbes. Histoire de l'Égypte pharaonique II.
L'Empire des Ramsès. Histoire de l'Égypte pharaonique III.
L'Art figuratif dans l'Égypte pharaonique.

LANE
Venise, une république maritime.

LE GOFF
La Civilisation de l'Occident médiéval.

LEROY
L'Aventure séfarade. De la péninsule ibérique à la Diaspora.

LE ROY LADURIE
Les Paysans de Languedoc.
Histoire du climat depuis l'an mil.

LEWIS
Juifs en terre d'Islam.
Les Arabes dans l'histoire.

LOMBARD
L'Islam dans sa première grandeur.

MAHN-LOT
La Découverte de l'Amérique.

MARRUS
L'Holocauste dans l'histoire.

MAYER
La Persistance de l'Ancien Régime.
L'Europe de 1848 à la Grande Guerre.

MILZA
Fascisme français.

MOLLAT, WOLFF
Les Révolutions populaires en Europe aux XIVe et XVe siècles.

MUCHEMBLED
Culture populaire et culture des élites dans la France moderne (XVe-XVIIIe siècle).

RICHET
La France moderne. L'esprit des institutions.

ROMANO
Les Conquistadores.

SCHWALLER DE LUBICZ R.A.
Le Miracle égyptien.
Le Roi de la théocratie pharaonique.

SCHWALLER DE LUBICZ I.
Her-Bak « disciple ».
Her-Bak « pois chiche ».

STERN
Hitler.

VIDAL-NAQUET
La Démocratie athénienne vue d'ailleurs.

VINCENT
1492 : « l'année admirable ».

VINCENT
Histoire des États-Unis.

SCIENCES HUMAINES

ABRAHAM, TÖROK
L'Écorce et le noyau.

ALAIN
Idées. Introduction à la philosophie de Platon, Descartes, Hegel, Comte.

ANATRELLA
Le Sexe oublié.
Non à la société dépressive.

ARCHÉOLOGIE DE LA FRANCE
(Réunion des musées nationaux).

ARNAULD, NICOLE
La Logique ou l'art de penser.

ARNHEIM
La Pensée visuelle.

AUGÉ
Anthropologie des mondes contemporains.

AXLINE
Dibs.

BADINTER
L'Amour en plus.

BAVEREZ
Raymond Aron.

BERNARD
Introduction à l'étude de la médecine expérimentale.

BORCH-JACOBSEN
Lacan.

BRILLAT-SAVARIN
Physiologie du goût.

CHOMSKY
Réflexions sur le langage.
Langue, Linguistique, Politique. Dialogues avec Mitsou Ronat.

COHEN
Structure du langage poétique.

CONSTANT
De la force du gouvernement actuel de la France et de la nécessité de s'y rallier (1796). Des réactions politiques.
Des effets de la Terreur (1797).

DANIÉLOU
Mythes et dieux de l'Inde.

DARAKI
Dionysos et la déesse Terre.

DAVY
Initiation à la symbolique romane.

DELEUZE, PARNET
Dialogues.

DERRIDA
Éperons. Les styles de Nietzsche.
La Vérité en peinture.
Heidegger et la question.
De l'esprit et autres essais.

DETIENNE, VERNANT
Les Ruses de l'Intelligence. La Métis des Grecs.

DEVEUREUX
Femme et mythe.

DODDS
Les Grecs et l'irrationnel.

DUMÉZIL
Heurs et malheurs du guerrier.
Loki.
Mythes et dieux des Indo-européens.

DURKHEIM
Règles de la méthode sociologique.

ELIADE
Forgerons et alchimistes.

ERIBON
Michel Foucault.

ERIKSON
Adolescence et crise.

FONTANIER
Les Figures du discours.

FUKUYUMA
La Fin de l'Histoire et
le dernier homme.

GENTIS
Leçons du corps.

GRENIER
L'Esprit du Tao.

GUÉHENNO
La Fin de la démocratie.

GUILLAUME
La Psychologie de la forme.

GOMEZ
L'Invention de l'Amérique.

GUSDORF
Mythe et métaphysique.

HAMBURGER
L'Aventure humaine.

HARRISON
Forêts. Essai sur l'imaginaire occidental.

HEGEL
Introduction à l'Esthétique. Le Beau.

HORNUNG
Les Dieux de l'Égypte.

JANKÉLÉVITCH
La Mort.
L'Ironie.
Le Pur et l'Impur.
Le Sérieux de l'intention. Traité des vertus I.
Les Vertus et l'Amour. Traité des vertus II.
L'Innocence et la Méchanceté. Traité des vertus III.

JANOV
Le Cri primal.

LABORIT
L'Homme et la ville.

LAPLANCHE
Vie et mort en psychanalyse.

LEBOVICI
En l'homme, le bébé.

LE BRAS
Les Limites de la planète.

LEPAPE
Diderot.

LESCOURRET
Lévinas.

LORENZ
L'Agression.
L'Envers du miroir.
Les Fondements de l'éthologie.

LORENZ, POPPER
L'avenir est ouvert.

MACHIAVEL
Discours sur la première décade de Tite-Live.

MANIN
Principes du gouvernement représentatif.

MARX
Le Capital, livre I.

MAUCO
Psychanalyse et éducation.

MEAD EARLE
Les Maîtres de la stratégie.

MILL
L'Utilitarisme.

MORIN
La Complexité humaine.

MOSCOVICI
Essai sur l'histoire humaine de la nature.

NASIO
Les Yeux de Laure.

NASSIF
Freud. L'inconscient.

OLIVIER
Les Fils d'Oreste ou la question
du père.

PANKOW
L'Homme et sa psychose.

PAPERT
Jaillissement de l'esprit.

PÉRONCEL-HUGOZ
Le Radeau de Mahomet.

POMMIER
L'Ordre sexuel.
Le Dénouement d'une analyse.

REICHHOLF
L'Émergence de l'homme.

RÉMOND
La politique n'est plus ce qu'elle était.

RENFREW
L'Énigme indo-européenne.

RENOU
La Civilisation de l'Inde ancienne
d'après les textes sanskrits.

ROSENFIELD
L'Invention de la mémoire.

RUSSELL
Signification et vérité.

SAUVERZAC
Françoise Dolto. Itinéraire
d'une psychanalyste.

SCHMITT
La Notion de politique. Théorie du partisan.

SCHUMPETER
Impérialisme et classes sociales.

SERRES
Atlas.
Le Contrat naturel.
Éclaircissements.
Statues.

STAROBINSKI
1789. Les Emblèmes de la raison.

STEINER
Martin Heidegger.

STOETZEL
La Psychologie sociale.

STRAUSS
Droit naturel et histoire.

SUN TZU
L'Art de la guerre.

TAYLOR
Multiculturalisme.

THIS
Naître… et sourire.

VALADIER
L'Église en procès. Catholicisme et pensée moderne.

WALLON
De l'acte à la pensée.

WOLTON
Éloge du grand public.
Naissance de l'Europe démocratique.

ART

ARASSE
Le Détail. Pour une histoire rapprochée de la peinture.

BALTRUSAITIS
Aberrations. Les perspectives dépravées I.
Anamorphoses. Les perspectives dépravées II.
Le Moyen Âge fantastique.
La Quête d'Isis.

BRAUDEL
Le Modèle italien.

BRUSATIN
Histoire des couleurs.

CHAR
La Nuit talismanique.

CHASTEL
Introduction à l'histoire de l'art français.

DAMISCH
L'Origine de la perspective.
Le Jugement de Pâris.

DIDI-HUBERMAN
Fra Angelico. Dissemblance et figuration.

DUCHAMP
Duchamp du signe.

GRABAR
Les Voies de la création en iconographie chrétienne.

HASKELL
La Norme et le caprice.

LE CORBUSIER
Urbanisme.
L'Art décoratif d'aujourd'hui.
Vers une architecture.

MÂLE
Notre-Dame de Chartres.

MARIN
Détruire la peinture.

MOULIN
L'Artiste, l'institution et le marché.

PANOFSKY
La Renaissance et ses avant-courriers dans l'art d'Occident.

PENROSE
Picasso.

SEZNEC
La Survivance des dieux antiques.

WÖLFFLIN
Réflexions sur l'histoire de l'art.

CINÉMA

BORDE, CHAUMETON
Panorama du film noir américain (1944-1953).

BOUJUT
Wim Wenders.

EISNER
Fritz Lang.

GODARD PAR GODARD
Les Années Cahiers.
Les Années Karina.
Des années Mao aux années 80.

PASOLINI
Écrits corsaires.

RENOIR
Ma vie et mes films.

ROHMER
Le Goût de la beauté.

ROSSELLINI
Le Cinéma révélé.

SCHIFANO
Luchino Visconti. Les feux de la passion.

TRUFFAUT
Le Plaisir des yeux.

Achevé d'imprimer en Mai 1997
sur les presses de l'imprimerie Maury Eurolivres SA
45300 Manchecourt

— N° d'Imprimeur : 97/05/58365. —
— N° d'Éditeur : FH129403. —
Dépôt légal : Mars 1994.

Printed in France